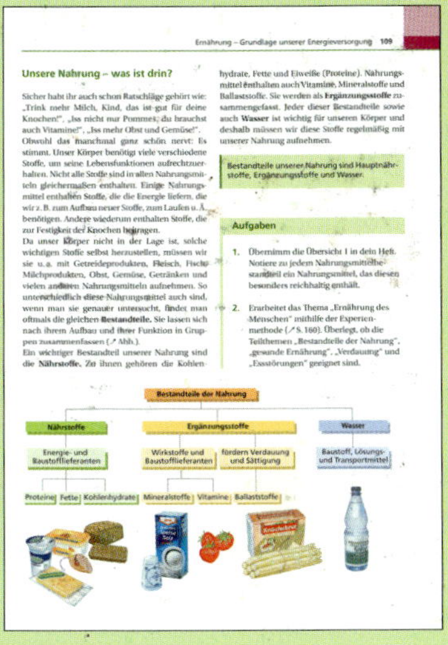

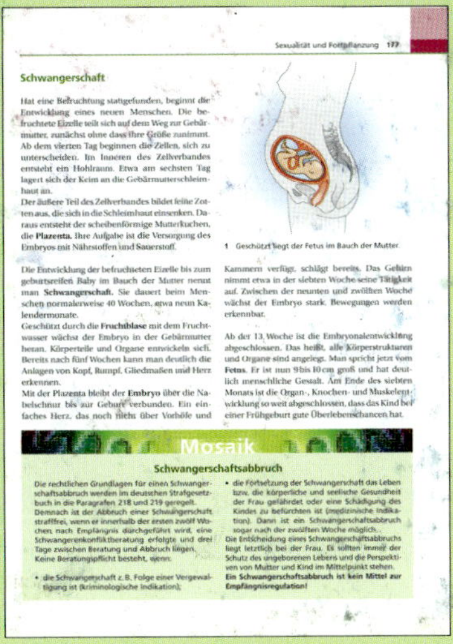

Inhaltsseiten
vermitteln dir – unterstützt durch **Merksätze,** Tabellen, Fotos und Grafiken – biologisches Grundlagenwissen über wichtige Begriffe, Gesetzmäßigkeiten, Erscheinungen, Zusammenhänge und Anwendungen.

Aufgaben
Durch die Beantwortung der Aufgaben wird dein Grundwissen gefestigt.

Das Mosaik
enthält zusätzliche Informationen über interessante Sachverhalte.

Praktikum
enthält Aufgaben praktischer Art, z. B. Beobachtungen und Experimente, die du auch in der Gruppe durchführen kannst.
Sie ermöglichen dir ein tieferes Eindringen in die biologischen Grundlagen.

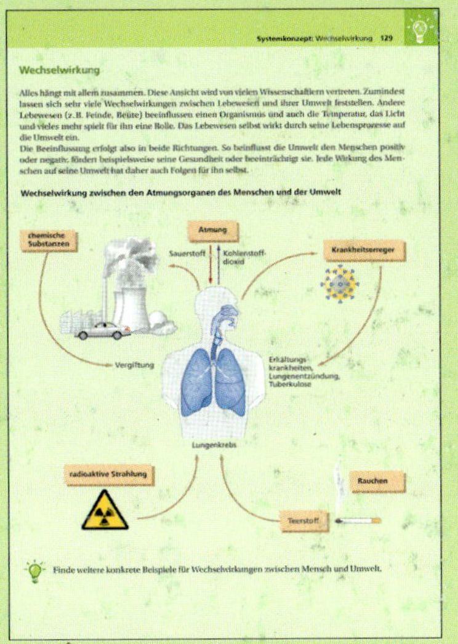

Konzeptseiten
veranschaulichen für dich wichtige Zusammenhänge, Prinzipien oder biologische Phänomene an einem konkreten Beispiel.

Ziel erreicht
Mit den Aufgaben in diesem Kapitel kannst du dein Wissen zu den Inhalten des Buches selbst überprüfen.

Inhaltsverzeichnis

Methoden und Basiskonzepte

Methoden

Basiskonzepte

Systemkonzept

Entwicklungskonzept

Struktur- und Funktionskonzept

1 Einheimische Lebewesen und ihre Wechselbeziehungen

1.1 Lebewesen und ihre Umwelt

Ordnung in der Vielfalt
In Brandenburg, Deutschland, Europa, auf der gesamten Erde lebt eine scheinbar unübersehbare Anzahl von Lebewesen.
Wie kann man über diese Vielzahl von Pflanzen und Tieren den Überblick behalten?

Natürliche Einflüsse
Lebewesen stehen mit ihrer Umgebung in ständigem Stoff- und Energieaustausch. Dabei können die unterschiedlichsten Umweltfaktoren eine große Wirkung haben.
Wie beeinflussen Faktoren wie Wasser, Licht oder Temperatur die Entwicklung und Vermehrung der einzelnen Tier- und Pflanzenarten?

Natürliche Konkurrenz
Manche Arten dienen anderen als Nahrung, sie konkurrieren aber auch mit anderen Arten um dieselben Ressourcen. Dieses Beziehungsgefüge ist sehr komplex.
Welche Bedeutung haben die verschiedenen Beziehungen für die einzelnen Lebewesen? Wie lässt sich das komplizierte Miteinander zwischen den verschiedenen Lebewesen eines Lebensraumes erforschen und verstehen?

Vielfalt von Tieren und Pflanzen

Fast überall auf der Erde gibt es Lebewesen wie Bakterien, Pilze, Pflanzen und Tiere. Hoch in der Luft, in der Tiefsee, sogar in Wüsten und in den Polarregionen gibt es Lebewesen. Die Vielfalt von Formen, Farben und Lebensweisen ist unüberschaubar groß. Um sich darin zurechtzufinden, wurden **Ordnungssysteme** entwickelt.

Die Zusammenfassung der Lebewesen in Gruppen erfolgte zunächst aus der Sicht der Nutzung, z.B. Zuordnung zu Heilpflanzen, Ölpflanzen, Gewürzpflanzen. Später wurden Merkmale des Baus und auch des Verhaltens verglichen und Verwandtschaftsverhältnisse untersucht. Je mehr Merkmale übereinstimmen, desto enger sind die Lebewesen verwandt. So kann man Lebewesen Verwandtschaftsgruppen zuordnen.

Die Gruppe, die die engste Verwandtschaft ausdrückt, ist die **Art.** Die nächsthöhere Gruppe, die von mehreren Arten gebildet wird, ist die **Gattung.** Mehrere Gattungen bilden eine **Familie,** mehrere Familien eine **Ordnung,** mehrere Ordnungen eine **Klasse** von Lebewesen.

Die Einteilung der Lebewesen, wie wir sie heute noch nutzen, geht auf das System des schwedischen Naturforschers CARL VON LINNÉ (1707 bis 1778) zurück. Er hat Tausende von Tier- und Pflanzenarten benannt. Viele der von ihm vergebenen wissenschaftlichen Namen haben heute noch Gültigkeit.

Mosaik

Leben und Leistungen von Carl von Linné (1707 – 1778)

CARL VON LINNÉ wurde am 23. Mai 1707 als erstes Kind des protestantischen Landgeistlichen NILS LINNÉ in Rashult (Schweden) geboren. Er wuchs in seinem Heimatdorf naturverbunden auf. Nach Abschluss des Gymnasiums studierte er Medizin und später Botanik. Auf Forschungsreisen erkundete er die drei Naturbereiche Mineralien, Tiere und Pflanzen.
1735 erschien sein bedeutendstes Werk *„Systema naturae"*, eine Bestandsaufnahme des Mineralien-, Tier- und Pflanzenreiches der Erde.
LINNÉ vertrat anfangs die Auffassung, dass die Arten und deren Anzahl konstant seien, dass es so viele Arten gäbe, wie Gott sie erschaffen habe. Doch sie wären ungeordnet, aber durch Ähnlichkeit verbunden. Entsprechend zahlreicher übereinstimmender Merkmale und Ähnlichkeiten ordnete er die Lebewesen in Arten, Gattungen, Ordnungen und Klassen ein. Schon 1758 teilte er die Tiere in die Klassen Säugetiere, Vögel, Amphibien (Lurche), Fische, Insekten und Würmer ein. Ein besonderes Verdienst LINNÉS besteht darin, dass er schon den Menschen in die Klasse der Säugetiere einbezog.

LINNÉ schuf also ein **künstliches System,** eine Übersicht, zur Ordnung der Mannigfaltigkeit der Pflanzen und Tiere. Auf seinem Landgut Hammarby legte er eine große Pflanzensammlung an.
Er beschrieb und ordnete z.B. etwa 7300 Pflanzenarten und 4200 Tierarten. Jedes Lebewesen bekam einen Artnamen. Dieser enthielt ein Wort für die Gattung, der das Lebewesen angehört, und ein Wort für die Art selbst. Diese Bezeichnung von Lebewesen wird **binäre Nomenklatur** (aus zwei Einheiten bestehend) genannt. Bis heute wird die von ihm geschaffene binäre Bezeichnung für die Bildung von **Artnamen** verwendet. Diese binäre Bezeichnung stellt eine Vereinheitlichung und auch eine Vereinfachung dar (z.B. Laubfrosch – *Hyla arborea L.*; Stockente – *Anas platyrhynchos L.*).
Ab 1738 arbeitete er als praktischer Arzt, ab 1739 war er Präsident der Schwedischen Akademie der Wissenschaften, ab 1741 Professor in Uppsala. 1747 wurde er zum königlichen Leibarzt ernannt, 1762 erhielt er aufgrund seiner Leistungen den Adelstitel. Am 10. Januar 1778 starb er in Uppsala.

Ordnen und Klassifizieren von Lebewesen

Beim **Ordnen** werden verschiedene Lebewesen nach Ausprägung eines oder mehrerer Merkmale angeordnet. Das **Klassifizieren** geht noch einen Schritt weiter und fasst Lebewesen aufgrund eines oder mehrerer Merkmale zusammen. Voraussetzung für das Ordnen und Klassifizieren von Lebewesen ist das Vergleichen (↗ S. 96).

Die Untergliederung von Pflanzen richtet sich z. B. nach Merkmalen wie:
- Blütenform und Bau der Blüte
- Anordnung und Form von Blättern und Stängel
- Ausprägung der Früchte

1. Schritt

Vergleiche die ausgewählten Lebewesen anhand festgelegter Kriterien miteinander oder mit einem vorhandenen Ordnungssystem.

2. Schritt

Ordne die Lebewesen anhand der Kriterien. Nutze auch die Kombination mehrerer Merkmale.

3. Schritt

Fasse Lebewesen mit übereinstimmenden Merkmalen zu Gruppen zusammen, grenze sie gegen Gruppen mit anderen Merkmalen ab.
Du kannst sie auch bereits festgelegten Gruppen zuordnen. Auf das vorhandene Ordnungssystem greifen die Bestimmungsschlüssel zurück, die das Augenmerk auf eine geeignete Kombination von Merkmalen lenken und schrittweise die Zuordnung ermöglichen (↗ S. 95).

Merkmale einiger Pflanzenfamilien

Merkmal	Kreuzblütengewächse	Schmetterlingsblütengewächse	Lippenblütengewächse	Korbblütengewächse
Blütenform	kreuzständig 	schmetterlingsförmig 	zweiseitig, symmetrisch 	Blütenstand mit Röhren- und/oder Zungenblüten 
Beispiel	Raps	Zaun-Wicke	Taubnessel	Habichtskraut
Anzahl Kronblätter	4	5 (unterschiedlich gestaltet als Fahne, Flügel, Schiffchen)	5 (verwachsen)	5 (verwachsen)
Kelchblätter	4	5	5	
Staubblätter	6 (4 lange, 2 kurze)	10 (meist 9 verwachsen)	4	
Besondere Merkmale	Schote oder Schötchen als Frucht	dreizählige oder gefiederte Blätter	Stängel vierkantig	Frucht oft mit Haarkranz

Wie bestimme ich Lebewesen?

Bestimmen ist ein Verfahren, um den Namen einer unbekannten Pflanze zu ermitteln und einer systematischen Gruppe (z. B. einer Familie) zuzuordnen (↗ S. 95). Auch andere Lebewesen (z. B. Tiere, Pilze) oder nicht lebende Objekte (z. B. Minerale, Wolkenarten) lassen sich bestimmen.

Wenn du bei einer Pflanze wissen möchtest, um welche Pflanzenart es sich handelt und zu welcher Pflanzenfamilie sie gehört, kannst du dies mit verschiedenen Methoden herausfinden:
1. Erkennen am **Erscheinungsbild:** Viele Pflanzen besitzen auffällige und typische äußere Merkmale, an denen sie erkannt werden können (bei Tieren können auch typische Verhaltensweisen, wie die Art sich zu bewegen, zum Erkennen herangezogen werden).
2. Vergleichen mit **Abbildungen:** Bei dieser Methode kommt es leicht zu Irrtümern, da sich manche Pflanzen untereinander sehr ähnlich sehen.
3. Vorgehen nach einem **Bestimmungsschlüssel:** Das ist die sicherste Art, zuverlässig den Namen einer Pflanze zu ermitteln.

In der Regel ist ein **Bestimmungsschlüssel** so aufgebaut, dass zwei unterschiedliche Ausbildungsformen eines Merkmals (z. B. Blüte rot, Blüte weiß; Blatt ganzrandig, Blatt geteilt) verglichen und gegenübergestellt werden. Die zwei Ausbildungsformen bilden ein Merkmalspaar.

Beim Bestimmen kannst du in folgender **Schrittfolge** vorgehen (↗ S. 95):

1. Schritt

Lies die Beschreibung des ersten angegebenen Merkmalspaars (1 und 1*).

2. Schritt

Betrachte bzw. beobachte genau das zu bestimmende Lebewesen im Hinblick auf die angegebenen Merkmale. Nutze auch Hilfsmittel wie eine Lupe.

3. Schritt

Entscheide, welches Merkmal von den zwei sich gegenüberstehenden Merkmalen zutrifft.
Setze die Bestimmung fort, indem du entsprechend der Ziffer am Ende der Merkmalszeile zum angegebenen nächsten Merkmalspaar gelangst.

4. Schritt

Wiederhole diese Schritte mit weiteren Merkmalspaaren so lange, bis du zum Namen des unbekannten Lebewesens gelangst.

5. Schritt

Benenne das Lebewesen mit Gattungs- und Artnamen. Präge dir die typischen Merkmale ein.

Aufgabe

Bestimme mithilfe der Bestimmungsschlüssel im Anhang eine Pflanze.

Angepasstheit der Lebewesen an die Bedingungen ihres Lebensraumes

Lebewesen stehen mit ihrer Umgebung in ständiger Wechselbeziehung. Sie tauschen Stoffe und Energie aus, nehmen Reize auf und reagieren darauf. So sind Lebewesen von den unterschiedlichsten Umweltfaktoren abhängig.
Um eine Übersicht über diese Abhängigkeiten zu erlangen, teilt man die Umweltfaktoren zunächst in abiotische und biotische Faktoren ein. Zu den **abiotischen Faktoren** zählen Licht, Wasser, Temperatur und chemische Faktoren, z. B. die chemische Zusammensetzung des Bodens oder der Luft. Zu den **biotischen Faktoren** zählen alle Einflüsse, die von anderen Lebewesen der Umgebung ausgehen. Dabei ist eine Trennung manchmal schwierig, weil sich die Beschattung durch einen Baum auf den abiotischen Faktor Licht oder der Dung von Pflanzenfressern auf die chemische Zusammensetzung des Bodens auswirken.
Abiotische und biotische Umweltfaktoren sind dafür verantwortlich, ob ein einzelnes Lebewesen, ein Individuum einer Art, gut gedeiht und sich fortpflanzen oder auf Dauer nicht überleben kann.
Da diese Umweltfaktoren von Ort zu Ort stark variieren, können an einem bestimmten Standort, einem Lebensraum oder **Biotop,** auch nur ganz bestimmte Arten vorkommen. Diese Lebensgemeinschaft wird **Biozönose** genannt. Biotop und Biozönose bilden ein **Ökosystem.**

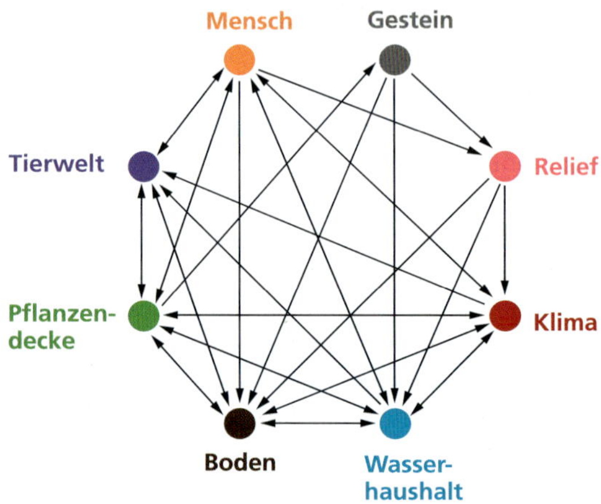

1 In Brandenburg oft zu finden: Biotop Sandtrockenrasen

Durch den Begriff „System“ soll deutlich werden, dass die verschiedenen Bestandteile dieses Gefüges in sehr vielseitigen Wechselwirkungen miteinander stehen. Die verschiedenen Klimafaktoren, der Kalkgehalt des Bodens, die Konkurrenz um bestimmte Nahrungspflanzen, die blütenbestäubenden Insekten oder die verschiedenen Nistmöglichkeiten, die ein alter Eichenbaum bietet, können Kennzeichen eines solchen Beziehungsnetzes sein.
Für den Stoffkreislauf und den Energiefluss in einem Ökosystem sind die Nahrungsbeziehungen von besonderer Bedeutung (↗ S. 38).

An einem bestimmten Standort wirken ganz bestimmte abiotische und biotische Umweltfaktoren auf ein Lebewesen. Die abiotischen Umweltfaktoren kennzeichnen den Lebensraum (Biotop), die biotischen Umweltfaktoren sind für die Lebensgemeinschaft (Biozönose) charakteristisch.

Aufgabe

Nenne die Umweltfaktoren einer Erdkröte oder eines Busch-Windröschens, die Einfluss auf deren Leben haben.
Ordne sie in biotische und abiotische Faktoren.

Abiotische Umweltfaktoren

Obwohl Lebewesen sich deutlich von unbelebten Systemen unterscheiden, unterliegen beide denselben physikalisch-chemischen Gesetzmäßigkeiten. Physikalisch-chemische Gesetzmäßigkeiten, die in lebenden Systemen wirken, sind z. B. Diffusion und Osmose.

Das Besondere der lebenden Systeme ist jedoch, dass sie immer weit von einem statischen Gleichgewicht entfernt sind. Sie sind auf einen ständigen Stoff- und Energiewechsel angewiesen. So müssen lebende Systeme Ausgangsstoffe aus ihrer Umgebung aufnehmen, lebende Systeme umwandeln und andere Stoffe wieder an die Umgebung abgeben. Dabei wird Energie umgewandelt.
Diese dynamischen Prozesse gewährleisten aber auch, dass der innere Zustand eines Lebewesens so gut wie unverändert bleibt.

Alle Lebewesen sind eng mit den Faktoren ihrer unbelebten Umwelt verbunden (↗Abb. 1). Zum einen beziehen alle lebenden Systeme Energie von außen, zum anderen müssen sie z. B. Schwankungen der Temperatur, der Feuchtigkeit, des Salzgehaltes und anderer chemischer und physikalischer Faktoren ertragen.

Die Hitze und Trockenheit einer Wüste ist ebenso wie die bittere Kälte der Polarregionen für die meisten Lebewesen unerträglich. Dabei darf man allerdings nicht übersehen, dass Lebewesen auf lange Sicht in der Lage sind,
1. sich an Umweltbedingungen anzupassen und
2. die Umwelt im Sinne ihrer Bedürfnisse umzugestalten.

Abiotische Faktoren eines Lebensraumes, wie Feuchtigkeit, Temperatur, Licht oder die Bodenbeschaffenheit, entscheiden darüber, ob ein Lebewesen an diesem Standort gedeihen kann.

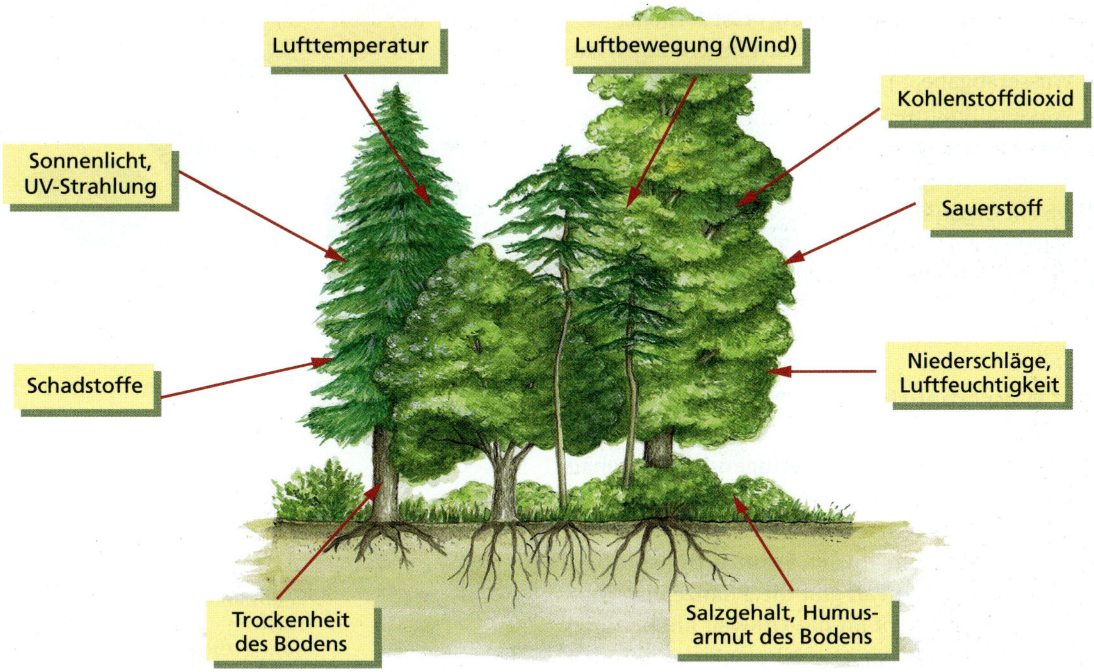

1 Ausgewählte abiotische Umweltfaktoren im Ökosystem Wald

Umweltfaktor Wasser

Ein ausreichender Wassergehalt der Zellen ist normalerweise Voraussetzung für die im Zellplasma ablaufenden Lebensvorgänge.
Die meisten Lebewesen bestehen sogar zum größten Teil aus Wasser. Es ist deshalb naheliegend, dass die Verfügbarkeit von **Wasser** von besonderer Wichtigkeit ist.
Einige Lebewesen können zeitweilig austrocknen, ohne abzusterben. Dazu gehören viele einzellige Bakterien, aber auch Luftalgen, Flechten und Moose sowie viele Sporen und Samen und auch einige Tiere wie z. B. die Bärtierchen (↗ Abb. oben).

Der hohe Wassergehalt der Organismen war in der Evolution so lange kein Problem, wie der Lebensraum das Wasser war. Erst die Eroberung der Landlebensräume vor gut 400 Millionen Jahren machte spezielle Einrichtungen zur Aufrechterhaltung der Wasserversorgung erforderlich.
Dazu entwickelten sich spezielle Einrichtungen zur
- Wasserabgabe,
- Wasseraufnahme,
- Wasserspeicherung.

Ob ein Organismus auf Dauer mit dem Wasserangebot in seinem Lebensraum auskommen kann, hängt davon ab, ob Wasseraufnahme und Wasserabgabe sich die Waage halten.

Der Wasserhaushalt der Pflanzen

Pflanzen sind dem meist geringen Wassergehalt der Luft und dem hohen Wassergehalt im Boden ausgesetzt. Je größer dieser Unterschied ist, desto mehr Wasser kann in der Pflanze transportiert werden. In diesem Fall gibt die Pflanze viel Wasser als Wasserdampf an die Umwelt ab, benötigt aber auch viel Wasser, welches sie aufnehmen kann (↗ Abb. 1). Beides muss in einem ausgewogenen Verhältnis stehen.

Um dieses Gleichgewicht zu erhalten, können Pflanzen durch verschiedene Einrichtungen die **Abgabe von Wasser** regulieren:
- Öffnen und Schließen der Spaltöffnungen,
- Einrollen und Aufrollen von Blättern,
- periodischer Abwurf von Blättern über Zeitperioden, in denen besonders wenig Wasser zur Verfügung steht (↗ S. 15, Abb. 1).

Viele Pflanzen trockener Standorte **(Trockenpflanzen, Xerophyten)** sind dauerhaft an den geringen Wasserverbrauch angepasst. Sie haben besondere Einrichtungen zur Verminderung der Wasserabgabe, zur verbesserten Wasseraufnahme sowie zur Wasserspeicherung.
Eine geringere Wasserabgabe, also eine geringere **Transpiration,** kann z. B. durch eine besondere Blattoberfläche geschaffen werden. Dazu zählen Schichten aus Wachs und Cutin (erhärtete wachsartige Substanz) auf der Epidermis, tief eingesenkte Spaltöffnungen, abgestorbene Haare, die

1 Aufnahme und Leitung von Wasser sowie Abgabe von Wasser in einer Pflanze

über der Blattoberfläche Räume unbewegter Luft schaffen, aus denen Wassermoleküle nicht so schnell hinaus diffundieren. Auch die Verkleinerung und Einrollbarkeit der Blätter, wie z. B. bei Heidekraut, Rosmarin oder Federgras, der völlige Verlust der Blätter (z. B. bestimmte Ginster- und Wolfsmilcharten mit grünen Zweigen) oder auch verdickte Blätter verringern die Transpiration.
Im Extremfall können die Pflanzen eine kugelige Gestalt annehmen, wie viele Kakteen, Wolfsmilcharten oder lebende Steine. Diese dickfleischigen Pflanzen (Sukkulente) können in gewissem Umfang in den großen Vakuolen Wasser speichern.
Die **Aufnahmefähigkeit für Wasser** kann durch eine starke Vergrößerung des Wurzelsystems oder durch ein sehr tief reichendes Wurzelsystem, das Grundwasserbereiche erreicht (Tamarisken, Akazien), verbessert werden.

Für Pflanzen in zeitweilig trockenen Standorten kommt es schließlich darauf an, Wasser über einen Zeitraum speichern zu können. Solche **Wasserspeichereinrichtungen** in Wurzeln kennt man von Aufsitzerpflanzen tropischer und subtropischer Regenwälder. So können z. B. die dicklichen, weißlich aussehenden Luftwurzeln von Orchideen schwammartig Wasser aufnehmen. Dabei nehmen sie wegen ihres Chlorophyllgehaltes eine grünliche Farbe an.

1 Da Pflanzen gefrorenes Wasser nicht aufnehmen können, werfen sie bei uns im Winter das Laub ab.

Auch Pflanzen sehr feuchter Standorte **(Feuchtpflanzen, Hygrophyten)** benötigen besondere Einrichtungen für ihren Wasserhaushalt. Ein Zuviel an Wasser ist zwar nicht so lebensbedrohend wie ein Zuwenig. Dennoch kann ein Problem entstehen, wenn der Transpirationsstrom ganz aufhört. Denn mit diesem Wasserstrom durch die Pflanzen werden auch andere Stoffe, insbesondere Nitrate, Phosphate u. a. Mineralstoffe, transportiert.
Bei feuchtem, warmem Boden und hoher Luftfeuchtigkeit kann Wasser nicht von den Blättern verdunsten. Daher pressen Pflanzen dann überschüssiges Wasser durch besondere Wasserspalten nach außen (Guttation, ↗ Abb. oben).

Schließlich kann eine Folge hohen Wassergehaltes im Boden eine schlechte Bodendurchlüftung und damit Sauerstoffmangel sein. Viele Sumpfpflanzen besitzen deshalb für ihre unterirdischen Teile spezielle Durchlüftungsgewebe.

Trockenpflanzen haben besondere Einrichtungen zur sparsamen Wasserabgabe, zur wirkungsvollen Wasseraufnahme und zur Wasserspeicherung.
Feuchtpflanzen haben Einrichtungen, die die Transpiration erleichtern. Oft können sie aktiv Wasser abscheiden.

Aufgabe

Stelle die typischen Merkmale einer Pflanze zusammen, die an eine geringe Wasserabgabe (Transpiration) angepasst sind.

Wasser durch Spross und Blatt

1. Untersuche die Transpirationswirkung an Blättern.

Materialien:
Transpirationswaage, zwei frische Zweige bzw. Blätter verschiedener Bäume (z. B. Stechpalme, Hängebirke)

Durchführung:
Befestige zwei Zweige oder Blätter an der Transpirationswaage (↗ Abb. 1). Achte darauf, dass sie das gleiche Gewicht besitzen. Dazu kannst du einzelne Blätter eines Zweiges oder Blattteile entfernen.

Auswertung:
1. Lies nach einigen Stunden die Stellung der Waage ab.
2. Beschreibe, wie sich das Gewicht verändert hat.
3. Erkläre die Gewichtsunterschiede.

1 Transpirationswaage

2 Querschnitt durch einen Lianenspross

2. Untersuche den Sprossaufbau von Lianen.

Als Lianen bezeichnet man verholzte Pflanzen, die keine eigenen Stämme ausbilden. Sie benutzen andere Sträucher und Bäume, um mit ihren dünnen Sprossen an ihnen emporranken zu können. In unseren heimischen Wäldern ist dies z. B. das Wald-Geißblatt und die Waldrebe. Die Clematis, eine Waldrebe, ist als Gartenpflanze bekannt.

Material:
ein mindestens 1 m langer (abgestorbener) Sprossabschnitt einer Liane (z. B. Waldrebe)

Durchführung:
1. Blase durch die Sprossachse (↗ Abb. 3).
2. Stelle einen glatten Querschnitt durch den Lianenspross her und betrachte ihn mit einer Lupe (↗ Abb. 2).
3. Vergleiche ihn mit einem Querschnitt durch einen Buchen- oder Lindenzweig.

Auswertung:
1. Beschreibe deine Beobachtungen.
2. Erkläre, warum der besondere Aufbau der Sprossachse für die Waldrebe von Vorteil ist.

3 Durch einen Lianenspross kann man blasen.

Wasser als abiotischer Faktor für Tiere

Auch die Tiere des Waldes sind mehr oder weniger stark vom abiotischen Umweltfaktor Wasser abhängig.
Lurche haben eine feuchte, schleimige Haut, durch die sie atmen können, sie sind **Feuchtlufttiere.** Wasserfrösche leben immer in der Nähe von Gewässern, die sie bei Gefahr aufsuchen. Feuersalamander (↗Abb. 1) leben in feuchten Laubwäldern. Sie verlassen ihre Verstecke in Erdlöchern, zwischen Steinen und unter Moospolstern nachts und tagsüber nur bei Regenwetter. Alle Lurche laichen im Wasser und ihre Larven (Kaulquappen) entwickeln sich im Wasser.

Demgegenüber sind Kriechtiere, Säugetiere und Vögel **Trockenlufttiere,** die vom Wassergehalt der Umgebung relativ unabhängig sind. Zauneidechsen (↗Abb. 2) z. B. können sich stundenlang sonnen, weil ihre Haut von Hornschuppen bedeckt und so vor dem Austrocknen geschützt ist. Auch Säugetiere und Vögel haben eine trockene Haut, die außerdem durch das Fell bzw. das Gefieder vor starker Austrocknung geschützt ist. Zudem findet die Fortpflanzung dieser Trockenlufttiere außerhalb des Wassers statt. Kriechtiere und Vögel legen mehr oder weniger dickschalige Eier und bei den Säugetieren entwickeln sich die Jungen eine Zeit lang im Mutterleib.

Tiere sind vom abiotischen Faktor Wasser abhängig. Sie nutzen Wasser z. B. als Fortpflanzungsort oder als Lebensraum (Feuchtlufttiere, Wassertiere). Sie sind entsprechend angepasst.

Aufgaben

1. Bei Tieren lassen sich Trockenlufttiere und Feuchtlufttiere unterscheiden.
   a) Finde Tierarten heraus, die sich den Trockenlufttieren zuordnen lassen.
   b) Suche jeweils einen Vertreter für Trockenlufttiere und einen für Feuchtlufttiere heraus und erstelle für diese Tierarten einen Steckbrief.

2. ✱ Erkläre, warum die Lebensräume von Feuchtlufttieren (z. B. Moore, Auenwälder) oftmals geschützt sind.

1 Feuersalamander

2 Zauneidechse

Umweltfaktor Licht

Licht, insbesondere Sonnenlicht, ist einer der wesentlichsten abiotischen Faktoren. Es liefert die Energie als Existenzgrundlage nahezu aller Lebensgemeinschaften und für den Ablauf zahlreicher Lebensprozesse.

Licht als abiotischer Faktor für Pflanzen

Die **Ansprüche der einzelnen Pflanzenarten** an den Lichtfaktor sind verschieden. So sind die jahreszeitlichen Aspekte der Laubwälder in unseren Breiten zu erklären. Frühblüher erhalten nur im Vorfrühling ausreichend Licht, das sie zum Blühen und Fruchten und natürlich für die Fotosynthese brauchen. Sie treiben rasch aus, blühen und bilden Reservestoffe, die sie z. B. in Zwiebeln oder Erdsprossen einlagern. So können sie im nächsten Frühjahr wieder wachsen und sich entwickeln (↗ S. 61).
Unabhängig von jahreszeitlichen Veränderungen herrschen am Waldrand, mitten im dichten Baumbestand oder auf einer Lichtung im Wald unterschiedliche Lichtverhältnisse. Diese haben für das Vorkommen vieler Pflanzenarten eine große Bedeutung. **Schattenpflanzen** kommen im Waldesinneren vor, **Lichtpflanzen** an Waldrändern, auf Lichtungen und außerhalb des Waldes.

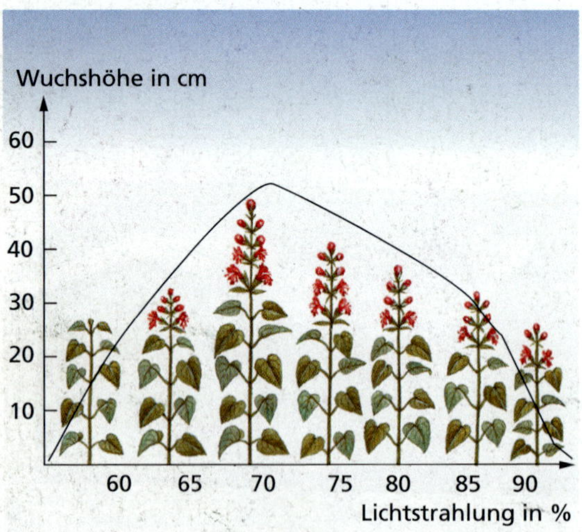

1 Auswirkung der unterschiedlichen Lichtintensität auf Wachstum und Entwicklung von Wald-Ziest

Unter den dichten Kronendächern der **Schattenbaumarten** Rot-Buche und Gemeine Fichte gedeihen nur solche Pflanzenarten, die den dort herrschenden geringen Lichtverhältnissen angepasst sind. Als Schattenpflanzen gehören dazu beispielsweise Frühlings-Platterbse, Großes Springkraut, Goldnessel, viele Farne und Moose.

Merkmale der Laubblätter	Lichtpflanzen	Schattenpflanzen
Größe	häufig kleiner	meist groß
äußere Beschaffenheit	relativ dick, derb	dünn, zart

Angepasstheiten an die Lichtverhältnisse lassen sich auch an den **Blättern ein und derselben Pflanze** feststellen, z. B. der Rot-Buche. Auf der besonnten Südseite des Kronenbereiches sind **Lichtblätter,** auf der Nordseite und im Innern der Krone sind **Schattenblätter** ausgebildet. Bezogen auf die Blattfläche ist die Fotosynthese der Lichtblätter höher als die der Schattenblätter.

Die **Individualentwicklung der Pflanzen** ist ebenfalls abhängig vom Licht. Deutliche Auswirkungen sind z. B. auf die Wuchshöhe und die Blütenbildung von Kräutern zu beobachten. Bei optimaler Lichtstrahlung entwickelt sich die Pflanze am besten (↗ Abb. 1).

Für Pflanzen ist der Lichtfaktor lebensnotwendig. Pflanzen sind an unterschiedliche Lichtverhältnisse angepasst. Der Lichtfaktor ist wesentlich an der Ausbildung der Strukturen und jahreszeitlichen Aspekte des Waldökosystems beteiligt.

Aufgabe

Untersuche Licht- und Schattenblätter.

a) Lege je ein Sonnenblatt und ein Schattenblatt auf Millimeterpapier und zeichne den Umriss auf. Vergleiche die Umrisse.

b) Betrachte und befühle die Blätter.
Was stellst du fest?

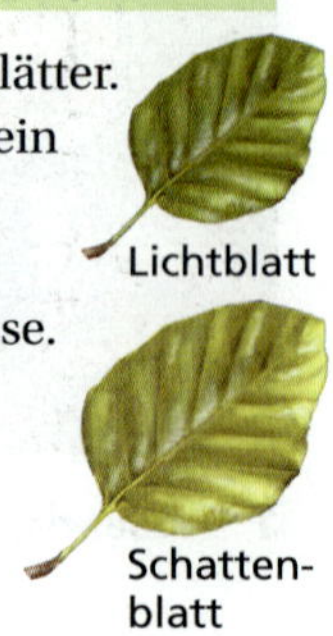

Licht als abiotischer Faktor für Tiere

Der Wechsel von **Licht** und Dunkelheit, von Tag und Nacht bewirkt bei im Wald lebenden Tieren gut zu beobachtende Veränderungen ihrer Aktivität bzw. ihres Verhaltens. In der Dämmerung ist das Schwärmen von Mücken auffällig. Fledermäuse fliegen zwischen den Baumwipfeln.
In der Nacht jagen Eulen, Igel und Dachse ihre Beute. Waldmäuse suchen in den Nachtstunden ihre Nahrung. Regenwürmer kriechen auf der Erdoberfläche.
Tagsüber sind die Sing- und Greifvögel aktiv. Eidechsen huschen zwischen Gesteinen und in der Luft schwirren Käfer, Libellen und Fliegen.
Entsprechend ihren Aktivitäten lassen sich **nachtaktive, dämmerungsaktive und tagaktive Tiere** unterscheiden (↗ Abb. 1, 2, 3).

Vom Licht beeinflusst wird auch der morgendliche **Sangesbeginn der Vögel.** Jede Art hat eine bestimmte Helligkeitsstufe, bei der sie munter wird und zu singen beginnt.
„Frühaufsteher“ bei den Singvögeln sind der Gartenrotschwanz, das Rotkehlchen und die Amsel. „Langschläfer“ sind Haussperling und Star.

Diese sogenannte **„Vogeluhr“** lässt gewisse Regelmäßigkeiten erkennen. Sie ist aber nicht ganz zuverlässig, weil sich, bedingt durch die Jahreszeiten, der Zeitpunkt des Sonnenaufganges verschiebt. Außerdem wird der morgendliche Sangesbeginn durch Bewölkung, Nebel und wechselnde Temperaturen beeinflusst. Die „Frühaufsteher“ sind oftmals abends auch die letzten Sänger, z. B. Amsel, Rotkehlchen.

Der abiotische Faktor Licht beeinflusst die Tag- und Nachtaktivität sowie das Verhalten von waldbewohnenden Tieren.

Aufgaben

1. Finde heraus, was unter Dämmerung verstanden wird. Nutze dazu Literatur und Internet. Suche weitere Beispiele für dämmerungsaktive Tiere.

2. Beobachte eine Woche lang die Aktivität der Tiere in deiner Umgebung. Ordne sie in tag-, nacht- und dämmerungsaktiv an.

1 Eule – nachtaktives Tier

2 Fledermaus – dämmerungsaktives Tier

3 Libelle – tagaktives Tier

Umweltfaktor Temperatur

Die **Temperatur** ist ebenfalls ein wesentlicher abiotischer Faktor, da sie nahezu alle Lebensprozesse beeinflusst. So sind z. B. Atmung, Transpiration, Entwicklung und Wachstum temperaturabhängig. Viele Lebewesen benötigen eine Temperatur zwischen einigen Minusgraden und etwa 45 °C.
Es gibt jedoch besonders hitzestabile Bakterien, die in heißen Quellen und an untermeerischen Vulkanen selbst Temperaturen von über 100 °C aushalten. In Kältestarre können verschiedene niedere Lebewesen auch Temperaturen von weniger als −100 °C überdauern, bestimmte Nadelbaumarten sibirischer Wälder halten Frost bis −70 °C aus.

Einfluss der Temperatur auf Pflanzen

Untersucht man die Temperaturverhältnisse im Wald über einen langen Zeitraum, so lassen sich jahreszeitliche Schwankungen feststellen. Diese periodischen Veränderungen des abiotischen Faktors Temperatur bestimmen wesentlich die **zeitliche Entwicklung** in unseren Wäldern.
Holzgewächse (Bäume und Sträucher) bilden Erneuerungsknospen und lagern Reservestoffe ein. Das ermöglicht im Frühjahr das Hervorbringen neuer Blätter.
Tanne, Douglasie und Weymouths-Kiefer sowie viele Laubbaumarten geben schon im Frühherbst ihre Samen frei. Als Anpassung an die Frostgrade im Winter verhindern Hemmstoffe, dass die Samen vorzeitig keimen.
Fichte, Kiefer und Lärche öffnen erst im Frühjahr unter dem Einfluss der warmen Sonneneinstrahlung ihre Zapfen und geben ihre flugfähigen Samen frei.

1 Busch-Windröschen und seine Wurzelstöcke

Anders ist es bei den **Pflanzen der Krautschicht.** Bei **mehrjährigen Kräutern** (z. B. Busch-Windröschen, ↗ Abb. 1) sterben die oberirdischen Teile nach ihrer Vegetationsperiode ab. Sie überwintern mithilfe der im Erdboden liegenden Erneuerungsknospen wie Knollen, Zwiebeln, Wurzelstöcke.
Auch von den **einjährigen Kräutern** (z. B. Springkraut) ist während des Winters im Wald nichts zu sehen. Sie durchlaufen in einer Vegetationsperiode ihre Entwicklung von der Keimung bis zum Tode. Sie sterben vollständig ab und erneuern sich im darauffolgenden Jahr durch ihre frostresistenten Samen.

Neben den jahreszeitlichen Temperaturänderungen werden die Temperaturverhältnisse im Wald auch von der geografischen Lage und vom Boden beeinflusst. Sandböden und trockene Kalkböden erwärmen sich schneller als feuchte Tonböden. Auch die Dichte der Pflanzen im Wald und die Anzahl der Schichten wirken sich auf die Temperaturverhältnisse im Wald aus.

Der abiotische Faktor Temperatur beeinflusst das Vorkommen der waldbildenden Pflanzen sowie die zeitliche Entwicklung in Ökosystemen.

Aufgaben

1. Erläutere den Zusammenhang, der zwischen der Temperatur und der Bildung von Erneuerungsknospen bei Bäumen und Sträuchern besteht.

2. Beschreibe, wie die Pflanzen der Krautschicht an die kalten, winterlichen Temperaturen angepasst sind.

Einfluss der Temperatur auf Tiere

Im Wald kann man beobachten, wie der abiotische Faktor Temperatur das Verhalten vieler Waldbewohner beeinflusst.
Bei **wechselwarmen Tieren** ist die Körpertemperatur weitgehend von der Umgebungstemperatur abhängig. Viele müssen deshalb die kalte Jahreszeit in geschützten Verstecken in **Winterstarre (Kältestarre)** überdauern (↗Abb. 1).
Dabei ist ihr Stoffwechsel stark herabgesetzt und die Körpertemperatur niedrig. In diesem Zustand sind wechselwarme Tiere bewegungsunfähig. Mit steigender Umgebungstemperatur steigt auch die Körpertemperatur und damit die Aktivität der Tiere wieder.
Auch im Sommer kann man an kühlen Tagen oder in den Morgenstunden eine geringere Aktivität bei wechselwarmen Tieren beobachten.

Bei Säugetieren und Vögeln wird die Körpertemperatur reguliert und relativ konstant gehalten. Die Körperbedeckung (z. B. Fell, Federn) schützt diese **gleichwarmen Tiere** vor Wärmeabgabe.
Manche einheimische Säuger passen sich der kalten Jahreszeit durch das Abhalten einer **Winterruhe** bzw. eines **Winterschlafes** an (↗Abb.).
Eine Rolle spielt dabei auch das schlechte Nahrungsangebot im Winter.
Die **Winterruhe** stellt einen Schlaf von besonderer Länge und Tiefe dar. Die Körpertemperatur dieser gleichwarmen Tiere (z.B. Eichhörnchen, Dachs) bleibt dabei konstant. Sie wachen zwar häufig auf, ihre Aktivitäten sind aber eingeschränkt.
Der **Winterschlaf** dagegen ist durch eine deutliche Änderung im Stoffwechsel des Körpers und einer damit verbundenen Aktivitätseinschränkung gekennzeichnet.
Während die Körpertemperatur dieser gleichwarmen Tiere (z. B. Igel, Fledermaus, Siebenschläfer, ↗Abb. 2) im Aktivzustand je nach Tierart zwischen 36 °C und 40 °C liegt, wird sie im Winterschlaf auf Werte um 5 °C abgesenkt. Gleichzeitig sind Herzschlag und Atmung enorm gedrosselt.

Aktivität und Verhalten von Tieren werden durch den abiotischen Faktor Temperatur beeinflusst.
Winterruhe und Winterschlaf einiger gleichwarmer Tiere sind Anpassungen an die kalte Jahreszeit.

Aufgaben

1. Erläutere die Begriffe wechselwarm und gleichwarm.

2. Die Temperaturverhältnisse im Wald schwanken im Verlaufe eines Tages. Wo ist es im Sommer nachts im Wald am wärmsten? Welche Aussage trifft zu:
   a) direkt am Waldboden,
   b) in der Krautschicht,
   c) in der Strauchschicht,
   d) in der Kronenschicht.

1 Die wechselwarme Waldeidechse überwintert eingerollt in Winterstarre.

2 Siebenschläfer im Winterschlaf – der Winterschlaf dauert von Oktober bis Anfang Mai (sieben Monate).

Darstellung statistischer Daten

Ob in der Wissenschaft, Politik, Wirtschaft oder in anderen Bereichen: Zusammenhänge, Entwicklungen oder Trends können durch das Sammeln **empirischer Daten** (z. B. Daten aus experimentellen Messreihen) und ihre Aufbereitung mithilfe statistischer Verfahren sichtbar gemacht werden. Eine Darstellung in Tabellen und Diagrammen veranschaulicht die Daten, macht sie mitunter überschaubarer.

Geht es vor allem um genaue (z. B. mehrere Nachkommastellen) und/oder sehr viele Zahlenangaben, wird die Darstellung in einer **Tabelle** vorgenommen.

Ein **Diagramm** (griech.: *diagramma* = geometrische Figur, Umriss) dagegen veranschaulicht Größenverhältnisse und/oder Abhängigkeiten „auf einen Blick".

Die grafische Darstellung in einem Diagramm basiert zumeist auf der vorherigen Zusammenstellung der statistischen Daten in einer Tabelle. Für die Umwandlung in ein Diagramm sollte die Tabelle zwei Tabellenköpfe besitzen:

- Ein Tabellenkopf beschreibt die Rubriken an der Rubrikenachse eines Diagramms.
- Der zweite Tabellenkopf wird zur Legende, die die einzelnen Datenreihen beschreibt.

Beispiel: Es sollen die Gewichtsveränderungen durch Wasserabgabe (Transpiration) von unterschiedlichen Blättern bzw. Zweigen verglichen werden (↗ S. 16).

Gewicht (in g) / Zeit	Stechpalme	Hängebirke
Versuchsbeginn	150	150
nach 2 h	150	140
nach 10 h	140	100

Der obere Tabellenkopf dient als Legende und zeigt die farbliche Darstellung von Stechpalme und Hängebirke. Der seitliche Tabellenkopf entspricht der Rubrikenachse (Gewicht in Gramm und Zeit in Stunden). Tabelle und Diagramm haben je drei Rubriken (Versuchsbeginn, nach zwei Stunden, nach zehn Stunden) und zwei Datenreihen (Stechpalme und Hängebirke).

Je nach dem Ziel der Darstellung kann man unterschiedliche **Diagrammtypen** nutzen. Die Anwendungsbereiche der häufig verwendeten Diagramme sind auf der Seite 23 erläutert.

Gewichtsentwicklung von Stechpalme und Hängebirke

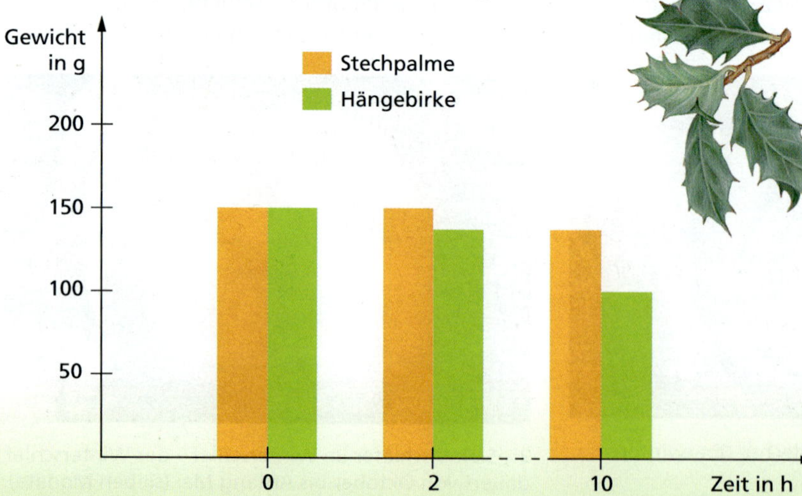

Punktdiagramm und Liniendiagramm
Diese Diagrammtypen eignen sich besonders zur Darstellung von wenigen Datenreihen mit jeweils sehr vielen Daten, z. B. zur Darstellung von Entwicklungen und Prognosen oder Messreihen. Die Daten werden als Punkte in einem Koordinatensystem aufgetragen. Beim Liniendiagramm werden die Punkte zusätzlich mit Geraden oder Kurven verbunden.

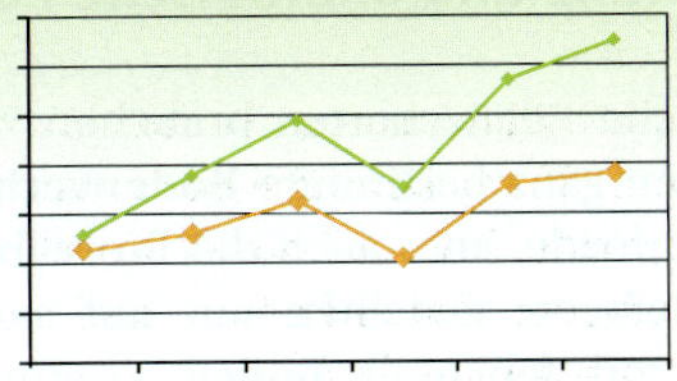

Flächendiagramm
Mit Flächendiagrammen wird zumeist die Entwicklung von zwei und mehr Mengen in einem bestimmten Zeitraum veranschaulicht. Wie beim Liniendiagramm wird eine Linie dargestellt, die darunter entstandene Fläche wird mit einer Farbe oder einem Muster ausgefüllt.

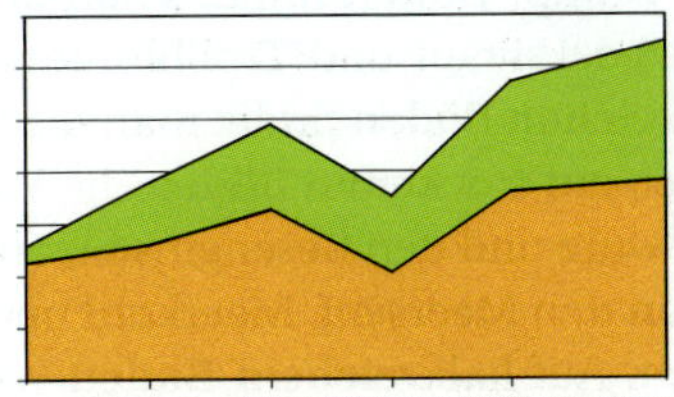

Säulendiagramm und Streifen- bzw. Balkendiagramm
Säulen- und Balkendiagramme eignen sich zur Darstellung mehrerer Datenreihen im Vergleich. Der Abstand zwischen Diagrammachse und Datenpunkt wird mit einer rechteckigen Fläche gefüllt. Jeder Zahl wird eine senkrechte Säule bzw. ein waagerechter Balken zugeordnet.

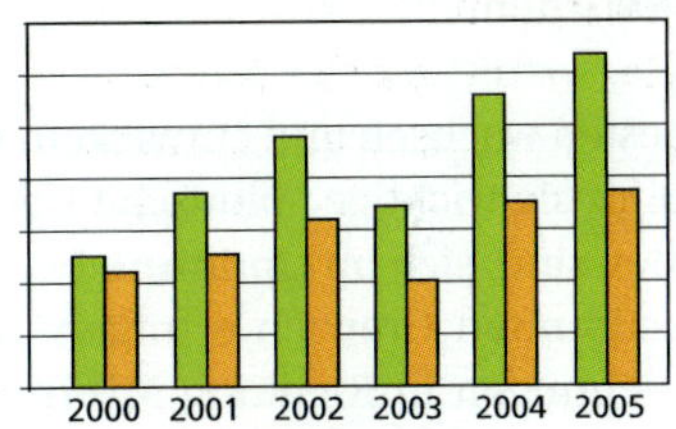

Kreisdiagramm und Tortendiagramm (3-D)
Kreis- und Tortendiagramme veranschaulichen den Vergleich von verschiedenen Teilen eines Ganzen. Kreis- und Tortendiagramme können absolute Mengeneinheiten (kg, min, Euro, Anzahl...) oder Prozentanteile darstellen. Die gesamte Kreisfläche (360°) entspricht der Gesamtmenge von 100 % (1 % = 3,6°). Es lassen sich grundsätzlich nur Zahlen aus einer Reihe oder einer Spalte einer Tabelle darstellen.

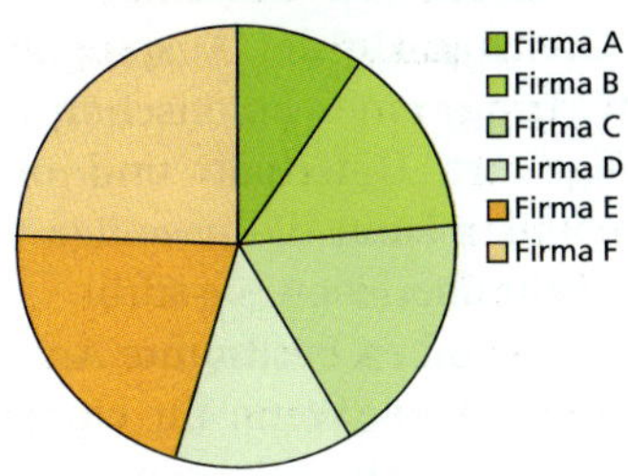

Prozentstreifen
Der Prozentstreifen wird für die gleichen Sachverhalte genutzt wie das Kreisdiagramm. Hier wird anstelle der Kreisfläche die Gesamtlänge eines Streifens gleich 100 % gesetzt.

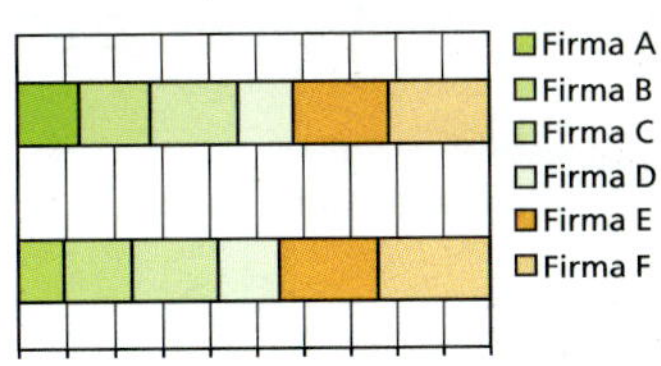

Sonderformen
Daten lassen sich auch mithilfe von Piktogrammen (Mensch, Auto, Baum...) darstellen. So könnte man z. B. Einwohnerzahlen verschiedener Länder oder Orte wie nebenstehend optisch in einem Figurendiagramm abbilden. Jedes Piktogramm „Mensch" könnte z. B. für je zehn Mio. Menschen stehen (Deutschland = 80 Mio., Spanien = 40 Mio. Einwohner).
Ohne Zahlenangaben lässt das Figurendiagramm auf einen Blick erkennen, dass in Deutschland doppelt so viele Menschen leben wie in Spanien.
Mit Ausnahme von Punktdiagrammen lassen sich alle Diagrammtypen auch in 3-D-Form darstellen.

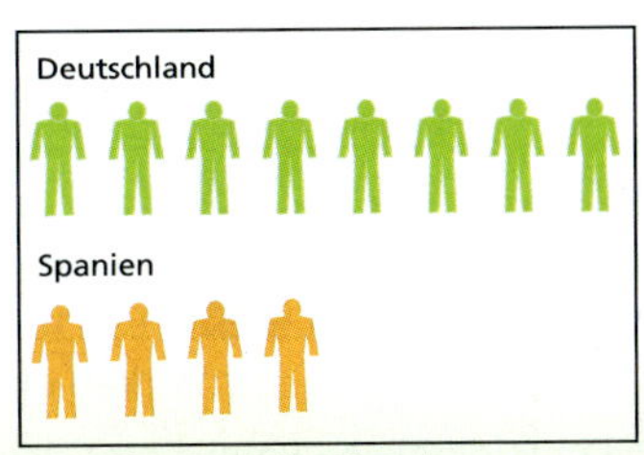

eine Figur = 10 Mio. Einwohner

Toleranz und ökologische Potenz

Manche Pflanzenarten brauchen zu ihrem Gedeihen ganz bestimmte **Bodenverhältnisse.** Die Besenheide, aber auch die Preiselbeere und die Heidelbeere gedeihen nur auf **sauren Böden.** Nur auf **feuchten Böden** kommen Schwarz-Erle, Sumpf-Dotterblume, Wald-Schachtelhalm, Scharbockskraut und Trollblume vor. Auf **stickstoffreichen Böden** findet man die Große Brennnessel, auf **trockenen Böden** die Wohlriechende Weißwurz und den Besenginster, auf **salzreichen Böden** den Meersenf, Meerkohl und den Strandflieder. Auf **kalkreichem Boden** wächst das Leberblümchen.

Am besten wachsen und entwickeln sich Pflanzen, wenn für sie wichtige abiotische Faktoren optimal gegeben sind, sich im **Optimum** befinden.
In bestimmten Grenzen ertragen die Arten aber Abweichungen in Richtung **Minimum** bzw. **Maximum** (↗Abb. 1). Minimum bzw. Maximum sind Grenzpunkte der Ausprägung (der Größe, der Wirkung) eines abiotischen Faktors für die jeweilige Art. Unterhalb und oberhalb dieser Grenzpunkte kann die jeweilige Organismenart nicht mehr überleben, sie stirbt.
Auch Tiere haben bestimmte Ansprüche an abiotische Faktoren. Wenn für eine Art lebensnotwendige abiotische Faktoren nur im Bereich des **Minimums** bzw. **Maximums** gegeben sind, kann sie zwar noch existieren, sich aber meist nicht fortpflanzen und stirbt folglich aus.

Die Fähigkeit, Schwankungen der Wirkung von abiotischen Faktoren sowohl in Richtung auf das Minimum als auch auf das Maximum in bestimmten Grenzen zu ertragen, wird **Toleranz** (↗Abb. 2) genannt.

Der Bereich eines abiotischen Faktors, den eine Art nutzt und in dem sie sich fortpflanzen kann, wird ihre **ökologische Potenz** genannt (↗Abb. 1). Man unterscheidet eine weite und eine enge ökologische Potenz.

Die einzelnen Arten stellen bestimmte Ansprüche an die abiotischen Faktoren eines Biotops (Optimum, Minimum, Maximum).
Der Bereich von abiotischen Faktoren, in dem sie sich auch fortpflanzen können, ist ihre ökologische Potenz.

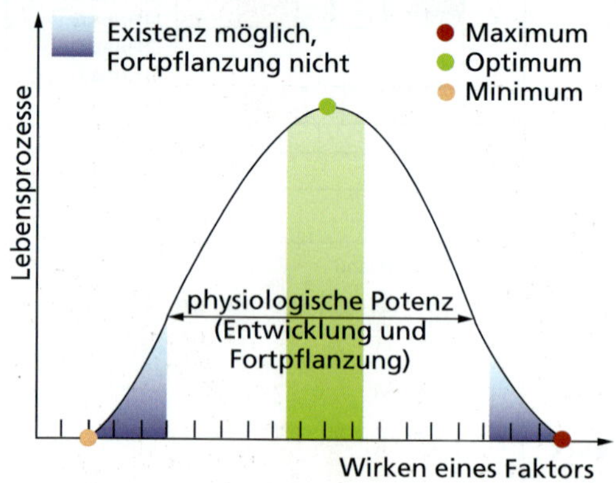

1 Die physiologische Potenz gibt den Bereich eines abiotischen Faktors an, in dem sich eine Art entwickeln und fortpflanzen kann.

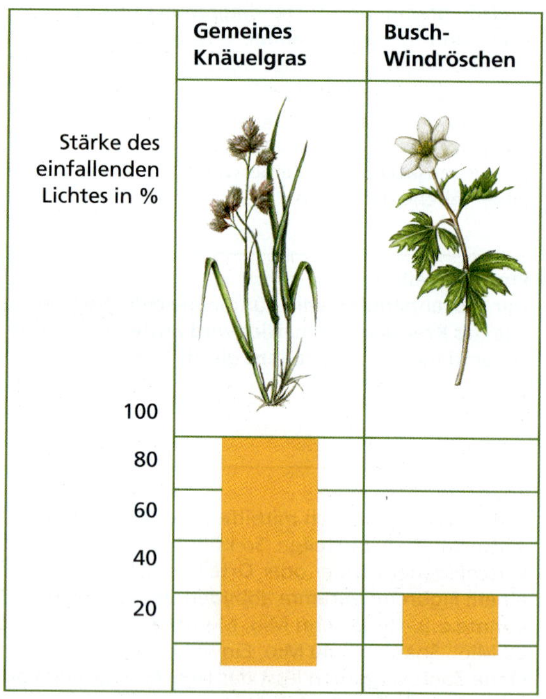

2 Toleranz vom Gemeinen Knäuelgras und dem Busch-Windröschen gegenüber dem Lichtfaktor, bezogen auf den Standort

Biologie im Alltag

Pflanzen als Anzeiger

Der **pH-Wert** ist ein weiterer wesentlicher abiotischer Umweltfaktor. Er ist ein Wert für eine neutrale, saure oder basische Reaktion einer wässrigen Lösung, sei es eine Bodenlösung oder das Wasser eines Gewässers. Der unterschiedliche Säuregrad des Bodens wird als **Bodenazidität** bezeichnet. Die Wasserstoffionen, die zur Boden-azidität führen, entstammen den Niederschlägen (z. B. Gehalt der Niederschläge an Kohlensäure, schwefliger Säure ↗S. 76), aus Dissimilationsprozessen von Bodenorganismen, aus säurebildenden Düngern, aus sauren Fäulnis- und Verwesungsprodukten. In Böden lassen sich mehrere **Reaktionsbereiche** unterscheiden (↗Tab. rechts).
Die Ansprüche waldbildender Pflanzenarten an den pH-Wert des Bodens sind unterschiedlich (↗Abb. 1–3; Tab. unten). Manche Arten können verschiedene pH-Werte tolerieren, andere sind auf eng begrenzte Reaktionsbereiche angewiesen.

Reaktionsbereiche von Böden

Reaktionsbezeichnung	pH-Wert	Reaktionsbezeichnung	pH-Wert
extrem sauer	< 3,0	schwach basisch	7,1– 8,0
sehr stark sauer	3,0 – 3,9	mäßig basisch	8,1– 9,0
stark sauer	4,0 – 4,9	stark basisch	9,1– 10,0
mäßig sauer	5,0 – 5,9	sehr stark basisch	10,1 – 11,0
schwach sauer	6,0 – 6,9	extrem basisch	> 11,0
neutral	7,0		

Der pH-Wert kennzeichnet die saure, neutrale und basische Reaktion des Bodens. Er beeinflusst stark das Vorkommen von waldbildenden Pflanzenarten und Bodenorganismen.

Ökologische Ansprüche von Pflanzenarten an den pH-Wert (Beispiele)

stark sauer bis mäßig sauer	Rauschbeere, Heidekraut (↗Abb. 1), Faulbaum
stark basisch bis schwach basisch	Schwarz-Kiefer, Berberitze (↗Abb. 2), Nesselblättrige Glockenblume
sauer – neutral – basisch	Spitz-Ahorn, Stiel-Eiche, Schwarzer Holunder (↗Abb. 3), Rot-Buche

1 Heidekraut

2 Berberitze

3 Schwarzer Holunder

Mosaik

Zeigerpflanzen

Die ökologische Potenz, der fortpflanzungsmögliche Bereich einer Art gegenüber einem Umweltfaktor, ist bei den Arten unterschiedlich. Sie ist auch oft nicht für alle Individuen einer Art gleich und kann sich im Verlaufe der Individuenentwicklung ändern.

Manche Arten haben bezüglich mehrerer abiotischer Faktoren eine weite ökologische Potenz. Solche Arten kann man in verschiedenen Ökosystemen, teilweise weltweit finden. Typische Beispiele sind der Sperling und die Ratte, das Gemeine Knäuelgras und der Löwenzahn.

Andere Arten besitzen eine enge ökologische Potenz. Sie sind auf spezifische Biotope (Standorte) angewiesen.

Bezieht sich diese **enge ökologische Potenz** bei Pflanzen auf einen abiotischen Faktor (z. B. das Licht, die Feuchtigkeit, den Salzgehalt), dann lassen sich solche Pflanzenarten als **Zeigerpflanzen (Indikatorpflanzen)** für diesen abiotischen Faktor nutzen. Zeigerpflanzen gibt es für eine ganze Reihe abiotischer Faktoren (↗ Abb. 1– 6).

Zeigerpflanzen sind Pflanzen, die eine enge ökologische Potenz gegenüber einem bestimmten abiotischen Faktor besitzen.
Sie können als Indikatoren für die Beurteilung der Ausprägung abiotischer Faktoren im Biotop herangezogen werden.

Aufgaben

1. *Erkläre, was aus ökologischer Sicht unter Maximum, Minimum und Optimum zu verstehen ist.*

2. *Erläutere den Begriff „ökologische Potenz".*

1 Heidelbeere
(Säureanzeiger)

3 Große Brennnessel
(Stickstoffanzeiger)

5 Besenginster
(Trockenheitsanzeiger)

2 Sumpf-Dotterblume
(Nässeanzeiger)

4 Leberblümchen
(Kalkanzeiger)

6 Meerkohl
(Salzanzeiger)

Planung und Durchführung einer Exkursion

Das Wort „Exkursion" stammt aus dem Lateinischen und kann mit Ausflug oder Streifzug übersetzt werden (*ex* = aus; *currere* = laufen). In den Naturwissenschaften, insbesondere in der Biologie, werden auf einer Exkursion meist Beobachtungen und verschiedene Messungen durchgeführt, in der Regel werden auch Pflanzen und Tiere bestimmt. Exkursionen weisen folgenden Ablauf auf:

1. Schritt

Planung und Vorbereitung
Eine Exkursion sollte detailliert geplant und vorbereitet werden. Dazu
- muss das Exkursionsziel festgelegt werden. Danach richtet sich die Ausrüstung (z. B. Fanggeräte, Sammelbehälter, Messgeräte, Bestimmungsbücher und Kleidung).
- dient eine Karte des Exkursionsgeländes zur Orientierung, zum Eintragen der Fundorte von Pflanzen und Tieren oder von Geländeeigenschaften.

2. Schritt

Durchführung
Zu Beginn wird das Exkursionsgebiet **betrachtet.** Dabei wird in der Arbeitsgruppe besprochen, welche Untersuchungen wo und von wem durchgeführt werden.
Weitere wichtige biologische Tätigkeiten im Exkursionsgebiet sind das **Messen** (z. B. Temperatur, Luftfeuchtigkeit, Helligkeit) und das **Beobachten, Sammeln und Bestimmen** von Pflanzen und Tieren. Die Messergebnisse müssen genau **protokolliert** und die Fundorte eingetragen werden.
Bei der Geländearbeit ist die Beachtung der **Naturschutzbestimmungen** unbedingt notwendig. Geschützte Pflanzen dürfen nicht für ein Herbar gepflückt und geschützte Tiere nicht gefangen werden.
Tiere müssen generell nach ihrer Bestimmung wieder freigelassen werden.

3. Schritt

Auswertung
Nach der Exkursion kann man mit der **Auswertung** beginnen. Dazu zählt u. a. das
- Herbarisieren mitgebrachter Pflanzen,
- Aufnehmen der bestimmten Tiere und Pflanzen mit ihrem Fundort in Listen.

Manche Fragestellungen, wie z. B. die Klärung bestimmter Bodeneigenschaften wie Kalkgehalt und Wassergehalt, sind allerdings nur durch das **Experiment** zu lösen. Die mitgebrachten und beschrifteten Bodenproben werden dann in der Schule untersucht und ausgewertet.

Aufgabe
Plant mit eurer Klasse eine Exkursion in ein nahe gelegenes Waldgebiet.
a) Überlegt, welche Untersuchungen sinnvoll wären.
b) Erstellt dafür eine Checkliste der Ausrüstungsgegenstände, die dafür benötigt werden.

Abiotische Umweltfaktoren

Um in das Wirkungsgefüge eines Ökosystems Einblick zu gewinnen, kann man unterschiedliche Untersuchungen durchführen. Im Folgenden sind einige Beispiele zusammengestellt, die sich für die Erforschung eines Waldökosystems eignen.

Licht und Schatten

Die Helligkeit eines Standorts wird in der Regel als Beleuchtungsstärke mit einem Luxmeter gemessen und in Lux angegeben.
Dabei kann die Beleuchtungsstärke an ein und demselben Standort sowohl über den Tag als auch im Jahresverlauf stark schwanken. Dafür sind der wechselnde Sonnenstand, das Wetter und die Belaubung der Bäume verantwortlich.
Das Lichtbedürfnis einer Pflanzenart gibt man wegen der starken Schwankungen in der Regel als relativen Lichtgenuss an. Darunter versteht man den Anteil (Prozentanteil) des vollen Tageslichtes, der an einem bestimmten Standort herrscht.

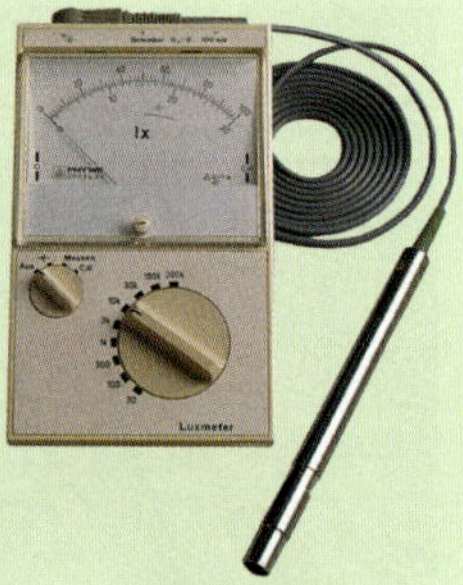

1. Miss die Beleuchtungsstärke in Abhängigkeit der Zeit.

Material:
Luxmeter

Durchführung:
Finde im Wald einen Standort mit Wald-Sauerklee. Miss die Beleuchtungsstärke in Höhe der Sauerkleeblättchen. Führe über ca. 2 Stunden wiederholte Messungen im Abstand von 10 min durch und notiere die Ergebnisse.

Auswertung:
1. Stelle die Messergebnisse in einem Liniendiagramm dar (Beleuchtungsstärke und Zeit).
2. Du erhältst mit deinem Diagramm ein Bild der Helligkeitsschwankungen. Überlege, welche Fehler bei einer solchen Darstellung auftreten können.

2. Messt die Beleuchtungsstärke in Abhängigkeit des Pflanzenvorkommens.

Material:
Luxmeter; Maßband oder markierte Wäscheleine; 1 m breiter, in zehn 10 x 10 cm Quadrate unterteilter Holzrahmen

Durchführung:
1. Sucht einen Waldstandort auf, an dem die Beleuchtungsstärke in einer Richtung stark zu- bzw. abnimmt. Beleuchtungsstärken verändern sich deutlich an einem Waldrand oder an einem Übergang von dichtem Fichtenforst in einen offenen Laubwald.
2. Steckt mit einem Maßband eine Strecke von ca. 20 m ab und messt im Abstand von 1 m die Beleuchtungsstärke.
3. Legt nun im Abstand von 1 m, wie in der Abbildung dargestellt, den Holzrahmen mit den zehn Kästchen aus und notiert für jede Pflanzenart die Zahl der Kästchen, in denen sie vorkommt.

Tipp: Diese Untersuchungen gelingen an sonnigen Tagen besonders gut.

Auswertung:
1. Rechnet die Messwerte in relativen Lichtgenuss (%) um.
2. Ordnet jeder vorkommenden Pflanzenart (artgenau bestimmen!) ein bestimmtes Lichtbedürfnis zu (Schattenpflanze, Halbschattenpflanze, Sonnenpflanze).
3. Stellt die Ergebnisse in einem Diagramm dar.

Standortklima

Das kleinräumige Klima an einem bestimmten Standort kann sich schon auf wenige Meter stark verändern. Um das Standortklima zu erfassen, muss man die Werte über den Tag (und auch zu verschiedenen Jahreszeiten) messen. Neben der Beleuchtungsstärke sind Lufttemperatur, relative Luftfeuchtigkeit und Verdunstungskraft (Evaporation) wichtige Kenngrößen.

Richte Messstellen für das Standortklima ein.

Material:
2 Luxmeter, 2 Thermometer, 2 Hygrometer (günstig sind elektrische Hygrometer mit digitaler Anzeige, die gleichzeitig auch die Temperatur messen und anzeigen),
6 Piche-Evaporimeter (kalibriertes Glasröhrchen mit grüner Filtrierpapierscheibe, ↗ Abb.)

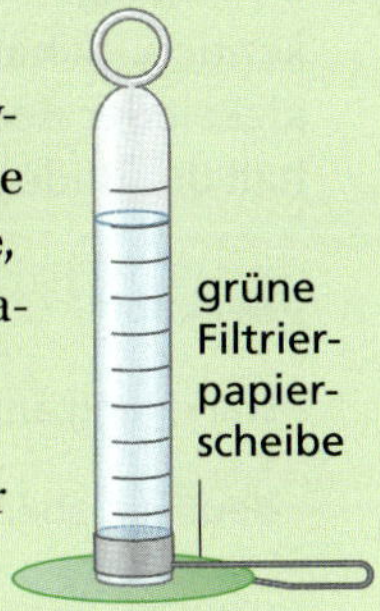

Durchführung:
1. Richte in einem Waldökosystem und auf einer Wiese einen Messplatz für das Standortklima ein (↗ Abb. 1).
   a) Die Messungen werden jeweils in 5 cm, 50 cm und 150 cm Höhe über der Bodenoberfläche durchgeführt.
   b) In diesen drei Höhen sollten an beiden Messstellen die Piche-Evaporimeter fest installiert werden. Es wird die zwischen zwei Messungen verdunstete Wassermenge gemessen und auf ml/h umgerechnet.
   c) Die Thermometer, Hygrometer und Luxmeter werden in den drei Höhen kurzzeitig gehalten und abgelesen.
   d) Beim Ablesen der Thermometer muss darauf geachtet werden, dass diese nicht direkt von der Sonne getroffen werden.
2. Führe über den Tagesablauf möglichst zahlreiche Messungen durch, mindestens aber drei (kurz nach Sonnenaufgang, um die Mittagszeit, kurz vor Sonnenuntergang).

Auswertung:
1. Stelle für jeden der beiden Messpunkte den Tagesgang von Beleuchtungsstärke, Temperatur, relativer Luftfeuchte und Evaporation dar.
2. Vergleiche die Ergebnisse beider Standorte. Beachte dabei besonders die Werte in den verschiedenen Höhen. Was stellst du fest?

1 So kann der Messplatz zur Kennzeichnung des Standortklimas eines Ökosystems eingerichtet werden.

Boden

Für ein Ökosystem sind vor allem folgende Bodeneigenschaften wichtig:

- pH-Wert und Kalkgehalt,
- Gehalt an organischen Abfallstoffen (Humusgehalt),
- Speicherkapazität für Wasser und Mineralstoffe (hängt z. B. mit der Korngröße der Bodenbestandteile zusammen).

1. Miss den pH-Wert des Bodens.

Der pH-Wert ist ein Maß für die Stärke der sauren bzw. basischen Wirkung einer wässrigen Lösung, die sich aus der H^+- (bzw. H_3O^+-) Konzentration ergibt.

Material:
pH-Messstäbchen (Bereich 4–8), Becherglas, Kaffeefilter, Löffel, destilliertes Wasser

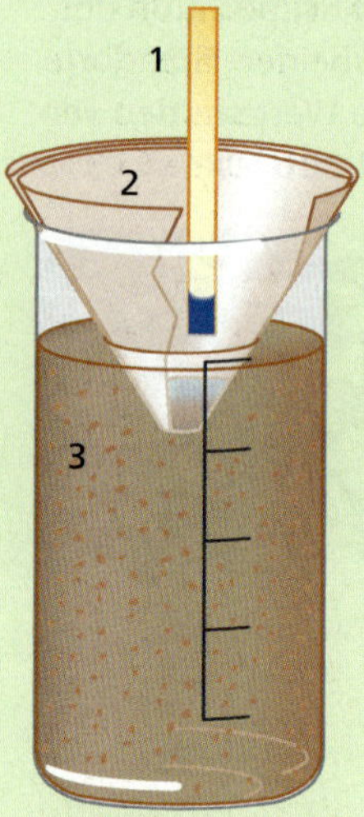

1 Messstäbchen
2 Filter
3 Bodensuspension

Durchführung:
Füge zur Bodenprobe im Becherglas etwa die doppelte Menge destilliertes Wasser hinzu und rühre die Mischung um, bis eine Lösung entsteht. Tauche nach etwa fünf Minuten den Filter langsam so in die Bodensuspension, dass sich im Inneren des Filters klare Flüssigkeit sammelt. Miss in dieser Lösung den pH-Wert mit einem Messstäbchen entsprechend der Packungsvorschrift.
Auch einige elektrische pH-Meter mit einer Messelektrode sind für die direkte Messung von Böden geeignet.

Auswertung:
Überlege dir eine geeignete Darstellung deiner Messwerte.

2. Schätze den Kalkgehalt des Bodens.

Material:
10 %ige Salzsäure [X], Porzellan- oder Petrischale, Tropfpipette, Teelöffel, Schutzbrille

Durchführung:
Setze die Schutzbrille auf und gib jeweils zu einem Teelöffel Bodenprobe in der Petrischale vorsichtig zehn Tropfen Salzsäure.

Auswertung:

1. Den Kalkgehalt kann man am Aufbrausen erkennen. Schätze nach der Tabelle in Abhängigkeit der Reaktion mit Salzsäure den Kalkgehalt der Bodenprobe.

Reaktion	Kalkgehalt
stark, lang anhaltend:	> 5 %
deutlich, aber nicht anhaltend:	3–4 %
schwach, kurz:	1–2 %
keine Reaktion:	< 1 %

2. Beschreibe die chemische Reaktion, die dem Aufbrausen zugrunde liegt.
3. Kannst du einen Zusammenhang zwischen pH-Wert und Kalkgehalt verschiedener Bodenproben feststellen?
4. Setze den pH-Wert und den Kalkgehalt des Bodens mit den vorkommenden Pflanzenarten in Beziehung.

3. Untersuche die organischen Bestandteile des Bodens .

Material:
kleine Schaufel oder Löffel, kleines Glas (mindestens 2 mal so hoch wie breit, z. B. von Kleinkindernahrung), Alaun [Kalium-Aluminiumsulfat, $KAl(SO_4)_2$]

Durchführung:
Fülle ein Probenglas zu etwa 1/4 mit der Bodenprobe, gib dann einen Esslöffel voll Alaun dazu und fülle mit Leitungswasser auf. Verschließe das Glas und schüttle es kräftig. Lass das Glas einige Minuten ruhig stehen.

Tipp: Die organischen Bestandteile des Bodens sammeln sich an der Oberfläche, während die anorganischen (mineralischen) Bestandteile sich absetzen.
Lässt man das Glas länger stehen, setzen sich auch die organischen Bodenbestandteile ab, deshalb sollte die Auswertung sofort erfolgen.

Auswertung:
1. Vergleiche verschiedene Bodenproben miteinander.
2. Erläutere, wodurch die Unterschiede zustande kommen könnten.
3. Erkläre die Bedeutung der organischen Bestandteile für die Bodenfruchtbarkeit.

4. Ermittle die Bodenart.

Die Korngröße der Bodenbestandteile ist entscheidend für die Wasser- und Mineralstoffspeicherfähigkeit eines Bodens. Sandboden hält nur wenig Wasser zurück, während Lehm- oder Tonböden regelrecht aufquellen können.
Während Sand keine Bestandteile von < 0,01 mm Durchmesser enthält, besteht Ton zu mehr als 60 % aus solchen kleinsten Teilchen.

Durchführung:
Ermittle die Bodenart mit Handprobe und folgendem Bestimmungsschlüssel:

1 Bodenprobe lässt sich zwischen Handflächen zu Kugel formen 2
– nicht formbar .... **Sand**

2 Bodenprobe lässt sich zwischen Handflächen zu bleistiftdicker Wurst ausrollen 3
– nicht so dünn ausrollbar .... **lehmiger Sand**

3 Bei Quetschen der Probe zwischen Daumen und Zeigefinger in Ohrnähe kein starkes Knirschen 4
– starkes Knirschen .... **sandiger Lehm**

4 Gleitfläche der Quetschprobe glänzend 5
– nicht glänzend, stumpf .... **Lehm**

5 Knirscht bei Prüfung dünn ausgestrichen zwischen Objektträgern .... **lehmiger Ton**
– knirscht nicht .... **Ton**

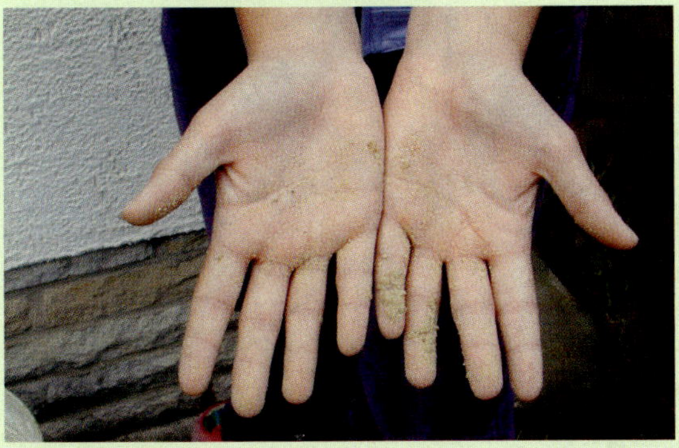

1 Handflächen nach der Fingerprobe mit Sand

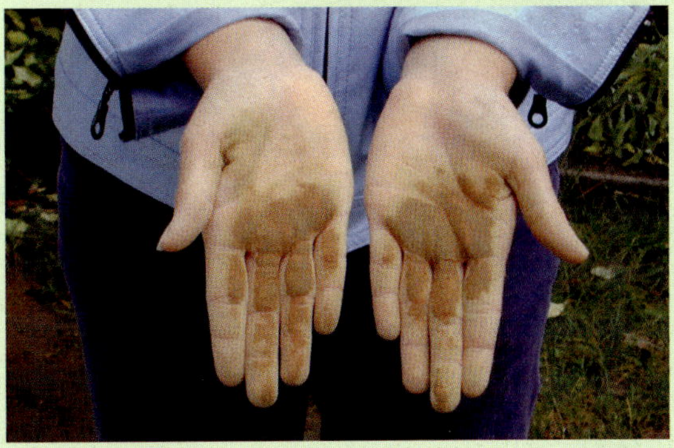

2 Handflächen nach der Fingerprobe mit Lehm

Baumzählung

In Deutschland kommen meistens nur relativ wenige verschiedene Baum- und Gehölzarten in einem Wald vor. Um ihre Häufigkeit festzustellen, kann man sie auszählen. Eine wichtige Methode beruht darauf, Pflanzenindividuen entlang einer zufällig oder willkürlich festgelegten Linie, z. B. einer Geraden, zu zählen (Linientransekt-Methode). Mehrere solcher Stichproben geben dann einen zuverlässigen Schätzwert für die Artenzusammensetzung der gesamten Untersuchungsfläche.

Untersuche, wie häufig die verschiedenen Baumarten in einem Waldgebiet sind.

Material:
Bestimmungsschlüssel für Bäume (nach Blättern); 1 Betttuch; für jede Arbeitsgruppe: 1 Wäscheleine oder Seil (mindestens 25 m lang), 1 Sammelbeutel

Durchführung:
1. Legt zuerst eine Basislinie (z. B. an einem Waldweg) fest, von der aus die Linientransekte gelegt werden sollen.
2. Die Arbeitsgruppen verteilen sich im Abstand von mindestens 15 m an der Basislinie. Dann befestigt jede Gruppe das Seil an dem zunächst stehenden Baum.
3. Von dort wird das Seil senkrecht zur Basislinie von Baum zu Baum in den Wald gespannt, wobei eine leichte Zickzacklinie erlaubt ist.
4. Von jedem berührten Stamm wird ein Blatt als Beleg eingesammelt. Bei Nadelgehölzen kann man statt Blättern (Nadeln) kurze Zweige einstecken. Sind die Blätter zu hoch, muss ein entsprechendes Blatt von einem anderen Baum derselben Art oder vom Boden eingesteckt werden.
5. Alle Gruppen legen die Blätter einer Art am unteren Rand des Lakens auf einen Haufen.
6. Die Blätter werden auf dem Laken so zu Säulen angeordnet, dass für jedes Blatt – unabhängig von seiner Größe – derselbe Platz zur Verfügung steht. So erhält man ein Säulendiagramm, das die Häufigkeit der einzelnen Gehölzarten wiedergibt (↗ Abb. 1).

Auswertung:
1. Stelle fest, ob die Arten gleichmäßig über das Untersuchungsgebiet verteilt sind.
2. Erläutere, woran es liegen könnte, dass bestimmte Baumarten besonders häufig sind.
3. Überlege dir eine Möglichkeit, wie man mithilfe von Linientransekten die Verteilung von Baumarten in der Fläche darstellen kann.

Tierarten

Klima, Boden und Vegetation bestimmen die Tierarten, die an einem Ort vorkommen. Andersherum können diese Aufschluss über die Eigenschaften des Standorts liefern, z.B. die Beschaffenheit des Bodens oder die Vielfalt an Pflanzenarten.

Je nach Tiergruppe gibt es unterschiedliche Erfassungsmethoden. Vögel werden vor allem beobachtet, wirbellose Tiere mithilfe von speziellen Fanggeräten, z.B. Keschern, gefangen. Die beste Zeit dafür ist ein trockener und warmer Frühlingstag.

Untersuche und vergleiche die Tierarten in einem Wald und auf einer Wiese.

Materialien:

je Gruppe: 1 Fernglas, 4 Lupen (z.B. Becherlupen), 1 Bestimmungsschlüssel für Vögel und 4 für wirbellose Tiere, 2 Kescher, 1 Schaufel oder Spaten, 2 große Fotoschalen, 2 Betttücher, Sammelgefäße: durchsichtige Plastikbecher oder Gläser mit Deckel, Tüten

Durchführung:

Bildet zwei Gruppen:

Eine untersucht die Tierwelt des Waldes, die zweite die Tiere einer Wiese. Im Frühjahr sollte man am frühen Morgen mit der Erfassung der Vögel beginnen.

1. Nehmt alle Hinweise über im Gebiet vorkommende Tiere auf, z.B. Maulwurfshügel und Trittsiegel, sammelt Federn, Fraßspuren und Schneckengehäuse usw.
2. Nutzt das Fernglas, um Vögel zu beobachten. Beschreibt sie und lasst euch bei der Bestimmung helfen. Auch der Gesang ist ein gutes Erkennungsmerkmal.
3. In der Krautschicht werden wirbellose Tiere mit dem Kescher gefangen (nach Anleitung durch eine kundige Begleitperson). Überführt die gefangenen Tiere vorsichtig in die mitgebrachten Gefäße und bestimmt sie. Nutzt dazu Bestimmungsschlüssel und Lupen.

4. Von Büschen und Bäumen werden Wirbellose mit einem Stock „abgeschlagen". Legt dazu Betttücher unter das Gebüsch. Herabgefallene Tiere absammeln und bestimmen.
5. Hebt eine ca. 10 cm tiefe Bodenprobe aus. Breitet die Probe vorsichtig in einer Fotoschale aus. Durchsucht sie nach Tieren und bestimmt diese.

   Wichtig: Setzt alle gefangenen Tiere sofort nach Abschluss der Arbeiten wieder in die Natur zurück.

Auswertung:

1. Stellt Artenlisten für die Wiese und den Wald zusammen.
2. Informiert euch in der Bibliothek oder über das Internet über Lebensweise und Ansprüche der gefundenen Arten.
3. Begründet die Tatsache, dass bestimmte Arten nur auf der Wiese und andere nur im Wald vorkommen.
4. Stellt mögliche Nahrungsnetze der gefundenen Arten zusammen. Gibt es Lücken? Nennt Arten, die diese füllen könnten.
5. Überlegt, welche Tiergruppen man mit diesen Methoden nicht erfassen kann. Beschreibt weitere Methoden zur Erfassung dieser Tiergruppen.

1 Mit viel Ruhe lassen sich Tiere gut beobachten.

Gewusst · Gekonnt

1. Fertige zu den wichtigsten Begriffen im Lehrbuch ein Glossar an. Wiederhole dazu die wesentlichen Merkmale eines Glossars. Beginne mit folgenden Begriffen: abiotischer Umweltfaktor, Trockenpflanze, Feuchtpflanze, Transpiration, Sonnenpflanzen, Schattenpflanzen, Bodenreaktion, Zeigerarten, Toleranzkurve, physiologische Potenz, ökologische Potenz, limitierender Faktor.

Glossar

Bodenreaktion:
Feuchtpflanze:
Sonnenpflanzen:
Transpiration:

2. In unseren Breiten werfen viele Bäume im Winter ihr Laub ab. Erkläre diesen Sachverhalt

3. Nenne zwei Beispiele für Trockenpflanzen, die in Mitteleuropa heimisch sind. Gib eine Erklärung dafür, dass diese Angepasstheit an Wasserknappheit auch in unserem dauerfeuchten Klima sinnvoll sein kann.

4. Ermittle mithilfe der Grafik auf der Seite 18, bei welchen Lichtverhältnissen der Wald-Ziest am besten gedeiht.

5. Erdpflanzen oder Geophyten nennt man Pflanzen, die die ungünstige Jahreszeit (in Mitteleuropa den Winter) unterirdisch als Zwiebeln, Knollen oder verdickte Erdsprosse überdauern. Nenne zwei Beispielarten und erläutere die Vorteile dieser Lebensform.

6. Eine Linde behält ihre Blätter im Herbst auf der Seite, auf der eine Straßenlaterne steht, länger, als auf der von dieser Lichtquelle abgewandten Seite. Gib eine mögliche Erklärung.

7. Bei den Blattquerschnitten in den Abbildungen unten handelt es sich um eine Pflanze sehr sonniger bzw. sehr schattiger Standorte. Ordne die abgebildeten Blätter und deren Querschnitte der entsprechenden Pflanze zu.

8. Durch die moderne Landwirtschaft, aber auch durch Verkehr und Industrie ist der flächendeckende Eintrag des Nährelements Stickstoff in Mitteleuropa stark erhöht worden. Nenne Beispiele für einige Pflanzenarten, die dadurch gefördert werden (Internetsuche zum Stichwort „Stickstoffzeiger").

9. Gestalte eine „Vogeluhr" für zehn Vögel. Führe darin genau an, wann welche Vögel in der Regel mit ihrem morgendlichen Gesang beginnen.

Lebewesen und ihre Umwelt

Lebewesen stehen mit ihrer Umgebung in ständiger Wechselbeziehung. Man unterscheidet dabei **abiotische Umweltfaktoren** wie Wasser, Licht, Temperatur, chemische und mechanische Faktoren sowie **biotische Umweltfaktoren.** Das sind Einflüsse, die von anderen Lebewesen der Umgebung ausgehen.
Die abiotischen Umweltfaktoren kennzeichnen den **Lebensraum (Biotop)**, die biotischen die **Lebensgemeinschaft (Biozönose).**

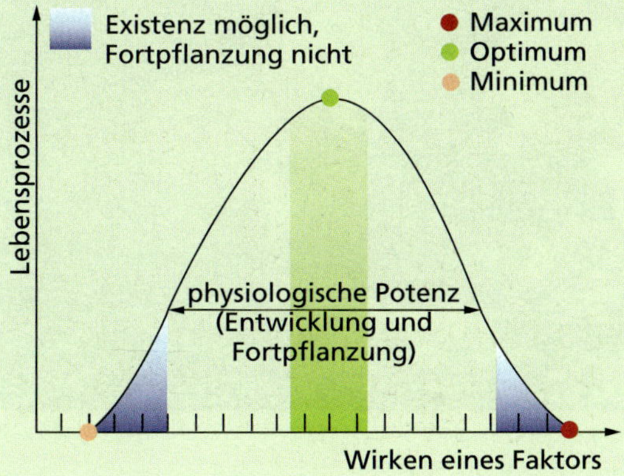

Die Bedürfnisse verschiedener Arten im Bezug auf bestimmte Umweltfaktoren kann man durch sogenannte **Toleranzkurven** darstellen. Daraus kann man Minimum, Maximum und Optimum eines bestimmten Umweltfaktors für eine Organismenart ablesen.

Arten mit engem Toleranzbereich, einer engen physiologischen Potenz, eignen sich als **Zeigerarten** für den entsprechenden Faktor.

1.2 Wechselbeziehungen zwischen Lebewesen

Fressen und gefressen werden

Die Nahrung ist eine der wichtigsten Lebensgrundlagen eines Organismus.
Was versteht man unter Nahrungsnetzen und warum stirbt die Beute normalerweise nie aus?

Der am besten Angepasste gewinnt

Lebenswichtige Ressourcen stehen nicht unbegrenzt zur Verfügung. Ist der Bedarf zu groß, kommt es zum Wettbewerb zwischen den Individuen, die auf diese Ressourcen angewiesen sind.
Was ist Konkurrenz, welche Folgen hat sie und wie lässt sie sich vermeiden?

Leben in Gemeinschaft

Die Biozönose eines Ökosystems lebt von den Wechselbeziehungen zwischen ihren Organismen und diese sind so vielfältig wie die Lebewesen selbst.
Welche Formen von Wechselbeziehungen zwischen Lebewesen gibt es? Welche Auswirkungen haben sie auf den Organismus und die Biozönose?

Wechselwirkungen zwischen Lebewesen und Lebensraum

Das Überleben eines Organismus hängt, neben den **abiotischen Umweltfaktoren,** auch von den Wechselwirkungen mit anderen Organismen ab. Die Einflüsse, die durch Lebewesen der gleichen oder einer anderen Art direkt oder indirekt auf einen Organismus einwirken, werden lebende oder auch **biotische Umweltfaktoren** genannt. Sie können positive, negative oder auch gar keine Auswirkungen hervorrufen und sind in vielen Fällen wechselseitig.
Ein Gebilde, dessen wesentliche Teile so aufeinander bezogen sind, dass sie eine größere Einheit bilden, wird System genannt.
Für die enge Verbindung von der Lebensgemeinschaft der Organismen (Biozönose) und ihrem Lebensraum (Biotop) hat man deshalb den Begriff „Ökosystem“ geprägt.

Ökosystem Wald

Welche weiteren Ökosysteme sind dir neben dem Wald bekannt? Beschreibe und erläutere die dort vorhandenen Wechselbeziehungen zwischen Lebewesen und Lebensraum.

Vielfalt der Nahrungsbeziehungen

In einem naturnahen Teich leben unzählige Kleinstlebewesen, z. B. kleine Krebse und Mückenlarven. Sie ernähren sich von pflanzlichen Schwebstoffen und dienen kleinen Fischen, wie Moderlieschen, als Nahrung. Moderlieschen werden z. B. von Barschen gefressen. Diese wiederum können Graureihern als Beute dienen und Graureiher stehen auf dem Speiseplan von Fuchs und Seeadler.

In einer natürlichen Lebensgemeinschaft bestehen vielfältigste **Nahrungsbeziehungen** (↗Abb. 1). Betrachtet man allein ihre Abfolge, spricht man von **Nahrungsketten.** In der Natur gibt es diese immer dort, wo sich ein Lebewesen auf eine Nahrungsquelle spezialisiert hat. So ernähren sich Koalas allein von Eukalyptus und Parasiten haben sich oft an einen bestimmten Wirt angepasst. Doch sind diese **Spezialisten** relativ selten in der Natur.

Zumeist besteht der Speiseplan aus mehreren, unterschiedlichen Nahrungsobjekten. So fressen Graureiher verschiedene Fische, Lurche und kleine Säugetiere und Füchse ernähren sich überwiegend von Mäusen. Ist die Palette sehr breit, wie bei Schweinen oder Bären, die viele Tiere und Pflanzen als Nahrung nutzen, dann nennt man diese Tiere **Generalisten.**

2 Nahrungsbeziehung zwischen fleischfressender Pflanze und ihrer Nahrung, den Insekten

Ein Lebewesen kann damit Bestandteil vieler Nahrungsketten sein. Verknüpft man all diese Beziehungen miteinander, dann erhält man das **Nahrungsnetz** einer Lebensgemeinschaft.

Eine Nahrungskette ist die Abfolge von Organismen, die – bezogen auf ihre Nahrung – direkt voneinander abhängig sind. In einem Nahrungsnetz ist eine Vielzahl möglicher Nahrungsketten miteinander verknüpft.

Aufgabe

Entwickle in ähnlicher Weise wie in Abbildung 1 ein möglichst vielfältiges Nahrungsnetz für das Ökosystem Wiese bzw. für ein anderes Ökosystem. Welche Organismen wären daran beteiligt?

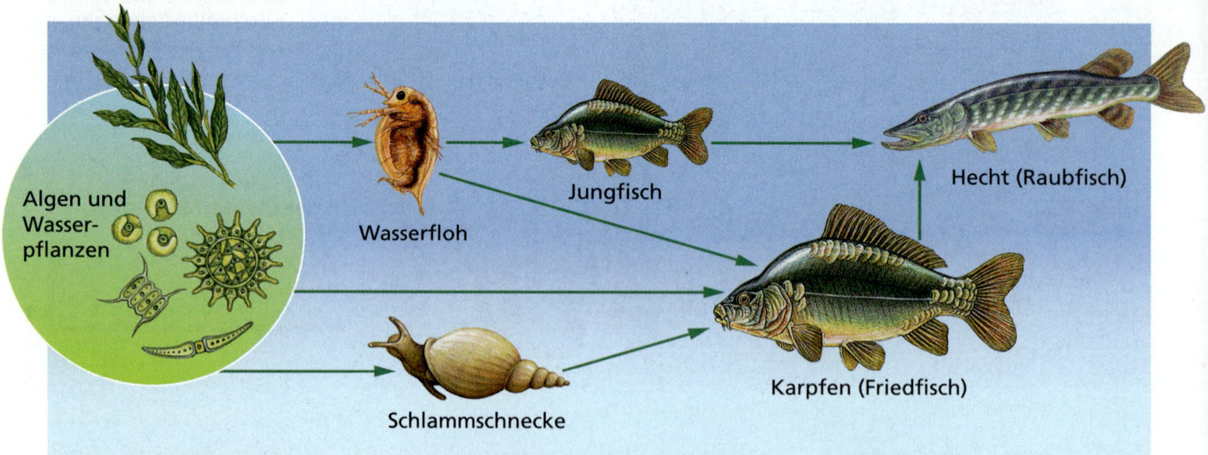

1 Ausgewählte Nahrungsbeziehungen eines Teiches

Räuber-Beute-Beziehungen

Viele Nahrungsbeziehungen beruhen auf Räuber-Beute-Verhältnissen. Als **Räuber** (Fressfeind bzw. Prädator) bezeichnet man Lebewesen, die sich von anderen, noch lebenden Organismen ernähren. Zu ihnen gehören Fleischfresser, wie Löwe oder Wiesel, aber auch Pflanzenfresser, wie Kaninchen oder Pferd, und Parasiten (↗S. 46). Ihre **Beute** sind andere Tiere oder Pflanzen.
Im Gegensatz zu Räubern nennt man Organismen, die sich von toter organischer Substanz ernähren, saprovor. Ein bekanntes Beispiel dafür sind Pilze.

Die Räuber-Beute-Beziehung ist jedoch nicht einseitig. **Regulationsmechanismen** sorgen dafür, dass ein Räuber seine Beute in der Regel nicht ausrottet. Beide Seiten beeinflussen sich dabei wechselseitig (↗Abb. 1). Über einen längeren Zeitraum betrachtet, schwankt das Verhältnis beider Seiten dadurch um einen relativ festen Wert (↗S. 42). Es stellt sich ein **relatives Gleichgewicht** ein, das sowohl den Räubern als auch der Beute ein Überleben sichert, ohne eine grenzenlose Vermehrung einer Art zuzulassen. Damit haben Räuber-Beute-Verhältnisse in Ökosystemen eine wichtige **regulative Funktion.**

Zudem haben beide Seiten im Laufe der Evolution Strategien in **Anpassung** an dieses Verhältnis entwickelt. Dazu gehören z. B. speziell auf die Beute abgestimmte Jagdstrategien von Greifvögeln. Beutetiere entziehen sich aktiv dem Zugriff der Räuber durch Flucht, Verstecken oder Abwehr oder passiv durch Tarnung (Mimese) oder Warntracht.

Nahrungsbeziehungen, wie zwischen Räuber und Beute, bestehen zwischen Organismen verschiedener Arten. Die Ausbildung eines Gleichgewichtes zwischen den Arten ermöglicht in Nahrungsnetzen das Überleben einer Vielzahl von Organismen, ohne dass einzelne Arten ausgerottet werden.

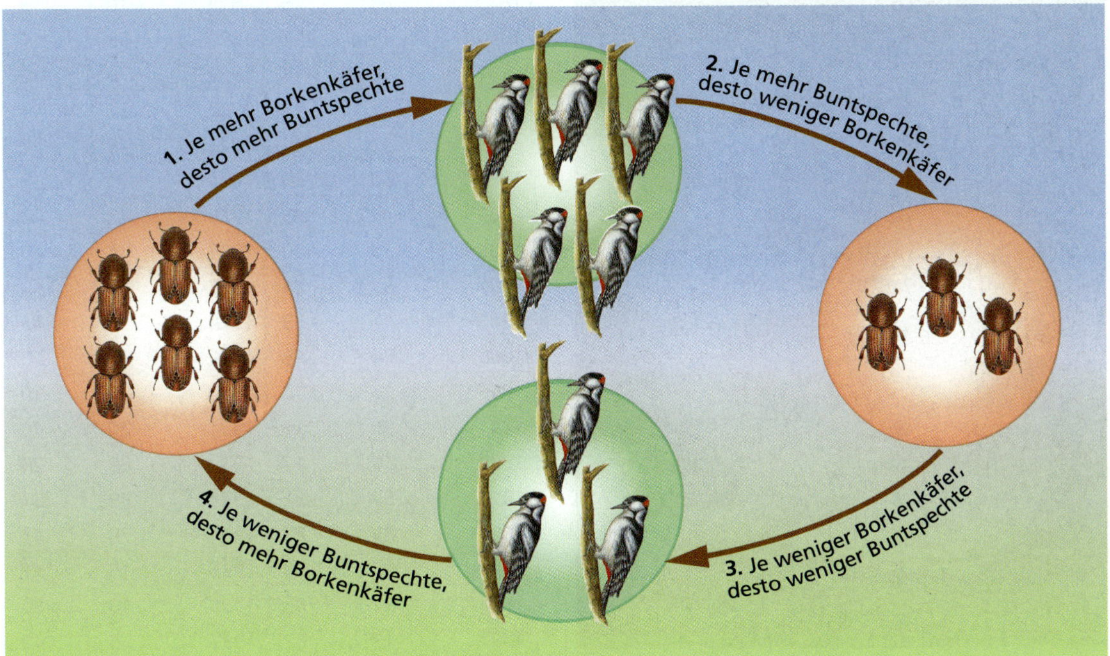

1 Regelkreis der Wechselbeziehungen zwischen Beutetier (Borkenkäfer) und Räuber (Buntspecht)

Schneeschuhhase und Kanadischer Luchs – Darstellung der Entwicklung einer Räuber-Beute-Beziehung am Computer

Das Räuber-Beute-Verhältnis zwischen Kanadischem Luchs und Schneeschuhhasen ist sicher eines der bekanntesten. Bereits 1942 wurde diese Entwicklung von ELTON & NICHOLSON beschrieben.

Grundlage ihrer Untersuchungen war die penible Buchführung der Kanadischen Hudson Bay Company. Zwischen 1845 und 1937 wurde genau notiert, wie viele der begehrten Hasen- und Luchsfelle von Trappern angeliefert wurden. Später zeigte sich, dass diese Daten die tatsächliche Entwicklung der Bestände gut widerspiegeln.

Die Hauptnahrung des **Kanadischen Luchs** ist der **nordamerikanische Schneeschuhhase,** ein Verwandter unseres Feldhasen. Er hat seinen Namen von den großen, weißen Füßen, die ein Versinken im Schnee verhindern.

1 Schneeschuhhasen ernähren sich von Gräsern, Blüten, Knospen, Zweigen und Rinde.

Jahr	Hasen	Luchse	Jahr	Hasen	Luchse
1859	15	20	1899	4	10
1860	30	8	1900	15	10
1861	33	6	1901	7	12
1862	5	8	1902	8	12
1863	158	19	1903	56	16
1864	145	27	1904	73	20
1865	132	49	1905	70	65
1866	89	74	1906	31	60
1867	43	76	1907	24	3
1868	3	67	1908	20	3
1869	5	16	1909	27	5
1870	11	13	1910	55	8
1871	11	8	1911	70	23
1872	70	5	1912	75	37
1873	50	20	1913	40	40
1874	50	30	1914	23	43
1875	102	31	1915	15	45
1876	98	46	1916	9	40
1877	87	46	1917	6	23
1878	73	45	1918	6	3
1879	43	25	1919	10	3
1880	11	17	1920	59	4
1881	10	17	1921	70	12
1882	31	18	1922	77	23
1883	42	24	1923	79	27
1884	50	39	1924	71	38
1885	135	75	1925	42	43
1886	135	80	1926	4	49
1887	83	44	1927	3	51
1888	17	33	1928	3	43
1889	20	28	1929	4	25
1890	27	18	1930	4	10
1891	39	14	1931	20	10
1892	54	17	1932	80	20
1893	57	22	1933	89	37
1894	85	27	1934	78	43
1895	90	65	1935	15	47
1896	37	65	1936	10	50
1897	17	62	1937	5	45
1898	9	35			

Diese Räuber-Beute-Beziehung kann anhand einer Computergrafik für den Zeitraum 1859 bis 1937 nachvollzogen werden.
Dabei ist die beispielhafte Darstellung in enger Anlehnung an die Originaldaten entstanden (↗ Tab. S. 40).

Folgende Schrittfolge wird empfohlen:

1. Schritt

Darstellen der Daten im Diagramm
Nutze ein Tabellenkalkulationsprogramm und führe folgende Arbeitsschritte aus:

1. Übernimm die Daten der Tabelle mit Überschriften in das Tabellenblatt.
2. Speichere die Datei, z. B. als „Hase & Luchs".
3. Markiere die Datenspalten von Jahr, Hase und Luchs inklusive Überschrift.
4. Rufe den Diagrammassistenten auf.
5. Wähle als Diagrammtyp „Punkte (XY)", mit Linien.
6. Gehe im Menüpunkt „Quelldaten" auf „Reihe". Setze den Cursor in „Beschriftung der Rubrikenachse (x)".
7. Markiere nun in der Tabelle die Spalte „Jahr" ohne ihre Überschrift. Nach Loslassen der linken Maustaste erscheint der markierte Bereich im Feld „Beschriftung der Rubrikenachse (x)".
8. Klicke „Diagrammoptionen" an.
9. Ergänze auf dem Blatt „Titel" den Diagrammtitel: „Bestandsentwicklung von Schneeschuhhasen und Kanadischen Luchsen" sowie die Titel für die Rubrikenachse (x) „Jahr" und Größenachse (y) „Anzahl".
10. Entscheide im letzten Schritt, wo das Diagramm platziert werden soll.
11. Du kannst das fertige Rohdiagramm nun individuell verändern. Klicke dazu mit der linken Maustaste doppelt auf den gewünschten Bereich. Ein Klick mit der rechten Maustaste ermöglicht zusätzlich die Veränderung grundsätzlicher Einstellungen, wie z. B. des Diagrammtyps.

1 Der Kanadische Luchs ist in den borealen Nadelwäldern Nordamerikas bis in die Rocky Mountains verbreitet. Dieses Gebiet entspricht dem seiner Hauptnahrung: Schneeschuhhasen.

2. Schritt

Ablesen des Diagramms

Die Bestände des Schneeschuhhasen schwanken in regelmäßigen Abständen in beträchtlichem Maße. Etwa alle zehn Jahre erreichen sie ein Dichtemaximum. Sie sind dann um das 10- bis 30-Fache höher als nach den rasanten Zusammenbrüchen, die auf jeden Gipfel in der Populationsdichte folgen. Parallel zu den Veränderungen bei den Hasen schwankt, mit einer gewissen zeitlichen Verzögerung, auch die Häufigkeit des Kanadischen Luchses.

3. Schritt

Interpretation und Schlussfolgerung

Beantworte dazu folgende Fragen:

- Welche Gesetzmäßigkeiten eines Räuber-Beute-Verhältnisses lassen sich aus der Grafik ablesen? Erläutere.
- Was ist eine wichtige Voraussetzung für dieses Verhältnis?
- Welchen anderen Einflüssen unterliegt die Populationsdichte der Hasen? Beachte dabei ihre Nahrungsgrundlage.
- Welche Auswirkungen hätte eine verstärkte Jagd auf Luchse auf die Hasenpopulation? Und umgekehrt?
- Was passiert, wenn die Hasenjagd wieder eingestellt wird?

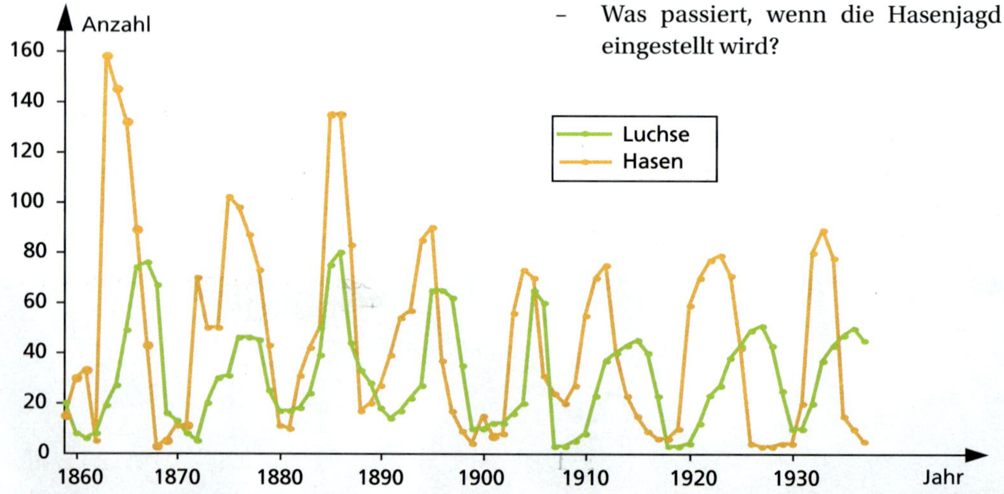

1 Ein Luchs kann im Jahr bis zu 170 Hasen fressen. Im Winter bilden beide eine fast völlig isolierte Nahrungskette.

Wie präsentiere ich Informationen?

Ergebnisse deiner Arbeit zu einem Thema oder Ergebnisse, die ihr in einer Gruppe erarbeitet habt, sollen allen Mitschülerinnen und Mitschülern vorgestellt werden. Das kann z. B. durch einen Vortrag, eine Wandzeitung oder eine Internetseite geschehen.

Vorbereiten und Halten eines Vortrags

Wenn du einen Vortrag halten oder als Teamsprecher die Ergebnisse der Gruppenarbeit vortragen sollst, sind folgende Tipps hilfreich:

1. Schritt

Vorbereiten eines Vortrags

- Überlege dir, was alles zum Thema gehört. Nutze dazu verschiedene Informationsquellen (↗ unten).
- Gliedere den Vortrag in Abschnitte.
- Schreibe dir Schwerpunkte in Kurzform (in Stichwörtern) auf.
- Überlege dir, was du an die Tafel oder auf Folien schreibst.
- Bereite Versuchsaufbauten vor und stelle Geräte bereit.

2. Schritt

Halten eines Vortrags

- Nenne und zeige die Gliederung (Tafel, Folie).
- Wecke am Anfang des Vortrags Interesse und Neugier und nenne das Thema. (Beginne beispielsweise mit „Wusstet ihr überhaupt, dass ...?“ oder „Hättet ihr gedacht, dass ...?“)
- Leite neue Absätze deutlich ein, z. B. mit „Ein weiterer Punkt ist ...“ oder „Als Nächstes ...“.
- Sprich in kurzen Sätzen.
- Verwende nur Fachbegriffe, die du auch selbst erklären kannst.
- Bemühe dich, laut, langsam und deutlich zu sprechen. Schaue deine Zuhörer an.
- Achte auf die Zeit. Schließe den Vortrag mit einer kurzen Zusammenfassung ab.

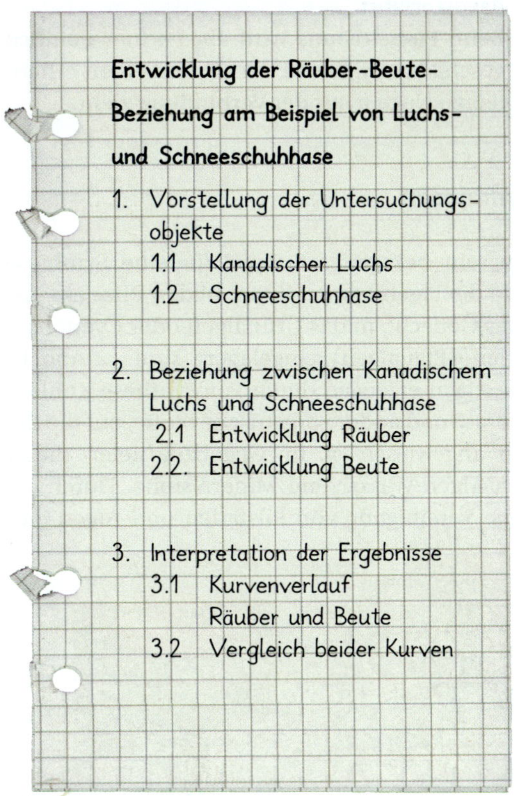

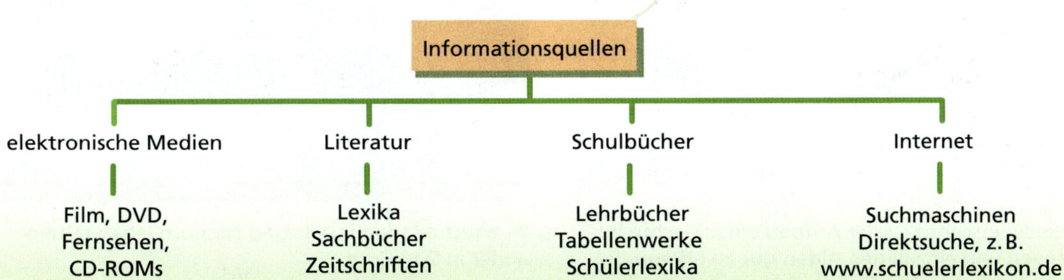

Formen des Zusammenlebens von Organismen

In der Natur finden wir unterschiedlichste Formen des Zusammenlebens von Organismen zweier verschiedener Arten. Sie können nach ihren Auswirkungen für beide Partner eingeteilt werden:

- Bei der **Symbiose** haben beide Partner einen Vorteil von der Beziehung.
- Bei der **Probiose** liegt der Vorteil bei einem der Partner, ohne dass der andere einen Nachteil davon erfährt.
- Beim **Parasitismus** wird ein Partner deutlich geschädigt, während der andere einen erheblichen Nutzen aus der Verbindung zieht.

Symbiosen

Ein sehr bekanntes Beispiel für eine Symbiose sind die **Flechten.** Bei ihnen bilden Pilze ein stabiles Geflecht, in das Grünalgen oder Cyanobakterien (Blaualgen) eingelagert sind (↗Abb. 1). Die Algen erzeugen durch Fotosynthese Kohlenhydrate und andere organische Stoffe, auf die der Pilz angewiesen ist. Im Gegenzug liefert dieser den Algen Wasser und Mineralstoffe. Durch die enge Vereinigung von Pilzfäden und Algen entsteht eine einheitliche, völlig neuartige Lebensform. Deshalb werden Flechten zwar den Pilzen zugeordnet, besitzen aber dennoch eine Sonderstellung. Flechten werden immer nach dem Pilz benannt, da er der Flechte meist die Form und Struktur gibt.

Flechten wachsen auf den unterschiedlichsten Untergründen, wie z. B. auf Bäumen, Steinen, Holz oder dem Boden, und besiedeln selbst **extreme Lebensräume** wie Wüsten, Tundren oder Hochgebirge (im Himalaya bis knapp 5 000 m hoch). Selbst in der Antarktis lassen sich noch rund 200 Flechtenarten nachweisen.
Weltweit kennt man rund 20 000 Flechtenarten, 2 000 davon in Mitteleuropa. Flechten gehören zu den langlebigsten Lebewesen. Sie können mehrere Hundert und in seltenen Fällen sogar mehrere Tausend Jahre alt werden.

Flechten besitzen eine große **ökologische Bedeutung.** Sie sind Pionierorganismen bei der Besiedlung neuer Lebensräume, helfen bei der Verwitterung und Bodenbildung und sind eine wichtige Nahrungsquelle z. B. für Rentiere.

Durch ihre Empfindlichkeit gegenüber Schadstoffen in der Luft dienen sie außerdem als **Indikatoren** für eine gute Luftqualität.

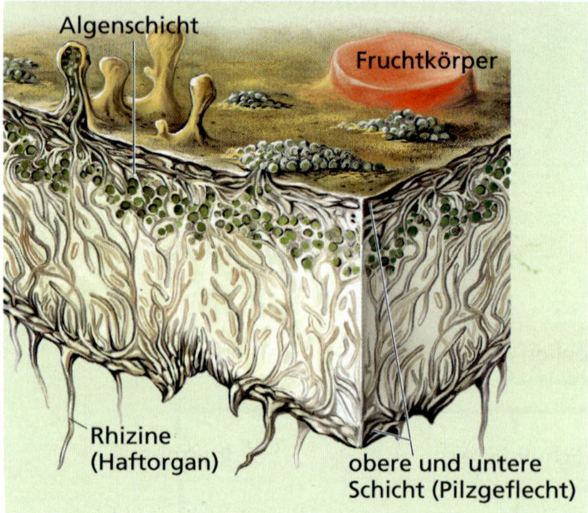

1 Im Querschnitt ist der Aufbau einer Flechte aus Pilzfäden und einzelligen Algen gut zu erkennen.

2 Auch Madenhacker und Nashorn leben miteinander in Symbiose.

Ein weiteres Beispiel ist die **Mykorrhiza** (↗ Abb. 1; griech.: *Mykos* = Pilz, *rhiza* = Wurzel). Bei vielen Waldbäumen, Orchideen und beim Heidekraut sind die Wurzelenden der oberen Bodenschichten von Pilzfäden umgeben (äußere Mykorrhiza) oder die Zellen der Wurzelrinde von ihnen durchzogen (innere Mykorrhiza). Der Pilz versorgt die Pflanze mit Mineralstoffen und Wasser, während er von ihr vor allem Kohlenhydrate erhält. Viele Pflanzen sind auf einen Mykorrhizapilz angewiesen und es wird vermutet, dass erst diese Symbiose die Besiedlung des Festlandes durch Pflanzen ermöglichte.

Symbiosen gibt es auch im Tierreich. Bei den **Bestäubungssymbiosen** fliegen Insekten, Vögel oder Fledermäuse von Blüte zu Blüte, um Nektar zu saugen, und sichern damit deren Bestäubung. Bei vielen Pflanzen haben sich im Laufe der Zeit Form, Farbe und Duft ihrer Blüten an potenzielle Bestäuber angepasst, so z. B. die röhrenförmigen Blüten tropischer Pflanzen an die Bestäubung durch Kolibris oder die nach Aas duftende Blüte des Aronstabes an bestimmte Insekten.
In Symbiose leben z. B. auch Nilpferde oder Elefanten und Madenhacker (↗ S. 44, Abb. 2). Letztere suchen die Haut der großen Säugetiere nach Insekten und Parasiten ab und nutzen diese zur eigenen Ernährung.

1 Ein weißliches feines Pilzgeflecht der Ziegenlippe hat die Wurzelenden der Wald-Kiefer umsponnen.

2 Symbiose von Einsiedlerkrebs und Seerosen: Während der Krebs durch die Nesseln der Seerose geschützt wird, profitiert diese von der ständigen Ortsveränderung und den Futterresten des Krebses.

Wie Pflanzen können auch Tiere Symbiosepartner in den eigenen Organismus aufnehmen. Lebenswichtige Verbindungen bestehen z. B. zwischen **Wiederkäuern** und cellulosespaltenden Mikroorganismen im Verdauungstrakt. Ohne ihre Hilfe könnten Wiederkäuer pflanzliche Nahrung nur in geringem Maße verwerten.

Die Symbiose ist eine Wechselbeziehung zwischen Organismen verschiedener Arten, bei der beide Partner einen Nutzen aus der Verbindung ziehen.

Aufgabe

Finde weitere Beispiele für Symbiosen bei Pflanzen und Tieren.
Erstelle eine Übersicht über die jeweiligen Partner und den Nutzen, den beide Seiten aus der Verbindung ziehen.

Parasitismus

Parasitismus ist eine Wechselbeziehung zwischen Organismen verschiedener Arten, bei der ein Partner, der **Parasit,** seine lebensnotwendigen Bedürfnisse nur auf Kosten eines anderen Partners, dem **Wirt,** befriedigen kann. Parasitismus kommt in vielfältiger Form im Tier- und Pflanzenreich vor. Die Unterteilung erfolgt nach Aufenthaltsort und -dauer des Parasiten.
Stechmücken, Flöhe, Zecken und Blutegel gehören zu den **Ektoparasiten** (↗Abb. 2 a – c). Diese halten sich außen an einem Wirt auf, ernähren sich vom Blut ihres Wirtes und haben in Anpassung daran stechend-saugende oder beißende Mundwerkzeuge.

Endoparasiten dringen in den Körper des Wirtes ein. Sie leben in Hohlräumen seines Inneren, z. B. im Gewebe, im Darm oder in Blutgefäßen, und sehr selten auch in den Körperzellen selbst, wie die Erreger der Malaria. Typische Endoparasiten sind Bandwürmer (↗Abb. 2 d), Spulwürmer und Leberegel. Sie ernähren sich von Körperflüssigkeiten oder Nahrungspartikeln und besitzen einen sehr gut an diese Lebensweise angepassten Körperbau.
Die meisten Endoparasiten halten sich im Laufe ihres Lebens nicht nur in einem einzigen Wirt auf, sondern durchlaufen einen **Wirtswechsel.** Sie parasitieren als Larven oder Jugendstadien in sogenannten **Zwischenwirten,** bevor sie als erwachsene, geschlechtsreife Tiere zu ihrem **Endwirt** wechseln.

Bei Pflanzen unterscheidet man Parasiten nach dem Grad ihrer Wirtsabhängigkeit. **Halbschmarotzer** wie Läusekraut, Klappertopf oder Wachtelweizen haben voll entwickelte grüne Blätter, ihr Wurzelsystem ist jedoch verkümmert. Sie heften sich mit kleinen Saugwarzen an die Wurzeln anderer Pflanzen und entnehmen den Leitungsbahnen des Wirtes Wasser und Nährsalze. Misteln (↗Abb. 1) schmarotzen auf den Ästen von Laubbäumen, Kiefern oder Tannen, wo sie ihre zu Senkern umgewandelten Wurzeln in die Wasserbahnen des Wirtes treiben.

Vollschmarotzer sind vollständig auf die Nährstoffe ihres Wirtes angewiesen. Sie besitzen kein Chlorophyll, die Blätter sind meist völlig zurückgebildet. Häufig leben diese Pflanzen ganz im Erdboden oder im Inneren ihres Wirtes und bilden nur die Blüten über der Erdoberfläche aus, so wie die Schuppenwurz in Wäldern oder die Sommerwurz (↗Abb. 3) auf Wiesen.

Von großer **wirtschaftlicher Bedeutung** sind z. B. Rost-, Brand-, Schorf- und Mehltaupilze, die auf Getreide, Obst- und Gemüsepflanzen schmarotzen und zu großen Ernteausfällen führen. Für den Menschen gefährlich ist der Mutterkornpilz. Sein hochgiftiges Dauerstadium ist ein umgewandeltes Getreidekorn, das sich kaum von einem gesunden Korn unterscheidet.
Andere Pilze verursachen **Haut- und Schleimhauterkrankungen** bei Mensch und Tier, wie z. B. Fußpilz.

1 Misteln schmarotzen auf den Ästen von Bäumen.

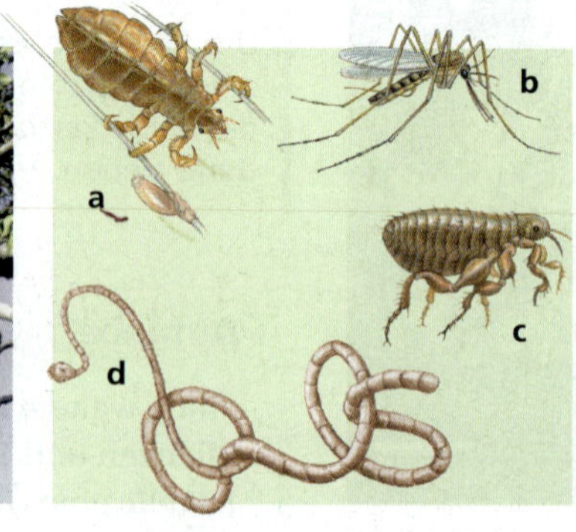

2 Laus (a), Stechmücke (b), Floh (c), Schweinfinnenbandwurm (d)

3 Die Panzer-Sommerwurz schmarotzt am Feld-Beifuß.

Geheimnisvolle Blattbewohner: Gallen und Minen

Auf den großen Blättern der Wald-Klette (↗Abb. 2) sieht man oft verworrene Linien und Bänder, als hätte ein Kind darauf gekritzelt. Auch an einzelnen Blättern des Wald-Geißblatts sind nicht selten ähnliche Spuren zu sehen.

1. Finde auf einem Waldspaziergang möglichst viele verschiedene Blätter mit solchen Spuren.
   a) Halte die Blätter gegen den hellen Himmel. Was kannst du erkennen?
   b) Überlege, wie die geheimnisvollen Spuren entstanden sein könnten. Vielleicht hilft dir dabei der Name: „Blattminen". Versuche, für diesen Namen eine Erklärung zu finden.
   c) Wie lässt sich deine Vermutung überprüfen?
   d) Nimm die schönsten „Minen" in einem Plastikbeutel mit und presse die Blätter oder fertige Scans an.

1 Rosskastanie (Miniermotte)

2 Wald-Klette

An anderen Blättern und Stängeln kann man ab und zu merkwürdige Auswüchse oder Wucherungen erkennen, die manchmal fast wie Früchte aussehen. Wenn auf Eichenblättern kleine „Äpfelchen" wachsen, wenn die Fichtenzweige an den Spitzen zapfenartig verdickt sind oder wenn auf Buchenblättern kleine rote Zitzen gebildet werden (↗Abb. 3), sind andere Lebewesen am Werk. Das sind meist Insekten oder Milben, seltener auch Pilze. Sie veranlassen die Pflanzen, solche Pflanzengallen zu bilden, die oft eine sehr charakteristische Gestalt und einen spezifischen Aufbau haben.

2. Suche nach drei verschiedenen Gallen an Blättern, Stängeln, Zweigen, Blüten oder Früchten und bringe sie mit in die Schule.
   a) Sortiere alle mitgebrachten Gallen nach ihren Wirtspflanzen und nach ihrer Form.
   b) Um herauszufinden, was im Inneren der Galle ist, öffne eine der Gallen vorsichtig mit einem Messer. Betrachte die geöffnete Galle mit einer starken Lupe oder mit dem Binokular. Zeichne die geöffnete Galle mit ihrem Inhalt.

Tipp: Mit einem Binokular wird das Objekt mit beiden Augen betrachtet, was eine bessere Tiefenwahrnehmung ermöglicht.

3. Überlege dir eine mögliche Zuordnung dieser Beziehungen (aus Aufgabe 1 und 2) von Organismen.

3 Zitzengalle auf Buchenblatt

Wie lese ich biologische Texte, erfasse ihre wesentlichen Inhalte und lerne dabei?

Oftmals kommt es vor, dass du aus Texten Informationen entnehmen musst, z. B., wenn du ein interessantes Buch liest, im Deutschunterricht Lesetexte oder im Geschichtsunterricht Texte über wichtige Ereignisse aus längst vergangenen Zeiten durcharbeitest. Auch im Biologieunterricht wird das Lesen und Auswerten biologischer Fachtexte verlangt.
Damit du den Inhalt der Texte besser verstehst und auch längere Zeit im Gedächtnis behältst, solltest du **beim Lesen und Auswerten eines Textes schrittweise vorgehen.**

1. Schritt

Erfassen der Leseaufgabe
Erarbeite mithilfe des Textes auf der Seite 49 wesentliche Kriterien einer Probiose.
Lies die Aufgabe genau durch. Hast du die Aufgabe richtig verstanden? Wenn du nicht sicher bist, frage noch einmal nach.

2. Schritt

Erfassen des Hauptinhalts des Lesetextes
Lies den Text zunächst im Ganzen.
Kennzeichne alle Wörter, die du nicht kennst, mit einem Fragezeichen. (?)
Hinweis: Gehört das Lehrbuch nicht dir, arbeite mit einer Kopie oder nutze einen Notizzettel.

3. Schritt

Gründliches Durcharbeiten des Textes
Lies den Text jetzt gründlich durch.
Wörter, die dir wichtig erscheinen, kennzeichne mit einem Marker.
Kläre die unbekannten Wörter mithilfe des Registers im Lehrbuch oder mithilfe eines Lexikons.

4. Schritt

Überschrift

Erkennen einer inhaltlichen Gliederung
Versuche, für jeden Abschnitt des Textes eine inhaltliche Überschrift zu formulieren.
Schreibe diese Überschrift an den Rand des Abschnittes oder auf einen Zettel.
Schau dir die Abbildung zum Text an.
Gibt es Beziehungen zwischen Text und Abbildung?

5. Schritt

Zusammenfassen des Wesentlichen
Versuche, wichtige Inhalte des Textes in einer Zusammenfassung zu formulieren.
Vergleiche deine Zusammenfassung mit der Leseaufgabe. Hast du alles berücksichtigt? Präge dir die wichtigsten Inhalte ein.

Dieses schrittweise und planvolle Vorgehen beim Lesen und Auswerten von Texten erscheint anfangs schwierig und zeitaufwendig. Wenn du diese Schrittfolge bei weiteren Leseaufgaben anwendest, wirst du feststellen, dass du die wesentlichen Inhalte eines Lesetextes besser verstehst und länger im Gedächtnis behältst.

1 Als Aufsitzerpflanzen schädigen Bromelien die Pflanze nicht, auf der sie wachsen.

Probiose oder Symbiose?

Definition

Die Probiose nimmt im Zusammenleben zweier Organismen eine Zwischenstellung ein. Es herrscht kein Gleichgewicht zwischen den Partnern wie bei der Symbiose. Nur einer zieht einen Vorteil aus der Verbindung. Jedoch wird der andere Partner auch nicht geschädigt wie beim Parasitismus. Probiosen sind damit ein Beispiel für die fließenden Übergänge von Prozessen und Zusammenhängen in der Natur.

Kommensalismus

Zu den Probiosen zählt z.B. der Kommensalismus? (Mitesserschaft). Bei ihm profitieren (kleinere) Tiere von den Nahrungsresten anderer, zumeist größerer Beutegreifer. So nutzen in Wüsten und Steppen Aasfresser wie Schakale, Hyänen oder Geier die übrig gebliebenen Beutereste von Löwen, Geparden oder Wölfen.

Ansiedlungen

Weitere Probiosen ergeben sich durch die Ansiedlungen von Tieren oder Pflanzen auf oder dicht bei anderen Organismen. Seepocken setzen sich z.B. auf Muscheln oder Walen fest und profitieren von der Ortsveränderung und der anfallenden Nahrung. Bromelien? (↗S.48, Abb.1), etliche Orchideen und Flechten wachsen als sogenannte Epiphyten? auf Bäumen, ohne diese zu beeinträchtigen. Ameisen siedeln in Hohlorganen tropischer Pflanzen (↗Abb.1).

Behausungen

Auch das sind Probiosen: Einzelne Eiderenten können in Seeschwalbenkolonien brüten, um ihr Gelege und die Jungen vor Raubmöwen zu schützen. Sperlinge finden Schutz und einen geeigneten Brutplatz als „Untermieter“ in großen Horsten von Greifvögeln oder Störchen. Brandenten nutzen zur Brut Baue von Kaninchen, Dachsen oder Füchsen. Hohltauben sind auf Höhlen des Schwarzspechtes angewiesen.

Phoresie

Als Phoresie bezeichnet man schließlich eine Probiose?, bei der ein Tier aktiv oder passiv als Transportmittel benutzt wird. Parasiten wie Milben klammern sich aktiv an Bienen oder Käfer. Schiffshalterfische halten sich an größeren und schnelleren Fischen wie Haien oder Thunfischen fest. Passiv werden z.B. Pflanzensamen durch Vögel und Säugetiere verbreitet.

Beispiele

Der Übergang zwischen Probiose und Symbiose ist mitunter fließend. Das Zusammenleben von Ameisen und Akazien ist eine Symbiose, da in diesem Fall beide Partner einen Vorteil daraus ziehen. Die Ameisen schützen die Flötenakazien vor Schädlingen und Fressfeinden, z.B. Giraffen, durch Bisse.

1 Die Ameisen leben geschützt in den Hohlorganen der Flötenakazie und werden mit Futter versorgt. Was bedeutet das für die Akazie?

Innerartliche Beziehungen von Organismen

Wechselbeziehungen zwischen Organismen einer Art dienen vor allem der Fortpflanzung, dem Nahrungserwerb und dem Schutz gegenüber Fressfeinden.

Besonders vielfältig und auffällig sind innerartliche Beziehungen in der Fortpflanzungszeit (↗Abb. 1). Auf der Suche nach einem passenden Fortpflanzungspartner nutzen viele Tiere optische, akustische oder chemische Reize.
Bei vielen Vögeln sind deshalb die Männchen besonders farbenprächtig. Auch bei Fischen, wie dem Stichling oder dem Bitterling, ist dies der Fall. Bei Insekten suchen z. B. Leuchtkäfer den Geschlechtspartner mithilfe **optischer Signale** („Glühwürmchen").
Akustische Signale werden z. B. von Vögeln, Säugetieren, wie Hirschen oder Brüllaffen, Fröschen und Insekten, wie Zikaden und Heuschrecken, genutzt.
Andere Insekten, wie z. B. Schmetterlinge, suchen ihre Partner mithilfe chemischer Lockstoffe. Diesen Umstand macht man sich durch die Verwendung von Duftfallen für die Falter in der Schädlingsbekämpfung zunutze. **Chemische Signale** nutzen z. B. auch Krebse und Säugetiere, wie Hunde, Pferde oder Rinder.

Neben der Anlockung eines Partners dienen diese Signale oft gleichzeitig zur Abgrenzung eines Reviers, das zur Aufzucht der eigenen Nachkommen genügend Nahrung und Schutz bieten soll (↗S. 100).
Nach der Begattung ist die Aufzucht der Nachkommen eine weitere Periode enger Beziehungen zwischen Organismen einer Art. Insbesondere bei Vögeln und Säugetieren sind dazu spezielle Verhaltensweisen der **Brutpflege** ausgebildet. Dadurch sollen alle Bedürfnisse der Jungen nach Schutz, Nahrung und Pflege befriedigt werden. Brutpflege ist vor allem bei Nesthockern lebenswichtig, da sich diese Tiere bei ihrer Geburt noch in einem so unreifen Entwicklungsstadium befinden, dass sie ohne elterlichen Schutz nicht überleben würden. Zu den Nesthockern gehören z. B. Singvögel, Mäuse, Kaninchen und auch der Mensch.

1 Fortpflanzung bei der Amsel als Beispiel für innerartliche Wechselbeziehungen in der Brutzeit

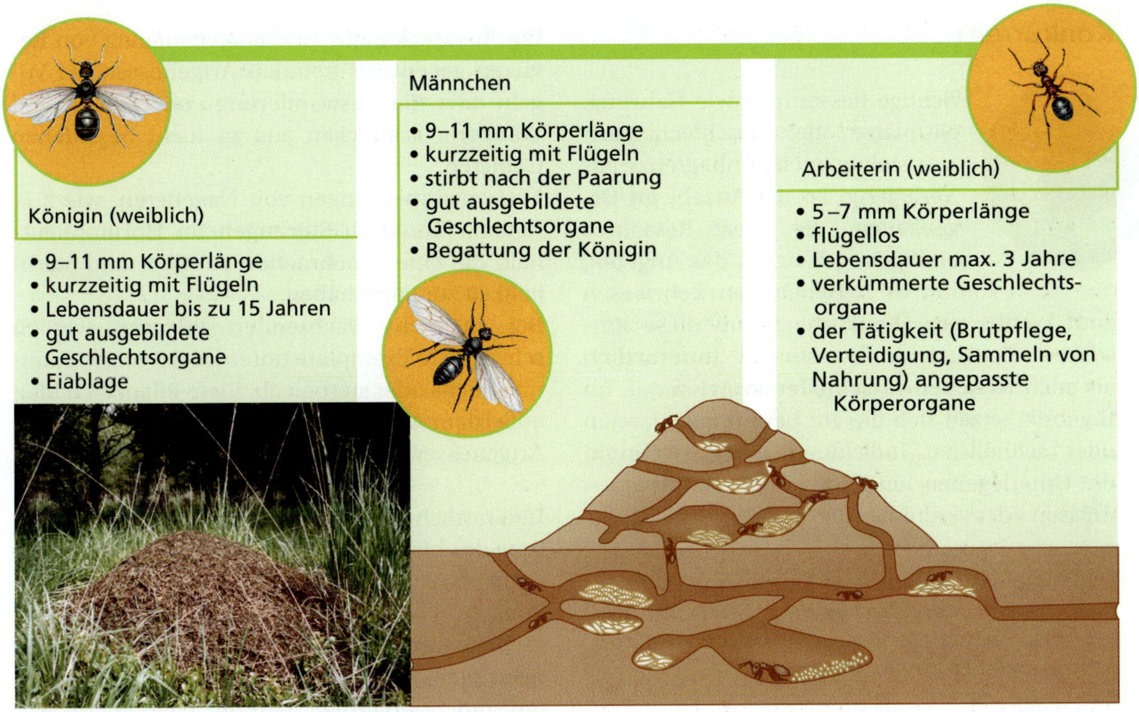

1 Verschiedene Ameisenformen im Ameisenstaat

Auch außerhalb der Brutzeit kann es enge Beziehungen zwischen Tieren der gleichen Art geben. Wölfe oder Löwen z. B. bilden feste Rudel, die auch beim Nahrungserwerb, einer Gemeinschaftsjagd der Rudelmitglieder, wichtig sind. Pelikane finden sich zu **Gruppen** zusammen und kreisen ihre Nahrungsfische ein, um deren Dichte und ihren Fangerfolg zu erhöhen.

Der Zusammenschluss zu Schwärmen oder Herden dient auch dem Schutz gegenüber Fressfeinden. Ein dichter Schwarm Heringe oder Stare verwirrt angreifende Raubfische oder Habichte, sodass sie kein einzelnes Tier erbeuten können. In Herden von Antilopen oder Gruppen von Enten warnen sich die einzelnen Tiere gegenseitig, sodass nicht ständig alle Mitglieder nach Feinden Ausschau halten müssen. Pferde- und Rinderherden formieren sich zur Verteidigung gegen überlegene Feinde.

Eine besonders hoch entwickelte und dauerhafte Form des Zusammenlebens von Tieren einer Art ist der **Tierstaat**. Die Bewohner dieser Familiengemeinschaft zeigen eine deutliche Arbeitsteilung, die sich auf Unterschiede im Körperbau und in der Aufgabenverteilung begründet. Mechanisch, optisch oder chemisch werden Informationen z. B. über Nahrungsquellen, zur gegenseitigen Erkennung oder Alarmierung ausgetauscht. Spezielle Wohnbauten sichern Brutpflege, Nahrungsspeicherung und Schutz des Staates. Staatenbildung gibt es hauptsächlich bei Insekten, z. B. bei Ameisen (↗ Abb. 1), Wespen, Bienen und Termiten.

Aufgabe

Kennzeichen eines Tierstaates sind Wohnbauten, Arbeitsteilung, Kommunikation und Nahrungsbeschaffung. Beschreibe anhand dieser Punkte den Staat einer Roten Waldameise. Nutze dazu Abbildung 1 und informiere dich zusätzlich in der Bibliothek oder im Internet. Warum ist es wichtig, diese Ameisen zu schützen?

Konkurrenz

Wichtige Ressourcen wie Nahrung, Nistplätze oder Geschlechtspartner stehen nicht unbegrenzt zur Verfügung. Ist die Anzahl an Organismen, die diese Ressource benötigen, größer als das Angebot, kommt es zwischen den Lebewesen zum Wettbewerb (Konkurrenz) um diese Ressource. Konkurrenz tritt sowohl **innerartlich** als auch **zwischen verschiedenen Arten** auf. Im Ergebnis setzen sich die am besten angepassten oder schnellsten Individuen durch, während die Unterlegenen Einschränkungen hinnehmen müssen oder verdrängt werden.

> Konkurrenz ist der Wettbewerb von Organismen einer oder verschiedener Arten um begrenzt verfügbare Ressourcen, z.B. Nahrung, Raum oder Fortpflanzungspartner.

Innerartliche Konkurrenz ist ein wichtiger Faktor zur **Dichteregulierung.** Sind die Ressourcen erschöpft, können keine weiteren Individuen der gleichen Art zur selben Zeit im selben Gebiet leben. Ein Ausdruck dafür ist die Verteidigung von Revieren gegenüber fremden Artgenossen bei Vögeln oder die Auswanderung von Libellen und Wanderheuschrecken aus zu dicht besiedelten Gebieten.

Massenvermehrungen von Nagetieren, wie z.B. Ratten, führen zu Störungen im Hormonhaushalt, die eine zunehmende Sterilität und Sterblichkeit zur Folge haben.

Bei zu dicht wachsenden Pflanzen werden schwächere Exemplare unterdrückt, zeigen Kümmerwuchs oder sterben ab. Viele Pflanzen bilden außerdem Abwehrstoffe, die die Ansiedlung von Artgenossen in ihrer Nähe verhindern.

Innerartliche Konkurrenz trägt damit zur Erhaltung des biologischen Gleichgewichts in Ökosystemen bei.

Zwischenartliche Konkurrenz folgt den gleichen Prinzipien. Je ähnlicher die Ansprüche zweier Arten sind, desto größer wird der **Wettbewerb** zwischen ihnen und desto wahrscheinlicher ist es, dass die konkurrenzstärkere Art die schwächere aus dem Lebensraum verdrängt. Wissenschaftler nennen diesen Zusammenhang Konkurrenz-Ausschluss-Prinzip.

1 Konkurrenzverhalten beim Schlussverkauf

Konkurrenzvermeidung und das Konzept der ökologischen Nische

Konkurenz läßt sich nicht nur durch Verdrängung oder Abwanderung einer Art **vermeiden.** Auch innerhalb eines Ökosystems können zwei Arten mit ähnlichen Ansprüchen einander ausweichen.

Diesem Gedanken folgt das Konzept der ökologischen Nische. Die **ökologische Nische** ist der **Wirkungsbereich** oder „Beruf“, den eine Art in einem Ökosystem ausfüllt.
Ökologische Nischen lassen sich räumlich und zeitlich trennen. Das ermöglicht die **Einnischung,** d.h. Eingliederung, mehrerer Arten mit zum Teil ähnlichen Ansprüchen **in einen Lebensraum.** So haben Pflanzen eines Standortes ihre Wurzelsysteme in unterschiedlichen Tiefen ausgebildet, und Mäusebussarde und Waldohreule können auf die gleiche Nahrungsquelle, Mäuse, zurückgreifen, da der eine sie am Tag und der andere bei Nacht nutzt.
Je besser die **Trennung** beider Nischen ausgebildet ist, desto besser können beide Arten im selben Gebiet nebeneinander existieren. Je größer jedoch die Ähnlichkeit, d.h. **Überlappung,** beider Nischen wird, desto stärker sind die **Konkurrenz** und der **Verdrängungsdruck** zugunsten einer Art.
Ob eine neue Art in einem Ökosystem eine ökologische Nische findet, hängt davon ab, inwieweit diese bereits durch andere Arten besetzt ist. Marderhund, Türkentaube und Rosskastanie fanden ohne Probleme ihren Platz in der einheimischen Fauna bzw. Flora. Ihre Nischen waren offensichtlich noch frei.

Die Nische des um 1900 auf den Britischen Inseln ausgesetzten Grauhörnchens aus Nordamerika war dagegen bereits mit dem einheimischen Eichhörnchen besetzt (↗ Abb.).
Beide haben dieselben Lebensraumansprüche. Grauhörnchen sind aggressiver in ihrem Verhalten und immun gegenüber einer tödlichen Viruserkrankung bei Eichhörnchen. So verdrängen die Grauhörnchen nach und nach die Eichhörnchen aus deren ökologischer Nische. Das Verschwinden des Eichhörnchens auf den Britischen Inseln ist ein Beispiel, wie eingewanderte oder durch den Menschen eingeschleppte neue Arten zum **Aussterben heimischer Arten** führen können.

> Die ökologische Nische beschreibt, welche biotischen und abiotischen Bedingungen (Nahrung, Lebensraum, Fortpflanzungsmöglichkeiten) dem Lebewesen sein Überleben sichern.

1 Das aus dem Himalaya eingewanderte Drüsige Springkraut verdrängt einheimische Pflanzen.

2 Die im Victoriasee ausgesetzten Nilbarsche verdrängen massiv die dort lebenden Buntbarscharten.

Gewusst · Gekonnt

1. Nimm in dein Glossar auf: biotische Umweltfaktoren, Nahrungsnetz, Räuber-Beute-Beziehung, Symbiose, Konkurrenz, Parasitismus, innerartliche Beziehungen, Tierstaat, Regulationsmechanismus, ökologische Nische.

Glossar

Beziehungen, innerartliche:

2. a) Ergänze in folgender Abbildung die Schritte 3 und 4.

1. Je mehr Karpfen, desto mehr Hechte

2. Je mehr Hechte, desto weniger Karpfen

b) „Ein Räuber rottet seine Beute nicht aus." Ist diese Aussage richtig? Erläutere das Prinzip dieser Wechselbeziehung.

3. Erkläre, warum wir uns vor harmlosen Schwebfliegen erschrecken.

4. Einige Flechten sind Indikatoren für eine gute Luftqualität. Was verbirgt sich hinter dem Begriff Indikator? Nenne weitere Beispiele für Indikatoren.

5. Finde praktische Beispiele für die biologische Schädlingsbekämpfung und ihre Anwendungsmöglichkeiten. Kläre dazu den Begriff mithilfe des Internets und frage z. B. in einer Gärtnerei oder einem Forstbetrieb nach.

6. Nenne so viele tierische und pflanzliche Parasiten wie du kannst und ordne diese zu den Gruppen: Ekto- und Endoparasiten, Halb- und Vollschmarotzer, Pilze. Nenne die Anpassungen dieser Gruppen an ihr Parasitentum.

7. Vögel nutzen optische und akustische Signale zur Partnersuche. Beschreibe die Art von Signalen, die wir Menschen verwenden.

8. Betreibt auch der Mensch Brutpflege? Begründe deine Antwort.

9. Erläutere, warum das Getreide nur auf den Feldern wächst, kaum aber über deren Grenzen hinaus.

10. Die beiden Pantoffeltierchenarten *Paramecium aurelia* und *Paramecium caudatum* stellen dieselben Ansprüche an ihre Umwelt. Getrennt voneinander gezüchtet, entwickeln sie nach wenigen Tagen stabile Bestände. Einziger Unterschied ist, dass *P. aurelia* schneller wächst als *P. caudatum*.
a) Vermute, was passiert, wenn beide Arten in einem Gefäß zusammen gehalten werden.
b) Stelle die Entwicklung beider Pantoffeltierchen grafisch dar, wenn sie getrennt leben und wenn sie gemeinsam leben. Erläutere den Kurvenverlauf.

11. Ein deutscher Vogelkundler fand heraus, dass in einem einzigen größeren Baum einer Streuobstwiese mit Buchfink, Grünfink, Kernbeißer, Girlitz und Stieglitz gleichzeitig fünf Finkenvogelarten nisten können. Finde eine Erklärung dafür.

summa summarum

Beziehungen zwischen Lebewesen – biotische Umweltfaktoren

In der Biozönose eines Ökosystems existieren vielfältige Wechselbeziehungen zwischen den Lebewesen einer und verschiedener Arten. Sie können positive (+), negative (–) oder keine (0) Auswirkungen auf die beteiligten Partner haben:

Nahrungskette, Nahrungsnetz, Räuber-Beute-Verhältnis, Regulation

Nahrungsbeziehungen +/–
Direkte Abhängigkeit von Lebewesen verschiedener Arten aufgrund ihrer Nahrung, z. B. Greifvogel – Maus

Flechte, Indikator, Mykorrhiza, Bestäubungssymbiose

Symbiose +/+
Beziehung zwischen Lebewesen verschiedener Arten zum gegenseitigen Vorteil, z. B. Rentierflechte, Orchidee, Kolibri – Blütenpflanze, Einsiedlerkrebs – Seerosen, Wiederkäuer

Ekto- und Endoparasiten, Wirtswechsel, biologische Schädlingsbekämpfung, Schmarotzer

Parasitismus +/–
Beziehung zwischen Lebewesen verschiedener Arten, für einen Partner vorteilhaft, für den anderen schädigend, z. B. Stechmücke, Bandwurm, Mistel, Mutterkornpilz

Beziehungen zwischen Lebewesen

Kommensalismus, Phoresie

Probiose +/0
Beziehung zwischen Lebewesen verschiedener Arten, für einen Partner vorteilhaft, für den anderen ohne Folgen, z. B. Aasfresser, Epipyhten, Madenpicker

Partnersuche, Brutpflege, Schwarm- und Herdenbildung, Tierstaat

Innerartliche Beziehungen +/+
Beziehungen und Abhängigkeiten zwischen Lebewesen einer Art, für beide von Vorteil, z. B. Fortpflanzung bei der Amsel, Rudelbildung beim Wolf, Ameisenstaat

Dichteregulierung, Konkurrenz-Ausschluss-Prinzip, Konkurrenzvermeidung, ökologische Nische, Aussterben

Konkurrenz –/–
Wettbewerb zwischen Lebewesen einer oder verschiedener Arten um begrenzt verfügbare Ressourcen, nachteilig für beide, z. B. Revierkämpfe der Grizzlybären, Grauhörnchen und Eichhörnchen in Großbritannien

1.3 Ökosysteme – ihre Bedeutung und Gefährdung

Auch Ökosysteme machen Umsatz

In einem ständigen Kreislauf werden Stoffe auf-, um- und abgebaut. Die notwendige Energie dazu liefert vor allem die Sonne.
Wie funktioniert ein Stoffkreislauf? Warum sind Nahrungsketten endlich? Was versteht man unter ökologischen Pyramiden?

Der Mensch greift ein

Der Mensch verändert z. B. durch Bergbau, Landwirtschaft oder auch Tourismus ursprüngliche Landschaften. Dadurch werden Ökosysteme mit ihren Tier- und Pflanzenarten gefährdet und oft sogar zerstört.
Welche Gefahren gehen von solchen Zerstörungen aus? Was bedeutet das für den Menschen? Kann man entstandene Schäden beheben und Eingriffe ausgleichen? Hat sich unser Bewusstsein im Umgang mit der Natur verändert?

Siehst du den Wald vor Bäumen nicht?

Bäume charakterisieren das Ökosystem Wald. Dennoch ist ein Wald mehr als nur die Summe seiner Bäume.
Wie lässt sich das Ökosystem Wald beschreiben? Welche typischen Lebewesen kommen vor? Welche Bedeutung hat er für Mensch und Umwelt?

Der Wald – ein Ökosystem

Mitteleuropa ist ein Waldland. Überall dort, wo der Mensch nicht eingreift und die Umweltbedingungen es zulassen, entstehen aus offenen Bereichen wie Wiesen, Ödland oder Kahlschlägen nach und nach Wälder.

Wichtigstes Merkmal des **Ökosystems Wald** sind **Bäume**. Sie schaffen typische Klima- und Bodenverhältnisse, die sich deutlich von denen der Umgebung unterscheiden (↗S. 69).
Die langsame Entwicklung vom Jungwuchs bis zum Altbaum gibt jedem Wald eine bestimmte Altersstruktur. In natürlichen Wäldern finden wir Bäume jeder Altersklasse. Wirtschaftswälder bestehen zweckgebunden meist nur aus einer **Baumart** in einer Altersklasse.

Durch die unterschiedlichen Wuchshöhen der Bäume, Sträucher und krautigen Pflanzen lässt sich ein Wald in eine **vertikale Schichtung** gliedern (↗Abb. 1). Die oberste **Baumschicht** wird durch die Bäume bestimmt (bis ca. 40 m). Ihr folgen **Strauchschicht** (bis ca. 5 m), **Krautschicht** (bis ca. 1 m) und **Moosschicht** (bis ca. 20 cm). Durch diese Schichtung bietet ein naturnaher Wald einer Vielzahl von Organismen einen Lebensraum und vielfältige Wechselwirkungen machen dieses Ökosystem besonders stabil und langlebig.

Im **globalen Stoffkreislauf** sind Wälder nicht nur wichtige Sauerstoffproduzenten. Sie spielen auch eine große Rolle bei der Wasserspeicherung und Bodenbildung. Dem Menschen dienen Wälder vor allem als Holzlieferanten und Orte der Erholung.

Das Ökosystem Wald ist durch Bäume geprägt. Die Pflanzengemeinschaft zeigt eine vertikale Schichtung in Baum-, Strauch-, Kraut- und Moosschicht. Wälder haben eine große ökologische Bedeutung.

Aufgabe

Beschreibe ein selbstgewähltes Ökosystem. Gehe dabei auf die charakterisierenden Merkmale ein.

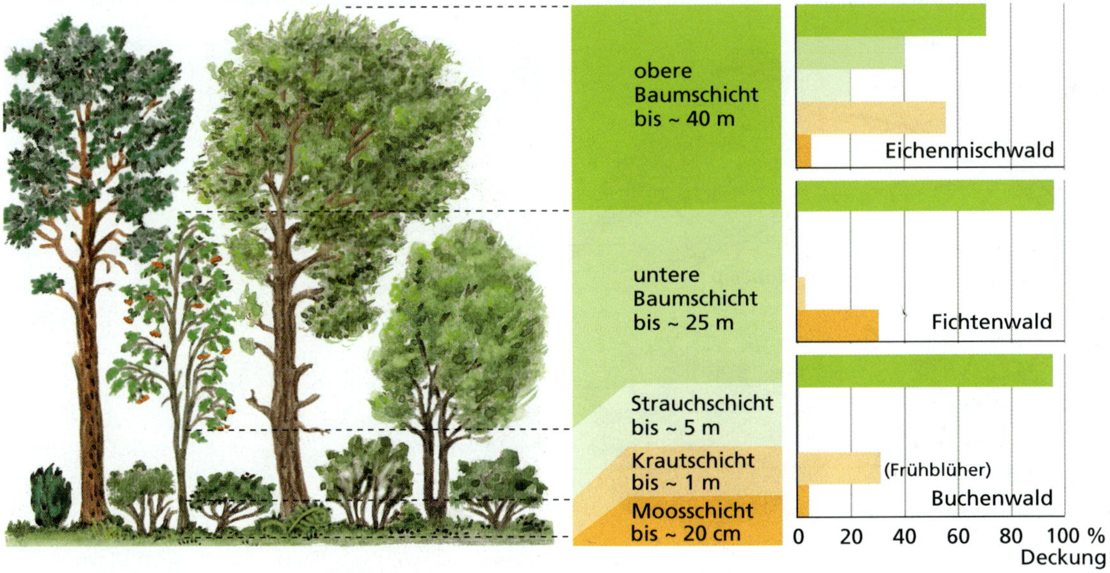

1 Der Schichtenaufbau eines Waldes

Waldbiozönose

Baum- und Strauchschicht

Die **Baumschicht** ist der Kronen- und Stammbereich der **Bäume.** Je nach Baumart fängt das Blätterdach Regen und Sonnenlicht ab und beeinflusst somit alle darunterliegenden Schichten.

Der Buchenwald ist unter den heutigen Klimabedingungen in vielen Gebieten Mitteleuropas die natürliche Waldbedeckung unserer Gegend.
Buchen lassen bei voller Belaubung nur wenig **Licht** auf den Boden. Unter ihren Kronen gedeihen nur einige Schattenpflanzen, wie Farne und Frühblüher, die die Zeit bis zur Belaubung nutzen, um den Großteil ihrer Entwicklung abzuschließen. Durch die Kronen von Eichen und Birken gelangt mehr Licht. Unter ihnen kann sich eine reichere Vegetation ausbilden.
Die Baumschicht bietet vor allem **Vögeln** einen Lebensraum. Greifvögel und Eulen finden hier einen Nistplatz; Spechte, Meisen und Kleiber auch ihre Nahrung. Einige Vögel haben sich auf bestimmte Baumarten spezialisiert, wie Fichtenkreuzschnabel, Tannenhäher und Goldhähnchen auf Fichten. Von den **Säugetieren** suchen Eichhörnchen und Baummarder in der Baumschicht Nahrung und nutzen Höhlen für ihre Jungenaufzucht. Auch viele **Insekten** leben in diesem Bereich, z. B. Blattläuse, Gallwespen, Borken- und Bockkäfer, Schmetterlinge, wie Spinner und Spanner, und andere Baumschädlinge.

Die **Strauchschicht** besteht aus dem Jungwuchs der Bäume und verschiedensten Sträuchern wie Holunder, Traubenkirsche, Schlehe, Weißdorn, Haselnuss, Rosen, Him- und Brombeeren. Viele dieser Sträucher sind licht- und wärmebedürftig, sodass sie vor allem an Waldrändern und auf Lichtungen wachsen. Die Strauchschicht bietet **vielen Tierarten** einen Lebensraum, z. B. Singvögeln, wie Goldammer, Buchfink, Zilpzalp und Singdrossel, und Säugetieren, wie Wald- und Haselmaus. Hirsche, Rehe, Wildschweine und Füchse finden hier Rückzugsgebiete. Je höher die Zahl unterschiedlicher Sträucher, desto höher ist auch die Anzahl an Insekten und Spinnen. Radnetzspinnen und Baldachinspinnen bauen hier ihre Netze. Blüten locken Bienen und Tagfalter an. Andere Schmetterlinge bzw. ihre Raupen können durch Minieren (↗ S. 47) und Blattfraß Schaden anrichten.

a Baldachinspinne

b Zilpzalp

c Haselnussstrauch

d Schwarzer Holunder

1 Einige Lebewesen der Strauchschicht

2 Ein Buchenwald – ohne Strauchschicht

Kraut- und Moosschicht

Unter der Strauchschicht erstreckt sich die **Krautschicht,** bestehend aus Farnen, **Gräsern** und Blütenpflanzen.

Farne lieben schattig-feuchte Wälder, ebenso Riedgräser (z.B. Seggen). Sie sind z.B. in feuchten Erlenwäldern heimisch. Dort wachsen auch einige typische **Blütenpflanzen** des Waldes: Großes Springkraut und Wald-Sauerklee sowie Frühblüher, wie Lungenkraut, Busch-Windröschen oder Primeln. Sonniger mögen es Fingerhut, Weidenröschen, Wald-Erdbeere, Königskerze, Wolfsmilch, Hartheu und auch Süßgräser, wie Rispen- oder Schwingelgräser. All diese Pflanzen wachsen in lichten Wäldern, an Waldrändern und auf Lichtungen.

In der Krautschicht beginnt das Reich der **Wirbellosen,** das bis in den Erdboden hineinreicht. Aus allen Insektengruppen sind Vertreter zu finden, z.B. Libellen, Heuschrecken, Wanzen, Blattläuse, Zikaden, Hummeln, Bienen und Blattkäfer.

Die **Boden- oder Moosschicht** ist den **Pilzen, Moosen** (↗S. 60) und **Flechten** (↗S. 44) vorbehalten. Nur wenige Zentimeter dick, ist sie dennoch von großer Bedeutung. **Moospolster** bilden wichtige Wasserspeicher.

Hier beginnt die Verarbeitung toter organischer Substanz, deren **Abbau und Zersetzung** im Boden fortgeführt wird. Daran sind viele wirbellose Tiere beteiligt, z.B. Regenwürmer, Schnecken, Tausendfüßer, Asseln und die Larven vieler Fliegen und Mücken. Von diesen ernähren sich wiederum Spinnen, Laufkäfer, Amphibien, Reptilien, Spitzmäuse, Igel und Maulwurf.

Die vielfältigen waldaufbauenden Pflanzenarten bilden in ihrer Gesamtheit die Artenstruktur des Waldes.
Die vertikale Gliederung der Vegetation in einem Waldökosystem bietet Lebensraum für eine Vielzahl von Organismen. Je reicher die Strukturierung, desto mehr Tiere können ihre ökologische Nische finden.

Aufgabe

Erstelle eine Tabelle zu den Schichten eines Waldes, der sich aus verschiedenen Laubbaumarten zusammensetzt (Laubmischwald). Ordne diesen Schichten die jeweiligen Pflanzen und Tiere zu. Ergänze weitere Beispiele.

1 Laubmischwald – mit vielen Schichten

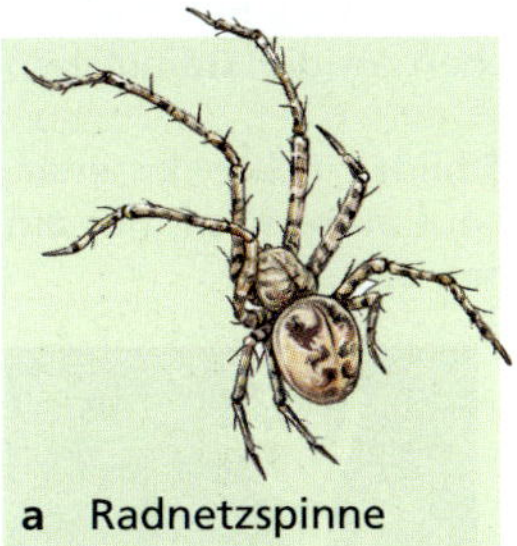

a Radnetzspinne

b Wurmfarn

c Busch-Windröschen

2 Einige Lebewesen der Krautschicht

Mosaik

Moospflanzen im Ökosystem Wald

1 Weißmoospolster

3 Muschellebermoos

In vielen Wäldern bilden Moose dichte Polster, Decken oder Filze auf dem Waldboden, auf umgestürzten Bäumen und auf Baumstümpfen, aber auch an den Stämmen und Ästen lebender Bäume und auf Steinen und Felsen. Dabei kann man unterschiedliche Wuchsformen erkennen.
Laubmoose können entweder stark verzweigte, niederliegende Sprosssysteme oder aufrechte, kaum verzweigte Sprosse entwickeln. Das Rotstängelmoos bildet z.B. solche Filze aus verzweigten niederliegenden Ästen auf dem Waldboden. Das Gewöhnliche Haarmützenmoos bildet dichte Rasen aus unverzweigten Einzeltrieben, die von oben wie kleine Sternchen aussehen. Bei Trockenheit legen sich die Blättchen an die Stämmchen an (↗ Abb. 2).
Das Weißmoos (↗ Abb. 1) bildet dichte, kissenartige Polster, die ebenfalls aus aufrechten, nur am Grunde verzweigten Trieben bestehen.

2 Moospflanze: a feucht; b trocken

Lebermoose sind im Allgemeinen noch feuchtigkeitsbedürftiger als Laubmoose. Sie bilden gabelig verzweigte Lager – wie das Muschellebermoos (↗ Abb. 3) – oder niederliegende Sprosse mit zarten, seitlich sitzenden Blättchen.

Moose nehmen mit der ganzen Oberfläche Wasser und Mineralstoffe auf. Der Wasserspeicherung dienen v. a. die Zwischenräume zwischen den dicht verfilzten oder zu Polstern geformten Sprossen. Damit verzögert Moosbewuchs den oberirdischen Wasserabfluss. Außerdem sind Moospolster der Lebensraum für viele Kleinlebewesen wie Springschwänze, Insektenlarven, Milben, Pseudoskorpione oder Asseln.
Moose vermehren sich durch Sporen, die in besonderen, meist gestielten Sporenkapseln gebildet werden. Die Sporen keimen zu einem feinen Fadengeflecht aus, dem *Protonema.* Aus Knospen auf diesem *Protonema* wachsen die eigentlichen Moospflänzchen. Auf den grünen Moospflänzchen bilden sich – entweder getrennt oder auf einer Pflanze – weibliche Organe mit einer Eizelle und männliche Keimzellenbehälter mit vielen Spermatozoiden. Sie können nur über Wassertropfen zu den Eizellen gelangen. Aus den befruchteten Eizellen entwickeln sich die Sporenkapseln.

Aufgabe
Moose haben eine große Bedeutung für den Wasserhaushalt des Waldes. Überprüfe diese Aussage mit einem Experiment.

Altersstruktur und jahreszeitliche Struktur

Im Wald lässt sich auch eine **zeitliche Ordnung** erfassen. Neben Altbäumen befinden sich Bäume mittleren Alters und Jungwuchs. Die ständig ablaufende Verjüngung des Waldes durch die Produktion von Samen, deren Verbreitung und das Entstehen von Jungwuchs bewirkt das Ausbilden einer **Altersstruktur** innerhalb des Waldes. Das ungleiche Alter von Waldbäumen in naturnahen Wäldern ist eine Voraussetzung für die Dauerhaftigkeit des Waldes und für dessen Gleichgewicht.

Waldbesuche in den verschiedenen **Jahreszeiten** lassen in unseren Breiten im Laubwald eine weitere zeitliche Ordnung erkennen. Das Aussehen des Laubwaldes wandelt sich periodisch. Laubwälder weisen einen Frühjahrs-, Sommer-, Herbst- und Winteraspekt auf (↗ Abb. unten).

Im März/April ist es vor der Belaubung im Buchenwald hell. Die Krautschicht wird von Busch-Windröschen dominiert, die einen weißen Blütenteppich bilden (Frühjahrsaspekt). Diese Pflanzenart zählt zu den ersten Frühblühern im Laubwald. Zum Blühen benötigen Busch-Windröschen viel Licht, das im Frühjahr im Buchenwald reichlich vorhanden ist. Nährstoffe für rasches Wachstum und Blütenbildung sind im Wurzelstock gespeichert. Als weitere Frühblüher treten z. B. Frühlings-Scharbockskraut und Hohler Lerchensporn auf.

Mit der zunehmenden Belaubung gelangt immer weniger Sonnenlicht durch das dichte Kronendach. Waldmeister, Frühlings-Platterbse und die Einbeere lösen die Frühblüher ab. Die Krautschicht wird auch durch verschiedene Gräser wie Wald-Flattergras geprägt.

Sommeraspekt: Im dichten Buchenwald sind meist nur wenige Kräuter zu sehen.

Werden die Tage kürzer und fallen die Temperaturen, so zeigt sich bald der **Herbstaspekt.** Im Buchenwald dominieren dann prächtig rot bis gelb gefärbte Laubblätter.

Nach den ersten Frösten genügen leichte Windstöße, um das Laub von den Bäumen zu fegen. Es zeigt sich der **Winteraspekt.**

Diese jahreszeitliche Struktur des Laubwaldes wird durch das unterschiedliche Wirken von Umweltbedingungen (z. B. Licht, Temperatur, Wasser) ausgelöst.

> Der Wald weist in unseren Breiten einen jahreszeitlichen Aspekt auf.
> Die Altersstruktur drückt das Verhältnis zwischen den Altbäumen, Bäumen mittleren Alters und Jungwuchs aus.

Jahreszeitliche Aspekte im Buchenwald

Frühjahrsaspekt	Sommeraspekt	Herbstaspekt	Winteraspekt

– hoher Lichtanteil am Boden – Entwicklung von Frühblühern	– geringer Lichtanteil am Boden – nur wenige Kräuter in der Krautschicht	– abnehmende Temperaturen – Laubfall, Pilzfruchtkörper	– Frost, Wassermangel – Ruhestadium

Stoffwechselprozesse

Alle Lebewesen, auch die waldbildenden Pflanzen und ihre Bewohner, müssen zur Aufrechterhaltung ihrerLebensprozesse ständig Stoffe und Energie aus ihrer Umwelt aufnehmen (Ernährung). Für die Organismen, die diese Stoffe aufnehmen, handelt es sich meistens um körperfremde Stoffe. Diese Stoffe werden in den Zellen erst zu körpereigenen Stoffen umgewandelt Es gibt zwei verschiedene **Ernährungsweisen.**

Die meisten Bakterien, die Pilze, die Tiere und der Mensch nehmen mit der Nahrung außer Wasser, Mineralstoffen und Vitaminen vor allem Eiweiße, Fette und Kohlenhydrate (z.B. Traubenzucker, Stärke) auf. Dies sind körperfremde, energiereiche, **organische Stoffe.** Diese Art der Ernährung wird **heterotrophe Ernährung** genannt (↗ Abb.2).

Davon unterscheidet sich die Ernährung der Pflanzen mit Chlorophyll und einiger Bakterien, die ebenfalls Chlorophyll besitzen. Sie nehmen als Nahrung Wasser, Mineralstoffe sowie Kohlenstoffdioxid aus der Luft auf. Das sind körperfremde, energiearme **anorganische Stoffe.** Auch einige Bakterien sind in der Lage, anorganische Stoffe als Nahrung zu nutzen.
Diese Art der Ernährung wird **autotrophe Ernährung** (↗ Abb.1) genannt.

> Die Ernährung ist ein Kennzeichen aller Lebewesen.
> Man unterscheidet zwei Ernährungsweisen: die heterotrophe und die autotrophe Ernährung.

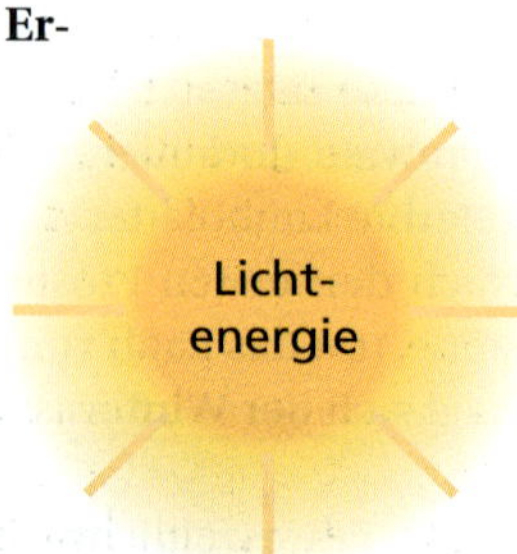

1 Autotrophe Ernährung findet man bei allen Pflanzen mit Chlorophyll und einigen Bakterien.

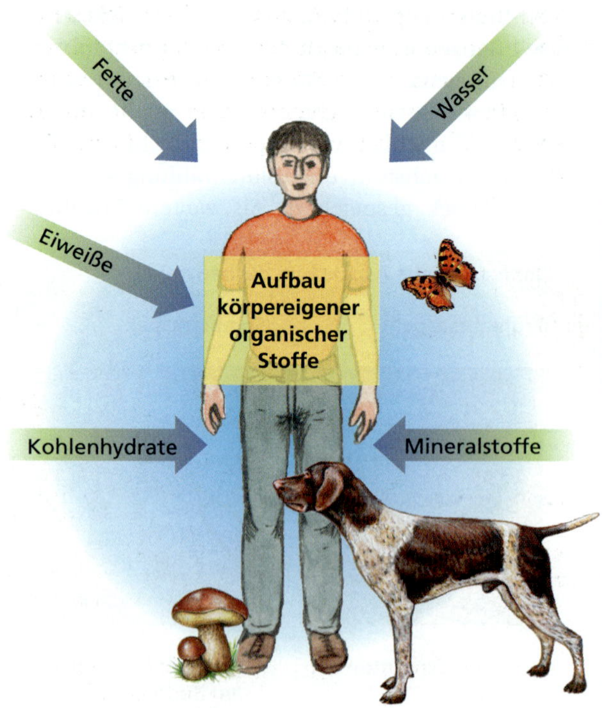

2 Heterotrophe Ernährung findet man bei den Tieren, Pilzen, den meisten Bakterien und beim Menschen.

Fotosynthese

Zu den Lebewesen, die sich autotroph ernähren, zählen vor allen die chlorophyllhaltigen Pflanzen. Die Nährstoffe der grünen Pflanzen sind vor allem Wasser, Kohlenstoffdioxid und Mineralstoffe. Diese Stoffe werden im Organismus der Pflanzen in körpereigene Stoffe umgewandelt. Dazu benötigen sie Energie. Anders als bei Tieren und beim Menschen, die energiereiche Nährstoffe aufnehmen, nutzen die Pflanzen die **Energie des Sonnenlichts.**
Aus Wasser und Kohlenstoffdioxid werden so Traubenzucker und Sauerstoff gebildet. Traubenzucker ist ein **energiereicher Stoff.** Diesen Stoffwechselprozess bezeichnet man als **Fotosynthese.** Er findet in den **Chloroplasten** der Zellen statt. In den Chloroplasten ist der grüne Blattfarbstoff (Chlorophyll) enthalten. Ohne diesen Farbstoff kann die Fotosynthese nicht ablaufen.

Zur Speicherung wird der **Traubenzucker** in Stärke umgewandelt. Außerdem dient Traubenzucker als Grundlage für die Herstellung aller anderen körpereigenen Stoffe der Pflanze. Mit den in Mineralstoffen aufgenommenen Elementen sind die Pflanzen in der Lage, diese Stoffe zu bilden.

Der **Sauerstoff,** der bei der Fotosynthese entsteht, wird über die Spaltöffnungen an die Umwelt abgegeben.

Zellatmung

Pflanzen benötigen, ebenso wie alle anderen Organismen, **Energie** für ihre Lebensprozesse. Dazu bauen sie energiereiche Stoffe ab. Als Energieträger dient meistens **Traubenzucker.** Er wird unter Sauerstoffverbrauch zu Kohlenstoffdioxid und Wasser umgesetzt. Dabei wird Energie frei.
Die Atmung läuft in allen lebenden Zellen der Pflanze bzw. der anderen Organismen ab.
Die Orte der Atmung in den Zellen sind die **Mitochondrien.**
Während die Fotosynthese nur am Tage oder bei Belichtung mit einer künstlichen Lichtquelle stattfindet, atmen Pflanzen am Tage und in der Nacht. Die Fotosynthese und die Atmung laufen bei Helligkeit gleichzeitig in den Pflanzen ab.

> Fotosynthese und Zellatmung sind Stoffwechselprozesse. Während die Fotosynthese entsteht energiereicher Traubenzucker und Sauerstoff. Durch Zellatmung wird aus den Traubenzucker Energie für die Lebensprozesse gewonnen. Der Sauerstoff gelangt in die Luft.

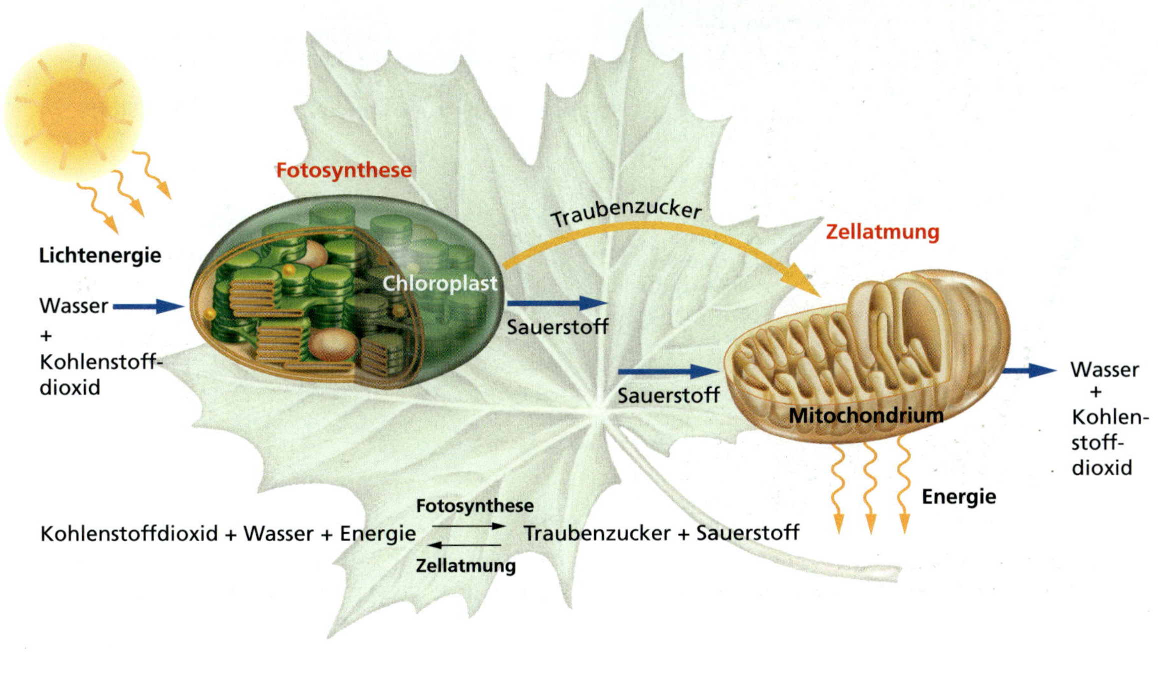

Stoffkreislauf im Ökosystem

Nahrungsbeziehungen zwischen Organismen (↗S. 38) sind die Ursache aller Stoffkreisläufe. Am Beginn stehen autotrophe Organismen, die mithilfe der Sonnenenergie durch Fotosynthese organische Stoffe erzeugen. Dieser Aufbau organischer Substanz wird als **Primärproduktion** bezeichnet und ist die Grundlage für alle folgenden Glieder der Nahrungskette. **Produzenten (Erzeuger)** sind alle chlorophyllhaltigen Pflanzen, Algen und Bakterien. Im Wald haben Bäume den größten Anteil an der Primärproduktion.

Den Erzeugern folgen die **Konsumenten (Verbraucher).** Diese heterotrophen Organismen können energiereiche organische Stoffe nicht selbst bilden, sondern müssen sie mit der Nahrung aufnehmen und durch Umbau in den eigenen Stoffwechsel einpassen. Die Konsumenten 1. Ordnung (Pflanzenfresser) sind das erste Glied der Verbraucherkette. Ihnen folgen Fleischfresser und Tierparasiten als Konsumenten 2. Ordnung usw. Das letzte Glied der Kette wird als Endkonsument bezeichnet. Dazu gehören große Beutegreifer (z. B. Uhu, Luchs).

Die anfallenden organischen Abfallstoffe wie Pflanzenteile, Kot oder Tierleichen werden von den **Destruenten (Zersetzer)** genutzt. Man unterscheidet Saprovore (Streufresser, griech.: *sapros* = faulen) und Mineralisierer. Asseln, Regenwürmer oder Aaskäfer zerkleinern als Streufresser tote organische Substanz. Vor allem Pilze und Bakterien als Mineralisierer bauen die organischen Abfälle wieder in ihre Ausgangstoffe, wie Wasser, Mineralstoffe und Kohlenstoffdioxid, ab.

Die Destruenten schließen damit den Stoffkreislauf in einem Ökosystem. Die von ihnen abgegebenen Grundstoffe stehen wieder den Produzenten zur Verfügung und der Kreislauf kann erneut beginnen.

Produzenten, Konsumenten und Destruenten bilden die Trophieebenen (↗S. 67) in einem Ökosystem und beschreiben damit die Stellung des Organismus im Ökosystem.

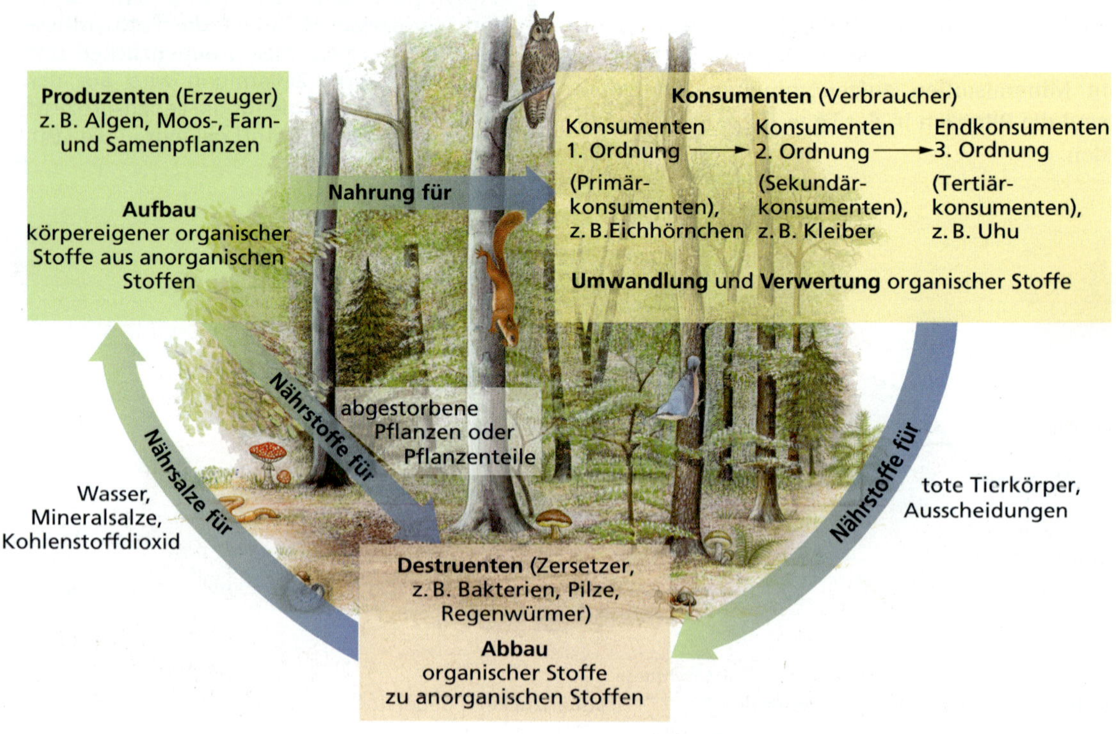

1 Stoffkreislauf im Ökosystem Wald

Stoffkreisläufe lassen sich auch an einzelnen Elementen nachvollziehen. Ein Beispiel dafür ist der **Kohlenstoffkreislauf** (↗Abb. 1). Während der Fotosynthese binden Pflanzen Kohlenstoffdioxid (CO_2) aus der Luft und bauen den enthaltenen Kohlenstoff in organische Verbindungen ein. Dieser Kohlenstoff wird durch die Atmung schrittweise wieder freigesetzt.
Im Laufe der Erdgeschichte hat sich ein Gleichgewicht zwischen CO_2-Produktion und -Verbrauch eingestellt. Dieses Gleichgewicht kann durch menschliche Tätigkeiten gestört werden. Durch Verbrennung fossiler Energieträger (Stromerzeugung, Autofahren) wie Erdöl, Erdgas oder Kohle wird CO_2 freigesetzt, das im Erdmantel gebunden war. Dieses gilt als eine zusätzliche Ursache für den **Treibhauseffekt.**

Auch die **Kreisläufe von Sauerstoff und Stickstoff** enthalten z. B. Phasen, in denen sich Sauerstoff und Stickstoff im gasförmigen Zustand in der Atmosphäre oder gelöst in den Ozeanen befinden. Luft und Wasser dienen als Speicher und gleichen Schwankungen aus.

An den **Kreisläufen von Phosphor oder Metallen** ist die Atmosphäre nicht beteiligt. Hier dienen Gesteine oder Gewässer, die große Mengen an Phosphaten bevorraten, als Speicher. Die Kreisläufe dieser Elemente verlaufen daher langsamer.

Stoffkreisläufe sind weitestgehend geschlossene Systeme.

Auf-, Um- und Abbau von organischer Substanz in einem Ökosystem bedingen den Stoffkreislauf. An ihm sind alle Organismen beteiligt. Wichtige Grundlage dafür sind die Nahrungsbeziehungen.

Aufgaben

1. Beschreibe, wie der Stoffkreislauf im Ökosystem See (↗S. 71) aussehen würde.

2. Halte mithilfe der Abbildung 1 sowie deiner Kenntnisse aus der Chemie einen Kurzvortrag zum Kohlenstoffkreislauf.

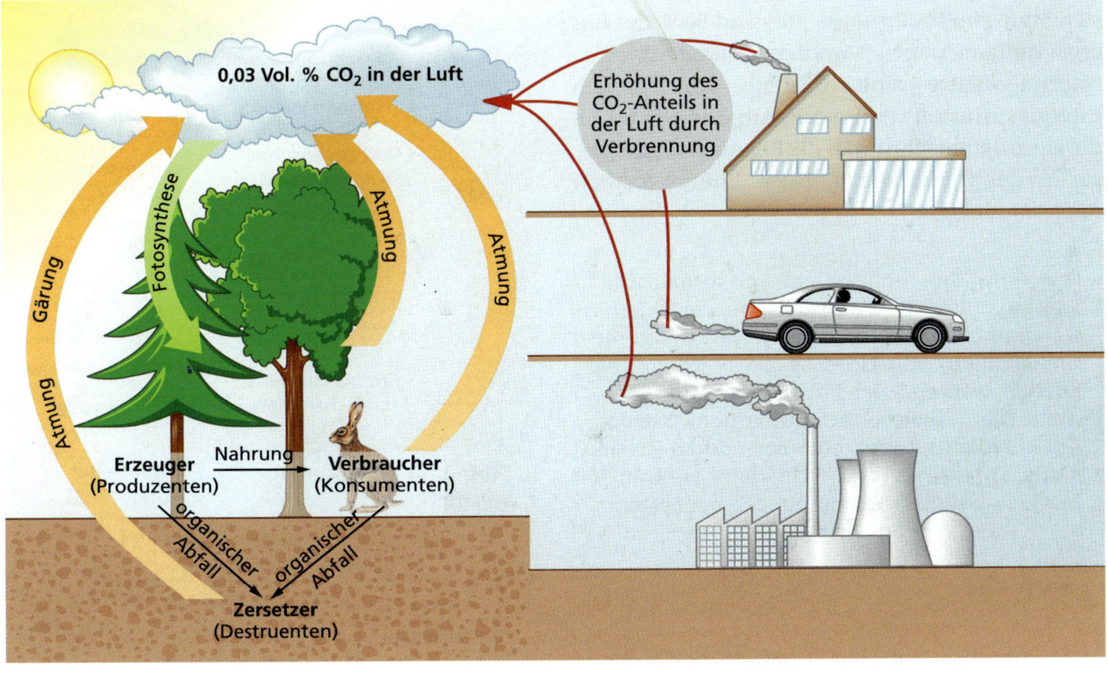

1 Der Kreislauf des Kohlenstoffs in der Natur und seine Beeinflussung durch den Menschen

Energiefluss im Ökosystem

Der Energiefluss ist im Gegensatz zum Stoffkreislauf ein offenes System. Ständig ist eine zusätzliche Energiezufuhr von außen notwendig, um den Kreislauf der Stoffe aufrechtzuerhalten.
Für das Leben auf der Erde ist die Strahlungsenergie der Sonne diese Energiequelle. Autotrophe Pflanzen nutzen unter günstigen Bedingungen ca. 2 bis 5 % der **Sonnenenergie,** um durch Fotosynthese Lichtenergie in die chemische Energie umzuwandeln (z.B. durch den Aufbau von Traubenzucker) und damit in organischen Stoffen zu binden. Alle folgenden, heterotrophen Organismen nutzen diese **in der Nahrung enthaltene Energie.**
Bei Aufnahme und Umwandlung in körpereigene Stoffe geht ein Teil der Energie durch Atmung verloren. Bei gleichwarmen Tieren ist zusätzliche Energie zur Erhaltung der **Körperwärme** notwendig.
Schließlich kann die Nahrung selten vollständig verdaut werden. Reste werden über **Harn und Kot** ausgeschieden und mit ihnen weitere Energie. Auf diese Art gehen in der Regel von einer zur nächsten Stufe einer Nahrungskette rund 90 % der Energie verloren, nur 10 % werden weitergereicht.
Nahrungsketten sind deshalb mit großen **Energieverlusten** verbunden. Am Ende ist durch die Destruenten die durch die Pflanzen eingespeiste Energie vollständig in andere **Energieformen** umgewandelt.

Der Auf-, Um- und Abbau von organischer Substanz im Stoffkreislauf benötigt eine ständige Energiezufuhr. Diese wird durch die Umwandlung von Lichtenergie in chemische Energie während der Fotosynthese bereitgestellt. Die gespeicherte Energie geht mit den Ausscheidungsprodukten sowie durch Zellatmung als Wärme an die Umwelt „verloren". Der Energiefluss ist damit ein offenes System.

Aufgabe

Erläurere die Rolle der Fotosynthese für das Leben auf der Erde.

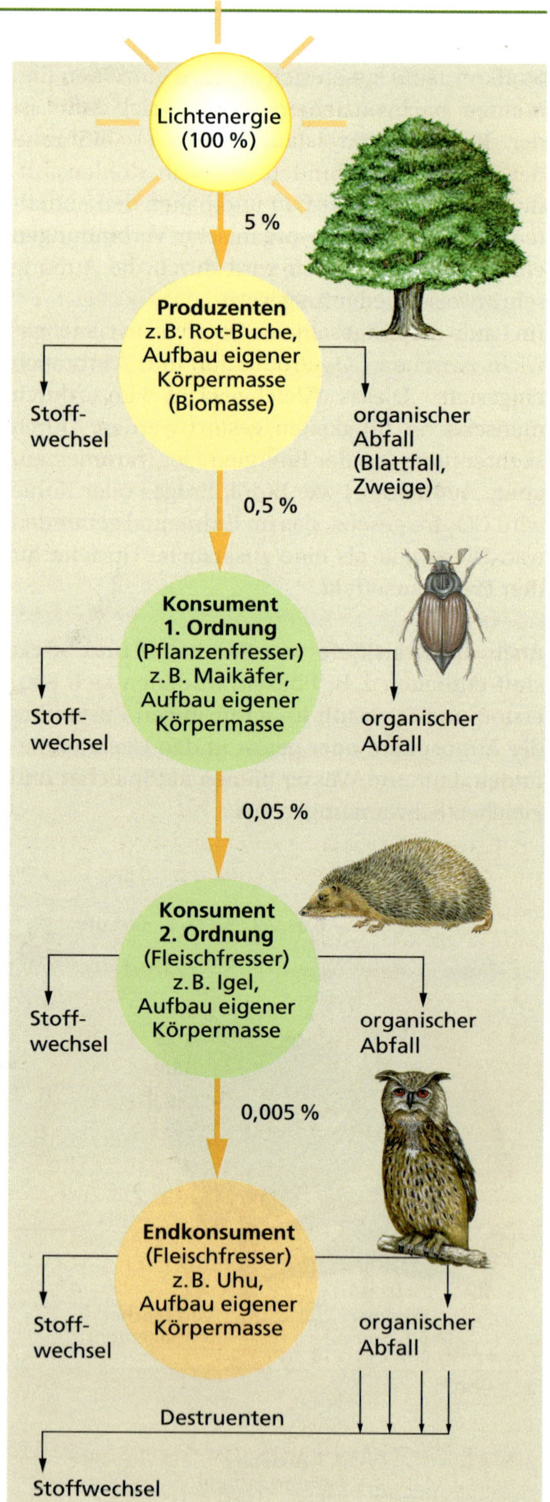

1 Energiefluss in einem Ökosystem

Grafisch lassen sich diese Zusammenhänge in Form von **ökologischen Pyramiden** (Nahrungspyramide, Energiepyramide) gut verdeutlichen. Sie stellen quantitativ die Verhältnisse der **Trophieebenen** innerhalb einer Biozönose eines Ökosystems dar. Sie geben für jede Stufe einer Nahrungskette die vorhandene Energie, die Individuen oder Biomasse an. Als Biomasse wird die gesamte Masse organischen Materials in einem Ökosystem bezeichnet.
Die Primärproduzenten stehen in der Regel an der Basis der Pyramide, gefolgt von den verschiedenen Stufen der Konsumenten. An der Spitze stehen die Endverbraucher.

Am aussagekräftigsten sind **Energiepyramiden.** Sie zeigen, wie effizient die Energie in einem Ökosystem ausgenutzt wird (↗Abb. 1). Bei der Weitergabe der in Biomasse gespeicherten Energie in der Nahrungskette nimmt die Energiemenge von einer **Trophieebene** zur nächsten auf etwa 1/10 ab. Die großen Energieverluste in aufeinanderfolgenden Trophieebenen begrenzen Nahrungsketten auf meist drei bis vier Glieder, da immer weniger Organismen von der ursprünglich durch die Produzenten gespeicherten Energie profitieren können.
Ökologische Pyramiden bringen auch einige Probleme von **Nahrungsketten** ans Licht. Endkonsumenten, wie große Beutegreifer, brauchen z. B. ein großes Nahrungsreservoir, um nicht zu verhungern. Sie besetzen deshalb meist große Territorien und haben weniger Nachkommen als Konsumenten der 1. oder 2. Ordnung.
Durch die Abnahme organischer Substanz von einer Stufe zur nächsten nimmt die Konzentration von Stoffen zu, die nicht aus dem Stoffkreislauf ausgeschieden werden. Dazu gehören z. B. Schwermetalle und andere Gifte. Bei den Endkonsumenten kann es dann zu lebensgefährlichen Anreicherungen dieser Stoffe im Körper kommen.

Ökologische Pyramiden verdeutlichen die Energie- und Biomasseverluste, die von einer zur nächsten Stufe einer Nahrungskette auftreten.

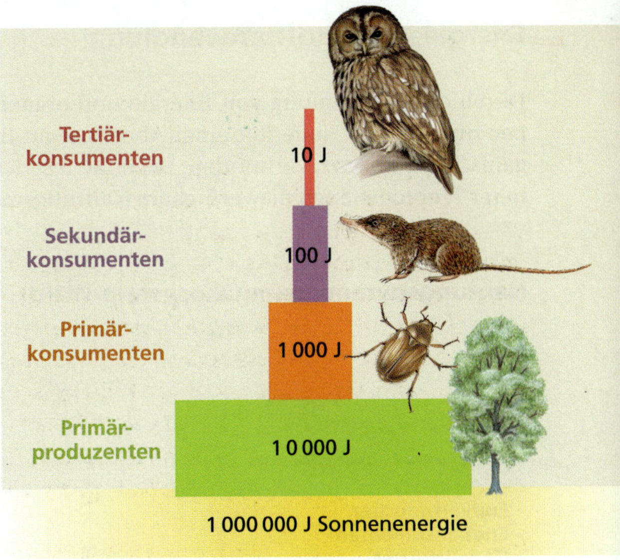

1 Energiepyramide eines Waldökosystems

Aufgaben

1. In einem Ökosystem kann es keinen Energiekreislauf geben. Begründe mithilfe der Abbildung 2 diese Aussage.

2. Erstelle zu einer ausgewählten Nahrungskette eine Nahrungspyramide.

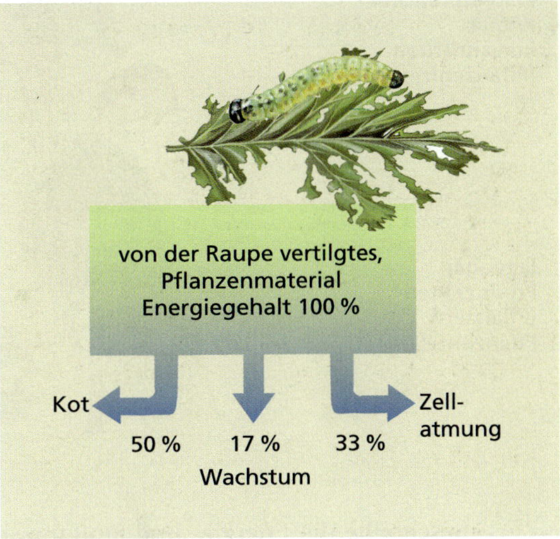

2 Energienutzung in der Nahrungskette

Energie- und Stoffumwandlung

Durch die Verknüpfung von Energie und organischer Substanz ist die Abnahme der Energie von einer zur nächsten Stufe mit einer Abnahme an Biomasse, der momentan vorhandenen Menge an organischer Substanz, verbunden. Bei einer fest definierten Ausgangsbasis ist deshalb für Mitglieder höherer Trophieebenen die verfügbare Nahrungsmenge bald nicht mehr ausreichend.

Nahrungspyramide im Ökosystem Wald

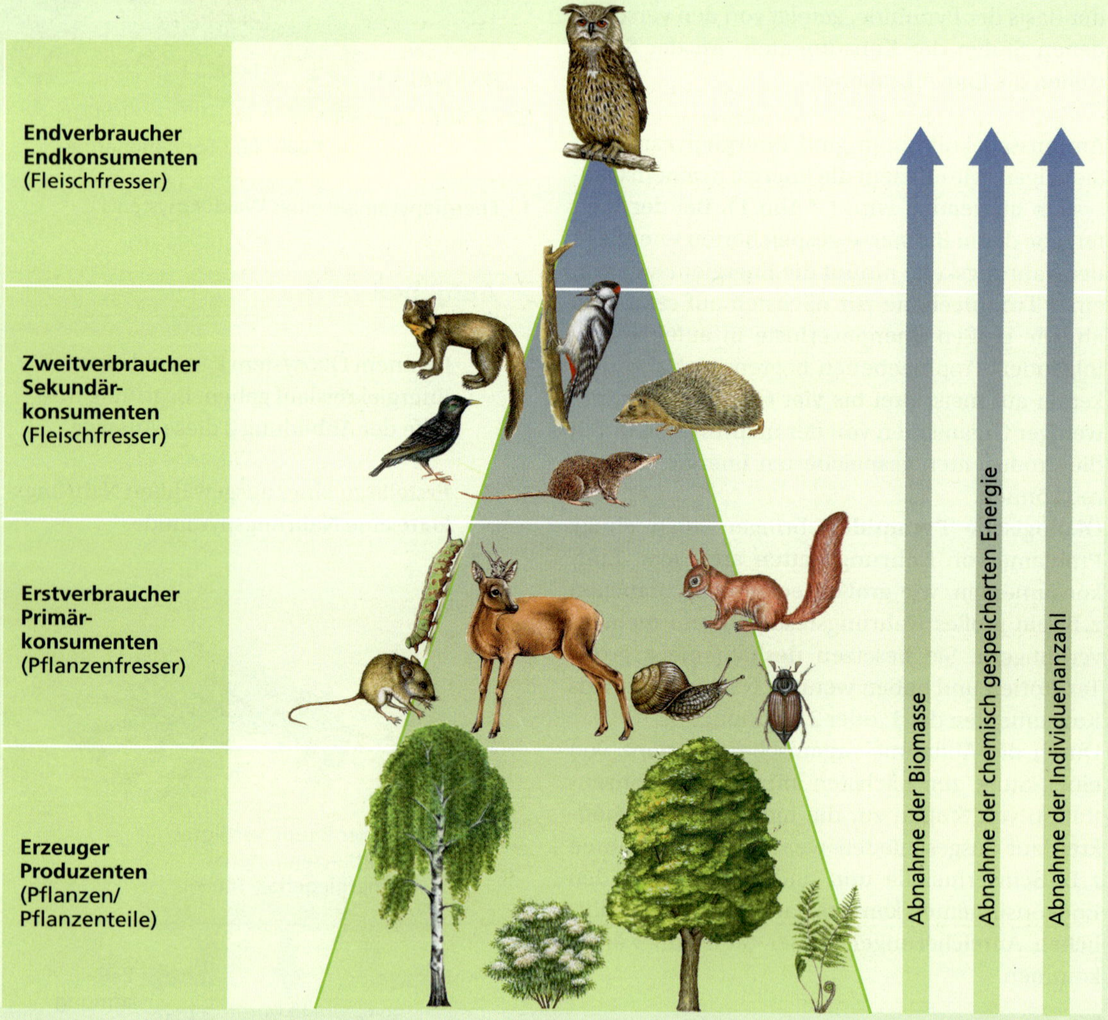

Beschreibe die Energie- und Stoffumwandlung bei Stoffwechselprozessen wie Fotosynthese und Zellatmung.

Bedeutung des Ökosystems Wald

Wirtschaftlich (ökonomisch) bedeutend ist das Ökosystem Wald deshalb, weil es für viele Menschen eine Einkommens- und Erwerbsquelle darstellt. Der Wald liefert den nachwachsenden Rohstoff Holz, der von der Holz verarbeitenden Industrie zu Möbeln, Bauholz und Papier weiterverarbeitet wird.

Aber auch die **ökologischen** Funktionen des Waldes haben eine große wirtschaftliche Bedeutung. Immer häufiger auftretende hochwasserbedingte Überschwemmungen verdeutlichen das. Die durch Kronendach, Strauch- und Krautschicht sowie Laubstreu abgebremsten Niederschläge gelangen in den Waldboden. Was nicht von den Wurzeln aufgenommen wird, gelangt ins Grundwasser und versorgt Quellen und Bäche. Nur der kleinste Teil fließt oberirdisch ab. Der Wald ist nicht nur ein großer **Wasserspeicher.** Dadurch, dass ein Wald meist mehr als 50 % des Niederschlags wieder an die Atmosphäre abgibt, sorgt er für einen lokalen Wasserkreislauf und schützt nachhaltig sowohl vor Überschwemmungen als auch vor langen Trockenzeiten.

Außerdem **filtert** der Wald **Staub und Schadstoffe** aus der Luft. Im Waldboden werden auch den versickernden Niederschlägen Schadstoffe entzogen. Das führt dazu, dass aus dem Grund- und Quellwasser beste Trinkwasserqualität gewonnen werden kann. Schließlich bieten Wälder dem Menschen vielfältige **Erholungsmöglichkeiten.** Als Lebensraum bzw. Rückzugsgebiet für viele Pflanzen und Tiere trägt der Wald zum Erhalt der **biologischen Vielfalt** bei.

Ein naturnaher mitteleuropäischer Buchenwald z.B. beheimatet ca. 3000 Pilzarten, 1000 Pflanzenarten, davon ca. 200 Samenpflanzenarten und ca. 7000 bis 14000 Tierarten.

Nur ein ökologisch naturnaher Wald erfüllt sowohl gegenwärtig wie auch in der Zukunft seine Funktionen.

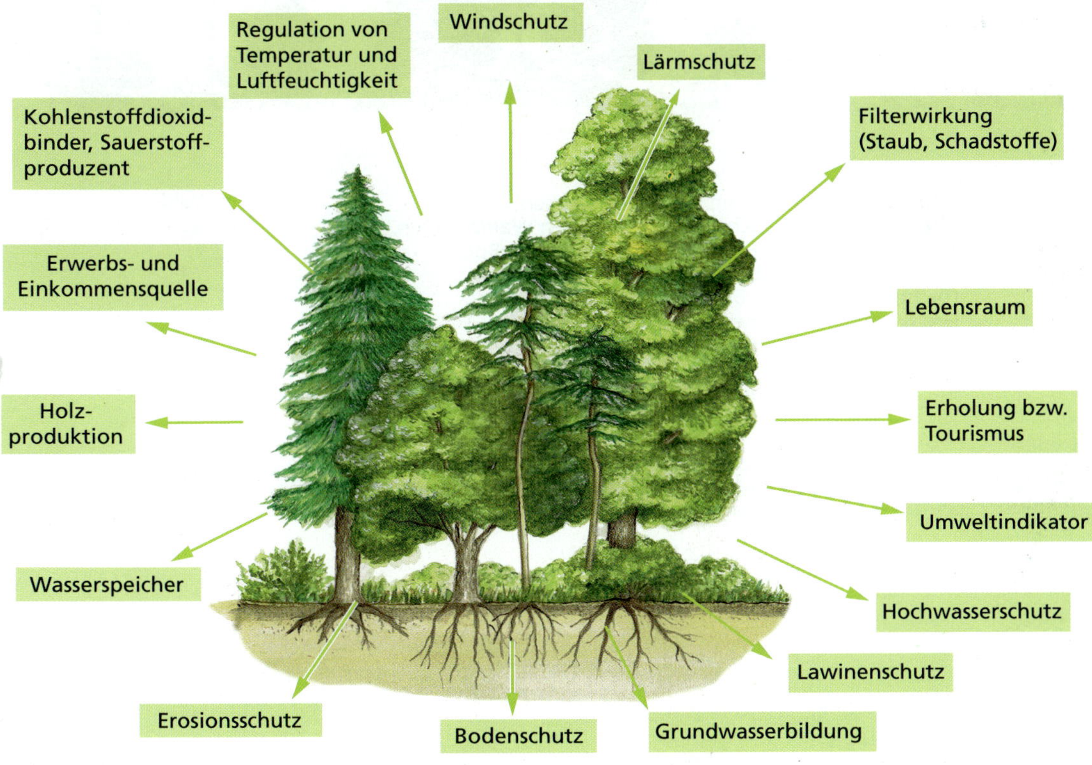

1 Funktionen des Waldes

Ökosysteme entwickeln und verändern sich

Natürliche Umweltveränderungen (z. B. Klimawandel), die Besiedlung von sich neu bildenden Ökosystemen (z. B. Vulkaninseln) oder Eingriffe des Menschen (z. B. Feuer, Kahlschlag) führen zu Veränderungen in Ökosystemen. Eine zeitliche Aufeinanderfolge von verschiedenen Lebensgemeinschaften ist die Folge. Man spricht von einer Sukzession. Eine Sukzession endet immer in einem relativ stabilen Endstadium.

Zeitliche Entwicklung vom Kahlschlag zum Wald

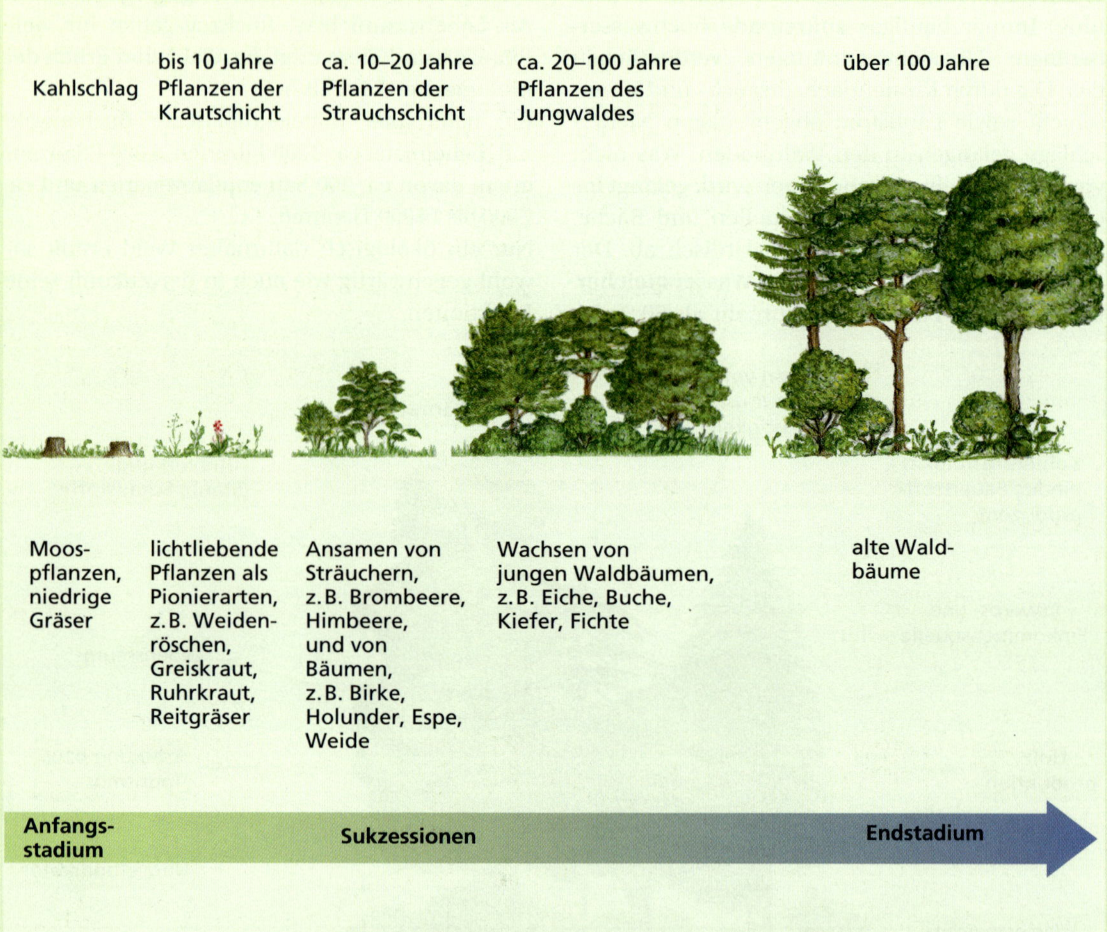

Diskutiere die Auswirkungen eines starken Sturms auf die Entwicklung eines Waldökosystems.

Mosaik

Der See – ein limnisches Ökosystem

Seen prägen das Landschaftsbild von Berlin und Brandenburg. Sie sind nicht nur eine Ansammlung von Süßwasser (limnisch = zum Süßwasser gehörend), sondern stellen wichtige Ökosysteme dar, die aus Teilökosystemen bestehen.
Seen weisen meist eine gut erkennbare Zonierung (Gliederung) auf (↗ Abb.). Diese kann in Abhängigkeit vom Seetyp unterschiedlich sein.
Die Zonen bilden jeweils einen eigenen Lebensraum. Diese Biotope bieten für Organismen jeweils unterschiedliche Lebensbedingungen.
Entscheidenden Einfluss darauf hat der **Untergrund** eines Sees. Durch das Wasser werden Mineralstoffe, aber auch Schadstoffe u. a. herausgelöst. Außerdem erfolgt ein Mineralstoffeintrag über Zuflüsse, mit dem Grundwasser und dem Abfluss von Regenwasser aus dem Umland eines Sees. Somit haben **angrenzende Ökosysteme** (Wiese, ein gedüngtes Feld, Wald) eine nicht unerhebliche Bedeutung für die Bedingungen im Gewässer. Weiterhin spielt die **Gewässertiefe** eine Rolle. Sie beeinflusst die Temperatur- und Lichtverhältnisse im See bzw. in den Zonen. Nicht zuletzt ist der **pH-Wert** des Wassers ein entscheidender Faktor.

Infolge der herrschenden Bedingungen sind jeweils ganz bestimmte Organismen für eine **Zone** typisch. In der Freiwasserzone lebt eine Vielfalt von Lebewesen. Auf der Wasseroberfläche beobachtet man verschiedene Vogelarten, im Wasser die unterschiedlichsten Fischarten, Krebstiere, Schnecken sowie zahlreiche Kleinstlebewesen. Die im Wasser schwebenden Lebewesen werden als Plankton bezeichnet.
Besonders wichtig sind die Mikroalgen im Plankton. Am Tage produzieren sie organische Stoffe und Sauerstoff und erhöhen den Sauerstoffgehalt des Wassers. Sie sind Nahrungsquelle für Kleinkrebse und einige Jungfische. Tierisches Plankton, zu dem u. a. Wasserflöhe und andere Kleinkrebse zählen, ist wiederum Nahrungsgrundlage für andere Wassertiere (z. B. Fische, Larven von Insekten).

Zwischen den Lebewesen bestehen **vielfältige Beziehungen.** Sie bilden die Biozönose des jeweiligen Teilökosystems. Infolge von **Nahrungsbeziehungen** bestehen zwischen den Organismen eines Sees zahlreiche Abhängigkeiten, die in Nahrungsketten bzw. Nahrungsnetzen ihren Ausdruck finden.

Zonierung eines Sees

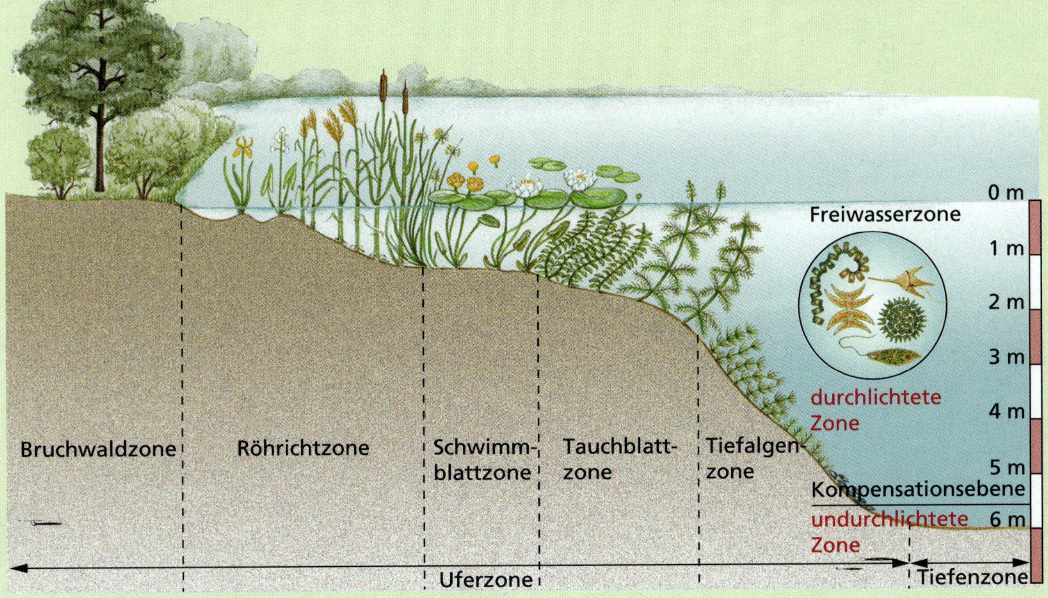

Eingriffe des Menschen in die Umwelt und deren Folgen

Die Eingriffe in die Umwelt durch den Menschen kann man an wenigen Beispielen verdeutlichen. Es werden weite Eisenbahn- und Autobahntrassen angelegt. Weltweit werden riesige Flächen bebaut. So unterschiedlich die Eingriffe sind, sie berühren nicht nur die nicht lebende Natur, sondern immer auch Lebewesen – die Pilze, Pflanzen und Tiere. Viele Eingriffe, die derzeit erfolgen, haben besonders weitreichende Auswirkungen.

Zerstörung oder Umwandlung natürlicher Lebensräume

Vielen Arten werden Lebensmöglichkeiten genommen durch

- **Rodung von Wäldern.** In Deutschland hat sich dadurch der Waldanteil seit dem Mittelalter um etwa 70 % verringert. Wo heute z. B. Äcker die Landschaft prägen, war ursprünglich Wald. Das Aussterben bzw. die Gefährdung von etwa zwei Dritteln der in Deutschland und Nordamerika beheimateten Arten ist auf die Waldrodung zurückzuführen. Gegenwärtig ist die Rodung tropischer Regenwälder die größte Bedrohung für die Artenvielfalt. Denn 90 % der heute bekannten Arten leben in den tropischen Regenwäldern.
- **Bebauung** bzw. **Versiegelung** von Flächen (↗Abb. 1). Dadurch werden den Organismen ebenfalls Lebensstätten genommen, das Wasser kann nicht vom Boden aufgenommen werden und fließt sehr schnell ab.
- **Entwässerung** ganzer Landstriche. Feuchtigkeitsliebende Arten sind durch diese Maßnahmen ernsthaft bedroht. Dies ist der Grund dafür, dass bei uns z. B. die Lurche gefährdet sind.
- **Übernutzung** von Landschaften, z. B. durch Überweidung, wodurch ebenfalls viele Arten ihrer Existenzgrundlagen beraubt werden.
- **Rohstoffgewinnung.** Durch den Abbau von Kies und von Braunkohle werden Landschaften stark verändert.

1 Breite Autobahnen durchziehen die Landschaften und vergrößern die Versiegelungsflächen.

Veränderung der natürlichen Bedingungen durch menschliche Tätigkeit

Heute werden Tausende chemische Verbindungen produziert, z. B. für die Bekämpfung von Schädlingen, zur Herstellung von Waschmitteln und Kosmetika, die bisher in der Natur nicht vorkamen. Viele Stoffe davon gelangen in die Umwelt und belasten bzw. schädigen als Giftstoffe direkt oder indirekt Organismen (siehe Modellversuch).
Manche Stoffe werden nur schwer abgebaut und gelangen über die Nahrungskette bis in den Körper des Menschen.

Belastungen der Biotope von Ökosystemen gehen auch von der Landwirtschaft und dem Gartenbau infolge der zusätzlichen Düngung aus, z. B. mit Stickstoff- und Phosphatverbindungen. Dieses hohe Angebot an Mineralstoffen begünstigt wenige, üppig wachsende Arten, durch die viele andere verdrängt werden. In Gewässern kommt es zu Algenblüten und Faulschlammbildung.

Einschleppen oder Eindringen von neuen Arten

Einige Organismen, die in bestimmten Ökosystemen nicht heimisch waren, vermehren sich manchmal geradezu explosionsartig unter den neuen Lebensbedingungen und verdrängen ursprünglich vorhandene Arten.
1862 wurden in Australien z. B. zwölf europäische Wildkaninchen ausgesetzt. Sie brachten es bis zur Jahrhundertwende auf einen Bestand von etwa 1 Milliarde Tiere, zerstörten die Pflanzendecke und lösten eine heftige Bodenerosion aus. Auch bei uns breitet sich eine Reihe eingewanderter Arten aus, z. B. der Waschbär.

Züchtung von Pflanzen- und Tierarten

Die Züchtung hat zur Veränderung der Artenvielfalt geführt. So werden z. B. auf riesigen Flächen nur wenige Kulturarten angebaut, oft dominiert nur eine Art (Monokultur). Die ursprünglichen Arten wurden verdrängt.

Weise die Wirkung von Waschmitteln auf die Oberflächenspannung des Wassers nach.

Materialien:
pneumatische Wanne oder Glasschüssel, Wasser, Spülmittel (nicht konzentriert), Aluminiumfolie, evtl. Schere

Durchführung:
1. Fertige ein Modell des Wasserläufers aus Aluminiumfolie nach nebenstehender Abbildung. Setze dein Modell auf die Wasseroberfläche auf.
2. Gib Spülmittel in das Wasser.

Beobachtung und Auswertung:
1. Notiere deine Beobachtungen vor und nach der Zugabe von Spülmittel.
2. Informiere dich über die Oberflächenspannung von Wasser. Welchen Einfluss hat Spülmittel?
3. Informiere dich über die Lebensweise des Wasserläufers. Leite ab, welche Wirkung ungeklärte Abwässer für Organismen haben, die die Wasseroberfläche nutzen.

Mosaik

Die Stadt – ein Ökosystem?

Städte unterscheiden sich u.a. durch die Dichte der Bebauung und der Bevölkerung von ihrem Umland. Große Flächen sind überbaut, versiegelt oder verdichtet. Die Zerschneidung der Fläche durch Verkehrswege und die Verinselung von Lebensräumen ist oft extrem. Trotzdem ist die Artenzahl von Pflanzen und Tieren aufgrund der Vielfalt an unterschiedlichen Lebensbedingungen und der vom Menschen eingeschleppten Arten insgesamt sehr hoch. Städte beherbergen nicht nur in zoologischen Gärten Tiere (↗Abb. 1) und Pflanzen. Auch Straßenränder, freie Plätze und Parkanlagen dienen als Lebensraum. Von besonderer Bedeutung sind schattenspendende Bäume. Innerhalb der Städte gibt es neben Industrieanlagen, Büro- und Wohnhochhäusern sowie Verkehrsbauten auch Grünanlagen und Parks, Kleingärten und Sportanlagen, Reste einstiger Naturräume sowie Flüsse oder Teiche (↗Abb. 2). Nicht nur deshalb, sondern auch weil in der technisch errichteten, kompakten abiotischen Umwelt der Städte Produzenten, Konsumenten sowie Destruenten vorhanden sind und weil es energetische und stoffliche Außenbeziehungen gibt, stellen Städte Ökosysteme dar. Doch die vom Menschen in Gang gehaltenen urban-industriellen Ökosysteme weisen als künstliche Ökosysteme große Besonderheiten auf.
In Städten benötigt der Mensch mehr Energie und Stoffe, als in der Stadt selbst zur Verfügung stehen. So werden Brennstoffe, Elektroenergie oder Wasser vom Menschen aus dem Umland herangebracht. Es wird an Nahrungsmitteln mehr konsumiert, als selbst produziert werden kann. Andererseits produzieren die Menschen mehr Industrieerzeugnisse als in der Stadt selbst benötigt werden. Aufgrund von Überbauung, Versiegelung und Verdichtung der Fläche sowie durch die Produktion großer Mengen von Stoffen, die auf natürliche Weise nicht abgebaut werden können, müssen Abfälle wieder ins Umland gebracht werden. Ein hoher Ausstoß an Emissionen und Lärm ist charakteristisch. Es bildet sich ein besonderes Stadtklima aus (↗Tab).

Klimamerkmal	**Unterschied zum Umland**
Einstrahlung	–20 %
Sonnenschein	–5 bis –15 %
Jahrestemperatur	+0,5 bis +2 K
Jahresniederschlag	+5 bis +10 %
Schneefall	–5 bis –10 %
Jahresverdunstung	–30 bis –60 %
Windgeschwindigkeit	–20 bis –30 %

1 Neben Insekten und wenigen größeren Säugetieren besiedeln vor allem Vögel die Städte. Tauben werden oft zur Plage.

2 Aufgrund des spezifischen Charakters einzelner Teile einer Stadt sind mehrere Typen von Ökosystemen vorhanden.

Expertenbefragung

Wenn man sich über ein Thema oder einen Arbeitsbereich genauer informieren will, ist die Befragung von Fachleuten bzw. Experten besonders gut geeignet. Anliegen und Fragen können auf kürzestem Weg verfolgt und neue Erkenntnisse gewonnen werden.
Bei Forstämtern, Naturschutzbehörden oder Umweltämtern findet man kompetente Ansprechpartner, z. B. bei offenen Fragen zur nachhaltigen Waldbewirtschaftung.

Die **Vorbereitung** einer Expertenbefragung muss sehr gründlich vorgenommen werden. Dabei geht es um verschiedene Aspekte:

- Zunächst muss Kontakt mit einem Experten aufgenommen und das Anliegen genau beschrieben werden. Auch organisatorische Fragen, wie Termin und Ort der Befragung, ob ein Protokoll geführt oder eine Audio- bzw. Videoaufzeichnung gemacht werden kann, sind zu klären.
- Man sollte sich selbst auf das vorgeschlagene Thema gut vorbereiten. Das ist nicht nur wichtig für die Durchführung der Befragung, sondern auch für die Zusammenstellung der Fragen, auf die man eine Antwort bekommen will.

1 Auch für den Fall, dass bei dem Experten noch etwas nachgefragt werden muss, sollte eine Befragung möglichst bald ausgewertet werden.

Die **Erarbeitung eines Fragenkatalogs** ist eine zentrale Aufgabe im Vorfeld einer Befragung. Alle Fragen sollten ausformuliert werden, vor allem als „W-Fragen" (Wie ...? Warum ...? Woher ...? ...). Dann sollten die Fragen für das Gespräch geordnet werden – die Kernfragen sollte man für die erste Gesprächshälfte vorsehen.

Bei der **Durchführung der Befragung** sollte besonders auf Folgendes geachtet werden:

- Da eine Befragung in einer Gesprächssituation stattfindet, kann es sein, dass von den geplanten Fragen stark abgewichen wird. Auch wenn dabei andere interessante Informationen gegeben werden, sollte der Gesprächsführer seine Fragen nicht aus dem Blick verlieren.
- Wenn man etwas nicht verstanden hat oder eine Antwort zu kurz ausgefallen ist, sollte auf jeden Fall nachgefragt werden. Es empfiehlt sich, die Antworten in Stichpunkten zu notieren, um im Gespräch den Überblick zu behalten.

Die **Auswertung der Befragung** ist die dritte Arbeitsphase. Hierbei ist zu beachten:

- Das Gespräch sollte möglichst bald ausgewertet werden, weil man sich dann auch noch an Details gut erinnert. Das Protokoll sollte geprüft und vielleicht ergänzt bzw. die Tonaufnahme schnell notiert werden.
- Die Ergebnisse sollten unter folgenden Gesichtspunkten ausgewertet und in einem Bericht zusammengefasst werden:
    - Welche Fragen wurden umfassend beantwortet, welche blieben offen?
    - Stimmen die Informationen mit denen überein, die man sich schon erarbeitet hatte? Wo ergeben sich Widersprüche?
    - Welche neuen Erkenntnisse konnten gewonnen werden?

Aufgabe

Treibhauseffekt, Schadstoffausstoß in die Luft (Smogbildung), Trinkwasserknappheit oder Abnahme der biologischen Vielfalt sind globale Umweltprobleme.
Bereite zu einem dieser Themen eine Expertenbefragung vor und führe diese durch.

Weltweite Auswirkungen menschlicher Tätigkeit

Menschliche Tätigkeiten und ihre Wirkung auf natürliche Bedingungen erfolgen **lokal**. Sie wirken sich aber zunehmend regional und **global** (weltweit) mit verheerenden Folgen für viele Arten und auch den Menschen aus.

Saurer Regen

Er kommt durch die Reaktion von Schadstoffen mit Wasser in der Atmosphäre zustande, vor allem von Schwefeldioxid und Stickstoffoxiden (z. B. in Auspuffgasen enthalten). Dabei werden Säuren gebildet. Diese gelangen mit den Niederschlägen in den Boden, bewirken z. B. eine Veränderung des pH-Wertes und schädigen die Pflanzen.

Treibhauseffekt

Er wird durch Treibhausgase ausgelöst. Dazu gehören Kohlenstoffdioxid, Distickstoffoxid, Methan, Ozon, Wasserdampf und Fluorchlorkohlenwasserstoffe (FCKW). Bis auf FCKW sind alle anderen Stoffe auch natürliche Bestandteile der Atmosphäre. Sie lassen die Sonnenstrahlen ungehindert durch, behindern aber die Wärmeabstrahlung von der Erde. Durch diesen natürlichen Treibhauseffekt herrscht auf der Erde eine durchschnittliche Temperatur von 15 °C. Ohne ihn würde die Durchschnittstemperatur bei –18 °C liegen.

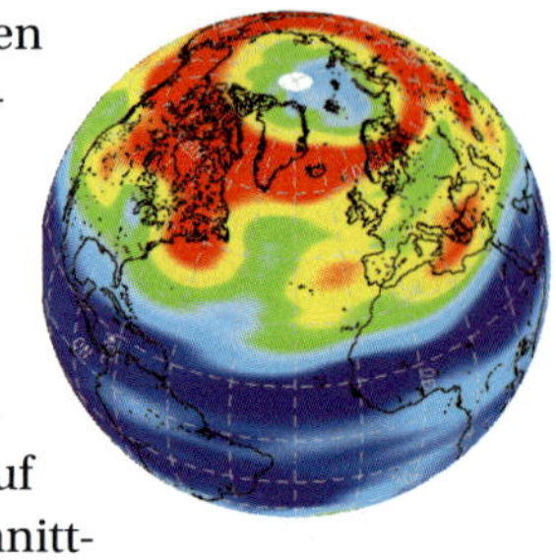

Der Anteil der Treibhausgase wird ständig erhöht, vor allem durch die Verbrennung **fossiler Energieträger** (z. B. in Kraftwerken, Hausheizungsanlagen). Dadurch wird der Treibhauseffekt künstlich verstärkt. Die Durchschnittstemperatur auf der Erde steigt an. Man rechnet damit, dass sie sich an der Erdoberfläche bis zum Jahr 2050 gegenüber 2000 um etwa 2,5 °C erhöht. Tritt diese Erwärmung ein, würde eine weltweite Klimaänderung die Folge sein. Niederschlagsverteilung und nachfolgend Vegetationszonen würden sich verschieben. Durch Abschmelzen des Eises der Pole und Gletscher käme ein Anstieg des Meeresspiegels zustande. Dies alles würde zur **Vernichtung zahlreicher Arten führen.**

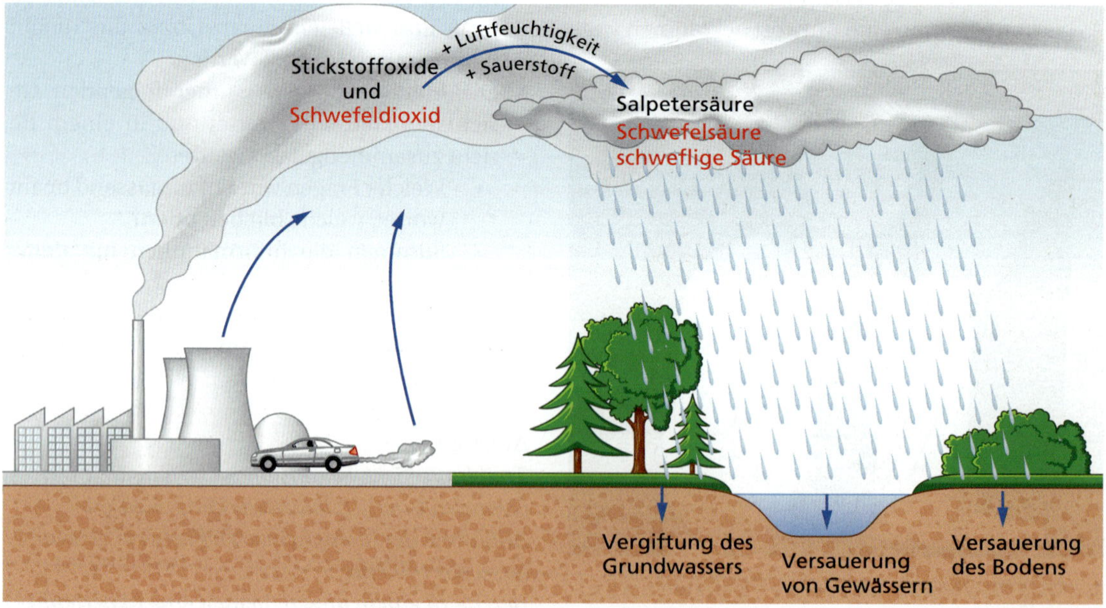

1 Entstehung und Wirkung des sauren Regens

Ausdünnung der Ozonschicht

Als natürlicher Bestandteil der Luft ist Ozon sowohl in den unteren als auch in den oberen Luftschichten der Atmosphäre anzutreffen.
In **Bodennähe** sind höhere Anteile unerwünscht, da Ozon bei stärkerer Konzentration z.B. die Schleimhäute angreift (Hustenreiz) und Pflanzen schädigt. In den **oberen Luftschichten** ist Ozon dagegen lebensnotwendig. Es absorbiert UV-Strahlen. Dadurch schützt es den Menschen, die Tiere und die Pflanzen vor den schädigenden Wirkungen der UV-Strahlung der Sonne.
Der Ozongehalt in etwa 20 km Höhe verringert sich von Jahr zu Jahr. An dieser Ausdünnung sind u.a. Fluorchlorkohlenwasserstoffe (FCKW) beteiligt, die z.B. aus Treibgasen und Kühlmitteln stammen und in die oberen Luftschichten gelangt sind. Die Chloratome aus diesen Verbindungen bewirken in einem komplizierten Prozess die Zerstörung der Ozonschicht. Sie werden in diesem Prozess wieder frei und können erneut wirksam werden. Die Folge ist eine Zunahme der UV-Strahlung (teilweise bereits um 30 %) mit schädigenden Auswirkungen auf Pflanzen, Tiere und den Menschen (u.a. Zunahme von Hautkrebs).

1 Besenheide *(Calluna vulgaris)*

Vernichtung einzelner Arten

Der Mensch beeinflusst derzeit die **natürlichen Kreisläufe** in einer solchen Weise, dass dadurch für die Natur und ihn selbst große Gefahren erwachsen.
Werden z.B. in einem Feuchtgebiet durch Entwässerung die Bedingungen gravierend verändert, wird damit Algen und feuchtigkeitsliebenden Pflanzenarten die Lebensgrundlage entzogen. Sie bilden aber wiederum die Lebensgrundlage für Verbraucher (Konsumenten), was letztlich zum Rückgang z.B. der Lurche und des Storches führt. Das Ökosystem bricht zusammen.

Schon das **Fehlen einer Art** kann die Kreisläufe in einem Ökosystem erheblich stören. Von der Besenheide (*Calluna vulgaris*, ↗ Abb. 1) ernähren sich z.B. rund 30 verschiedene Schmetterlingsraupen, wie das Kleine Nachtpfauenauge. Heideflächen mit Besenheide sind in den letzten 100 Jahren in Deutschland sowohl in Anzahl als auch in Ausdehnung reduziert worden. Dadurch sind heute auch viele früher häufige Tierarten gefährdet und dies hat Auswirkungen auf viele Ökosysteme.
Die Aufgabe besteht deshalb heute mehr denn je darin, Rohstoffe und Energieträger zu sparen und wirkungsvoll zu nutzen. Und zwar so, dass die grundlegenden Bedürfnisse der gegenwärtig lebenden Menschen befriedigt werden und gleichzeitig die Lebensgrundlagen für künftige Generationen erhalten bleiben (nachhaltige Entwicklung).

Es ist ein gründliches Umdenken unerlässlich, wenn der Mensch nicht selbst seine Existenzgrundlage unumkehrbar zerstören will.

Aufgabe

Nenne Tätigkeiten des Menschen und ihre Auswirkungen auf die Umwelt.

Maßnahmen zum Schutz der Umwelt

Viele Daten deuten darauf hin, dass sich die Umweltsituation, insbesondere die Lebensbedingungen für Organismen, im Ergebnis menschlicher Tätigkeit sowohl lokal als auch global verschlechtert haben. Um den daraus resultierenden Gefahren für die Existenz vieler Organismen entgegenzuwirken, werden eine Reihe von Maßnahmen durchgeführt.

Verringerung der weiteren Zerstörung von Lebensräumen und damit von Ökosystemen. So ist geplant, die Bodenfläche in Deutschland, die in Siedlungs- und Verkehrsfläche umgewandelt wird, von derzeit 120 ha bis zum Jahr 2020 auf 30 ha pro Tag zu reduzieren. Das soll durch ein „Bodengesetz" gefördert werden.

Ein Problem ist die Vielzahl der durch den Bergbau beeinflussten Flächen.
Durch den Abbau z. B. von Braunkohle, Steinkohle sowie von Erzen sind z. B. in Brandenburg etwa 60 000 ha Fläche in Anspruch genommen und direkt beeinträchtigt worden. Maßnahmen zur **Rekultivierung** sind abhängig von der geologischen Grundsituation. Vielfach werden diese Flächen für Freizeit und Erholung, Naturschutz, Land- und Forstwirtschaft genutzt. Aus 20 % der Flächen sollen Gewässer werden, die dann vielen Wasservögeln neue Lebensräume bieten.

Die **Verringerung bzw. Vermeidung der Abgabe von Schadstoffen** an die Umwelt zielt darauf ab, die natürlichen Lebensbedingungen zu erhalten bzw. nicht weiter zu verschlechtern. Regelungen dazu sind u. a. im Bundes-Immissionsgesetz (Fassung von 1997) sowie in der Smog-Verordnung und den verschiedenen „Wassergesetzen" enthalten. Bedeutsam sind u. a.

- das Verbot der Verwendung von FCKW,
- der sorgsame Umgang mit Chemikalien, u. a. mit Pflanzenschutzmitteln und Insektiziden,

- die Vermeidung von Überdüngung in der Landwirtschaft und im Gartenbau,
- die Reinigung aller Abwässer.

Für den Schutz der Umwelt ist die **Einsicht durch jeden Einzelnen** Voraussetzung, z. B., wenn es darum geht, den persönlichen Konsum oder auch die Benutzung des eigenen Autos einzuschränken bzw. das Verbrennen von Stoffen zu kontrollieren.

Maßnahmen zur Erhaltung der Artenvielfalt sind eine unerlässliche Voraussetzung für die Stabilität von Ökosystemen und damit für die Existenz von Leben auf der Erde. Untersuchungen (Kartierung) über das Vorkommen von Arten haben ergeben, dass eine Reihe von Arten gefährdet, vom Aussterben bedroht oder sogar schon ausgestorben ist (↗ S. 83).
Solche Arten werden in einer **Roten Liste** erfasst. Eine Reihe von Arten wurde durch die **Bundesartenschutzverordnung** unter besonderen Schutz gestellt. Für diese gesetzlich geschützten Arten gelten strenge Vorschriften.

Der Schutz der einzelnen Arten ist eng verbunden mit dem Erhalt ihrer Lebensräume. So tragen auch kleine Randstrukturen (z. B. Hecken und Feldgehölze) oder besonders schützenswerte Biotope wie Trockenrasen und Feuchtgebiete zum Erhalt einer höheren Artenvielfalt bei.
Als besonders wirksam hat sich die Einrichtung von Großschutzgebieten erwiesen. Dazu gehören verschiedene Naturschutzkategorien, z. B. Nationalparks, Biosphärenreservate, Naturparks, Naturschutzgebiete (NSG) und Landschaftsschutzgebiete (LSG).

Aufgabe

Finde heraus, wie sich die Naturschutzkategorien (Nationalpark, Biosphärenreservat, Naturschutzgebiet usw.) jeweils kennzeichnen lassen.
Fertige eine tabellarische Übersicht an.

Mosaik

Naturschutz ist eine wichtige Aufgabe

Immer weniger Menschen verstehen sich heute noch als Teil der Natur oder fühlen sich in sie eingebunden. Früher bildeten z. B. die Jahreszeiten eine wichtige Struktur, die vielen Dingen im täglichen Leben ihren Platz gab. Heute ist Schwimmen im Winter, Eislaufen im Sommer möglich und Erdbeeren gibt es das ganze Jahr. Gleichzeitig werden sommerliche Hitze, Laubfall im Herbst oder Schnee und Glatteis im Winter eher als „Störfaktoren" empfunden. So wird Natur nur noch ausschnittweise und bevorzugt am Fernseher „erlebt".
Parallel zu dieser persönlichen Entfremdung veränderten menschliche Tätigkeiten die Natur und (zer-)störten an vielen Stellen die komplexen Netzwerke, in denen Pflanzen und Tiere miteinander leben. Sogar Kleinigkeiten, die durch Eingriffe des Menschen verschwinden, können bereits zum Aussterben von Arten führen. Gerade in den letzten Jahrzehnten nahm die Artenvielfalt weltweit rapide ab.

Aus dem Bewusstsein heraus, dass Natur ein schützenswertes Gut ist, wurden im Land Brandenburg zahlreiche Großschutzgebiete eingerichtet (↗ Abb. 1). Sie bedecken etwa ein Drittel der Gesamtfläche des Landes. Diese Gebiete repräsentieren die wichtigsten Lebensräume und Landschaften, die in Brandenburg vor allem durch die letzten Eiszeiten geprägt wurden. Hügelige Moränenlandschaften mit Kiefern- und Buchenwäldern, mit Seen und Mooren sowie weite Flusstäler mit Wiesen und Auenlandschaften gibt es jedoch nicht nur dort. Man findet sie auch „vor der eigenen Haustür". Neben dem Erhalt der natürlichen Situation bieten die Großschutzgebiete jedoch besondere Möglichkeiten für Forschung und Umweltbildung, sie fördern die Regionalentwicklung und den (sanften) Tourismus. In jedem Fall sind sie eine wichtige Informationsquelle für die Bevölkerung und zeigen uns: Naturschutz ist auch im täglichen Leben eine wichtige Sache. Nur was man kennt, ist man auch bereit zu schützen.

Großschutzgebiete in Brandenburg

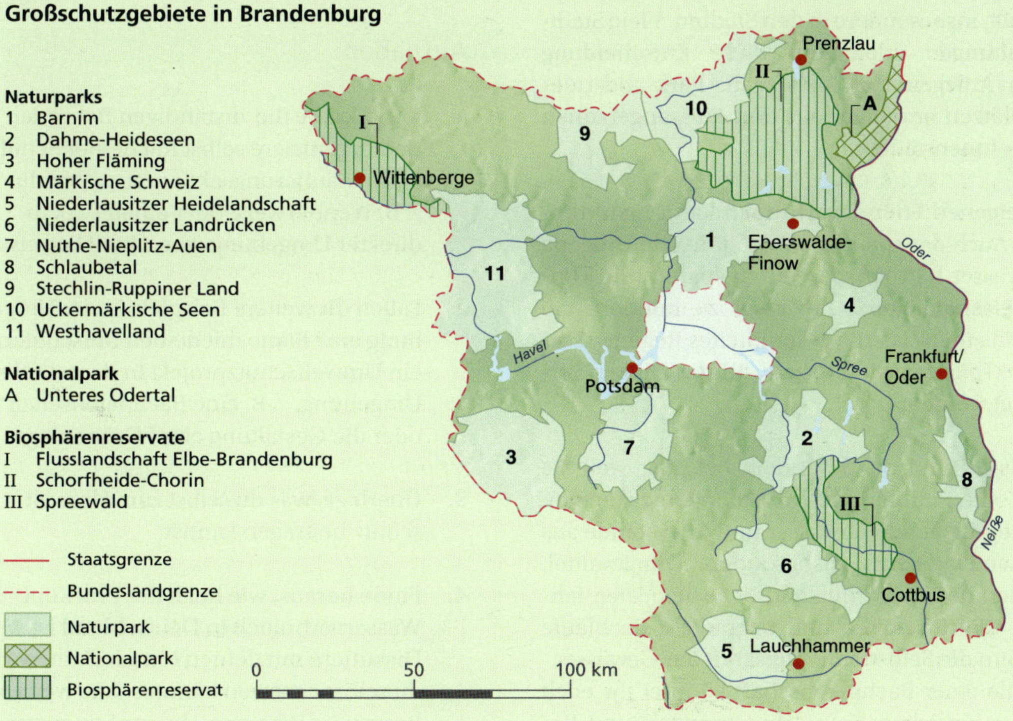

Biologie im Alltag

Umweltschutz zur eigenen Sache machen!

Jeder Einzelne kann dazu beitragen, die Natur zu schützen und die Umwelt zu schonen.
Geht man in Parks spazieren oder wandert durch Feldmark und Wälder, stößt man immer wieder auf weggeworfenen **Müll**. Kunststoffverpackungen und Flaschen, Plastiktüten, Getränkedosen oder Batterien verrotten nicht und verschmutzen unsere unmittelbare Umgebung. Schwermetalle, die z. B. aus weggeworfenen Batterien auslaufen können, schädigen den Boden und die in ihm vorkommenden Lebewesen massiv. Daher Batterien immer in den vorgesehenen Sammelstellen entsorgen!

Auch der Wechsel vom Auto zum Fahrrad oder zum öffentlichen **Verkehrsmittel** entlastet die Umwelt, insbesondere in den Städten. Viele Stadtverwaltungen erleichtern diese Entscheidung durch Anlegen von Radwegen, Park-and-ride-Parkplätzen am Stadtrand und Fußgängerzonen in den Innenstädten.

Den eigenen **Energieverbrauch** kann man mindern. Auch der sparsame und sinnvolle Umgang mit Wasser hilft Ressourcen zu sparen und Umweltbelastung durch Abwasser zu mindern. So kann in einer Zisterne gesammeltes Regenwasser für die Toilettenspülung bzw. für das Gießen verwendet werden.

Gewässer sind oft besonders belastet, weil sie nicht selten immer noch als Abfalleimer dienen. Auch einfließende Abwässer und Rückstände aus der Landwirtschaft, insbesondere Düngemittel, schaden der Wasserqualität. Befestigte Ufer, fehlende Röhrichtzonen und begradigte Bachläufe mindern die Selbstreinigungskraft der Gewässer. Mithilfe einer Bachpatenschaft könntet ihr euch mit den örtlichen Naturschutzgruppen und Behörden gemeinsam dafür starkmachen, dass ein

1 Eine Bachpatenschaft heißt Verantwortung übernehmen.

Bach seinen natürlichen Zustand zurückerlangt. Ihr müsstet den vorhandenen Müll beseitigen, verhindern, dass weitere Verschmutzungen vorgenommen werden, und schließlich dafür sorgen, dass das Ufer mithilfe einheimischer Gehölze naturnah gestaltet wird, damit sich dort selten gewordene Tier- und Pflanzenarten erneut ansiedeln können (↗ Abb. 1).

Aufgaben

1. Kontaktiere die zuständigen Behörden und organisiere selbst mit deiner Schulklasse Säuberungsaktionen, wobei du z. B. Wanderwege oder einen Park in direkter Umgebung vom Abfall befreist.

2. Fallen dir weitere Beispiele in der Umgebung ein? Plane mit deinen Mitschülern ein Umweltschutzprojekt in der näheren Umgebung, z. B. eine Bachpatenschaft oder die Gestaltung einer Grünanlage.

3. Überlege, was du selbst zum Umweltschutz beitragen kannst.

4. Finde heraus, wie hoch der Pro-Kopf-Wasserverbrauch in Deutschland ist. Diskutiere mit deinen Mitschülern, wo du selbst ansetzen könntest, die wertvolle Ressource Wasser nicht unnötig zu verschwenden.

Ein Tag im Forst

Meist sind es persönliche Erlebnisse, die uns Gedankenanstöße geben und uns über unser Handeln nachdenken lassen.

So vermittelt ein Tag im Wald unter Leitung eines Försters oder Waldarbeiters ein ganz persönliches Bild über den Wald als Ökosystem bzw. als Lebensgemeinschaft, aber auch vom Wirtschaften im Wald und den vielfältigen Schutz- und Erholungswirkungen des Waldes. Bei einem Praktikum im Wald werden in der Regel zwei Waldarbeitern ca. fünf bis sechs Schülerinnen und Schüler zugewiesen, die dann durch individuelle Tätigkeiten einen Einblick in die forstliche Arbeit erhalten.

Die Jahreszeit bestimmt hierbei überwiegend die Arbeit im Wald. Das Verschneiden und Ausholzen von Waldparzellen im Frühjahr stellt die anstrengendste Aufgabe dar. Viel beliebter sind meist leichtere Tätigkeiten wie Anpflanzen einer Baumschule (↗Abb. 1) oder das Anfertigen von Nistkästen. Aber auch im Bau von Waldbänken, Schutzhütten, Hochsitzen und im Einzäunen von Schonungen können praktische Erfahrungen gesammelt werden. Das Praktikum kann darüber hinaus eine Vielzahl von weiteren Arbeiten umfassen.

1. *Organisiert in Arbeitsgruppen die Planung und Durchführung eines eintägigen Waldpraktikums. Macht euch dabei Gedanken über folgende Aspekte:*
   - *Zeitpunkt des Praktikums (Jahreszeit),*
   - *Kontaktaufnahme zu einer Försterei,*
   - *Vor- und Nachbereitung,*
   - *Beschaffung und Sichtung notwendiger Materialien (z. B. wald-pädagogischer Leitfaden).*

2. *Schildere deine eigenen persönlichen Erlebnisse an diesem Tag. Beschreibe, was für dich das Eindrucksvollste oder Beeindruckendste war.*

3. *Überlege, wie weit dieser Tag im Wald dein persönliches Wertverständnis beeinflusst hat. Hat das Auswirkungen auf dein eigenes Verhalten im Wald?*

4. *Häufig wird vom harmonischen Dreiklang der ökologischen, ökonomischen und sozialen Funktionen (Schutz-, Nutz- und Erholungsfunktion) des Waldes gesprochen. Tragt in einzelnen Gruppen eure Erkenntnisse dieses Praktikumstages zusammen und erarbeitet gemeinsam eine Präsentation dazu.*

1 Ein Praktikum im Wald ist eine ganz besondere Erfahrung.

Gewusst · Gekonnt

1. Ergänze dein Glossar um folgende Begriffe: Ökosystem, Stoffkreislauf, Produzent, Konsument, Destruent, Energiefluss, ökologische Pyramide, Räuber-Beute-Zyklus, ökologisches Gleichgewicht, Sukzession, globale Auswirkung, Nachhaltigkeit, Naturschutz, Umweltschutz.

Glossar

Destruent:
globale Auswirkung:

2. Betrachte folgende Nahrungsketten:

A Mais – Mensch
B Mais – Rind – Mensch
C Phytoplankton – Zooplankton – Kleinfisch – Raubfisch – Mensch

a) Benenne den Anteil der absorbierten Sonnenenergie, der sich im Mais und Phytoplankton befindet.

b) Erkläre die Energieverluste, die von Stufe zu Stufe entstehen. Wie viel Prozent der ursprünglich vorhandenen Energie stehen in den einzelnen Nahrungsketten dem Endkonsument Mensch noch zur Verfügung?

c) Die durch Pflanzen an einem Tag absorbierte Sonnenenergie beträgt ca. 1 000 kJ/m^2. Ein Mensch benötigt pro Tag ca. 10 000 kJ um seinen Energiebedarf zu decken. Berechne für jede Nahrungskette, wie viele Menschen bei 1 ha Nutzfläche ernährt werden könnten.

d) Begründe, dass eine rein vegetarische Ernährung für den Menschen nicht völlig problemlos ist.

e) Finde eine Möglichkeit, wie in langen Nahrungsketten die energetische Ausbeute für den Menschen gesteigert werden kann.

3. ✱ Entwickelt eine Nahrungspyramide für einen Schwertwal (Orca) in der Antarktis. Dazu könnt ihr euch kleine Anstecker basteln und die Rollen in der Nahrungspyramide verteilen: Wer stellt einen Orca dar, wer ist eine Robbe, wer ist ein Kleinkrebs (Krill, Zooplankton) und wer ist ein Phytoplankton (z. B. Alge)? Diskutiert, wer wen frisst und stellt euch anschließend wie in einer Nahrungspyramide auf. Achtet darauf, dass es mehr Phytoplankton als Zooplankton geben muss und mehr Krill als Robben usw.

4. Der starke Rückgang des Wanderfalken in Deutschland zwischen den 1950er- und 1980er- Jahren lässt sich eindeutig auf den Einsatz des Insektizids DDT zurückführen. DDT führt zu einer erhöhten Mortalität der Altvögel und Dünnschaligkeit der Eier sowie zum Absterben der Embryonen.
Begründe, wie es zu diesen Effekten kam, obwohl Wanderfalken sich vor allem von kleineren Vögeln ernähren.

5. Der Sturm „Kyrill" hat im Januar 2007 viele große Waldgebiete in Deutschland zerstört. Beschreibe die Entwicklungen in diesen Gebieten, wenn

a) keinerlei Maßnahmen stattfinden oder
b) umgeknickte Bäume entfernt und die Fläche mit Jungbäumen bepflanzt wird.

Vergleiche beide Varianten im Prozess, im Endresultat und unter dem Aspekt der Nachhaltigkeit.

6. Stelle an einem Beispiel aus deiner Umgebung dar, wie sich ein Eingriff in die Natur ausgewirkt hat, und bewerte diese Maßnahme.

7. Begründe, warum die Vernichtung des tropischen Regenwaldes unwiederbringlich ist.

8. a) Beschreibe die Unterschiede zwischen einem Urwald (a), einem naturnahen Wald (b) und einem Forst (c).
b) Überlege, welche Auwirkungem die jetzige Bewirtschaftung eines Waldes auf nachfolgende Generationen hat.

9. In der Tabelle rechts ist die Rote Liste der Amphibien Brandenburgs dargestellt. Sie umfasst alle einheimischen Amphibienarten.
a) Definiere die in der Tabelle aufgeführten Gefährdungsstufen.
b) Fertige eine Grafik in Form eines Tortendiagramms der aktuellen Gefährdungssituation der Amphibien in Brandenburg an.
c) Begründe die Gefährdung anhand der besonderen Lebensbedingungen der Amphibien und macht gemeinsam Vorschläge für Amphibienschutzmaßnahmen.
d) Recherchiere, inwieweit zwei der genannten Tiere in Brandenburg bzw. in der gesamten Bundesrepublik vorkommen und geschützt sind (↗ Tab.).
e) Überprüfe, welche der genannten Arten in deiner unmittelbaren Umgebung vorkommen.

10. a) Finde mithilfe des Internets Informationen über Natur- und Umweltschutzorganisationen heraus und stelle in einer Präsentation die Geschichte, das Leitbild, die Schwerpunkte und die aktuellen Aktionen einer dieser Natur- und Umweltschutzorganisationen vor.
b) Organisiert einen Besuch bei einer regionalen Naturschutzstation. Formuliert vorher Fragen, die euch zum Umwelt- und Naturschutz interessieren.

11. Diskutiere in der gesamten Gruppe, wo du selbst einen Beitrag leisten könntest und welche Möglichkeiten es in deinem direkten Umfeld gibt, sich aktiv am Umwelt- und Naturschutz zu beteiligen.

Gefährdung der Amphibien in Brandenburg

Art	Gefährdung
Kammmolch	3
Bergmolch	2
Teichmolch	**
Rotbauchunke	2
Knoblauchkröte	*
Laubfrosch	2
Erdkröte	*
Wechselkröte	3
Kreuzkröte	3
Teichfrosch	**
Seefrosch	3
Kleiner Wasserfrosch	3
Springfrosch	R
Moorfrosch	*
Grasfrosch	3

Stand: 2004

0: ausgestorbene oder verschollene Arten
1: vom Aussterben bedrohte Arten
2: stark gefährdete Arten
3: gefährdete Arten
G: Gefährdung ist anzunehmen, aber der Status dieser Arten ist noch unbekannt
R: extrem seltene Arten/Arten mit geografischer Beschränkung
V: zurückgehend, Arten der Vorwarnliste
D: Daten unzureichend
*: derzeit nicht als gefährdet angesehen
**: ungefährdet
Gefährdungskategorien der Roten Listen

summa summarum

Nahrungsbeziehungen im Ökosystem Wald

Kennzeichnend für Ökosysteme sind zu Netzen verbundene Nahrungsketten. Dabei zeigen sich die Ökosysteme relativ stabil gegen Einwirkungen von außen, da sie zur Selbstregulation in der Lage sind. Allerdings kann schon die Auslöschung einer einzigen Art das ökologische Gleichgewicht erheblich durcheinanderbringen. Auch vom Menschen bedingte Veränderungen können den Bestand von Ökosystemen gefährden.

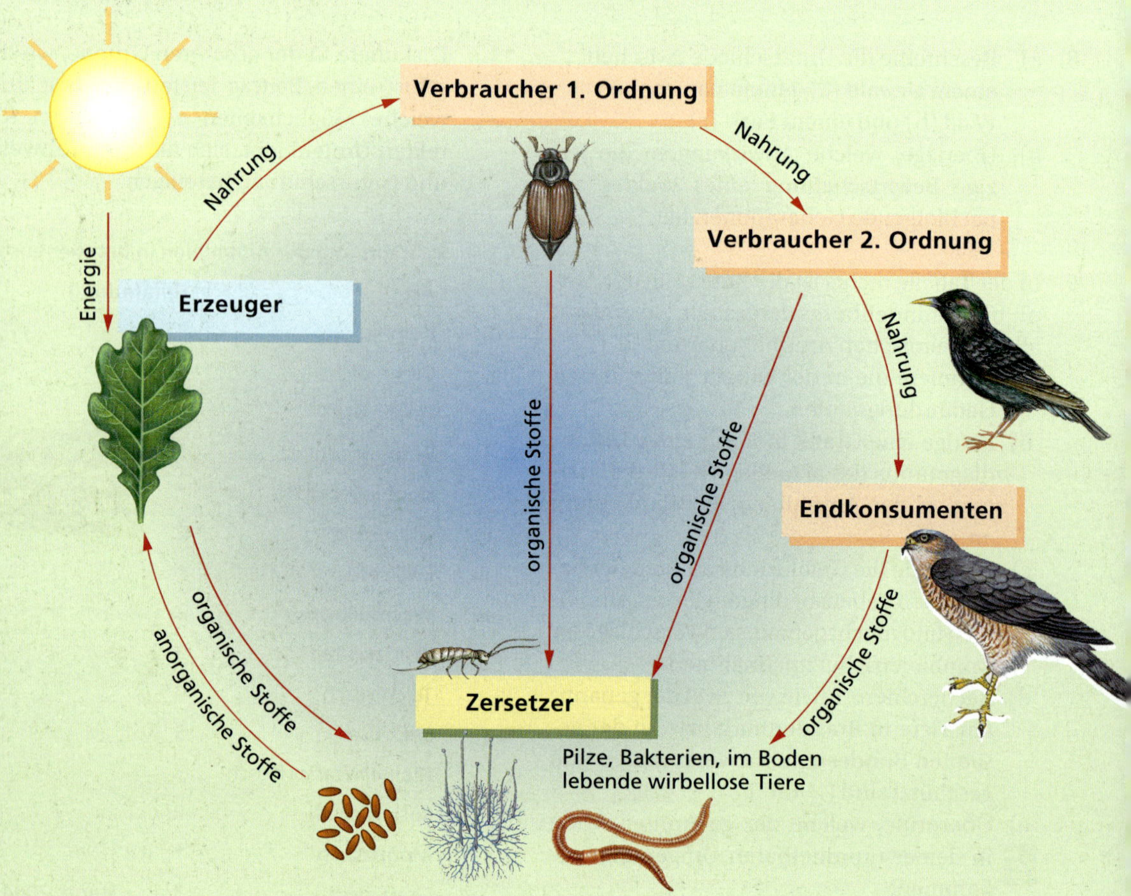

Eingriffe des Menschen und ihre Folgen

- Waldrodung und Bebauung z. B. führen zur Zerstörung bzw. Umwandlung natürlicher Lebensräume
- Eintrag von Schadstoffen in die Umwelt und damit Veränderung der Lebensbedingungen
- Einbringen von Arten aus anderen Gebieten, die heimische Arten verdrängen
- Anbau von Kulturpflanzen, die so dicht stehen, dass nur für wenige Wildpflanzen Platz bleibt

Maßnahmen zum Schutz der Umwelt

- Sicherung von Flächenschutzgebieten (Naturparks, Biosphärenreservate, Nationalparks, Naturschutzgebiete, Landschaftsschutzgebiete)
- Schutz besonderer Objekte wie Alleen und Moore
- Verringerung der Abgabe von Schadstoffen (aus KFZ, Industrie, Haushalt, Landwirtschaft), Reinigung von Abwässern
- Ermittlung und Schutz gefährdeter Arten
- Erhaltung natürlicher Lebensräume (z.B. Hecken, Trockenrasen, Feuchtgebiete)

Tiere in ihren Lebensräumen

W

Wahlbereich: Wirbeltiere – verwandt und doch verschieden

Merkmale der Wirbeltiere

Fische, Lurche (Amphibien), Kriechtiere (Reptilien), Vögel und Säugetiere bilden die **Klassen der Wirbeltiere.** Sie besitzen gemeinsame Merkmale wie ein Innenskelett mit Wirbelsäule, eine ähnliche Körpergliederung und die Anlage spezieller innerer Organsysteme (z. B. Herz-Kreislauf-System, Verdauungssystem).

Darüber hinaus besitzt jede Wirbeltierklasse eigene charakteristische Merkmale.

So bewegen sich die **Fische** im Wasser durch Flossen fort und atmen durch Kiemen. Ihre Haut ist oft von Schuppen bedeckt.

Bei den **Lurchen** leben hauptsächlich die Larven im Wasser. Nach einer Metamorphose (Verwandlung) besitzen die erwachsenen Tiere Lungen und gehen z. T. an Land. Mit ihrer glatten, schleimigen Haut benötigen sie aber feuchte Lebensräume (Feuchtlufttiere).

Anders bei den **Kriechtieren;** sie sind unabhängig vom Wasser und besitzen eine trockene, hornige Haut als Schutz vor Austrocknung (Trockenlufttiere). Sie atmen zeitlebens durch Lungen.

Die **Vögel** haben zusätzlich die Luft als Lebensraum erobert. Ihr angepasster Körperbau (z. B. Lunge mit Luftsäcken, hohle Knochen) und ihre mit Federn bedeckte Haut ermöglichen das Fliegen.

Die **Säugetiere** sind die einzige Wirbeltierklasse, die Milchdrüsen besitzt und damit ihre Jungen säugt. Ihre Haut ist mit Haaren besetzt.

Aufgabe

Ordne die Abbildungen (a bis e) zur Hautbedeckung den verschiedenen Wirbeltierklassen zu.

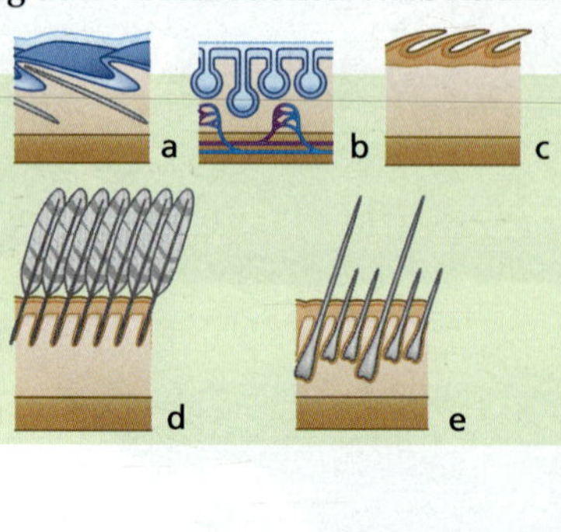

1 Jede Wirbeltierklasse hat charakteristische Merkmale.

Leben unter extremen Bedingungen

Wirbeltiere können auch unter extremen Bedingungen, z. B. in den Wüsten oder den Polargebieten leben. Eine ganze Reihe von besonderen Körpermerkmalen und Eigenschaften macht das einigen Tierarten möglich. Außer einem gut angepassten Körperbau besitzen sie besondere Körperfunktionen und verhalten sich den Bedingungen entsprechend.

Die extremen Lebensbedingungen in der **Wüste** zeichnen sich aus durch
- große Hitze, aber auch große Temperaturgegensätze zwischen Tag und Nacht,
- Wassermangel,
- starke Sonneneinstrahlung.

Vor allem der Wassermangel stellt besondere Anforderungen an den Körperbau und die Körperfunktionen. Tiere in der Wüste müssen in der Lage sein, Wasser gut aufzunehmen, wenn welches verfügbar ist. Sie müssen damit sparsam haushalten und dürfen nur geringe Mengen abgeben, auch wenn es sehr heiß ist.

Die bekanntesten Wirbeltiere, die in Wüsten leben, sind sicher die **Kamele.** Man unterscheidet die zweihöckrigen Trampeltiere Asiens von den in Afrika lebenden Dromedaren, die nur einen Höcker besitzen. Auch die in Südamerika beheimateten höckerlosen Lamas und Vikunjas gehören zu den Kamelen.

1 Bei der Futterwahl sind Dromedare genügsam.

Dromedare zeigen als Wassersparer zahlreiche Anpassungen an das Leben in der Wüste und typische Verhaltensweisen:
- Sie besitzen einen langen, hochbeinigen und schmalen Körperbau, damit ist der Körper weit vom heißen Boden entfernt.
- Ihre Nasenschleimhaut ist stark eingefaltet, sodass aufgrund der größeren Oberfläche viel Wasser aus der Atemluft zurückgewonnen werden kann und im Körper bleibt.
- Kamele tragen ihr Fettpolster in großen Vorräten auf dem Rücken. Durch diese Höcker ist ihr Körper vor der extremen Sonneneinstrahlung während der Mittagszeit geschützt. Durch Stoffwechselprozesse (Zellatmung) können sie Wasser aus diesen Fettreserven gewinnen.
- Kamele können das Wasser aus dem Urin in großem Maße zurückgewinnen.
- Sie können ihre Körpertemperatur auf besondere Weise regulieren. Unter Wassermangel erhöhen Dromedare ihre Körpertemperatur um bis zu 8 °C (von 34 °C auf 42 °C). Dadurch müssen sie weniger schwitzen.
- Sie können durch Trinken sehr schnell viel Wasser aufnehmen. Nach langer Zeit ohne Wasserzufuhr trinken sie in wenigen Minuten etwa 100 Liter.
- Hornschwielen schützen die Fußsohlen beim Kontakt mit dem heißen Boden.
- Lange Wimpern und verschließbare Nasenlöcher verhindern, dass Sand in Augen und Nase gerät.

Durch diese Anpassungen können Dromedare bis zu acht Tage ohne Wasser auskommen.
Die besonderen Eigenschaften von Dromedaren und Trampeltieren haben die Menschen über viele Jahrhunderte genutzt, um mit ihnen als Last- und Reittiere durch die Wüsten zu gelangen. Die Menschen selbst haben sich vor allem durch ihre spezielle Kleidung und die überlieferte Kenntnis von Wasserstellen das Überleben gesichert.

Unter extremen Bedingungen ganz anderer Art leben die Tiere in den **Polargebieten.** Sie müssen in eisiger Kälte mit Temperaturen weit unter 0 °C, mit Schneestürmen und langer Dunkelheit zurechtkommen. Das Angebot an Pflanzen, die als Nahrung dienen könnten, ist an Land sehr gering.

In diesen Regionen des nördlichen Polargebiets ist der **Eisbär** zu Hause. Er gilt als das größte an Land lebende Raubtier der Erde, denn er wird bis zu drei Meter groß und wiegt dann 800 Kilogramm. An die extremen Lebensbedingungen ist er besonders gut angepasst:
- Er hat ein dickes Fell mit isolierender Luftschicht. Die Haare kann er bei Kälte aufstellen, um das Luftpolster noch zu verstärken.
- Das Fell besteht aus hohlen Haaren, die das Sonnenlicht zur Haut durchlassen.
- Die schwarze Haut nimmt die Wärme des Sonnenlichts auf.
- Eine Fettschicht gibt die Wärme langsam an das Körperinnere ab und hält sie dort.

Außerdem ist der Eisbär ein reiner Fleischfresser. Seine weiße Farbe bietet ihm als Räuber dabei die perfekte Tarnung in der eisigen Umgebung, damit die Beutetiere ihn nicht zu früh sehen.
Fett und Luftpolster im Fell unterstützen ihn auch beim Schwimmen im kalten Wasser, wenn er auf die Jagd geht, denn sie geben ihm Auftrieb.

2 Eisbär in seinem Lebensraum

Aufgaben

1. Finde weitere Tierarten mit besonderen Anpassungen an das Leben in der Wüste. Suche auch nach Wirbellosen und berücksichtige außer ihrem Körperbau auch ihre Verhaltensweisen.

2. ✻ Der Eisbär ist ein reiner Fleischfresser. Wo findet der Eisbär seine Nahrung und womit beginnt die Nahrungskette, an deren Ende er steht?

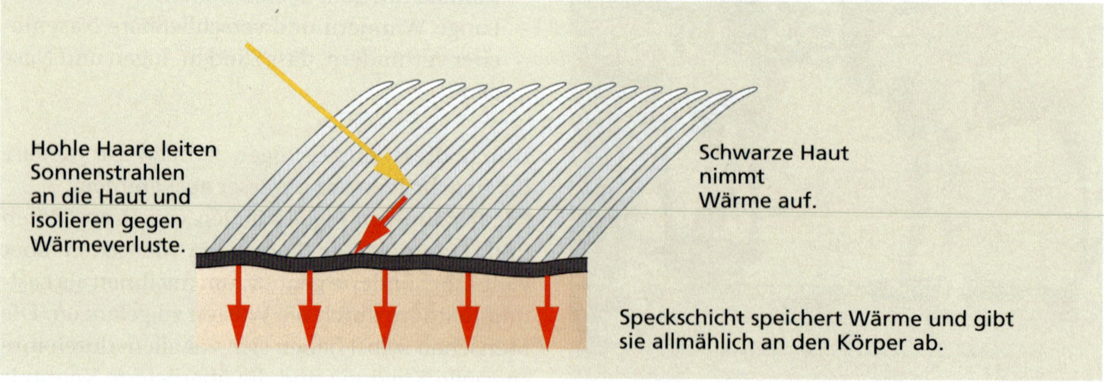

1 Fell und Haut des Eisbären sind ideal zur Aufnahme und Speicherung von Wärme geeignet.

1. Ermittle die Wärmeisolation verschiedener Materialien.

Materialien:
5 gleich große Bechergläser (200 ml), Wasser, 5 Thermometer, Fell, Papier, Stoff (Leinen), Federn im Gazebeutel, Heizplatte, Messuhr, Wasserkessel

Durchführung und Beobachtung:
1. Je 1 Becherglas wird mit Stoff, Papier, Fell und Federn (im Beutel) fest umhüllt. Das 5. Gefäß verbleibt als Vergleichsobjekt (↗ Abb.). In jedes Becherglas wird ein Thermometer gestellt.
2. In einem Wasserkessel wird Wasser auf 45 °C bis 50 °C erhitzt.
3. In jedes Becherglas wird vorsichtig (Arbeitsschutz beachten!) die gleiche Wassermenge eingefüllt.
4. Beobachte nach 5, 10 und 15 min die Höhe der Temperatur in den Thermometern und notiere sie.

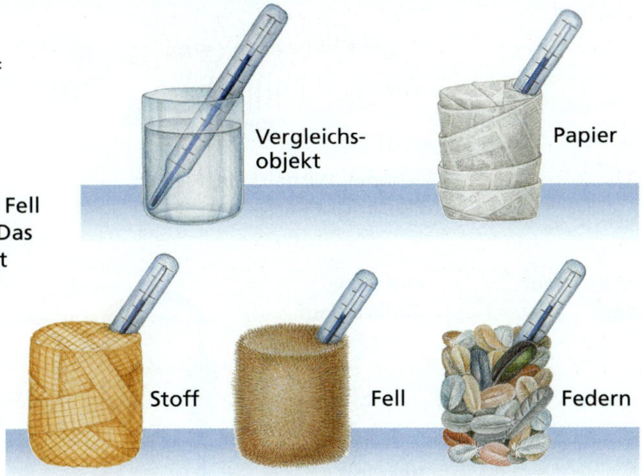

Auswertung:
1. Vergleiche die in den 5 Thermometern angezeigte Temperatur.
2. Welche Schlussfolgerungen kannst du in Bezug auf die Qualität der Wärmeisolation der verwendeten Materialien ziehen?
3. Ziehe Schlussfolgerungen in Bezug auf die Körperbedeckung und die Körpertemperatur der verschiedenen Wirbeltierklassen.

2. Gestalte einen Steckbrief.

Alle Säugetiere in der Arktis sind richtig warm „eingepackt".

a) Informiere dich über die Lebensweise von Robben, Eisbären oder Polarfüchsen.
b) Suche im Atlas und Internet nach ihren Lebensräumen im Winter und im Sommer.
c) Wie schützen sie sich vor Kälte?

Merkmale der Wirbeltierklassen

	Fische	**Lurche**
Skelett	 Schädel, Wirbelsäule, Rippen, Flossenstrahlen	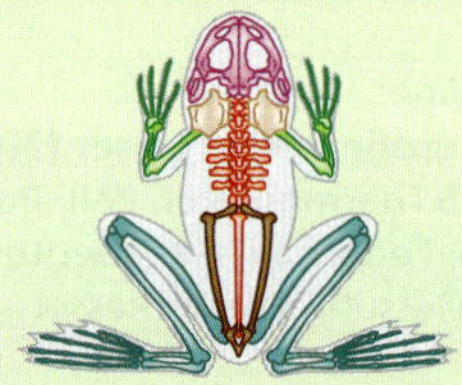 Schädel, Wirbelsäule, Rippen, Schultergürtel, Beckengürtel, Vorder- und Hintergliedmaßenskelett
Herz-Kreislauf-System	einfacher Blutkreislauf  Herz mit 1 Vorhof, 1 Herzkammer	doppelter Blutkreislauf 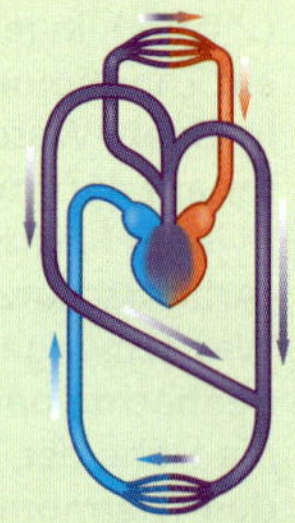 Herz mit 2 Vorhöfen, 1 Herzkammer, Mischblut
Atmung	Kiemen 	Kaulquappen: Kiemen 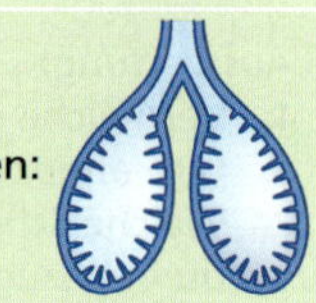 ausgewachsene Amphibien: sackförmige, einfach gekammerte Lunge, Hautatmung, Mundhöhlenatmung
Körpertemperatur	wechselwarm, Körpertemperatur ändert sich mit der Außentemperatur	wechselwarm, Körpertemperatur ändert sich mit der Außentemperatur
Fortpflanzung geschlechtlich	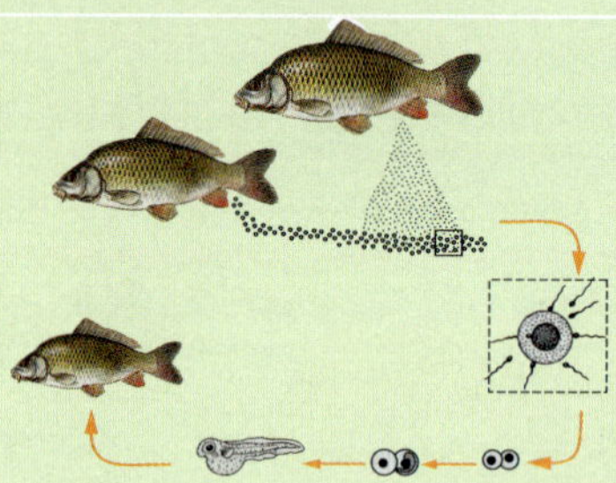 schalenlose Eier; befruchtetes Ei, Fischlarve, Jungfisch, erwachsener Fisch; Entwicklung im Wasser	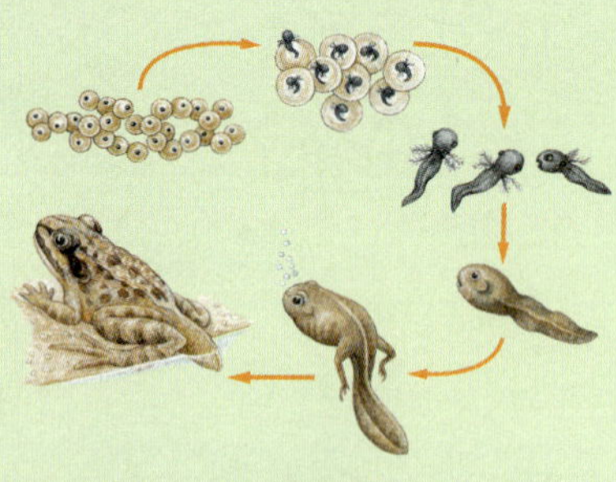 Eier mit Gallerthülle; befruchtetes Ei, Froschlarve (Kaulquappe), Jungfrosch; Metamorphose im Wasser
Befruchtung	äußere Befruchtung	äußere Befruchtung (Froschlurche) innere Befruchtung (Schwanzlurche)
Lebensraum	Wasser	Wasser/Land

Merkmale der Wirbeltierklassen

Kriechtiere	**Vögel**	**Säugetiere**
 Schädel, Wirbelsäule, Rippen, Schulter-, Beckengürtel, Vorder- und Hintergliedmaßenskelett	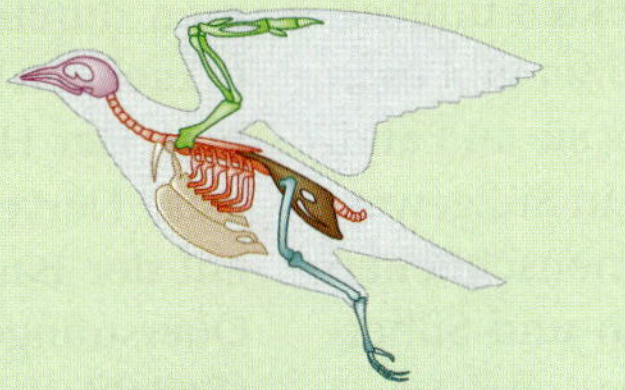 Schädel, Wirbelsäule, Rippen, Brustkorb, Schulter- und Beckengürtel, Vorder- und Hintergliedmaßenskelett	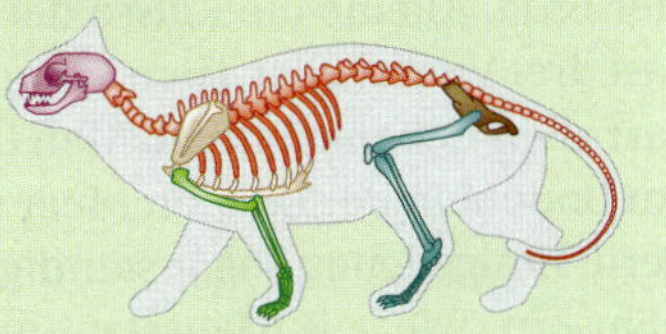 Schädel, Wirbelsäule, Rippen, Brustkorb, Schulter- und Beckengürtel, Vorder- und Hintergliedmaßenskelett
doppelter Blutkreislauf 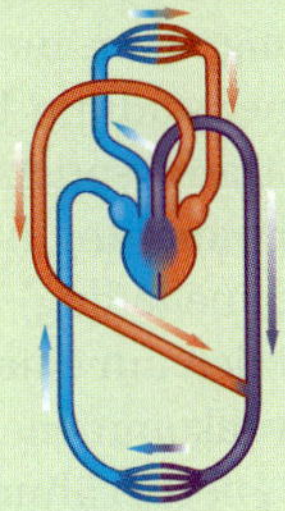 Herz mit 2 Vorhöfen, teilweise getrennter Herzkammer, Mischblut	doppelter Blutkreislauf 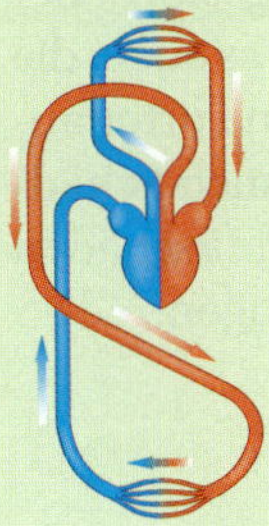 Herz mit 2 Vorhöfen, 2 Herzkammern	doppelter Blutkreislauf 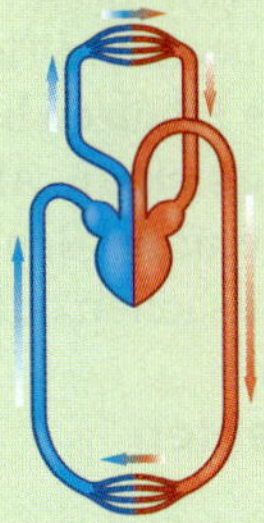 Herz mit 2 Vorhöfen, 2 Herzkammern
mehrfach gekammerte Lunge 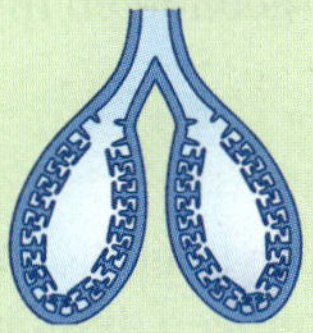	stark gekammerte Lunge (Luftsäcke) 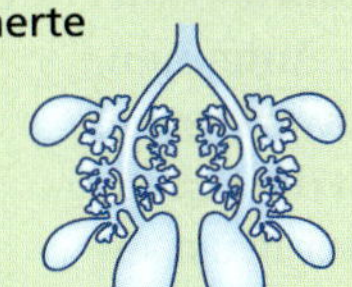	Lunge mit Lungenbläschen 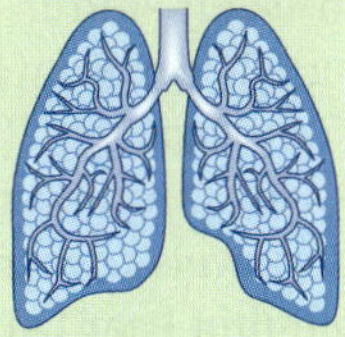
wechselwarm, Körpertemperatur ändert sich mit der Außentemperatur	gleichwarm, Körpertemperatur bleibt immer gleich (ca. 42 °C)	gleichwarm, Körpertemperatur bleibt immer gleich (ca. 37 °C)
 pergament- oder kalkschalige Eier; Schlupf der Jungtiere; Entwicklung an Land	 kalkschalige Eier; Ausbrüten der Eier, Schlupf der Jungvögel; Entwicklung an Land	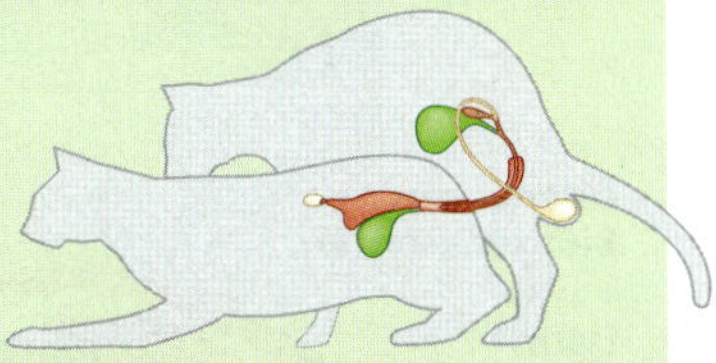 Eizellen im Mutterkörper; Entwicklung im Mutterleib; lebend gebärend, Jungtiere werden gesäugt
innere Befruchtung	innere Befruchtung	innere Befruchtung
Wasser/Land	Land/Luft/Wasser	Land/Luft/Wasser

Wahlbereich: Gliederfüßer – kleine Tiere mit großer Bedeutung

Die Gliederfüßer bilden die größte Tiergruppe auf der Erde. Alleine die Klasse der Insekten umfasst fast drei Viertel aller Tiere. Gliederfüßer gibt es in fast allen Lebensräumen. Man findet sie an Land, im Boden, in der Luft, im Meer und in Süßgewässern. Einige leben sogar ständig in menschlichen Häusern, wie z. B. Hausstaubmilben und Silberfischchen.

Als Bestandteile von Nahrungsnetzen bilden Gliederfüßer die Nahrungsgrundlage vieler Wirbeltiere. Sie spielen auch eine wichtige Rolle bei der Zerkleinerung und beim Abbau abgestorbener Pflanzen und Tiere. Gliederfüßer sind es auch, die viele Pflanzen bestäuben und so deren Fortpflanzung sichern. Allerdings finden sich auch Schädlinge unter den Gliederfüßern, die Fraßschäden verursachen oder Krankheiten übertragen.

Insekten

Insekten sind in **Kopf, Brust** und **Hinterleib** unterteilt. Am Kopf befinden sich ein Paar Antennen, Komplexaugen (↗ Abb. 1) und Mundwerkzeuge. An den Mundwerkzeugen erkennt man die Ernährungsweise der Insekten (↗ S. 93). An der Brust sitzen drei Paar Laufbeine und zwei Paar Flügel, die unterschiedlich ausgeprägt sein können (↗ S. 94).

Insekten gehören zu den **Gliederfüßern.** Sie atmen durch ein verzweigtes System von Röhren **(Tracheen),** die den gesamten Körper durchziehen. Der Hinterleib enthält die inneren Organe. Das Nervensystem verläuft als Doppelstrang auf der Bauchseite **(Bauchmark)** und ist durch Querstränge in jedem Körpersegment verbunden **(Strickleiternervensystem).** Die Körperflüssigkeit ist eine Mischung aus Blut und Lymphe. Sie wird über ein **offenes Blutgefäßsystem** durch die Körperhohlräume gepumpt (↗ Abb. 1).

Die Entwicklung der Insekten erfolgt nach einer inneren Befruchtung über mehrere Larvenstadien und ein Puppenstadium bis zum voll ausgebildeten Insekt. Dann spricht man von einer **vollkommenen Verwandlung** (vollkommene Metamorphose, z. B. Schmetterling). Fehlt das Puppenstadium, handelt es sich um eine **unvollkommene Verwandlung** (unvollkommene Metamorphose, z. B. Heuschrecke). Hierbei ähneln die Larvenstadien bereits dem ausgebildeten Insekt.

Aufgabe

Informiere dich über die Merkmale der Insektenordnungen der Käfer, Schmetterlinge, Hautflügler und Zweiflügler.

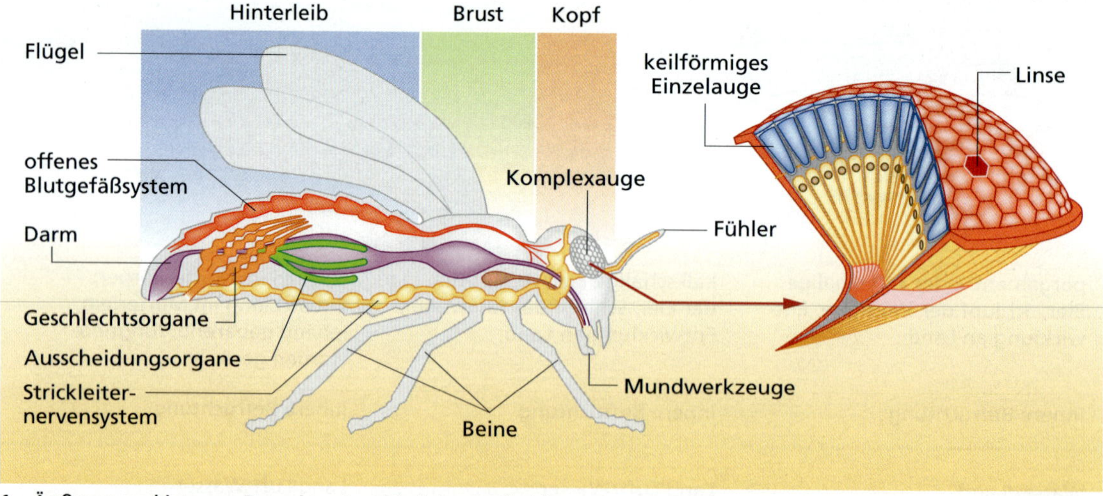

1 Äußerer und innerer Bau eines Insekts (schematisch)

Fortbewegung und Nahrungsaufnahme verschiedener Insekten

Insekten sind ein gutes Beispiel dafür, dass sich eine große Vielfalt verschiedener Formen auf einen einheitlichen Grundbauplan zurückführen lässt. Aus einem gemeinsamen Vorfahr haben sich im Laufe der Stammesgeschichte alle diese unterschiedlichen Formen von z. B. Beinen und Mundwerkzeugen der Insekten mit entsprechender Funktion herausgebildet. Es besteht immer ein Zusammenhang zwischen Struktur (Wie?) und Funktion (Wozu?).

Struktur | **Funktion**

Fortbewegung

Struktur: Das Bein ist schaufelartig, kompakt gebaut.

Grabbein der Maulwurfsgrille

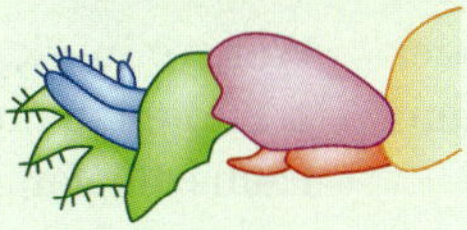

Funktion: Das Grabbein dient zum Lockern und Wegschaufeln von Erde.

Struktur: Das Bein ist paddelartig und abgeflacht, mit Borsten besetzt.

Schwimmbein des Gelbrandkäfers

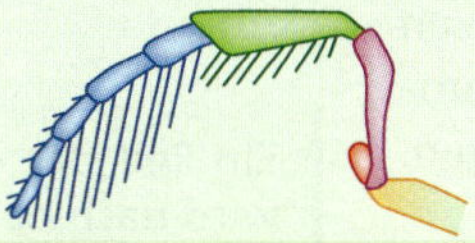

Funktion: Das Schwimmbein wirkt im Wasser wie ein Ruder.

Nahrungsaufnahme

Struktur: Die Biene hat kräftige Kauwerkzeuge. Die lange, behaarte Zunge mit löffelartigem Ende ist von zwei Halbröhren umschlossen.

Mundwerkzeug der Biene

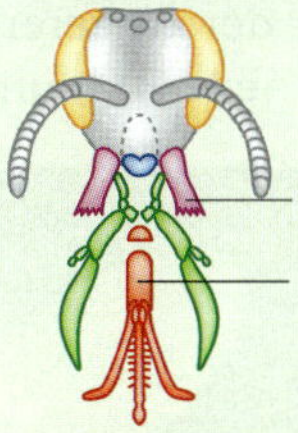

Funktion: Der kräftige Oberkiefer dient zum Kauen (Pollen). Der Leckrüssel (Unterkiefer) ermöglicht das Auflecken und Aufsaugen des Nektars.

Struktur: Die Mücke besitzt ein Bündel langer, spitzer Borsten (Stechborstenbündel).

Mundwerkzeug der Mücke

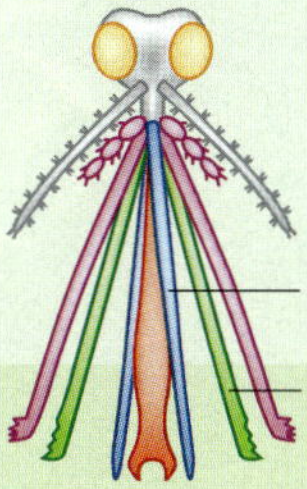

Funktion: Mit dem Stechrüssel wird die Haut durchstochen und die Nahrung (Blut) aufgesaugt.

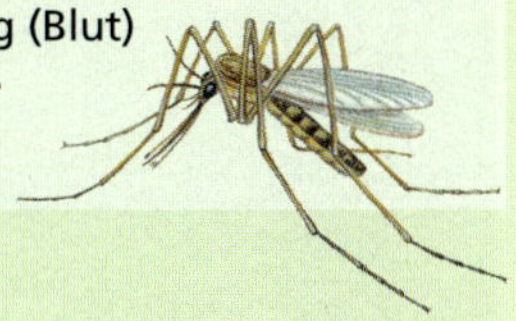

Welchen Vorteil kannst du für das einzelne Tier und für die Erhaltung der Art erkennen, der durch die Vielfalt und Angepasstheit bedingt wird?

Vielfalt der Insekten

Mit etwa 800 000 beschriebenen Arten sind die **Insekten** die artenreichste Tiergruppe. Man findet sie in fast allen Lebensräumen.
Um einen besseren Überblick über diese Riesengruppe zu bekommen, macht man sich auch hier das systematische Ordnungsprinzip zunutze (↗ S. 10). Die systematische Untergliederung der **Klasse der Insekten** richtet sich nach äußeren und inneren Merkmalen und nach der stammesgeschichtlichen Verwandtschaft. Man untergliedert die Insekten danach in zahlreiche **Ordnungen,** z. B. die Käfer, Schmetterlinge, Hautflügler oder Zweiflügler. Bei der Zuordnung spielen Bau und Anordnung der Flügel eine wichtige Rolle.

Betrachtet man einen **Käfer,** z. B. den Maikäfer (↗ Abb. 1), findet man zwei feste Vorderflügel. Diese werden Deckflügel genannt. Sie schützen den Körper und die unter ihnen liegenden dünnhäutigen Hinterflügel. Diese dienen dem Fliegen.

Ein farbenprächtiger **Schmetterling** in unseren Breiten ist z. B. das Tagpfauenauge (↗ S. 95, Abb. a). Die Vorder- und Hinterflügel dieses Schmetterlings sind dünnhäutig. Sie besitzen einen Überzug aus dachziegelartig angeordneten farbigen Schuppen. Vorder- und Hinterflügel werden beim Fliegen genutzt.

Stubenfliegen oder Schmeißfliegen gehören wie auch die Mücken zu den **Zweiflüglern.** Ihr wichtiges Merkmal sind zwei häutige, voll ausgebildete Vorderflügel, mit denen sie fliegen. Die Hinterflügel sind zu Schwingkölbchen umgewandelt. Damit halten die Tiere ihr Gleichgewicht beim Fliegen.

Bei einer Wespe findet man voll ausgebildete Vorder- und Hinterflügel. Sie sind dünnhäutig und durchsichtig und dienen dem Fliegen (↗ Abb. 2). Die Insekten mit solchen Flügeln heißen **Hautflügler.**

Weitere Insektenordnungen sind z. B. die Libellen, Netzflügler, Fächerflügler, Wanzen, Termiten, Schaben, Köcherfliegen, Eintagsfliegen, Zikaden, Ohrwürmer und Heuschrecken.

Ein Teil der großen Tiergruppe der Insekten wird nach der Anzahl und der Ausbildung der Flügel in Insektenordnungen unterteilt.

Aufgabe

Informiere dich über wesentliche Merkmale der weiteren Insektenordnungen. Nenne für jede Ordnung mindestens einen Vertreter.

1 Maikäfer

2 Wespe

Bestimme die abgebildeten Insektengruppen.

Durchführung:

1	• Flügel häutig und durchsichtig............ 2
1*	• Flügel mindestens teilweise undurchsichtig 3
2	• Flügel flach über dem Körper zusammengelegt................................ 8
2*	• Flügel anders angeordnet **verschiedene, hier nicht erfasste Gruppen, z. B. Libellen**
3	• Flügel häutig, von oft bunten Schuppen bedeckt **Schmetterlinge**
3*	• Flügel hornartig oder ledrig fest.......... 4
4	• Flügel flach oder gewölbt dem Körper anliegend 5
4*	• Flügel dachförmig über dem Körper stehend 7
5	• Mit Hinterleibsanhängen **Ohrwürmer und Schaben**
5*	• ohne Hinterleibsanhänge 6
6	• Deckflügel einheitlich, Mundwerkzeuge zangenförmig **Käfer**
6*	• Deckflügel im hinteren Teil häutig, Stechrüssel **Wanzen**
7	• Fühler sehr kurz, Sprungbeine nicht sichtbar **Zikaden**
7*	• Fühler länger, Hinterbeine lange Sprungbeine **Heuschrecken**
8	• 2 Flügelpaare **Hautflügler**
8*	• nur vorderes Flügelpaar entwickelt, Hinterflügel als kleine Schwingkölbchen **Zweiflügler**

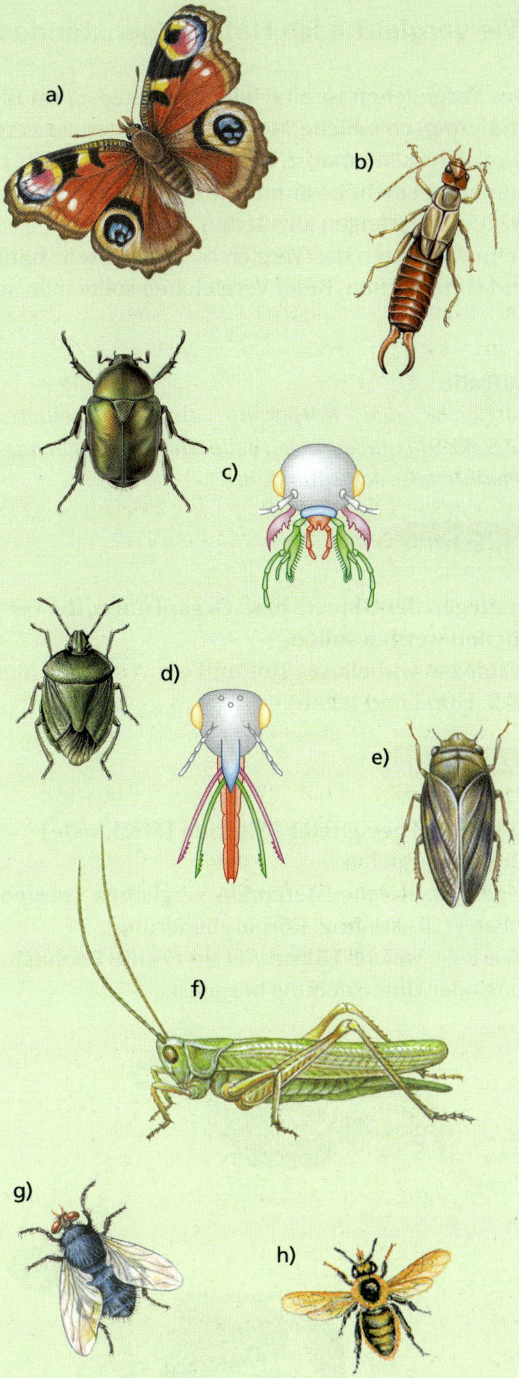

Auswertung:
Ordne jeder Abbildung die entsprechende Insektengruppe zu.

Wie vergleiche ich Naturgegenstände bzw. Vorgänge?

Das **Vergleichen** ist eine wichtige Tätigkeit im Biologieunterricht. Dabei soll man übereinstimmende und unterschiedliche Merkmale von den zu vergleichenden Objekten ermitteln. Die Ergebnisse des Vergleichs kann man z. B. in Form einer Tabelle oder in Sätzen formuliert darstellen. Da ein Vergleich immer zu einem bestimmten Zweck durchgeführt wird, dienen die Ergebnisse dazu, weiterführende Schlussfolgerungen abzuleiten.
Beim Ausführen des Vergleichs werden sehr häufig weitere Tätigkeiten benötigt, z. B. das Beobachten und Untersuchen. Beim Vergleichen sollte man **schrittweise vorgehen.**

Aufgabe
Vergleiche den Körperbau eines Wirbeltieres (↗ S. 90/91) und eines wirbellosen Tieres nach ausgewählten Gesichtspunkten.

1. Schritt

Festlegen der Objekte bzw. Organismen, die verglichen werden sollen
Wähle ein wirbelloses Tier und ein Wirbeltier aus (z. B. Hund und Biene).

2. Schritt

Auswählen geeigneter Kriterien (Merkmale) für den Vergleich
Lege fest, welche Merkmale verglichen werden sollen (z. B. Atmung, Körpergliederung).
Überlege, welche Hilfsmittel du für die Beobachtung oder Untersuchung brauchst.

3. Schritt

Durchführen des Vergleichs
- Ermittle Gemeinsamkeiten und Unterschiede beider Tiere anhand der gewählten Kriterien.
- Stelle die Ergebnisse dar. Diese können in einer Tabelle gegenübergestellt oder als Text formuliert werden.

4. Schritt

Ableiten von weiterführenden Erkenntnissen
Abschließend werden die Ergebnisse zusammengefasst. Ziehe Schlussfolgerungen aus dem Vergleich und versuche, mögliche Verallgemeinerungen oder weiterführende Erkenntnisse abzuleiten.
Es besteht die Möglichkeit, die gewonnenen Ergebnisse zu präsentieren (↗ S. 43). Dazu kann z. B. ein Vortrag gehalten oder ein Poster gestaltet werden (↗ S. 205).

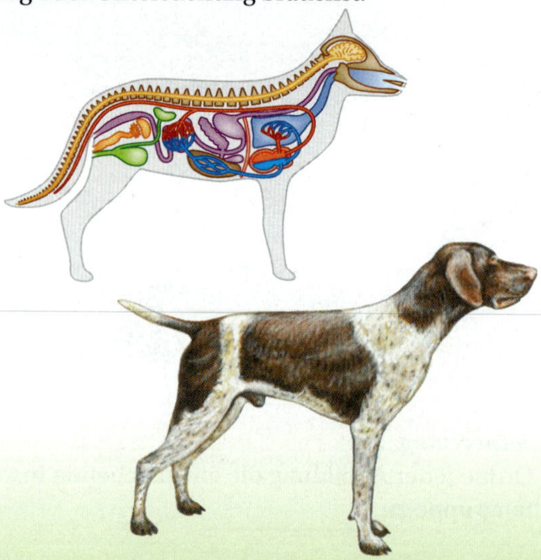

Hund und Biene im Vergleich

Aufgabe

Vergleiche ein Wirbeltier und ein wirbelloses Tier nach ausgewählten Gesichtspunkten.

1. Schritt:

Hund und Biene werden als zu vergleichende Beispiele für Wirbeltier und wirbelloses Tier ausgewählt, weil es sich bei beiden um sehr bekannte Tierarten handelt, die auch vom Menschen genutzt werden.

2. Schritt:

Für den Vergleich werden folgende Merkmalsbereiche ausgewählt, weil sich darüber relativ leicht Informationen beschaffen lassen: Körpergliederung, Extremitäten, Skelett, Nervensystem, Atmungsorgane, Ernährungsweise.

3. Schritt:

Für die ausgewählten Merkmalsbereiche werden die Unterschiede und Gemeinsamkeiten ermittelt und zusammengefasst (↗ Tab.).

4. Schritt:

Aus dem Ergebnis des Vergleichs lassen sich zum Beispiel folgende Schlüsse ziehen:

- Gemeinsamkeit wie Nervensystem, heterotrophe Ernährung und Extremitäten zur freien Ortsbewegung lassen erkennen, dass beide Lebewesen dem Reich der Tiere zuzuordnen sind.
- Das wichtigste Kennzeichen der Wirbeltiere ist der Besitz einer Wirbelsäule, in die das Rückenmark als Teil des Zentralnervensystems eingelagert ist. Während der Hund eindeutig dieser Tiergruppe zuzuordnen ist, gehört die Biene zu den wirbellosen Tieren, da ihr eine Wirbelsäule fehlt und ihr Zentralnervensystem bauchseitig als Bauchmark angelegt ist.
- Aufgrund des Außenskeletts, der sechs Extremitäten und der Tracheenatmung lässt sich die Biene der Klasse der Insekten zuordnen.

Merkmalsbereich	Biene	Biene und Hund	Hund
Körpergliederung	Körper segmentiert; in Kopf, Brustabschnitt und Hinterleib gegliedert	Kopf deutlich abgesetzt	Körper in Kopf, Rumpf und Schwanz gegliedert
Extremitäten	6 Beine, 4 Flügel	Beine ausgebildet	2 Beine, keine Flügel
Skelett	äußerer Chitinpanzer, kein inneres Skelett		inneres Skelett aus kalkhaltigen Knochen, Wirbelsäule
Nervensystem	bauchseitig zwei parallele, an Knoten verbundene Nervenstränge (Bauchmark), im Kopf Ober- und Unterschlundganglion 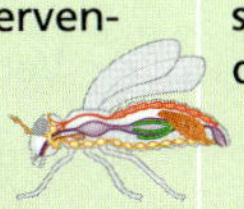	Zentralnervensystem vorhanden	Nervenstrang in Wirbelsäule (Rückenmark), im Kopf großes Gehirn 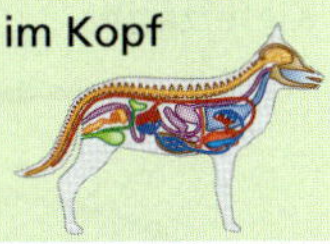
Atmungsorgane	Tracheensystem 	Aufnahme von Sauerstoff, Abgabe von Kohlenstoffdioxid	Lunge mit Lungenbläschen 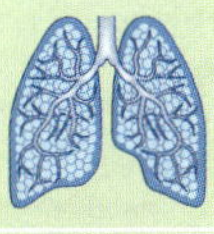
Ernährungsweise	leckend saugend (Leckrüssel für z. B. Nektar und Pflanzensäfte) 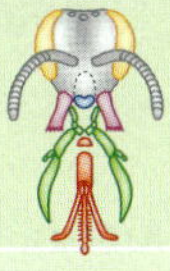	heterotrophe Ernährung	Fleischfresser 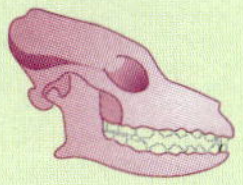

Spinnentiere

Spinnentiere besiedeln fast alle Regionen der Erde und zeigen eine große Vielfalt in Körpergröße und Körperbau. Die Gesamtheit der bekannten Spinnentiere umfasst weltweit rund 70 000 Arten. Allen gemeinsam sind ihre Körpergliederung in **Kopfbruststück** und **Hinterleib** (↗ Abb. 1), vier Paar gegliederte Laufbeine **(Gliederfüßer)** an der Brust und zwei Paar Mundwerkzeuge (Kiefertaster, Kieferklauen) am Kopf.

2 Die Spinne hat ein Beutetier umsponnen.

Betrachtet man die Mundwerkzeuge einer **Kreuzspinne** genauer, erkennt man in den Kieferklauen Giftdrüsen. Ihr Gift dient zur Lähmung des Beutetieres. Die Kiefertaster enthalten Tastsinnesorgane. Dazu dienen auch Haare und Stacheln an den Beinen.

An der Vorderseite des Kopfes befinden sich acht einfache Punktaugen. Sie sind in zwei Reihen angeordnet und schaffen ein großes Sichtfeld.

Der Hinterleib beinhaltet ein Tracheensystem aus Fächerlungen und Röhrentracheen zur Atmung, ein offenes Blutgefäßsystem, den Verdauungstrakt, die Fortpflanzungsorgane und die Spinndrüsen (↗ Abb. 1).

Kreuzspinnen sind Räuber. Hat die Spinne ein Beutetier ausgemacht, wird es mithilfe der Giftdrüsen gelähmt und eingesponnen (↗ Abb. 2).

Dann sondert sie Verdauungssäfte in die Beute ab, die diese von innen zersetzen. So vorverdaut kann die Kreuzspinne die Nahrung mithilfe ihres kräftigen Saugmagens aufnehmen.

Die Männchen dieser Spinnen sind in der Regel kleiner als die Weibchen. Bei der Fortpflanzung sind deshalb bestimmte Bewegungen und Rituale des Männchens notwendig, um vom Weibchen nicht als Beute angesehen zu werden.

Die abgelegten Eier werden zum Schutz durch das Weibchen in einen Kokon eingesponnen, häufig bewacht oder am Körper befestigt und mitgeführt. Die Entwicklung nach dem Schlupf aus dem Ei verläuft direkt, ohne Metamorphosen.

Aufgabe

Betrachte verschiedene Spinnentiere (Kreuzspinne, Krabbenspinne, Zecken, Springspinne). Welche Gemeinsamkeiten stellst du fest?

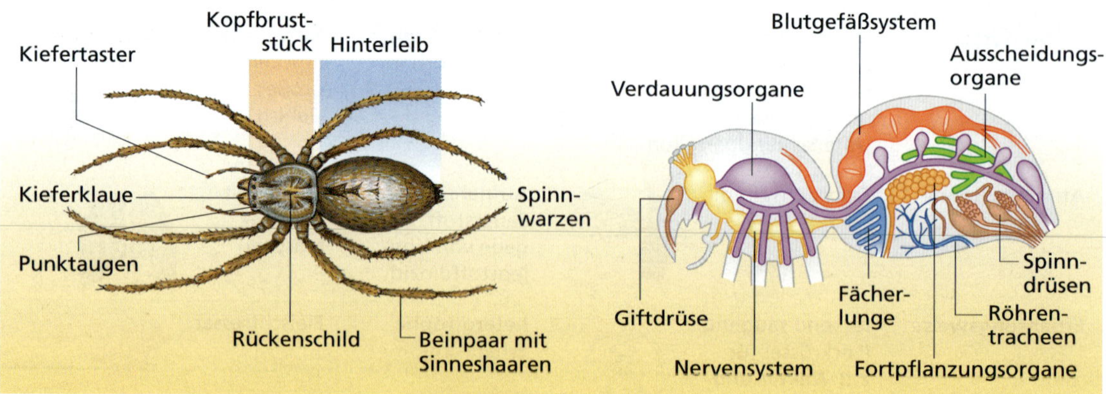

1 Körpergliederung (äußerer Bau) und innerer Bau einer Kreuzspinne (schematisch)

Krebstiere

Weltweit gibt es rund 40 000 Arten von Krebstieren. Der kleinste Krebs ist kleiner als 1 mm. Der größte kann länger als 60 cm werden.
Krebstiere sind vorwiegend **wasserbewohnende Gliederfüßer.**
Ihr Körper gliedert sich häufig in **Kopfbruststück** und **Hinterleib.** Sie haben ein Strickleiternervensystem und einen offenen Blutkreislauf. Typisch für Krebstiere sind zwei Paar Antennen, **Kiemen** für die Atmung unter Wasser und die sogenannten **Spaltbeine,** die sich nach einem Stamm in zwei Äste teilen. Der Hinterleib kann unterschiedlich gestaltet sein und Gliedmaßen mit Kiemen oder Schwimmbeine tragen.
Ein Beispiel dafür ist der **Flusskrebs** (↗ Abb. 2). Mit vier Laufbeinpaaren an der Brust läuft er langsam vorwärts. Durch die Schwimmbeine und den kräftigen Schwanzfächer kann er vorwärtsschwimmen und durch ein ruckartiges Schlagen des Fächers gegen den Bauch sogar die Richtung wechseln.
Der Flusskrebs ist ein Allesfresser. Er fixiert seine Nahrung, z. B. Schnecken, Würmer, kleine Fische oder Pflanzen, durch Sinneszellen in den Fühlern oder die zwei Stielaugen, ergreift sie mit den großen Scheren und führt sie zu den Mundwerkzeugen.
Viele Krebse betreiben bei ihrer Fortpflanzung **Brutfürsorge.** Sie lassen die Eier nicht frei ins

2 Der Flusskrebs lebt in sehr sauberen Gewässern.

Wasser, sondern heften sie an ihre Gliedmaßen oder legen sie in spezielle Bruträume. Nach dem Schlupf aus dem Ei durchlaufen die meisten Krebse verschiedene **Larvenstadien.**
Der Körper fast aller Krebse wird von einem chitinhaltigen, starren Panzer bedeckt. Er dient als **Außenskelett** und gibt dem Körper Schutz und Halt. Da er nicht mitwächst, muss er durch regelmäßige **Häutungen** gewechselt werden. Unter dem alten bildet sich ein neuer, größerer, aber noch weicher Panzer, der langsam aushärtet.

Aufgabe

Notiere Gemeinsamkeiten im Körperbau von Flusskrebs, Garnele und Krabbe.

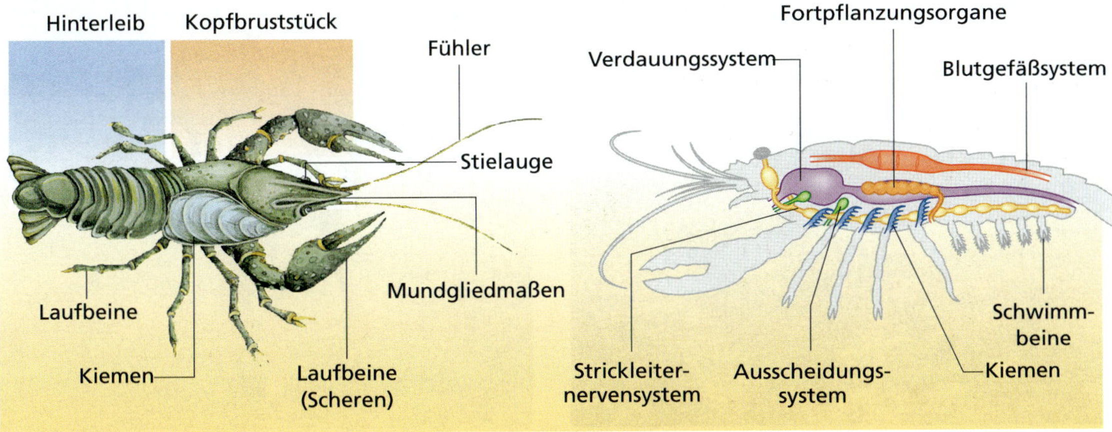

1 Körpergliederung (äußerer Bau) und innerer Bau eines Flusskrebses (schematisch)

Wahlbereich: Verhalten von Tieren – alles angeboren?

Wenn der Winter zu Ende geht, fallen uns zunehmend die **Vögel** auf: Nicht nur, weil sie aus ihrem Winterquartier zurückkommen und es mehr werden, sondern vor allem, weil sie sich akustisch bemerkbar machen. Meisen rufen, Amseln flöten, Nachtigallen singen (↗Abb. 1), Stare zwitschern, im Park schmettern Buchfinken ihren Gesang und Spechte trommeln schnarrend an trockenem Holz. Wir können dies beobachten und uns daran erfreuen: Es wird Frühling!
Wir können uns aber auch Gedanken darüber machen und Fragen stellen, z. B.: Weshalb äußern sich die Vögel so geräuschvoll? Warum tun sie es besonders im Frühling - oder fällt es uns dann nur besonders auf? Ist es nicht gefährlich, sich so offensichtlich zu präsentieren? Was tun die Vögel, wenn sie nicht singen?

Solche Fragen stellen sich auch die **Verhaltensbiologen** und als Wissenschaftler versuchen sie, möglichst korrekte Antworten darauf zu finden. So beschäftigen sie sich damit, wie sich Tiere verhalten und bewegen, wie sich ihre Körperhaltung oder die Färbung verändert und was sie von sich geben (neben den Lautäußerungen z. B. auch Duftstoffe, ↗Abb. 2).
Dabei untersuchen Verhaltensbiologen die vielfältigen Lebensumstände der Tiere: Es geht um die Nahrungsaufnahme und das Zusammenleben in Gruppen, um Verhaltensänderungen im Laufe des Lebens und wie sie entstanden sind (Stammesgeschichte). Wichtiges Thema ist auch das Finden eines passenden Partners und die Aufzucht der Jungen. Auch wie das Tierverhalten an die Umwelt angepasst ist, interessiert Verhaltensbiologen.
Indem sie intensiv beobachten oder Versuche zu diesen Themen machen, sammeln Verhaltensbiologen ihre Daten und stellen sie möglichst übersichtlich, z. B. in Kurven und Tabellen, dar. Daraufhin interpretieren sie die Daten und vergleichen sie mit anderen. Ziel ist es letztendlich, das Verhalten und die ihm zugrunde liegenden Mechanismen zu verstehen.

Aufgaben

1. Finde Beispiele dafür, dass Tiere ihre Farbe verändern oder Duftstoffe abgeben. Welche Bedeutung hat das für das jeweilige Tier?

2. Nenne Tiere, die in der Natur nie, selten oder fast immer allein leben. Finde Beispiele in den unterschiedlichsten Gruppen des Tierreiches.

1 Eine singende Nachtigall

2 Hunde markieren ihr Revier mit Urin.

Auch wenn man Vögel nicht sieht, erkennt man mit etwas Übung am Gesang, zu welcher Art sie gehören: Er ist artspezifisch. Daraus schlossen früher einige Verhaltensbiologen, dass Verhalten vor allem **angeboren** ist. Andere, die an den sehr lernfähigen Ratten und Tauben forschten, argumentierten, dass sich jedes Tier nur neu **an die Umwelt anpasst.** Wie weitere Forschung zeigte, liegt die Wahrheit dazwischen: Einige Verhaltensweisen sind vererbt, andere bestimmt die Umwelt direkt.
Kinder können ihren Eltern oder Großeltern sehr ähnlich sehen: Ihr äußeres Erscheinungsbild ist vererbbar. Ihr Körperbau ist jedoch auch von Umwelteinflüssen abhängig: So wirkt sich auf das Wachstum aus, was und wie viel ein Kind isst, ob es Sport treibt oder welchen Sport es ausübt.

Entsprechendes gilt für das **Tierverhalten:** Auch bei ihm vermischen sich vererbte und individuell gelernte Anteile. Wenn zum Beispiel männliche Grillen gegeneinander kämpfen, gewinnt normalerweise die stärkere; die schwächere zieht sich zurück. Das ist in ihrem Erbgut so angelegt. Hat sich aber ein starkes Männchen vorher nur mit noch stärkeren auseinandergesetzt und musste sich immer zurückziehen, kann es nach dieser Erfahrung auch gegen Schwächere verlieren.

1 Der Mensch ersetzt das Rudel des Hundes.

Umgekehrt gewinnt ein Grillenmännchen auch gegen einen etwas stärkeren Rivalen, wenn es vorher nur Erfahrungen mit noch schwächeren gemacht hat und immer der Sieger war.

Unsere Haushunde stammen vom Wolf ab. Sie besitzen in ihren Verhaltensweisen noch viel „Wölfisches".
So ersetzen Herrchen und Frauchen oder die menschliche Familie das Rudel, in dem der **Hund** seine Position hat. Er braucht dieses Zusammenleben. Das ist ihm angeboren.
Seine Stellung innerhalb des Rudels muss er jedoch herausfinden: Ist er der Rudelführer oder haben andere das Sagen? Davon hängt ab, wie er sich in seinem Umfeld und zu seinen Bezugspersonen verhält. Das muss er lernen.

Aufgaben

1. Nenne verschiedene Hunderassen.
   a) Besitzen sie unterschiedliche Charaktereigenschaften?
   b) Verhalten sie sich deshalb verschieden?
   c) Könnte das angeboren sein? (Wie könnte man das herausfinden?)

2. Überlege, was ein junger Hund lernen muss.

2 Hunderassen mit unterschiedlichen Eigenschaften

Angeborene Anpassung an die Umwelt

Die bei uns lebenden Mäuse vermeiden es, über freie Flächen zu laufen. Auch wenn es mit einem Umweg verbunden ist, suchen sie immer Kontakt zu einer Deckung, an der sie entlangrennen (↗Abb. 1). Indem sie die offenen Gefahrenzonen umgehen, schützen sie sich vor Fressfeinden (z. B. Katze, Fuchs, Greifvögel).
Wüstenmäuse leben dagegen im übersichtlichen Gelände der Wüsten und Savannen, wo es kaum Deckung gibt. Zum Sichern richten sich Wüstenmäuse deshalb oft auf und beobachten ihre Umgebung (↗Abb. 2). Beim Laufen stoppen Gerbile (Wüstenrennmäuse) immer wieder kurz ab. Dadurch können Fressfeinde, vor allem Greifvögel, ihre Bewegung kaum vorausberechnen und verfehlen häufig ihre Beute.
Das **artspezifische Verhalten** von Mäusen und Wüstenmäusen ist **angeboren.** Es ist eine Anpassung an die jeweilige Umwelt, die sich im Lauf der Evolution als vorteilhaft erwiesen hat.

Aufgabe

Beschreibe, was geschehen könnte, wenn die genannten Verhaltensweisen von Mäusen nicht im Erbmaterial festgelegt wären, sondern erst individuell gelernt werden müssten.

1 Die Rötelmaus ist eine einheimische Maus.

2 Afrikanische Striemen-Grasmaus

Anpassung an die Umwelt durch Lernen

Ein Tier lernt, indem es Informationen (Reize) aus der Umwelt aufnimmt und aufgrund dieser Erfahrung sein Verhalten verändert und an die Umgebung anpasst. Dabei kann Lernen sehr versteckt ablaufen: Z. B. lernen einige Vogelküken ihre Eltern bereits im Ei an deren Lauten kennen. So ist es für den Menschen nicht immer leicht zu entscheiden, ob bestimmte Anteile im Verhalten eines Tieres angeboren sind oder ob sie auf eigenen Erfahrungen beruhen.

Lernen ist immer an einen gewissen Rahmen gebunden. Diese **Lerndisposition** ist angeboren und hängt von artspezifischen Fähigkeiten und dem natürlichen Lebensumfeld ab: Ein Wellensittich kann einzelne Worte, eine Nachtigall bis zu 250 Gesangsstrophen lernen. Wellensittiche kommunizieren in der Natur mit ihrem lebenslangen Partner, indem sie gegenseitig ihre Laute nachahmen. Als Haustier lernen sie stattdessen die Laute ihres menschlichen Partners. Dagegen dient der vielgestaltige Nachtigallengesang der Partnersuche und Revierverteidigung.
Über dieses **Lernen durch Nachahmung** können in einzelnen Tiergruppen und Populationen **Traditionen** entstehen, die von Individuum zu Individuum weitergegeben werden.

3 Wellensittiche lernen voneinander.

Im Laufe eines Tierlebens können sich Lerndispositionen verändern. Ein Beispiel dafür ist das **Prägungslernen,** das auf eine kurze Zeit, die **sensible Phase,** begrenzt ist. Entenküken sind „Nestflüchter" und laufen bereits kurz nach dem Schlüpfen herum. Sie folgen dann (↗ Abb. 1) dem ersten Wesen, das sich bewegt und einen Lockruf abgibt, den sie bereits im Ei gehört haben. Diese Prägung bleibt auch nach Abschluss der sensiblen Phase erhalten.

Es gibt im Tierreich weitere sehr einfache, aber auch hochkomplexe **Lernformen.**

So kann sich ein Wattwurm an bestimmte Reize gewöhnen, bis er schließlich nicht mehr darauf reagiert. Auch Tauben passen sich an, wenn sie trotz dicht vorbeifahrender Autos nicht auffliegen, sondern weiter ihr Futter suchen. Diese Habituation tritt immer dann auf, wenn für das Tier keine Reaktion erforderlich ist.

Viele Tiere „probieren" mit Dingen herum. Dadurch wird z. B. die Nahrungssuche effektiver oder neue Materialien werden im Nestbau optimaler eingesetzt. Diese Vorgänge bezeichnet man als **„Lernen durch Versuch und Irrtum".** Sie sind Grundlage für die Dressur, die wir aus dem Zirkus kennen. Dabei belohnt der Dompteur gezielt bestimmte Verhaltensweisen und erreicht so, dass das Tier sie wiederholt ausführt. So lernt das Tier auch komplizierte Handlungsabläufe, die in der Natur unmöglich wären (z. B. ein Tiger, der durch einen brennenden Ring springt oder auf einem Pferd „reitet").

In Experimenten bildeten Menschenaffen eine lange Stange aus mehreren kurzen Stücken oder

errichteten aus herumliegenden Kisten einen Turm, um eine zu hoch hängende Banane zu erreichen. Dieses **neu kombinierte Verhalten** verlangt bereits eine planende Vorausschau, die menschlichen Fähigkeiten sehr nahekommt.

Gebrauch von Werkzeugen

Früher dachte man, nur Menschen seien fähig, Werkzeuge zu benutzen. Inzwischen gibt es auch bei Tieren viele Beispiele für Werkzeuggebrauch. So schlüpfen Einsiedlerkrebse in ein leeres Schneckenhaus, um ihren weichen Hinterleib zu schützen; auf den Galapagosinseln stochern Spechtfinken mit Stacheln des Feigenkaktus nach Insekten; unsere Drosseln nutzen Steine als „Drosselschmiede", auf denen sie Schneckenhäuser zerschlagen, um deren Innenleben zu verzehren. Besonders bei Affen ist Werkzeuggebrauch nicht selten (s. o.).

1 Entenküken sind auf ihre Mutter geprägt.

2 Drosselschmiede

Beobachtungen von Amseln im Freiland

Amseln sind bei uns häufige Vögel. Man erkennt die Männchen vor allem an ihrem blauschwarzen Gefieder und dem gelben Schnabel. Die Weibchen sind einheitlich braungrau. Amseln kann man überall in Vorgärten, Grünanlagen, auf Straßenbäumen, in Parks und Friedhöfen beobachten.

Wenn ein **Amselhahn** singt,
- zeigt er den anderen, dass hier sein Revier ist. Manchmal hört man auch einen Gesangswettstreit zwischen zwei Amselmännchen.
- zeigt er den Weibchen, dass er ein attraktives Männchen ist und ein Revier hat, in dem sie ihre Jungen aufziehen können.
- zeigt er allen, dass er „fit" ist. Denn wer lange singt, kann kein Futter suchen. Es ist auch nicht ungefährlich, sich so lautstark und offen darzustellen.
- präsentiert er seinen Jungen einen erfolgreichen Gesang. Sie lernen ihn (Gesangsprägung) und sind damit in den nächsten Jahren vielleicht ebenso erfolgreich.

Beobachte einzelne Amseln.

Hilfsmittel: Fernglas

Durchführung und Beobachtung:
Achte bei der Beobachtung besonders auf die Körperhaltung, die Stellung des Kopfes und die Bewegung der Beine. Benenne und notiere die Verhaltensweisen, die du beobachtest, sodass sie von anderen Mitschülern eindeutig wiedererkannt werden können, wenn sie eine Amsel beobachten.

Was macht der Vogel alleine?
- Auf dem Boden
- Im Gebüsch
- Auf dem Baum

Was macht er mit anderen Artgenossen?
- Männchen – Männchen
- Weibchen – Weibchen
- Männchen – Weibchen

Auswertung:
1. Stellt in der Klasse die notierten Verhaltensweisen zusammen.
2. Sortiert sie nach den Orten, an denen sie aufgetreten sind.
3. Ordnet die beschriebenen Verhaltensweisen bestimmten Funktionen zu (z. B. Nahrungsaufnahme oder Fortpflanzung).
4. Vermutet, welche Funktion die speziellen Verhaltensmuster haben und „weshalb" sich die Amseln so verhalten haben. Gibt es für dasselbe Verhalten verschiedene Erklärungen? Wie könnte man testen, welche wahrscheinlicher ist?

Beobachtungen von wirbellosen Tieren im Terrarium

Nicht nur Vögel singen, auch viele Insekten können Laute erzeugen. Grashüpfer „geigen" mit ihren langen Sprungbeinen an den Flügeln entlang, während Grillen ihre Flügel anheben und sie aneinanderreiben. Im Gegensatz zu Grashüpfern, bei denen beide Geschlechter singen, zirpen bei den Grillen nur die Männchen. Sie sitzen dabei lange Zeit an einem Ort und locken die Weibchen zu sich. Hat ein Weibchen das singende Männchen gefunden, wechselt dieses zum leiseren und zarteren Balzgesang. Kommt jedoch ein anderes Männchen, präsentieren beide ihren Aggressionsgesang. Erst wenn sie auf diese Art nicht herausfinden, wer der Stärkere ist, beginnen sie zu kämpfen.

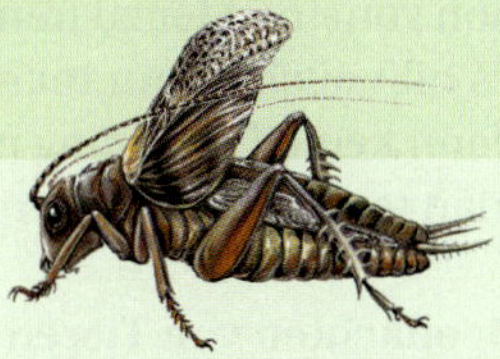

1. Beobachte die Lautäußerungen bei Grillen.

Tiere und Materialien:
Terrarium mit Eierkartons, Futter (z. B. trockenes Brot, Haferflocken, Salat, Früchte), Wasser, Grillen (z. B. aus einer Zoohandlung)

Durchführung und Beobachtung:
Beobachte in dem Terrarium erwachsene Grillenmännchen und Grillenweibchen. Bedenke, nur die Männchen können singen. Die Weibchen kannst du an ihrem Eilegestachel erkennen.
Betrachte sie vor allem in Situationen (allein, in Kontakt mit Männchen oder Weibchen), in denen Lautäußerungen abgegeben werden.

Auswertung:
Versuche, die unterschiedlichen Gesänge der Männchen (Lock-, Balz- und Aggressionsgesang) zu unterscheiden. Achte dabei auch auf die Flügelstellung.

2. Beobachte das Verhalten von Regenwürmern.

Beachte: Verhalten muss nicht unbedingt direkt beobachtet werden.
Man kann es auch aufgrund von hinterlassenen Spuren verfolgen.

Materialien:
Terrarium (*Tipp:* Spezielle Regenwurm-Beobachtungsterrarien kann man anfertigen.
Sie bestehen nur aus zwei Plexiglasscheiben, die durch Holzleisten getrennt und mit breitem Klebeband befestigt sind), Laub, Erde, Pappe oder schwarze Folie, Regenwürmer

Durchführung und Beobachtung:
In ein Terrarium mit Erde und Laub werden einige Regenwürmer eingesetzt.
Die Erde muss befeuchtet sein. Der Erdbereich wird rundherum mit Pappstreifen oder schwarzer Folie abgedunkelt, die lichtzugewandte Seite bleibt zur Hälfte offen. (Man sollte die Abdunklung der Erde leicht hochklappen können.) Schaue über mehrere Wochen immer wieder nach, ob die Regenwürmer in der Zwischenzeit direkt an den Scheiben Gänge gegraben haben.

Auswertung:
1. Vergleiche Anzahl und Form der Gänge an den Glasscheiben im abgedeckten und unabgedeckten Bereich. Welche Unterschiede stellst du fest?
2. Wie könnte man diese in Hinblick auf das Verhalten und die Lebensweise des Regenwurms erklären?

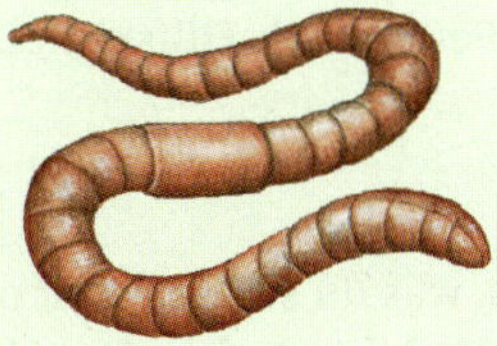

Das Verhalten von Tieren beobachten

Grundsätzlich ist es schwierig, herauszufinden, „was in einem anderen vorgeht“, umso mehr, wenn „der andere“ ein Tier ist. So spiegeln Beschreibungen von Tieren und ihrem Verhalten nicht selten ein menschliches Verständnis wider, das völlig unangemessen ist: der „stolze“ Adler, die „dumme“ Gans, der „treue“ Hund, der „schlaue“ Fuchs, die „falsche“ Katze, der „freche“ Spatz, das „arrogante“ Kamel. Diese Attribute entstehen durch direkte Übertragung menschlicher Gefühle und entsprechen nicht der biologischen Realität. Deshalb sollte man grundsätzlich versuchen, Beobachtung und deren Interpretation voneinander zu trennen (↗ Schritt 6).
Es hilft auch, wenn man Interpretationen als unbewiesene Frage oder Hypothese formuliert. Sie sind dann keine Festlegung mehr, sondern fördern weitere Beobachtungen und Untersuchungen. So kann man testen, ob die Interpretationen fehlerhaft oder richtig sind.

Beobachten von Tieren

Wenn du ein Tier beobachtest, bist du wie ein Messinstrument, das Tierverhalten aufzeichnet. Deshalb gibt es einige Regeln, nach denen du vorgehen solltest, denn ein Messgerät muss geeicht werden, um sichere Daten zu liefern. Diese sind sonst nicht vertrauenswürdig.

1. Schritt

Wichtig ist, alles gleich aufzuschreiben oder aufzuzeichnen, was dir auffällt. Unser Gehirn ist zwar ein guter Datenspeicher, bringt aber im Nachhinein auch manches durcheinander oder vergisst Kleinigkeiten.

2. Schritt

Nutze für deine Notizen ein festes Heft. Einzelblätter kommen leicht durcheinander oder gehen verloren.

3. Schritt

Verhalte dich ruhig, wenn du beobachtest, und störe das beobachtete Tier möglichst wenig. Nutze z. B. ein Fernglas als Hilfsmittel.

4. Schritt

Beschreibe das, was du siehst, hörst oder riechst, nur knapp, damit deine Aufmerksamkeit nicht zu stark vom beobachteten Tier abgelenkt ist.

5. Schritt

Bereite bei Bedarf vorher eine Liste mit Zeilen und Spalten vor, in die du dann deine Beobachtungen leicht eintragen kannst. Wenn du z. B. wissen willst, wie häufig bestimmte Verhaltensweisen auftreten, reicht ein Strich in der jeweiligen Spalte.

6. Schritt

Notiere, was du siehst, nicht was du denkst, dass das Tier macht (z. B. „pickt mit Schnabel nach Regenwurm“ statt „ist hungrig, will Regenwurm fressen“).

Mit etwas Geduld erfährst du so eine Menge über das beobachtete Tier; du kannst deine Notizen auswerten und anderen konkret darüber berichten; dann könnt ihr darüber diskutieren und Interpretationsmöglichkeiten finden.

Zeit	Verhaltensweise 1	Verhaltensweise 2
12.11 – 12.20	卌 I	II
12.21 – 12.30	III	卌
12.31 – 12.40	卌 III	I

2 Bau und Leistungen des menschlichen Körpers

2.1 Ernährung – Grundlage unserer Energieversorgung

Essen und Trinken – tägliche Last oder Freude?

„Essen und Trinken hält Leib und Seele zusammen" – dieser Ausspruch verdeutlicht, dass Essen nicht nur reine Nahrungsaufnahme ist. Essen und Trinken hat viel mit Gefühlen und Sich-Wohlfühlen zu tun.

Warum sind gemeinsame ruhige Mahlzeiten im Familien- oder Freundeskreis so wichtig?

Gibt es Regeln für eine gesunde Ernährung?

Welche Bedeutung haben diese Regeln?

Nahrung ist lebenswichtig

Stelle dir eine lange Kette von ungefähr 750 aneinandergereihten 100-Liter-Fässern vor. Wissenschaftler haben ausgerechnet, dass der Mensch im Laufe seines Lebens den Inhalt aller dieser Fässer in Form von Nahrung zu sich nimmt. Das wären ungefähr: 560 Fässer Wasser, 25 Fässer Fett, 140 Fässer Zucker und Stärke, 25 Fässer Eiweiß.

Was passiert mit dieser Riesenmenge an Nahrungsmitteln in unserem Körper?

Warum verhungern wir, wenn wir über einen längeren Zeitraum keine Nahrung mehr zu uns nehmen?

„Richtig essen", was heißt das?

„Richtig essen" heißt, möglichst viele der verschiedenen Nahrungsmittel abwechselnd auszuwählen und insgesamt nur so viel zu essen, dass man dem Körper nicht mehr Energie zuführt, als er verbraucht.

Warum sollte man täglich auf eine abwechslungsreiche Kost achten?

Was bedeutet der Ausspruch „Zu viel Fett macht fett!"?

Unsere Nahrung – was ist drin?

Sicher habt ihr auch schon Ratschläge gehört wie: „Trink mehr Milch, Kind, das ist gut für deine Knochen!“, „Iss nicht nur Pommes, du brauchst auch Vitamine!“, „Iss mehr Obst und Gemüse!“.
Obwohl das manchmal ganz schön nervt: Es stimmt. Unser Körper benötigt viele verschiedene Stoffe, um seine Lebensfunktionen aufrechtzuerhalten. Nicht alle Stoffe sind in allen Nahrungsmitteln gleichermaßen enthalten. Einige Nahrungsmittel enthalten Stoffe, die die Energie liefern, die wir z. B. zum Aufbau neuer Stoffe, zum Laufen u. Ä. benötigen. Andere wiederum enthalten Stoffe, die zur Festigkeit der Knochen beitragen.
Da unser Körper nicht in der Lage ist, solche wichtigen Stoffe selbst herzustellen, müssen wir sie u. a. mit Getreideprodukten, Fleisch, Fisch, Milchprodukten, Obst, Gemüse, Getränken und vielen anderen Nahrungsmitteln aufnehmen. So unterschiedlich diese Nahrungsmittel auch sind, wenn man sie genauer untersucht, findet man oftmals die gleichen **Bestandteile.** Sie lassen sich nach ihrem Aufbau und ihrer Funktion in Gruppen zusammenfassen (↗ Abb.).
Ein wichtiger Bestandteil unserer Nahrung sind die **Nährstoffe.** Zu ihnen gehören die Kohlenhydrate, Fette und Eiweiße (Proteine). Nahrungsmittel enthalten auch Vitamine, Mineralstoffe und Ballaststoffe. Sie werden als **Ergänzungsstoffe** zusammengefasst. Jeder dieser Bestandteile sowie auch **Wasser** ist wichtig für unseren Körper und deshalb müssen wir diese Stoffe regelmäßig mit unserer Nahrung aufnehmen.

Bestandteile unserer Nahrung sind Hauptnährstoffe, Ergänzungsstoffe und Wasser.

Aufgaben

1. Übernimm die Übersicht 1 in dein Heft. Notiere zu jedem Nahrungsmittelbestandteil ein Nahrungsmittel, das diesen besonders reichhaltig enthält.

2. Erarbeitet das Thema „Ernährung des Menschen“ mithilfe der Expertenmethode (↗ S. 160). Überlegt, ob die Teilthemen „Bestandteile der Nahrung“, „gesunde Ernährung“, „Verdauung“ und „Essstörungen“ geeignet sind.

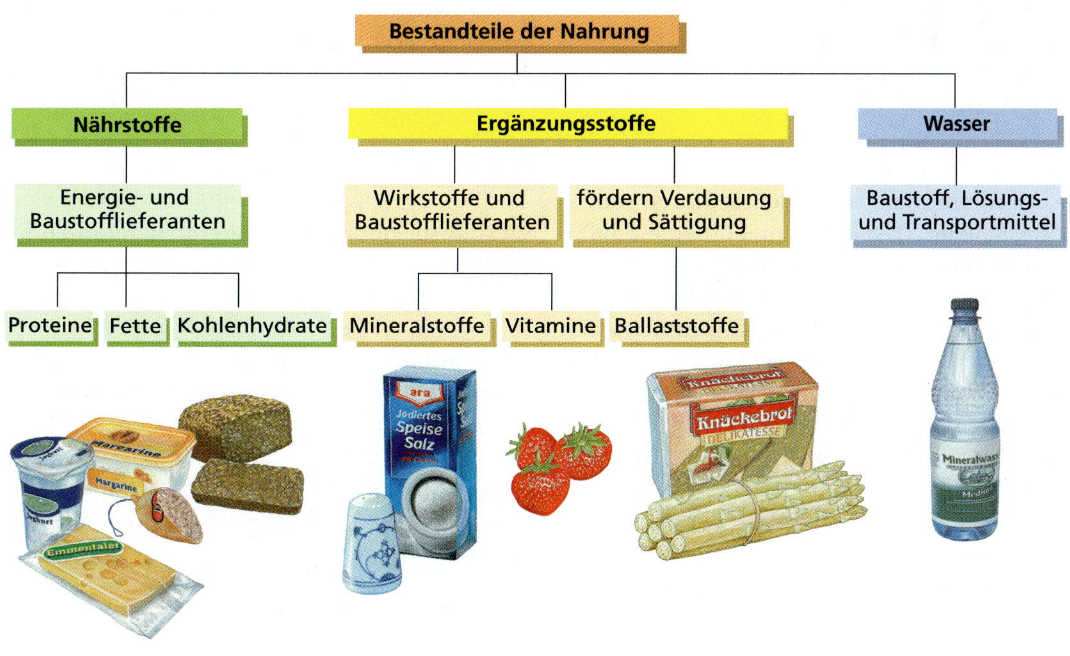

Hauptnährstoffe

Eiweiße

Eiweiße (Proteine) bestehen aus Aminosäuren, die durch Peptidbindungen zu Ketten verknüpft sind.

Sie werden hauptsächlich für den **Baustoffwechsel** benötigt. Beispielsweise sind sie ein wichtiger Baustoff für Knochen, Zähne, Muskeln, bilden Antikörper des Immunsystems und beschleunigen als Biokatalysatoren (Enzyme) biochemische Reaktionen.
Einige sogenannte essenzielle Aminosäuren können vom Körper nicht oder nur ungenügend aufgebaut (synthetisiert) werden. Ihre Zufuhr über die Nahrung ist daher lebensnotwendig.

Fette

Fette sind Gemische verschiedener Triglyceride. Triglyceride sind chemische Verbindungen aus Glycerol (Glycerin) und drei Fettsäuren.

Fette sind entweder **Energielieferanten** oder **Energiespeicher** (Depotfett im Körpergewebe). Sie dienen aber auch als **Isolation** gegen Kälte, Schutzpolster für die inneren Organe, Bestandteil von Zellmembranen und als **Lösungsmittel**, z. B. für fettlösliche Vitamine (↗ S. 111).
Ungefähr die Hälfte des mit der Nahrung aufgenommenen Fetts sind sogenannte sichtbare Fette (z. B. Öle, Streich- und Speisefett, Speck). Der andere Teil ist verborgenes Fett, das besonders in Fleisch, Wurst und Käse enthalten ist. Fette „verbergen“ sich auch in Chips, Schokolade und Nüssen.

1 Bei einer ausgewogenen Ernährung sind alle Hauptnährstoffe enthalten.

Kohlenhydrate

Kohlenhydrate bestehen aus verschiedenen Zuckern, von denen unterschiedlich viele zu Molekülen (Saccharide) verbunden sein können.

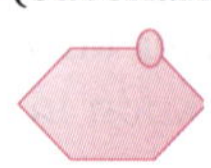

Einfachzucker, z. B. Glucose

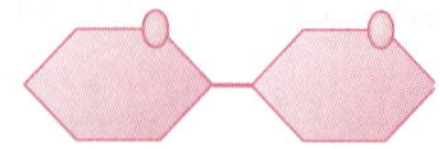

Zweifachzucker, z. B. Lactose

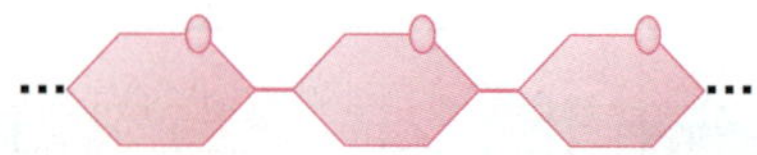

Mehrfachzucker, z. B. Stärke

Sie sind sowohl wichtige **Energielieferanten** für die tägliche körperliche und geistige Arbeit als auch wichtige **Bausteine**.

Proteine und Kohlenhydrate liefern je Gramm 17 kJ (4 kcal) und Fette etwa das Doppelte (37 kJ, enspricht 9 kcal) an Energie.

> Als Bestandteile der Nahrung sind die Hauptnährstoffe wichtige Baustoff- und Energielieferanten.

Ergänzungsstoffe

Vitamine

Vitamine müssen täglich mit der Nahrung aufgenommen werden, da unser Körper sie nicht selbst bilden kann. Sie wirken schon in kleinsten Mengen und regeln den Ablauf aller lebenswichtigen Prozesse im Körper.

Über 20 Vitamine sind heute bekannt. Sie werden mit Großbuchstaben bezeichnet: A, B, C, D, E, K. Einige Vitamine sind wasserlöslich, z. B. Vitamin B und C. Die Vitamine A, D, E und K dagegen sind fettlöslich. Für die Zubereitung der Nahrung ist das wichtig.
Jedes Vitamin erfüllt im Körper ganz bestimmte Aufgaben. Fehlen Vitamine, kann es zu Krankheiten oder Störungen im Ablauf von Körperfunktionen kommen.
Vitamine sind empfindlich gegen Umwelteinflüsse. Sie werden durch Licht und Wärme leicht zerstört. Das muss bei der Lagerung und Zubereitung von Nahrungsmitteln beachtet werden. Da eine lange Lagerung den Vitamingehalt von Nahrungsmitteln beeinträchtigt, müssen so oft wie möglich frisches Obst und Salate gegessen werden.

Mineralstoffe

Mineralstoffe müssen mit der Nahrung regelmäßig aufgenommen werden. Sie enthalten Elemente, die der Körper in unterschiedlichen Mengen benötigt.
Von den Elementen Calcium, Phosphor, Kalium, Natrium und Magnesium benötigen wir mehr als ein Gramm pro Tag. Sie werden deshalb **Mengenelemente** genannt. Calcium und Phosphor sind Hauptbestandteile der Knochen und Zähne. Kalium und Natrium regulieren den Wasserhaushalt des Körpers und Magnesium wird für die Tätigkeiten von Nerven und Muskeln benötigt.
Andere Elemente, wie Eisen, Iod und Fluor, werden nur in geringen Mengen benötigt. Man bezeichnet sie deshalb als **Spurenelemente.** Trotzdem sind sie lebensnotwendig.

Ballaststoffe

Ballaststoffe sind weder überflüssig noch wertlos, obwohl ihr Name so klingt. Sie sind die Bestandteile der Nahrung, die der menschliche Körper nicht verwerten kann und deshalb wieder ausscheidet, z. B. Holz- und Cellulosefasern. Sie sorgen für eine ausreichende Füllung des Darmes und fördern damit die Darmbewegungen und beugen der Darmträgheit vor.

> Ergänzungsstoffe und Wasser sind wichtige Bestandteile unserer Nahrung. Zu den Ergänzungsstoffen gehören Vitamine, Mineralstoffe und Ballaststoffe.

Wasser

Wasser ist lebensnotwendig. Über die Hälfte der Körpermasse des Menschen besteht aus Wasser. Fast alle biochemischen Reaktionen des Körpers finden in wässriger Lösung statt. Für einige von ihnen ist Wasser ein Ausgangsstoff. Außerdem dient Wasser als Löse- und Transportmittel.
Bei normaler Belastung und Zimmertemperatur beträgt unser Wasserbedarf ca. 2,5 Liter. Die Wasserabgabe erfolgt hauptsächlich über die Nieren, z. T. über die Haut und mit der Ausatemluft.

1 Tägliche Zufuhr und Ausscheidung von Wasser

Gesunde Ernährung

Für den Menschen ist Essen nicht nur eine biologische Notwendigkeit. Jeder hat sicher schon mal erlebt, dass Angst vor einer Arbeit oder eine schlechte Note ganz schön „auf den Magen schlagen“ oder auch zum „Frustessen“ verleiten können. Andererseits sagt man: „Liebe geht durch den Magen.“ Mit Freunden gemeinsam ein Essen zuzubereiten macht Spaß und es schmeckt auch besser, als wenn man ganz allein isst.

1. *Organisiert nach den Grundregeln für eine gesunde Ernährung eine gemeinsame kalte Zwischenmahlzeit im Klassenzimmer.*

Grundregeln für eine gesunde Ernährung (Beispiele)

1. Stelle deinen Speiseplan vielfältig zusammen und achte dabei auf eine abwechslungsreiche und vollwertige Kost!
2. Verzehre Nahrungsmittel mit einem geringen Fettanteil bzw. Nahrungsmittel, die pflanzliche Fette enthalten.
3. Bevorzuge Kräuter und Gewürze, vermeide zu viel Salz!
4. Iss reichlich Vollkornprodukte, Gemüse, Kartoffeln und Obst, denn sie liefern Nährstoffe, Vitamine, Mineral- und Ballaststoffe!
5. Vermeide zu viel Zucker und Süßigkeiten, denn zu viel Zucker wird vom Körper in Fett umgewandelt und gespeichert!
6. Achte auf eine schonende Zubereitung der Nahrung, damit Nährstoffe, Vitamine und Mineralstoffe nicht durch zu langes Kochen, Wiederaufwärmen und durch die Verwendung von zu viel Wasser beim Garen zerstört oder herausgelöst werden!
7. Iss anstelle der üblichen drei Hauptmahlzeiten lieber fünf kleinere Mahlzeiten!
8. Nimm dir Zeit für deine Mahlzeiten, iss in Ruhe und ohne Hektik!
9. Trinke ausreichend. Vermeide zuckerhaltige Getränke!

Fast Food – esse ich korrekt?

Wörtlich übersetzt bedeutet „Fast Food“ „schnelles Essen“. Neben den bekannten Hamburgern, Pommes, Dönern und Bratwürsten gibt es auch belegte Brötchen, Suppen, diverse Salate. Fast Food sind also alle Speisen, die sich für ein Essen auf die Schnelle eignen. Damit ist auch ein Apfel, ein Pausenbrot oder ein Glas Buttermilch gemeint. Fast Food ist nicht generell ungesund oder gesund. Hier entscheidet die Zusammensetzung, ob eine Fast-Food-Mahlzeit ausgewogen ist.

Auf dem Mittagstisch stehen ein Hamburger und eine Cola.

1. *Ordnet die Zutaten des Hamburgers und der Cola jeweils einer Lebensmittelgruppe des Nahrungsmittelkreises (↗ Abb. unten) zu.*

2. *Bewertet das Fast-Food-Essen. Welche Lebensmittelgruppen sind nicht oder nur in geringem Maße in dem Mittagessen vertreten? Ist es „gesund“? Begründet eure Einschätzung.*

3. *Überlegt, durch welche Nahrungsmittel das Mittagessen zu einem vollwertigem Fast Food aufgepeppt werden kann.*

4. *Organisiert ein vollwertiges Fast-Food-Frühstück. Macht auch ein Foto davon.*

1 Getreide, Getreideprodukte
2 Gemüse, Kartoffeln, Hülsenfrüchte
3 Obst
4 Milch, Milchprodukte
5 Fleisch, Fisch, Eier
6 Zucker & Co.
7 Getränke

Essstörungen

Besonders Jugendliche betrachten ihren Körper und ihr Gewicht sehr kritisch (↗ Abb. unten) und messen ihr Aussehen am gängigen Schönheitsideal.

1. *Analysiere unterschiedliche Schönheitsideale (bezogen auf die Figur) in Europa anhand von Gemälden aus unterschiedlichen Zeiten. Diskutiert das heutige Schönheitsideal.*

Angeregt durch Tipps in verschiedenen Medien hat heutzutage fast jeder Jugendliche in Deutschland schon mindestens eine Diät versucht. Die Liste der unterschiedlichen Möglichkeiten ist lang.

2. *Recherchiere drei unterschiedliche Diäten zur Gewichtsreduktion. Setze dich mit diesen Diäten auseinander. Führen sie zu einer langfristigen Gewichtsreduktion? Ist die jeweilige Diät empfehlenswert oder gibt es Bedenken aus medizinischer Sicht?*

Von der Diät bis zur Essstörung ist es manchmal nicht weit. Essstörungen sind längerfristige Verhaltensauffälligkeiten im Zusammenhang mit der Nahrungsaufnahme. Sie beeinflussen und belasten den Betroffenen in seinem normalen Tagesablauf stark. Die bekanntesten Essstörungen sind Magersucht *(Anorexia nervosa)*, Ess-Brech-Sucht *(Bulimia nervosa)* und Esssucht *(Binge Eating)*.

3. *Bildet drei Gruppen. Informiert euch jeweils über eine der drei genannten Essstörungen. Sammelt Material aus dem Internet zu Ursachen, Symptomen und körperlichen Folgen. Bereitet einen Vortrag vor.*

4. *Im Zusammenhang mit Essstörungen wird häufig von „Sucht" gesprochen. Handelt es sich wirklich um Süchte? Diskutiert diese Frage.*

Essstörungen sind schwerwiegende, psychisch bedingte **Erkrankungen**, die im Allgemeinen mit einer gestörten Wahrnehmung des eigenen Körpers einhergehen. So sehen Betroffene ihren Körper beispielsweise als zu dick an, obwohl dies gar nicht der Realität entspricht (Körperschemastörung). Auch Hunger- und Sättigungsgefühl werden nicht mehr richtig wahrgenommen. Oft empfinden die Erkrankten sich selbst als unzulänglich, sind mit ihrem Aussehen und mit ihren Leistungen unzufrieden.
Bei allen langfristig bestehenden Essstörungen sind lebensgefährliche körperliche Schäden möglich. Daher benötigen die Erkrankten **unbedingt ärztliche und psychotherapeutische Hilfe.** Selbsthilfegruppen können Unterstützung geben.

5. *Hast du eine gute Vorstellung von deinem Körper? Stimmt dein Körperschema? Wie gut kannst du dich einschätzen? Teste es, indem du deine Taillenweite abschätzt. Lege dazu einen entsprechend langen Wollfaden (ohne auszumessen) so hin, dass er deiner Meinung nach deinem Taillenumfang entspricht. Miss die Taille nun mit einem Bandmaß nach und vergleiche die Bindfadenlänge mit dem real gemessenen Taillenumfang. Was stellst du fest?*

Wann ist das eigene Verhalten noch „normal" und wann ist man gefährdet, eine Essstörung auszubilden? Die Grenzen sind fließend. Wenn der Gedanke an Essen jedoch alles andere verdrängt, den Tagesablauf bestimmt, Freunde keine Rolle mehr spielen und jemand sich mehr und mehr in sich zurückzieht, kann dies auf eine Gefährdung deuten. Spätestens dann sollte man Hilfe suchen.

Gegessen – und dann?

Am vollständigen Abbau der Hauptnährstoffe sind die verschiedenen **Verdauungsorgane** beteiligt (↗ Abb.). Die menschliche Verdauung beginnt in der Mundhöhle. Über die Speiseröhre gelangt der Nahrungsbrei in den Magen, wo er durchmischt und weiter in den Zwölffingerdarm, dem ersten Abschnitt des Dünndarms, transportiert wird. Im Dünndarm wird die Verdauung abgeschlossen. Den unverdaulichen Resten wird im **Dickdarm** das Wasser entzogen, sie werden im **Mastdarm** gesammelt und mit dem Schließmuskel (**After**) reguliert als Kot abgegeben.
Die wichtigsten Verdauungsenzyme enthalten der Mundspeichel, gebildet in den **Speicheldrüsen** (a), der Bauchspeichel, gebildet in der **Bauchspeicheldrüse** (b) und der Magen-und Darmsaft (Dünndarmsaft). Der Gallensaft entsteht in der **Leber** (c) und wird in der **Gallenblase** (d) gespeichert.
Der erste Schritt bei der **Verdauung von Kohlenhydraten** erfolgt bereits in der Mundhöhle. Stärke wird durch Speichelenzyme, z. B. die Amylase Ptyalin, in Zweifachzucker, z. B. Maltose, gespalten.
Die weitere Verdauung erfolgt dann im Dünndarm durch die Enzyme des Bauchspeichels, z. B. Amylasen, und des Darmsaftes, z. B. die Disaccharase Maltase. Im Dünndarm werden die Kohlenhydrate bis in ihre Grundbausteine, die Einfachzucker, z. B. Glucose, abgebaut (↗ S. 115, Abb. a).
Die **Eiweißverdauung** beginnt im Magen durch Salzsäure und die Enzyme des Magensaftes (z. B. die Peptidase Pepsin). Salzsäure wirkt keimtötend und aktiviert das eiweißabbauende Enzym Pepsin.
Durch Enzyme des Bauchspeichels (z. B. die Peptidase Trypsin) wird der Abbau der Eiweiße von kleineren Eiweißbruchstücken im Dünndarm fortgesetzt. Die Eiweißbruchstücke werden in ihre Grundbausteine, die verschiedenen Aminosäuren, gespalten. Die Verdauung erfolgt auch mithilfe der Enzyme des Darmsaftes (Peptidasen) (↗ S. 115, Abb. b).
Die **Fettverdauung** setzt bereits im Magen durch Enzyme des Magensaftes (Lipasen) ein, erfolgt aber dann vorrangig im Dünndarm.
Durch den Gallensaft werden die Fette zunächst in kleinere Tröpfchen umgewandelt. Die Fetttröpfchen werden anschließend durch Lipasen des Bauchspeichels und Darmsaftes in ihre Grundbausteine Glycerol und verschiedene Fettsäuren abgebaut (↗ S. 115, Abb. c).

Überprüfe die Löslichkeit von Stärke und Traubenzucker in Wasser.

Materialien:
2 Reagenzgläser, Stopfen, Wasserflasche, Spatel, Stärke, Traubenzucker

Durchführung:
Gib eine Spatelspitze Stärke und eine Spatelspitze Traubenzucker in je ein Reagenzglas. Gib 5 ml Wasser hinzu und schüttle kräftig.

Beobachtung und Auswertung:
1. Vergleiche die Löslichkeit von Stärke und Traubenzucker in Wasser.
2. Erkläre, warum Stärke nicht im Blut transportiert werden kann.

Aufgabe

Benenne die Verdauungsorgane (1 – 10) in dieser Abbildung.

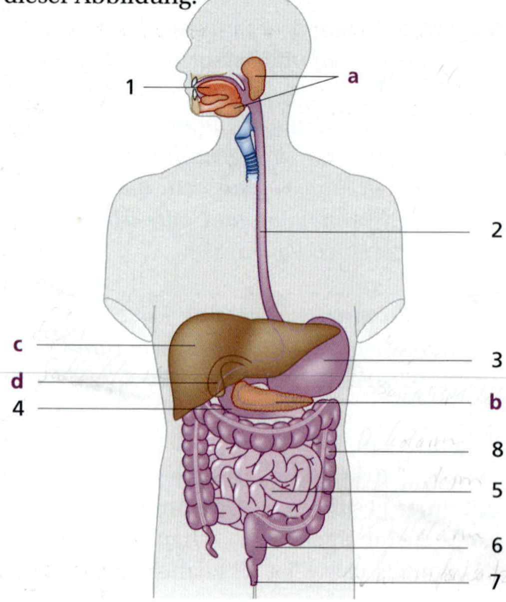

Enzyme wirken nach dem Schlüssel-Schloss-Prinzip

Die meisten biochemischen Reaktionen laufen unter Normalbedingungen sehr langsam ab. Daher benötigen Stoffwechselreaktionen „Reaktionsbeschleuniger". Das sind **Enzyme** ①. Sie wirken als Biokatalysatoren: beschleunigen die Reaktionen und liegen nach Abschluss der Reaktion wieder unverändert vor. Jede Reaktion hat ihr spezielles Enzym, das zu einem bestimmten Stoff **(Substrat** ②**)** passt wie ein Schlüssel zum Schloss (Schlüssel-Schloss-Prinzip). Das Enzym bildet während der Reaktion mit dem Substrat einen **Enzym-Substrat-Komplex** ③. Nach der Stoffumwandlung zerfällt der Komplex in die **Reaktionsprodukte** ④ und das **Enzym.** Das Enzym kann sich erneut mit dem Substrat verbinden.

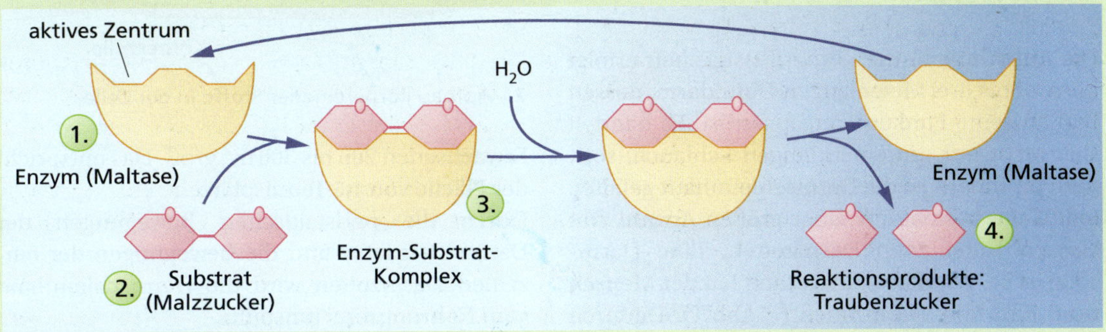

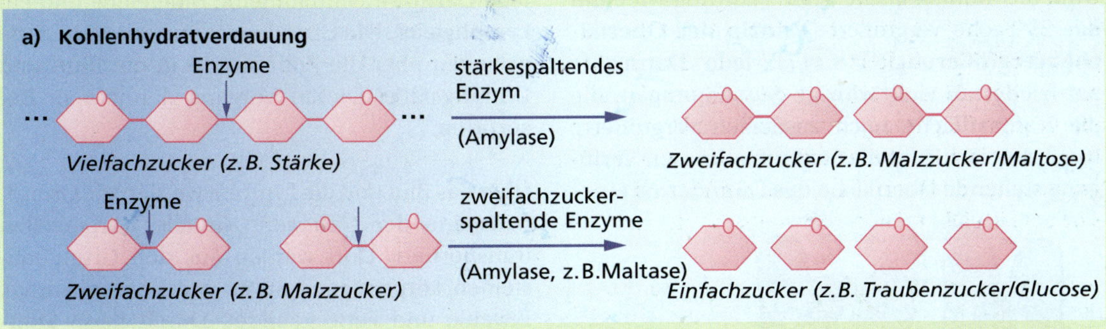

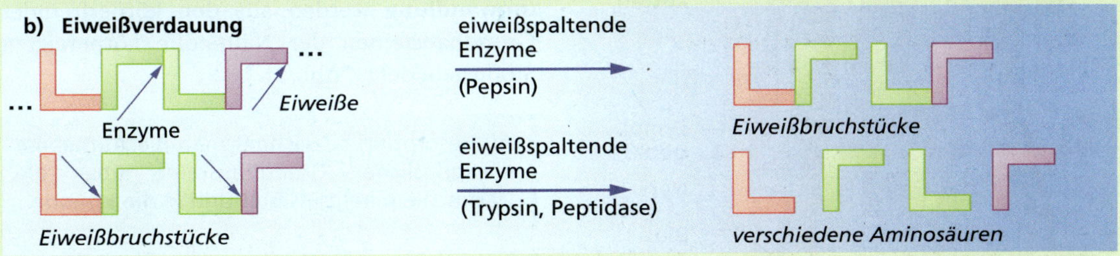

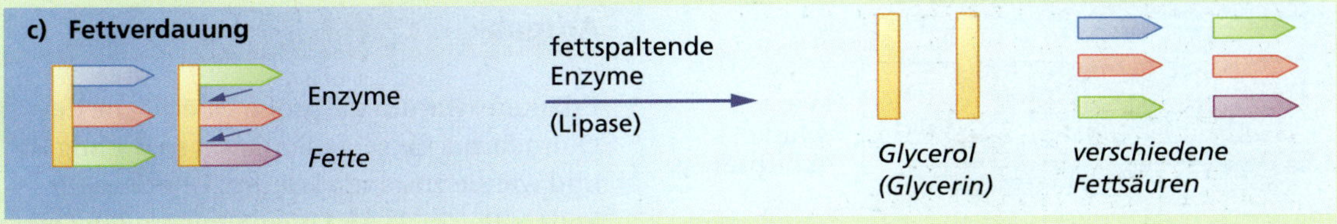

Erläutere das Schlüssel-Schloss-Prinzip am selbst gewählten Modell.

Resorption

Nach der Verdauung liegen die Grundbausteine der Nährstoffe in wasserlöslicher Form im Dünndarm vor. Sie müssen jetzt noch in alle Teile des Körpers transportiert werden.
Dafür sind das Blut und die Lymphe, eine weitere Körperflüssigkeit, zuständig. Also müssen die Nährstoffbausteine vom Darm in das Blut und die Lymphe gelangen.

Die Aufnahme in die Körperflüssigkeiten erfolgt im zwei bis drei Meter langen Dünndarm, dessen Bau an seine Funktion angepasst ist. Es handelt sich nicht nur um einen langen Schlauch, sondern im Innern ist die Darmschleimhaut gefaltet. Jede Falte besteht aus einer großen Anzahl von kleinen Falten, den **Darmzotten.** Eine Darmzotte ist ca. 1 mm lang. Insgesamt hat der Mensch rund fünf Mio. Darmzotten (↗Abb. 1). Dadurch wird die Kontaktfläche zum Nahrungsbrei um das 25-Fache vergrößert (**Prinzip der Oberflächenvergrößerung,** ↗S. 117). Jede Darmzotte hat wiederum viele winzige Ausstülpungen, die die Kontaktfläche noch zusätzlich vergrößern. Insgesamt ist die für die Stoffaufnahme zur Verfügung stehende Oberfläche des Dünndarms eines

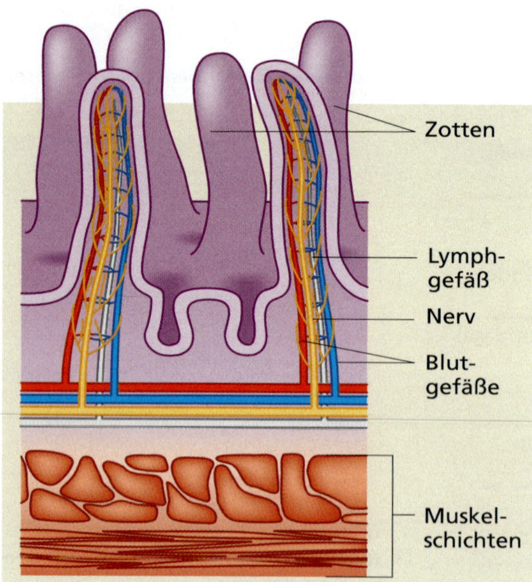

1 Bau der Dünndarmzotte

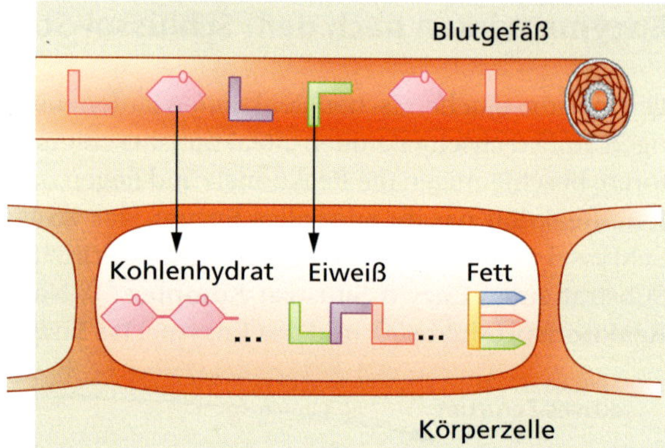

2 Aufbau körpereigener Stoffe in der Zelle

Erwachsenen 200 bis 300 m^2 groß. Das entspricht der Fläche von 1,5 Tennisplätzen.
Durch die peristaltischen Bewegungen der Darmmuskulatur und die Bewegungen der einzelnen Darmzotten wird die Darmschleimhaut vom Nahrungsbrei umspült.
Jede Darmzotte enthält feine Blutgefäße und ein Lymphgefäß. Die Grundbausteine der Nährstoffe gelangen über die Zottenwand in die Blut- und Lymphgefäße. Diesen Vorgang nennt man **Resorption.**

Über das Blut und die Lymphe werden die Grundbausteine der Nährstoffe in alle Körperzellen transportiert. Dort werden aus den Grundbausteinen körpereigene Stoffe wie Kohlenhydrate, Eiweiße und Fette gebildet. Durch diese **Stoffumwandlung** werden aus den körperfremden Grundbausteinen der Nährstoffe körpereigene Stoffe gebildet (↗Abb. 2).

Als Resorption bezeichnet man die Aufnahme wasserlöslicher Grundbausteine über die Darmschleimhaut ins Blut und in die Lymphe.

Aufgabe

Erläutere, warum die große Oberfläche des Dünndarms für seine Funktion so wichtig ist und wie sie zustande kommt. Überlege dir andere Beispiele für Organe mit großen Oberflächen und erkläre dies mit ihrer Funktion.

Oberflächenvergrößerung

Bei Stoff- und Energieumwandlungen sowie Transportprozessen spielen große Oberflächen eine wichtige Rolle.

Oberflächenvergrößerung im Dünndarm

	Bau	Relative Zunahme der Oberfläche (Zylinder = 1)	Gesamtoberfläche (m^2)
Darm als Zylinder	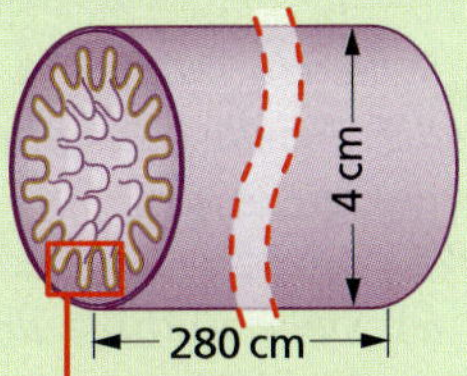	1	0,33
Falten	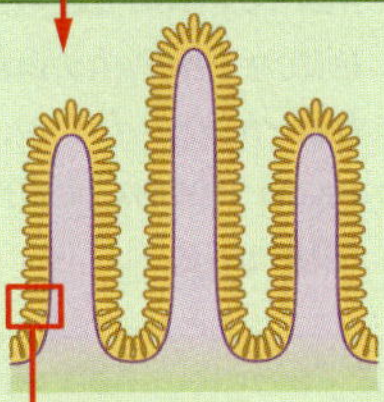	3	1
Zotten (Villi)	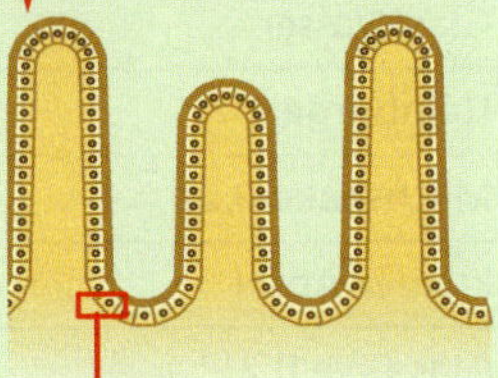	30	10
Microvilli	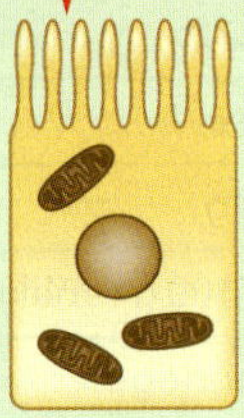	600	200

Demonstriere anhand eines Würfelmodells den Zusammenhang zwischen Struktur und Oberfläche. Verwende 16 kleine, gleich große Würfel und kombiniere diese zu verschiedenen Figuren (1. quadratischer Block, 2. lang gestreckter Körper und 3. zerklüfteter Körper). Ermittle die Oberfläche der einzelnen Figuren durch Auszählen. Ordne sie nach der Größe der Oberfläche. Interpretiere dein Ergebnis und wende es auf biologische Systeme an.

Bewegung braucht Energie

Nährstoffe, die wir mit unserer Nahrung aufnehmen, enthalten Energie.

Energie in Nahrungsmitteln

Verbrenne Traubenzucker in Anwesenheit von Asche.

Vorbereitung:
Notiere notwendige Geräte und Chemikalien.

Durchführung:
Vermische 5 g Traubenzucker mit etwas Zigarettenasche und entzünde die Mischung in einem feuerfesten Gefäß mit der Brennerflamme.

Beobachtung und Auswertung:
Beschreibe deine Beobachtung. Was passiert beim Verbrennen mit der chemischen Energie des Traubenzuckers?

Energiegehalt und Energiebedarf

Mit der Nahrung nehmen wir auch Energie auf. Unser Energiebedarf hängt vom Körpergewicht, vom Alter und besonders von körperlicher Aktivität und der Art der Betätigung ab. So wird beispielsweise für sportliche Aktivitäten in der Schule und in der Freizeit viel Energie benötigt.

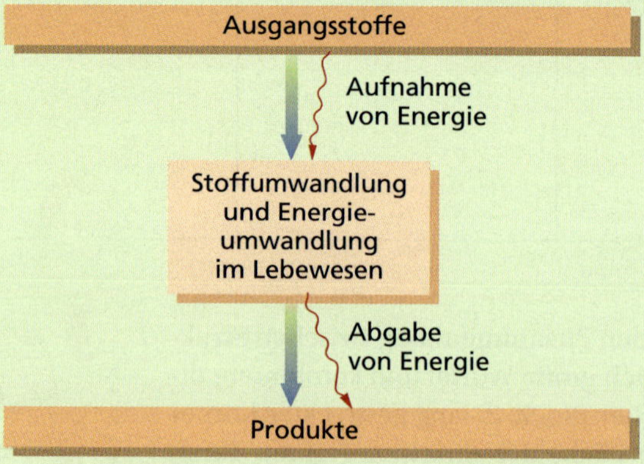

1 Lebensprozesse sind durch Stoff- und Energieumwandlungen gekennzeichnet.

Tabelle 1: Durchschnittlicher Energieumsatz in kJ pro Stunde

Schlafen	300
Spazierengehen	400
Radfahren	800
Hausarbeit	900
Tanzen	1400
Tennisspielen	1500
Fußballspielen	1600
Schwimmen	2000

1. *Stelle ein mögliches Tagesprogramm mithilfe der Tabelle 1 zusammen und ermittle deinen Energiebedarf.*

2. *a) Stelle mithilfe der Tabelle 2 verschiedene Mahlzeiten zusammen, um deinen ermittelten Energiebedarf zu decken.*
b) Beurteile die verschiedenen Mahlzeiten nach ihrem Beitrag zu einer gesunden Ernährung.

Tabelle 2: Energiegehalt einiger Nahrungsmittel in kJ

1 Glas Wasser	0
1 Hamburger	1200
1 Milchshake 0,2 l	1100
1 kleiner Apfel	280
1 Glas Cola 0,2 l	360
1 Scheibe Wurst	200
1 Scheibe Käse	400
Brötchen 100 g	1200
Scheibe Brot 100 g (Vollkorn)	950
1 Schokoladenriegel	2000
1 Löffel Nudeln	100
1 Ei	360
Pommes 100 g	1500
1/2 Hähnchen	1700
Erdnüsse 100 g	2650
1 Stück Sahnetorte	1800

Mosaik

Beurteilung der Körpermasse

Aus der Menge der mit der Nahrung aufgenommenen Energie und dem jeweiligen Energiebedarf ergibt sich die Körpermasse jedes Einzelnen. Die Frage nach dem „richtigen Gewicht" ist allerdings schwer zu beantworten. Es ist individuell unterschiedlich, denn die Nahrungsaufnahme reguliert sich bei gesunden Menschen über Appetit, Hunger und Sättigung so, dass die Menschen ein ihrer körperlichen Verfassung angemessenes „Gewicht" erreichen und dass die vom Körper benötigten Nährstoffe in angemessener Menge aufgenommen werden.

Zur Beurteilung der Körpermasse werden Richtwerte herangezogen. Der BMI (Body-Mass-Index) ist ein Richtwert zur Beurteilung der Körpermasse. Er errechnet sich nach der Formel

$$\text{BMI} = \frac{\text{Körpermasse (in kg)}}{(\text{Körpergröße in m})^2}$$

Die BMI-Werte werden aus medizinischer Sicht beurteilt (siehe Tabelle unten). Die Werte zwischen 19 und 25 liegen im normalen Bereich. Sowohl Untergewicht als auch Übergewicht können negative Auswirkungen auf die Gesundheit und das Wohlbefinden haben.

Körpermasseindex (BMI)

	Frauen	Männer
Untergewicht	unter 19	unter 20
Normalgewicht	19–24	20–25
Übergewicht	25–30	26–30
Fettsucht	über 30	über 30

In Abhängigkeit vom Alter gelten etwas abweichende Werte.

Für Kinder und Jugendliche unter 14 Jahren hat der BMI noch keine Gültigkeit. Als Maßstab gilt hier eine Grafik, die Körpermassebereiche nach Körpergrößen angibt (↗Abb. 1).

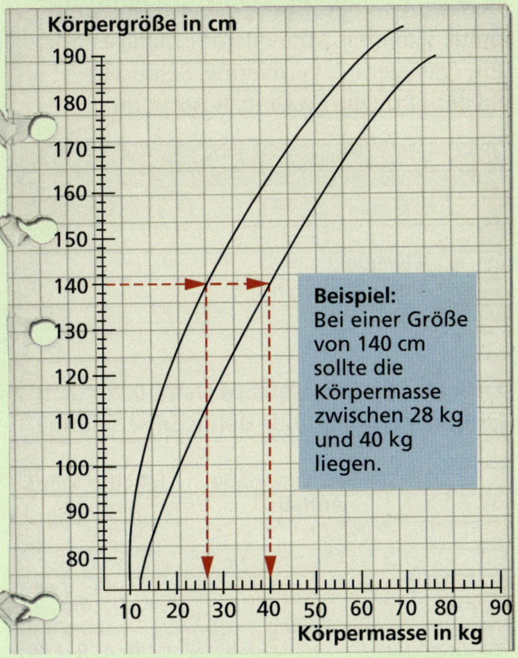

1 Für Kinder und Jugendliche unter 14 Jahren kann man die Körpermasse nach dieser Grafik berechnen.

Aufgabe

Interpretiere das abgebildete Kreisdiagramm zur Gewichtsverteilung bei 1- bis 18-Jährigen von 2006 in Deutschland.

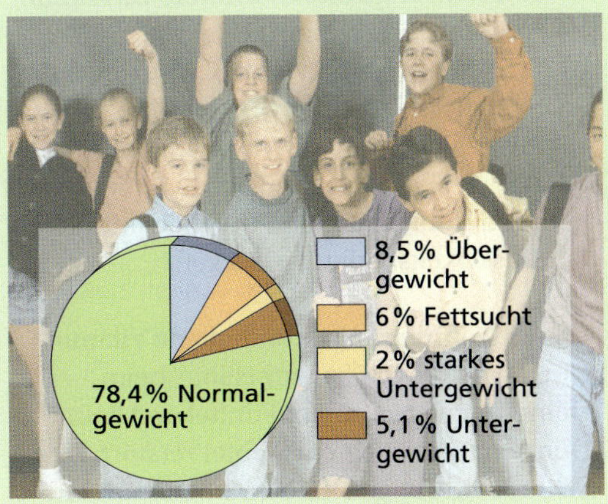

Gewusst · Gekonnt

1. Nimm in dein Glossar auf: Hauptnährstoffe, Ergänzungsstoffe, Eiweiße, Fette, Kohlenhydrate, Vitamine, Mineralstoffe, Ballaststoffe, Energielieferant, Verdauung, Schlüssel-Schloss-Prinzip, Enzyme, Resorption.

Glossar

Eiweiße:
Energielieferant:

2. Entscheide selbst, welches Getränk für dich gesünder ist. Begründe deine Entscheidung.

3. Der Mensch sollte täglich etwa 2,5 Liter Wasser mit der Nahrung und als Flüssigkeit aufnehmen.

a) Informiere dich über den Wassergehalt von Nahrungsmitteln mithilfe von Ernährungstabellen oder im Internet.

b) Errechne an ausgewählten Nahrungsmitteln, die du an einem Tag zu dir nimmst, die aufgenommene Wassermenge.

c) Wie viel Flüssigkeit musst du außerdem noch trinken, um den durchschnittlichen Flüssigkeitsbedarf zu decken?

4. Das im Nahrungsmittel enthaltene Vitamin C wird beim Kochen fast zur Hälfte, beim Dämpfen zu etwa einem Fünftel und beim Dünsten zu etwa einem Siebtel zerstört. Ziehe Schlussfolgerungen für die Zubereitungsart von Vitamin-C-haltigen Nahrungsmitteln.

5. Christine hat als Schulfrühstück eine Roggenbrotschnitte mit Butter und Käse sowie einen Apfel mit in die Schule bekommen. Sie kauft sich aber lieber ein großes Stück Torte und isst nach der Schule ein Eis. Wie beurteilst du Christines Verhalten? Begründe deine Meinung.

6. Begründe die Regel:
„Gut gekaut ist halb verdaut."
Nenne weitere Ernährungsregeln. Informiere dich dazu im Internet.

7. Sportliche Leistungen verlangen einen hohen Energiebedarf, z. B.:

Gymnastik:	12,2 kJ/(h · kg)
Laufen (9 km/h):	35,5 kJ/(h · kg)
Wandern: (4,5 km/h):	19,2 kJ/(h · kg)
Handball:	80,1 kJ/(h · kg)
Radfahren (43 km/h):	65,7 kJ/(h · kg)

a) Birgit (50 kg) und Klaus (70 kg) wandern an einem sonnigen Wochenende fünf Stunden durch die heimatliche Landschaft. Wie viel Energie benötigen Birgit und Klaus für die Wanderung?

b) Max (60 kg) spielt zwei Stunden Handball. Petra (55 kg) erwärmt sich durch 15 Minuten Gymnastik und läuft anschließend eine Stunde.
Wer verbraucht mehr Energie?

8. a) Begründe die Notwendigkeit der chemischen Umwandlung der Grundnährstoffe in den Verdauungsorganen.

b) Stelle die Verdauungsvorgänge in Mundhöhle, Magen und Dünndarm mithilfe von Symbolen dar. Nutze dazu die Symbole auf der Seite 115.

9. Bei einigen Menschen produziert die Leber nicht genügend Gallensaft. Welcher Nährstoff sollte dann nur in geringen Mengen mit der Nahrung aufgenommen werden? Begründe.

10. Betrachte mithilfe des Mikroskops einen Schnitt durch den Dünndarm mit Dünndarmzotten (Dauerpräparat). Beschreibe.

Bestandteile der Nahrung

Mit unserer Nahrung nehmen wir **Nährstoffe** und **Ergänzungsstoffe** auf. Sie erfüllen im Körper bestimmte Aufgaben. Eine „gesunde" Ernährung erreicht man durch ein ausgewogenes Verhältnis der Nährstoffe (ca. 50 % Kohlenhydrate, ca. 30 % Fett, ca. 20 % Protein) und Ergänzungsstoffe in der Nahrung.

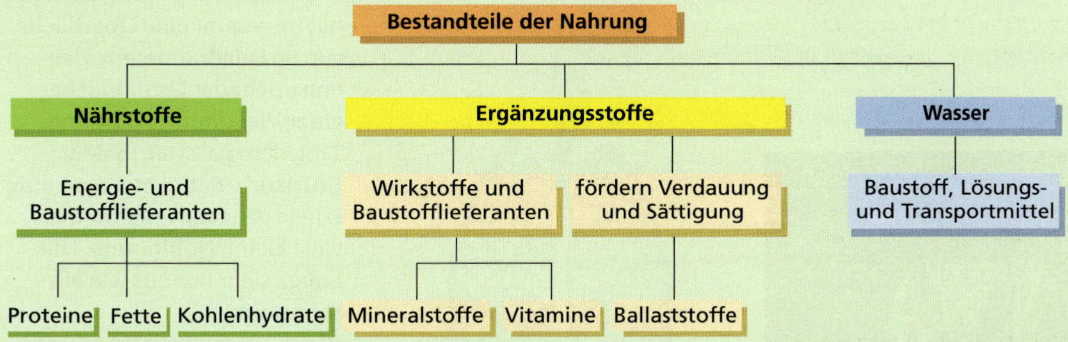

Verdauung

Verdauungsorgane sind Mundhöhle, Speiseröhre, Magen und Darm.
Verdauungsdrüsen sind Mund- und Bauchspeicheldrüsen, Leber mit Gallenblase.

Verdauung ist die chemische Zerlegung der Grundnährstoffe (Kohlenhydrate, Fette, Eiweiße) mithilfe von Enzymen in ihre wasserlöslichen Bestandteile:

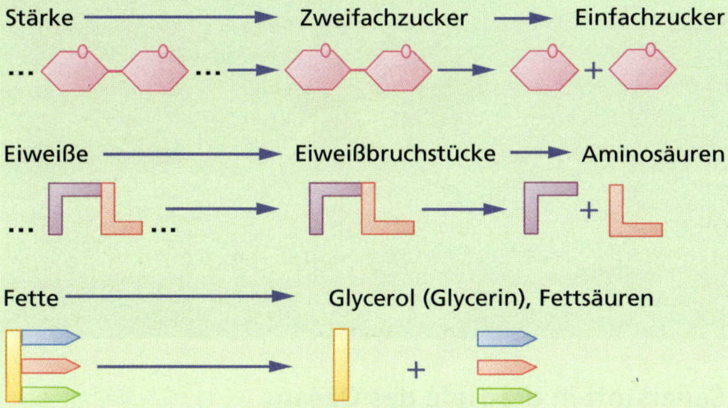

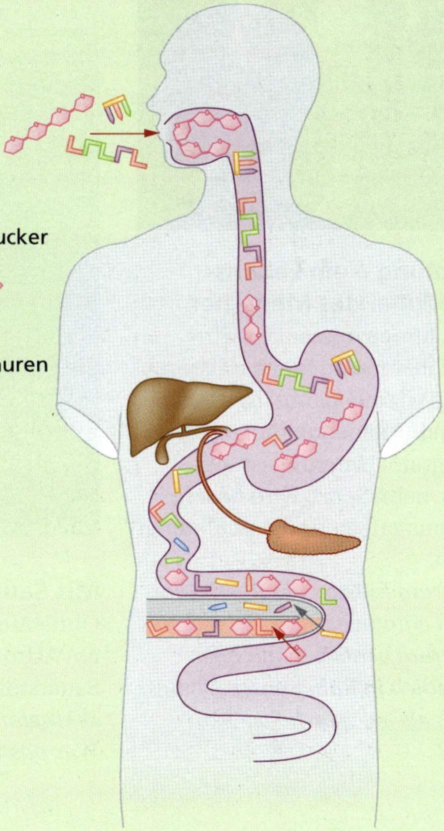

Die **Grundbausteine der Nährstoffe** werden vom Blut (Traubenzucker, Aminosäuren) bzw. der Lymphe (Glycerol, Fettsäuren) aufgenommen (Resorption) und zu allen Zellen des Körpers transportiert. In den Zellen werden aus ihnen körpereigene organische Stoffe (Kohlenhydrate, Fette, Eiweiße) aufgebaut.

2.2 Atmung – ohne Luft kein Leben

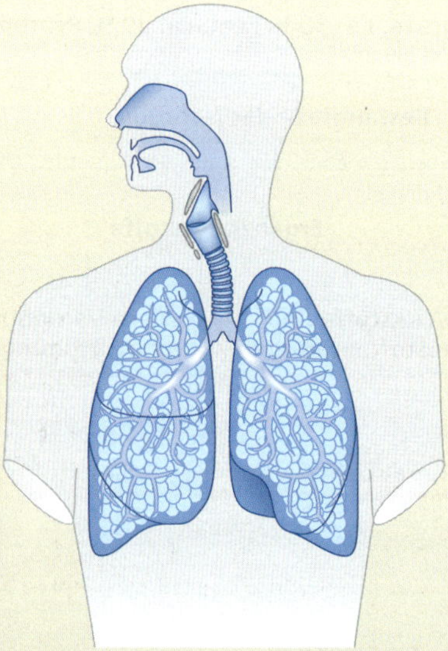

Die Lunge – ein „schwammiges" Organ

Die Lunge eines Erwachsenen hat insgesamt eine Oberfläche von 90 Quadratmetern, das entspricht der Grundfläche einer Vierzimmerwohnung. Trotzdem passt sie in den Brustkorb. Betrachtet man eine Lunge genauer, erkennt man viele kleine Hohlräume. Die Lunge sieht fast aus wie ein Schwamm.

Welche Aufgabe hat die Lunge bei der Atmung?
Wie ist eine Lunge aufgebaut?
Wozu ist die riesige Oberfläche gut?

Atmung – ein Lebensmerkmal des Menschen

Wir atmen, ohne dass wir darüber nachdenken müssen. Sind wir entspannt, ist unsere Atmung gleichmäßig und langsam. Unter Belastung, z. B. beim Sport, wird unsere Atmung tiefer und beschleunigt sich.

Warum müssen wir überhaupt Luft einatmen?
Warum benötigen wir offensichtlich in Ruhephasen weniger Luft als bei sportlicher Aktivität?

Mit Sauerstoff in die Tiefe des Ozeans

Ohne Ausrüstung würde ein Taucher im Wasser des Ozeans oder ein Astronaut auf dem Mond nicht überleben. Denn sie benötigen Sauerstoff zum Atmen.

Wie gelangt der Sauerstoff aus der Luft in unseren Körper?
Was passiert mit dem Sauerstoff in unserem Körper?

Das Atmungssystem

Bau und Funktion der Atmungsorgane

Ein Mensch kann nur kurze Zeit die Luft anhalten, dann muss er tief einatmen. Wenn er das nicht kann, wird er bewusstlos. Die **Atmung** ist für den Menschen ein lebensnotwendiger Vorgang.
Die **Atmungsorgane** (↗ Abb. 1) sorgen dafür, dass die Einatemluft (ca. 21 % Sauerstoff; 0,03 % Kohlenstoffdioxid) in den Körper und die Ausatemluft (17 % Sauerstoff; 4,03 % Kohlenstoffdioxid) aus dem Körper gelangen. Diese äußere Atmung ist die Voraussetzung für die Zellatmung (innere Atmung, ↗ S. 126).

Die einzelnen Atmungsorgane sind so gebaut, dass sie ihre Funktion gut erfüllen können.
Die **Nase** wirkt wie ein Filter. In den Nasenlöchern befinden sich kurze, borstenartige Härchen, die gröbere Staubteilchen der Einatemluft abfangen. Die Nasenhöhlen sind außerdem mit einer feuchten Schleimhaut mit feinen Flimmerhärchen ausgekleidet. Hier wird die eingeatmete Luft angefeuchtet, vorgewärmt und von feineren Staubteilchen gereinigt.
Bei einer anstrengenden Tätigkeit, z. B. 60-m-Lauf, atmet man durch den Mund. Dadurch kann mehr Luft aufgenommen werden. Erst nach der Anstrengung wechselt man wieder zur Nasenatmung.

Die **Luftröhre** (↗ Abb. 1) ist ein etwa 10 bis 12 cm langes elastisches Rohr. Die Wand der Luftröhre ist durch quer verlaufende Knorpelspangen verstärkt. Diese verhindern, dass die Luftröhre zusammengedrückt und dadurch die Atmung behindert wird.
Beim Schlucken von Nahrung legt sich der Kehldeckel über den Kehlkopfeingang und verschließt die Luftröhre. Gelangen beim Verschlucken doch Nahrungsbröckchen in die Luftröhre, so werden sie durch kräftiges Husten wieder herausgeschleudert.

Die Luftröhre gabelt sich an ihrem unteren Ende in zwei Hauptäste, die **Hauptbronchien** (↗ Abb. 1). Sie besitzen den gleichen Bau wie die Luftröhre. Jede Bronchie führt in einen **Lungenflügel**.
Dort verzweigen sich die Bronchien in immer feinere Verästelungen. An den feinsten Endaufzweigungen sitzt eine große Anzahl von Bläschen.
Diese Bläschen werden als **Lungenbläschen** (Alveolen) bezeichnet (↗ Abb. 2).

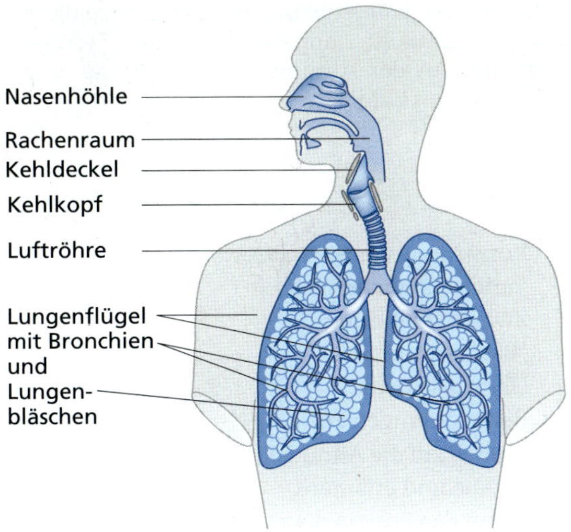

1 An der äußeren Atmung sind neben der Lunge auch die luftleitenden Organe beteiligt.

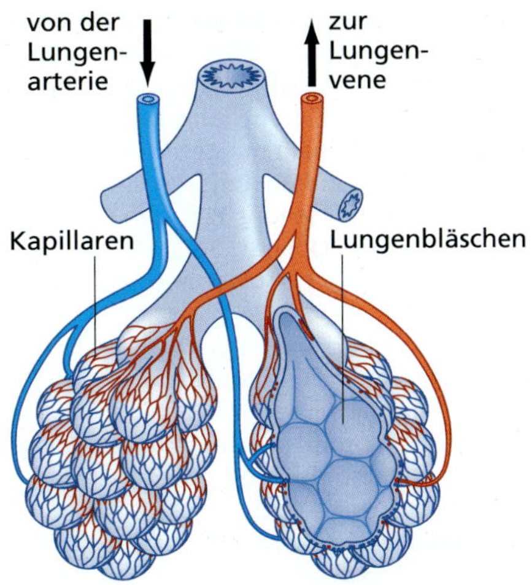

2 Zwischen dem Luftraum der Alveolen und den Kapillaren findet der Gasaustausch statt.

Die Motoren der Atmung

Die Alveolen sind sackförmig. Deshalb sind zu ihrer Be- und Entlüftung alternierende Atembewegungen notwendig.

Der Brustraum, in dem die Lungen liegen, ist nach außen luftdicht abgeschlossen. Wird er vergrößert, weitet sich auch das elastische Lungengewebe. Durch den entstehenden Unterdruck wird Luft eingesogen (Einatmen). Wird der Brustraum eingeengt, werden die Lungen komprimiert, die Luft wird hinausgedrückt (Ausatmen). Glatte Muskelzellen im Lungengewebe entlüften die Alveolen zusätzlich. Es gibt zwei zusammenwirkende Atemmechanismen:

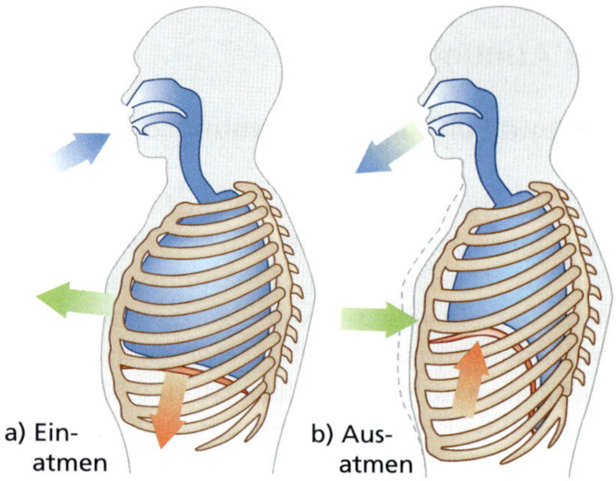

1 Brust- (→) und Zwerchfellatmung (→)

1. Das Zwerchfell ist ein Muskel, der sich in den Brustraum wölbt. Beim Kontrahieren verringert sich die Wölbung und der Brustraum wird erweitert. Beim Ausatmen unterstützt die Bauchmuskulatur die Entspannung des Zwerchfells. Diese **Bauchatmung** (Zwerchfellatmung) wenden z. B. Sänger an. Sie ermöglicht ein fein dosiertes Ausatmen und damit ein verfeinertes Ansprechen der Stimmbänder.
2. Schräg zwischen den Rippen ansetzende Muskeln heben den Brustkorb vorne an und senken ihn wieder. Dies erweitert und verkleinert den Brustraum abwechselnd **(Brustatmung).**

Kleine Kinder nutzen v. a. die Bauchatmung, mit steigendem Alter tritt die Brustatmung in den Vordergrund. Das merken wir, wenn wir uns anstrengen. Dann hebt und senkt sich v. a. der Brustkorb.

Mit jedem Atemzug gelangt die Luft über Nasenhöhle, Rachenraum und den Kehlkopf in die Luftröhre, durch die Bronchien zur Lunge bis in die Lungenbläschen. Die Einatemluft wird gereinigt, angefeuchtet und vorgewärmt. An der Atmung sind Brustraum und Bauchraum beteiligt.

Methode

Arbeiten mit Modellen

Mithilfe von Modellen werden schwierige Sachverhalte verständlich und anschaulich gemacht. Ein Modell zeigt nur ganz bestimmte Merkmale und Eigenschaften des Originals und stimmt deshalb mit der Wirklichkeit nur in ausgesuchten Punkten überein. Es zeigt je nach Aufgabenstellung z. B. den Bau oder die Funktion eines Objekts. Bei der Anfertigung eines Modells gehe folgendermaßen vor:

- Sammle Informationen über das Original und werte sie nach der Aufgabenstellung aus.
- Wähle die wesentlichen Eigenschaften aus, die zur Lösung der Frage und damit zur Herstellung des Modells notwendig sind.
- Konstruiere das Modell.
- Führe experimentelle Untersuchungen mithilfe des Modells durch.
- Bestimme die Grenzen des Modells.

Aufgabe

Konstruiere ein Modell zur Veranschaulichung der Zwerchfellatmung (Bauchatmung). Übertrage deine Beobachtungen am Modell auf die Atmungsorgane und erläutere damit das Prinzip der Bauchatmung.

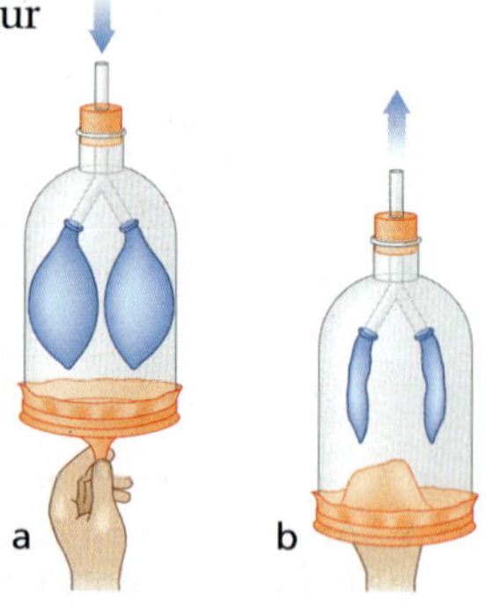

Atmen gehört zum Leben

Atmung und körperliche Belastung

1. *Teste das Fassungsvermögen deiner Lunge in Ruhe und bei körperlicher Belastung.*

Das Fassungsvermögen (Atemvolumen) der Lunge ist bei jedem Menschen anders. Das hängt u. a. auch davon ab, ob jemand Sport treibt, Posaune bläst oder sich körperlich wenig betätigt.

Material:
Stoppuhr, Spirometer (aus der Apotheke, ↗ Abb.)

Durchführung:

1. Messen des Atemzugvolumens:
   Atme ganz normal durch die Nase ein und durch das Mundstück wieder aus.
   Lies den Wert auf dem Atemmesser ab.
2. Messen des Atemzeitvolumens:
   a) Zähle im Sitzen, wie oft du in einer Minute ein- und ausatmest.
   b) Berechne das Atemzeitvolumen nach folgender Gleichung:
   Atemzeitvolumen = Atemzugvolumen. Atemfrequenz in einer Minute.
3. Untersuchung der Atmung bei körperlicher Belastung:
   Stehe innerhalb einer Minute 40-mal vom Stuhl auf und stelle erneut das Atmenzeitvolumen fest.

Auswertung:

a) Fertige zu den Messungen ein Protokoll an. Stelle eine Tabelle zu den Messwerten auf und ergänze zwei Spalten für Körpergewicht und Körperhöhe.
b) Beschreibe den Zusammenhang zwischen Atemwerten und Körpermaßen und vergleiche die Werte mit den Werten von zwei weiteren Schülern.
c) Beschreibe, welche Veränderungen in der Atmung und im Puls nach der körperlichen Belastung auftreten.
d) Ziehe eine Schlussfolgerung für den Trainingszustand deiner Lunge bzw. deines Körpers.

Übrigens: Der Richtwert für das Atemzugvolumen für Schüler eures Alters beträgt bei normaler Einatmung in Ruhe ca. 0,3 bis 0,5 l Luft. Das Atemzeitvolumen sollte etwa 5 - 7 l betragen.

Richtiges Atmen als Erste-Hilfe-Maßnahme

2. *Auf dem Foto wird als Erste-Hilfe-Maßnahme die Mund-zu-Mund-Beatmung praktiziert. Informiere dich über Erste-Hilfe-Maßnahmen bei Atemstillstand.*

3. *Erkläre, dass Personen durch Beatmung Erste Hilfe bei Atemstillstand leisten können.*

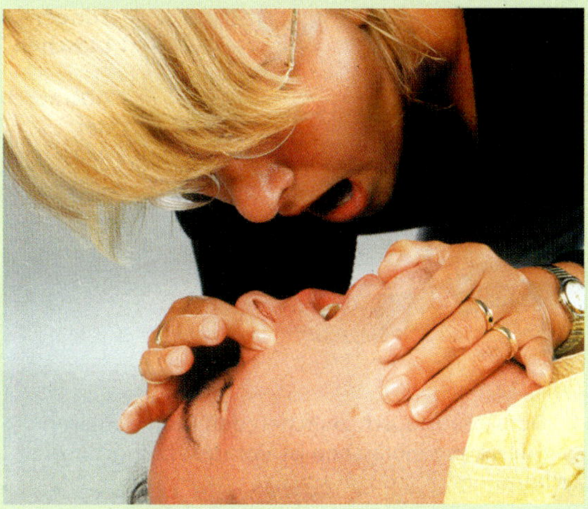

Gasaustausch

Der Sauerstoff gelangt über die Atemwege zu den Lungenbläschen und von dort in die Blutgefäße (↗ Abb. 1). Sauerstoff besitzt nur eine geringe Löslichkeit in Wasser. Deshalb wird er an den Farbstoff der roten Blutzellen, **Hämoglobin,** gebunden und auf diese Weise transportiert. Bei den Zellen wird er wieder vom Hämoglobin getrennt und steht dort zur Verfügung (↗ Abb. 2).
Sauerstoff wird in den Zellen benötigt, um in komplizierten biochemischen Reaktionen die Nährstoffe abzubauen. Die in diesen Stoffen, z. B. in Glucose, enthaltene Energie wird dabei in Energie umgewandelt, die für Lebensprozesse (z. B. Laufen, Sprechen) genutzt werden kann. Bei diesem Vorgang **(Zellatmung,** ↗ Abb. 2) wird der Sauerstoff in den Zellen verbraucht und **Kohlenstoffdioxid** gebildet. Das wird auch als **innere Atmung** bezeichnet.

Das dabei entstehende Kohlenstoffdioxid ist für den Körper schädlich und muss schnell aus dem Körper entfernt werden. Mit dem Blut wird das Kohlenstoffdioxid bis zu den Lungenbläschen transportiert. Von dort gelangt es – entgegengesetzt zum Sauerstoff – durch die dünnen Wände der Blutkapillaren und Lungenbläschen in die Lunge und wird ausgeatmet (↗ Abb. 1).

In den Lungenbläschen findet also ein **Gasaustausch** zwischen dem eingeatmeten Sauerstoff und dem ausgeatmeten Kohlenstoffdioxid statt. Sauerstoff gelangt in den Körper, Kohlenstoffdioxid aus dem Körper. Dieser Gasaustausch beruht auf dem unterschiedlichen Gehalt der Atemgase Sauerstoff und Kohlenstoffdioxid in Lungenbläschen und Blutkapillaren.

Die Intensität des Gasaustauschs in den Alveolen ist u. a. von der Fließgeschwindigkeit des Blutes durch die Lungenkapillaren abhängig. Denn nur wenn ständig neues sauerstoffarmes und kohlenstoffdioxidreiches Blut herangeführt wird, bleiben die jeweiligen Konzentrationsgefälle in der Alveolenwand und somit der Antrieb für eine hohe Diffusionsrate erhalten.

Als **Diffusion** (lat.: *diffundere* = ausbreiten, verstreuen) bezeichnet man einen physikalischen Vorgang, in dem Teilchen vom Ort der höheren Konzentration zum Ort der niedrigeren Konzentration wandern.

Zwischen Lungenbläschen und Blutkapillaren findet ein Gasaustausch statt. Entsprechend dem Konzentrationsgefälle gelangt Sauerstoff durch Diffusion in den Körper, während Kohlenstoffdioxid abgegeben wird.

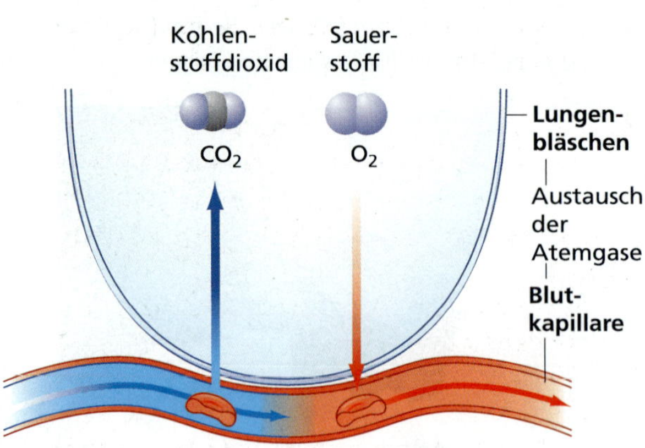

1 Der Gasaustausch zwischen den Blutkapillaren und den Lungenbläschen ist Voraussetzung für die Zellatmung.

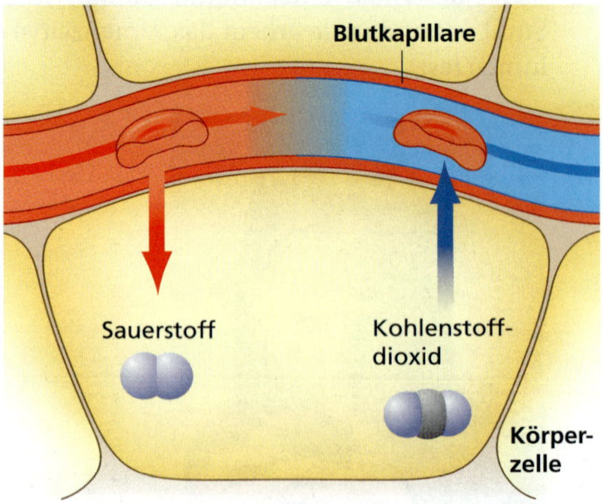

2 Bei der Zellatmung wird Sauerstoff verbraucht: Sauerstoff + Glucose ⟶ Kohlenstoffdioxid + Wasser.

Atmung – was passiert dabei?

Nachweis von Kohlenstoffdioxid in der Atemluft

Den unterschiedlichen Kohlenstoffdioxidgehalt der ein- und ausgeatmeten Luft kann man mit Kalkwasser (Calciumhydroxidlösung ⚠) nachweisen. Kommt Kohlenstoffdioxid (CO_2) mit dieser Lösung zusammen, entsteht ein weißer Niederschlag aus Calciumcarbonat.

$Ca(OH)_2 + CO_2 \longrightarrow H_2O + CaCO_3\downarrow$

***Achtung!** Kalkwasser ist schwach ätzend, vermeide den Kontakt mit Schleimhäuten und Wunden!*

Material:
3 Waschflaschen, 3 Stopfen mit Glasröhren, Drei-Wege-Hahn, 3 Schläuche, Mundstücke; Kalkwasser ⚠, Schutzbrille

Durchführung:
1. Überlege, welches Ergebnis zu erwarten ist.
2. Setze die Schutzbrille auf und baue entsprechend der Abbildung unten die Versuchsanordnung zusammen.
3. Während der Versuchsdurchführung atme langsam und vorsichtig durch das Mundstück ein und aus. Achte dabei auf die richtige Stellung des Drei-Wege-Hahns (↗ Abb. unten).

Auswertung:
1. Vergleiche und begründe die Veränderungen in den einzelnen Waschflaschen.
2. Vergleiche das Ergebnis mit deiner Überlegung.
3. Fertige ein Protokoll an.

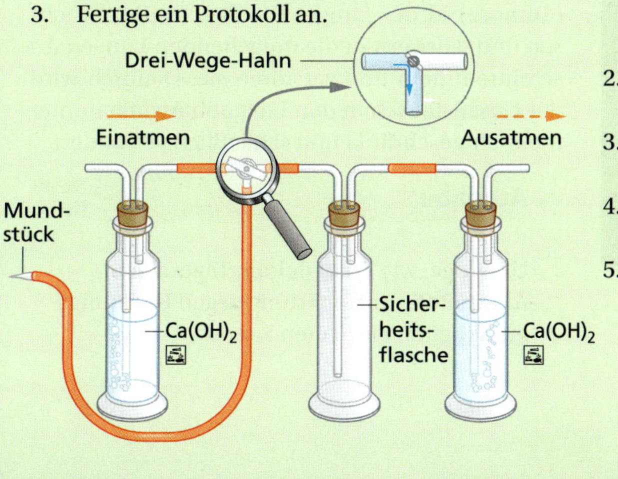

Versuch zur Diffusion

Material:
2 gleich große Bechergläser, Glasstab, Zucker, Salz, 2 verschiedene Nahrungsmittelfarben, Digitalkamera

Durchführung:
1. Setze eine konzentrierte Kochsalz- (ca. 33 %ig) und eine Zuckerlösung (ca. 10 %ig) an. Färbe beide unterschiedlich an.
2. Fülle die Kochsalzlösung in ein Becherglas und schichte die Zuckerlösung vorsichtig darüber (↗ Abb.).
3. Decke das Becherglas ab und lasse es an einem ruhigen Ort stehen. Beobachte über mehrere Tage die Veränderungen.
4. Teste auch in Abständen den Geschmack der oberen Zuckerlösung, indem du mit einem Glasstab vorsichtig die Oberfläche berührst und einen Tropfen entnimmst.
5. Führe diese Versuchsreihe in einem Gefäß mit kleinerem bzw. größerem Durchmesser durch. Achte dabei auf konstante Flüssigkeitsmengen.

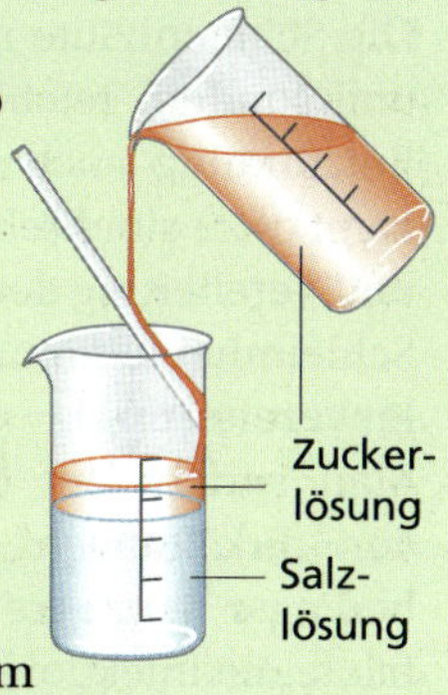

Auswertung:
1. Dokumentiere die Farbveränderungen mit einer Kamera. Begründe, weshalb beim Fotografieren gleiche Lichtbedingungen wichtig sind.
2. Vergleiche die zeitabhängig erstellten Fotos mit den Geschmacksproben.
3. Notiere die Beobachtungen in einem Protokoll.
4. Zeichne modellhaft den Verlauf der Diffusion innerhalb des Becherglases.
5. Voraussetzung für die Diffusion ist die brownsche Teilchenbewegung. Nenne Versuchsbedingungen, die sich darauf auswirken.

Wenn die Luft knapp wird

Erkältungskrankheiten

Die Erkältungskrankheiten stehen unter den Erkrankungen der Atmungsorgane an erster Stelle. Krankheitserreger dringen in die oberen Atemwege ein und rufen Entzündungen der Schleimhäute im Nasen- und Rachenraum, in der Luftröhre und in den Bronchien hervor.

Zu den Erkältungskrankheiten gehören beispielsweise der **Schnupfen** (Entzündung des Nasen- und Rachenraumes), die **Bronchitis** (Entzündung der Bronchien) und die **Luftröhrenentzündung.** Die Schleimhäute röten sich stark, schwellen an und sondern reichlich Schleim ab. Erreicht die Entzündung auch die Nebenhöhlen der Nase, kann es zu einer sehr schmerzhaften Entzündung und Vereiterung der diese Höhlen auskleidenden Schleimhäute kommen **(Neben-** und **Stirnhöhlenvereiterung).**
Man spricht bei diesen Infektionskrankheiten von „Erkältungen", weil die durch Auskühlung bedingte geringere Durchblutung der Schleimhäute die Infektionsgefahr erhöht. Eine gute Vorbeugung ist deshalb „Abhärtung" durch wechselwarmes Duschen und Bewegung an frischer Luft, ausreichend Schlaf und schützende Kleidung.

1 Durch Niesen werden Krankheitserreger übertragen.

Erkrankungen der Lunge

Gelangen Krankheitserreger mit der Einatemluft bis in verschiedene Abschnitte der Lunge, können sie eine **Lungenentzündung** verursachen. Die Krankheit beginnt mit Schüttelfrost und ist begleitet von hohem Fieber, stechenden Schmerzen in der Brust, Schweißausbrüchen, starken Hustenanfällen und Atemnot. In der Lunge ist der Austausch der Atemgase behindert. Behandelt wird eine Lungenentzündung mit **Antibiotika.**

Die **Tuberkulose** der Lungen wird durch das Bakterium *Mycobakterium tuberculosis* verursacht. Das Bakterium wird eingeatmet und gelangt in die Lunge. Hat der Körper genügend Abwehrkräfte, werden die kleinen knötchenartigen Entzündungsherde in der Lunge abgekapselt. Bei geringer Abwehrkraft des Körpers entzünden sich weitere Lungengebiete und werden zerstört. Dadurch wird die Atmung beeinträchtigt. Anzeichen der Lungentuberkulose sind Mattigkeit, Nachtschweiß, Fieber und ständiger Husten mit eitrigem Auswurf. Je früher die Krankheit erkannt wird, desto größer sind die Chancen der Heilung.

In den letzten Jahren hat eine weitere Lungenerkrankung weltweit zugenommen, der **Lungenkrebs.** Ausgelöst wird diese Krankheit u. a. durch chemische Substanzen, z. B. aus dem Tabakrauch (↗ S. 131), durch bestimmte Strahlungen oder chronische Entzündungen. Zellen des Lungengewebes beginnen unkontrolliert und unbegrenzt zu wachsen. Sie werden zu Krebszellen. Diese vermehren sich und bilden bösartige Geschwülste (Tumore) in der Lunge. Die Geschwülste wachsen und wuchern in die umgebenden Lungenabschnitte hinein und zerstören sie. Dadurch wird der Gasaustausch in den Lungenbläschen immer mehr eingeschränkt und schließlich verhindert.

Aufgabe

Überlege, wie du in deinen Tagesablauf Aktivitäten zur Abhärtung gegen Erkältungskrankheiten einplanen kannst.

Wechselwirkung

Alles hängt mit allem zusammen. Diese Ansicht wird von vielen Wissenschaftlern vertreten. Zumindest lassen sich sehr viele Wechselwirkungen zwischen Lebewesen und ihrer Umwelt feststellen. Andere Lebewesen (z. B. Feinde, Beute) beeinflussen einen Organismus und auch die Temperatur, das Licht und vieles mehr spielt für ihn eine Rolle. Das Lebewesen selbst wirkt durch seine Lebensprozesse auf die Umwelt ein.

Die Beeinflussung erfolgt also in beide Richtungen. So beinflusst die Umwelt den Menschen positiv oder negativ, fördert beispielsweise seine Gesundheit oder beeinträchtigt sie. Jede Wirkung des Menschen auf seine Umwelt hat daher auch Folgen für ihn selbst.

Wechselwirkung zwischen den Atmungsorganen des Menschen und der Umwelt

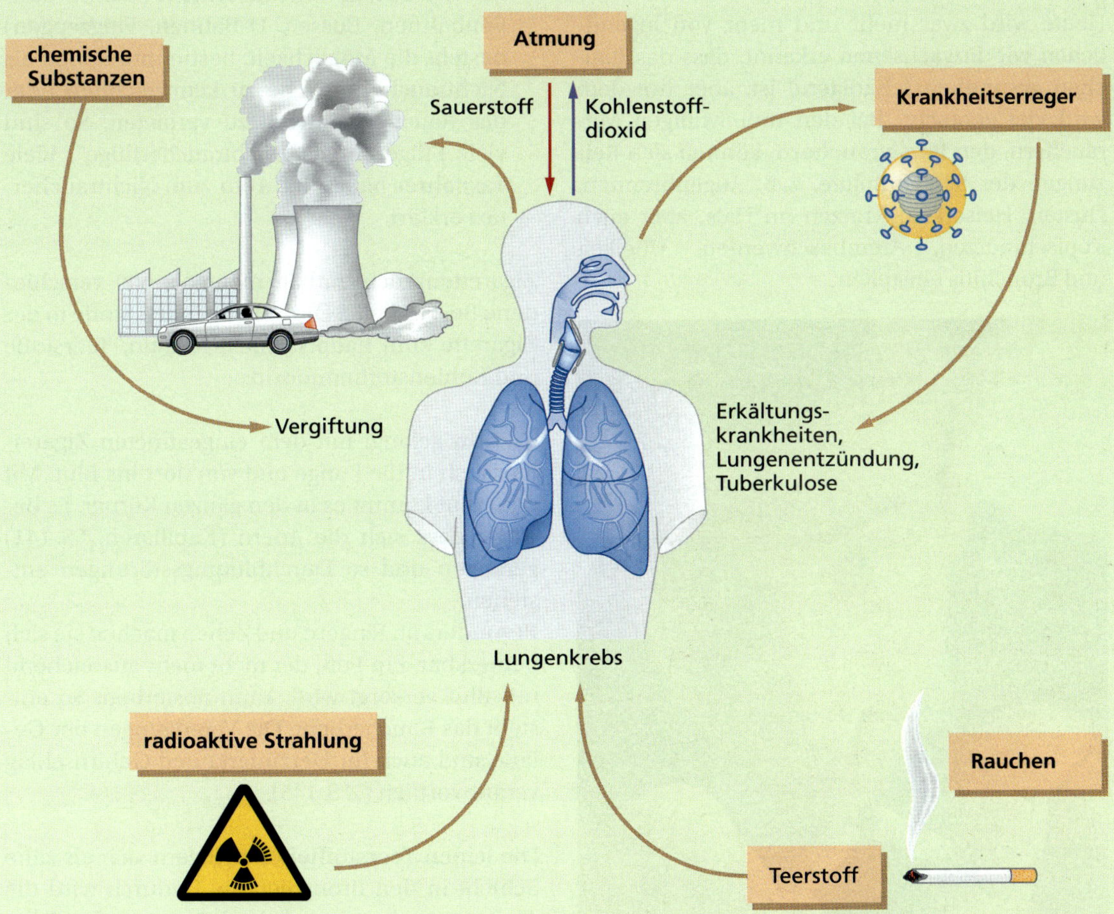

Finde weitere konkrete Beispiele für Wechselwirkungen zwischen Mensch und Umwelt.

Biologie im Alltag

Rauchen – aktiv oder passiv?

Rauchen ist eine Gewohnheit, die sich nach wie vor viele Menschen im Verlaufe ihres Lebens angeeignet haben. Das Rauchen wird durch Nachahmungstrieb, Gruppenzwang, Stress, Nervosität, zu starke Belastung, Herausstellen angeblicher Überlegenheit und des Erwachsenseins noch verstärkt. Es ist nicht immer leicht, „Nein“ zu sagen, wenn die anderen es tun oder die Gewohnheit so groß ist.
Heute wird zwar mehr und mehr von Jugendlichen wie Erwachsenen erkannt, dass das Rauchen gesundheitsschädigend ist, aber trotzdem wird viel geraucht. Bei den unfreiwilligen Mitrauchern, den **Passivrauchern,** können sich Reizungen der Schleimhäute, z. B. Augenbrennen, Husten, Heiserkeit, Kratzen im Hals, aber auch Kopfschmerzen, Atembeschwerden, Übelkeit und Bronchitis einstellen.

Heute gibt es eine große Anzahl gesetzlicher Regelungen zum **Nichtraucherschutz.**

In immer mehr Bereichen des täglichen Lebens werden die Möglichkeiten zu rauchen eingeschränkt. Die Nichtraucher werden mehr als früher geschützt, z. B.:
- In öffentlichen Einrichtungen (z. B. Rathäusern, Sparkassen, Banken, Postämtern, Gaststätten) können Nichtraucher Schutzmaßnahmen vor dem Tabakrauch verlangen (z. B. Rauchverbot, räumliche Trennung von Nichtrauchern und Rauchern).
- In öffentlichen Verkehrsmitteln (z. B. in Straßenbahnen, Bussen, U-Bahnen, Flugzeugen) besteht die Möglichkeit, bestimmte Zonen als Nichtraucherbereiche zu kennzeichnen oder das Rauchen generell zu verbieten. So sind viele Flüge bereits „Nichtraucherflüge“. Viele Taxifahrer haben ihr Auto zum Nichtrauchertaxi erklärt.

Zigarettenrauch enthält mehr als 600 verschiedene Bestandteile. Die schädigenden Stoffe in der Zigarette sind hauptsächlich Nikotin, Teerstoffe und Kohlenstoffmonooxid.

Nikotin gelangt mit dem eingeatmeten Zigarettenrauch in die Lunge und von dort ins Blut. Mit dem Blut kommt es in den ganzen Körper. Es bewirkt, dass sich die Adern (Kapillaren, ↗ S. 141) verengen und so Durchblutungsstörungen entstehen.
Besonders an Fingern und Zehen machen sie sich bemerkbar. Ein Fuß, der nicht mehr ausreichend mit Blut versorgt wird, kann absterben. So entsteht das Raucherbein. Die Verengungen der Gefäße sind auch für Herzinfarkt und Gehirnschlag verantwortlich (↗ S. 145).

Die feinen **Teerstoffteilchen** lagern sich als zähe Schicht in den Bronchien ab. Dadurch wird die Atmung erschwert und der Körper wird anfällig für Infekte. Eingeatmete Schmutzteilchen und Krankheitserreger können von den verklebten Flimmerhärchen nicht mehr nach außen transportiert werden. Es kommt zum Raucherhusten.

In den Lungenbläschen verhindern die abgelagerten Teerstoffe den Gasaustausch von Sauerstoff und Kohlenstoffdioxid, (↗ S. 126). Dadurch wird sowohl die Atmung beeinträchtigt als auch die Wahrscheinlichkeit der Erkrankung an Lungenkrebs gefördert.

Der Tabakrauch enthält ein farbloses, giftiges Gas, das **Kohlenstoffmonooxid.** Dieses giftige Gas gelangt über die Lungenbläschen ins Blut. Es wird anstelle des Sauerstoffs vom Blut aufgenommen und in die Zellen des Körpers transportiert.
Dadurch werden alle Zellen und somit auch die Gewebe und Organe weniger mit Sauerstoff versorgt. Da zur Energieumwandlung Sauerstoff benötigt wird, ist die Tätigkeit der Organe und Organsysteme beeinträchtigt. Das führt u.a. zu Ermüdungserscheinungen, zur Konzentrationsschwäche und zum Leistungsabfall.

1 Rauchverbot in öffentlichen Gebäuden

Zu den Hauptschadstoffen im Zigarettenrauch gehören u.a. das Kreislaufgift Nikotin, die den Gasaustausch behindernden und krebserregenden Teerstoffe sowie das Atmungsgift Kohlenstoffmonooxid.

Weise Teer und Kohlenstoffdioxid im Zigarettenrauch nach (Demonstrationsexperiment).

Materialien:
Watte, Zigarette (mit und ohne Filter), Streichhölzer, Wasserstrahlpumpe, Kalkwasser

Durchführung:
1. Baue die Apparatur entsprechend der Skizze zusammen.
2. Zünde die Filterzigarette an und drehe den Wasserhahn auf. Dadurch wird der Rauch durch die Apparatur gesaugt (Wasser einige Minuten laufen lassen!).
3. Wiederhole den Versuch mit einer Zigarette ohne Filter. Benutze frische Watte.

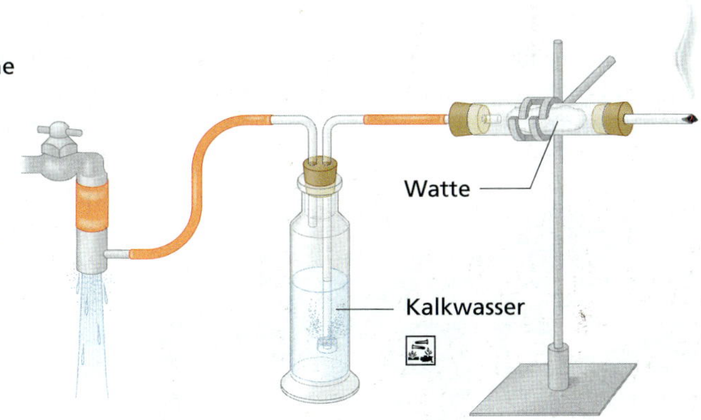

Beobachtung:
1. Beobachte die Veränderungen an der Watte, an der Zigarette und im Kalkwasser.
2. Notiere deine Beobachtungsergebnisse.

Auswertung:
1. Vergleiche deine Beobachtungen und erkläre die Unterschiede.
2. Beschreibe die Folgen der Aufnahme von Teerstoffen in die Atemwege. Stimmt es, dass das Rauchen von Filterzigaretten unschädlich ist, da der Filter alle Schadstoffe aus dem Rauch entfernt?

Wie führe ich eine Pro- und Kontra-Debatte?

Oftmals kommt es vor, dass du dir zu einem Sachverhalt oder zu einer ganz bestimmten Fragestellung eine eigene Meinung bilden sollst. Das kann sowohl schulische als auch gesellschaftliche und politische oder aber völlig andere Lebensbereiche betreffen (↗ Abb.). Wenn du dann mit anderen über ein solches Thema redest, werden stets auch unterschiedliche Meinungen aufeinandertreffen.

Bei einer Pro- und Kontra-Debatte geht es nun darum, zwei verschiedene Sichtweisen oder Entscheidungsmöglichkeiten gegeneinander abzuwägen. Es handelt sich um eine Diskussionsform, die relativ streng geregelt ist. Dabei steht im Vordergrund, die unterschiedlichen Positionen zu verdeutlichen und argumentativ die verschiedenartigen Meinungen zu belegen. Häufig stehen sich die Diskussionspartner auch körperlich (z. B. an Rednerpulten) gegenüber. Ein sogenannter Moderator eröffnet dabei die Debatte und führt in das Thema ein. Wichtig ist zudem die Darlegung der Regeln, an die sich beide Gesprächspartner (oder Parteien bei größeren Gruppen) zu halten haben (z. B. Redezeit, Ausredenlassen). Im Gegensatz zu einer Diskussionsrunde geht es bei einer Debatte darum, die Zuhörer von den eigenen Argumenten zu überzeugen. Im Unterschied zur Diskussion folgt nach einer Debatte in der Regel eine Abstimmung.

Das Ausüben einer solchen Debatte ist eine gute Lernmethode, wenn es um die Urteilsfindung und argumentative Begründung verschiedener Aspekte geht. Entscheidend ist dabei, ein geeignetes Pro-Kontra-Thema zu haben, sodass sowohl eine Ja- als auch eine Nein-Antwort möglich ist.

Die Rollen der Beteiligten

Führt ihr eine Debatte in größerer Runde durch, beispielsweise im Klassenverband, ist es wichtig, den einzelnen Personen eine Rolle zuzuordnen. Man unterscheidet dann die Befürworter (Pro-Gruppe) und die Gegner (Kontra-Gruppe) in Bezug auf die gegebene Fragestellung. Beide Gruppen wählen ihren Sprecher aus, der den jeweiligen Standpunkt zum Thema stellvertretend für die gesamte Gruppe argumentiert. Ein Moderator regelt den Ablauf der Debatte, führt die Abstimmungen durch und sorgt für die Einhaltung der Regeln.

Vorbereitung:

Ein Vorgehen nach der folgenden Schrittfolge dient dazu, sich mit den zahlreichen, verschiedenartigen Begründungen intensiv auseinanderzusetzen, mit denen die Standpunkte jeweils gerechtfertigt werden.

1. Schritt

Auswahl der Pro-Kontra-Fragestellung
Wähle ein aktuelles Thema aus, das möglichst viele Mitschülerinnen und Mitschüler interessiert, und formuliere eine deutliche Pro-Kontra-Frage dazu (Ja-/Nein-Antwort muss möglich sein).
Sie könnte z.B. lauten: Sollte das Rauchen zum Schutz der Nichtraucher in allen Gaststätten verboten werden?

2. Schritt

Ausarbeitung der Pro-Argumente
Informiere dich über die Thematik und trage die Daten zusammen, die die gegebene Fragestellung befürworten. Nutze dabei verschiedene Medien.
Als Argumente für das Rauchverbot in Gaststätten können die schädigenden Wirkungen des Zigarettenrauchs angeführt werden, die auch dann eintreten können, wenn jemand nicht selbst raucht, aber den Rauch von Zigaretten einatmet.

3. Schritt

Ausarbeitung der Kontra-Argumente
Sammle nun auch Informationen und Argumente für die gegensätzliche Position und begründe auch diese Meinung.
Gegner des Rauchverbots führen wirtschaftliche Argumente an. Sie fürchten, dass weniger Menschen in Gaststätten gehen, wenn sie dort nicht rauchen dürfen, und die Wirte so weniger Umsatz haben.

Ablauf
Bei der Eröffnung weist der Moderator auf die Regeln hin, auf deren Einhaltung er achtet.

1. **Vorstellen des Themas**
   Der Moderator gibt allgemeine und grundlegende Informationen zum Thema, die als Ausgangspunkt für die Diskussion dienen.
   Eine offenkundige Pro-Kontra-Frage wird gestellt und eröffnet die Debatte. Zuvor wird durch eine Abstimmung geklärt, wie viele Personen welcher Gruppe zugehören.

2. **Darlegung der Position der einen Gruppe**
   Die eine der beiden Parteien (z.B. Pro-Gruppe) legt ihre Argumente dar und begründet ihre Meinung mithilfe verschiedener Urteilskriterien. Rationale, aber auch emotionale Gründe, Fakten und Beispiele werden herangezogen, um die jeweilige Position zu untermauern und die anderen Teilnehmer zu überzeugen.

3. **Erwiderung durch die andere Gruppe**
   Die andere Partei (z.B. Kontra-Gruppe) bezieht sich auf die bisher genannten Argumente und Begründungen und nutzt ihrerseits verschiedene Urteilskriterien, um den entgegengesetzten Standpunkt überzeugend zu veranschaulichen.

4. **Fragerunde der Zuschauer**
   Die Zuschauer oder Gruppenmitglieder der jeweils anderen Position haben die Möglichkeit, Fragen zu den Sichtweisen und Argumenten zu stellen. Die entsprechend andere Partei antwortet darauf.

5. **Zusammenfassen des Wesentlichen**
   Der Moderator fasst noch einmal die beiden gegensätzlichen Standpunkte zu der Fragestellung zusammen. Die Beteiligten können noch einmal alle Argumente gegeneinander abwägen.

Eine abschließende Abstimmung zeigt die Überzeugungskraft der Argumente und ihrer Vertreter auf.

1 Debatte im Bundestag

Gewusst · Gekonnt

1. Ergänze dein Glossar durch folgende Begriffe: Atmungsorgane, Atemfrequenz, Bauchatmung, Brustatmung, Modell, Bronchien, Lungenbläschen, Oberflächenvergrößerung, Diffusion, Gasaustausch, Kohlenstoffdioxid, Sauerstoff, Nikotin, Kohlenstoffmonooxid, Teer.

Glossar

Atemfrequenz:
Bauchatmung:

2. Übernimm den Lückentext in dein Heft. Vervollständige den Lückentext.
Der Austausch der Atemgase ...①... und ...②... findet in den ...③... statt. Diese sind von einem dichten Netz aus ...④... umsponnen. Der ...⑤... gelangt aus den Lungenbläschen in das ...⑥... Dort wird er an das ...⑦... der roten Blutkörperchen gebunden. Aus den Zellen wandert das ...⑧... in das Blut. Aus dem Blut gelangt das ...⑨... in das ...⑩... und wird ausgeatmet.

3. Erläutere den Zusammenhang zwischen Struktur und Funktion am Beispiel der Lunge.

4. Sauerstoff und Kohlenstoffdioxid sind Atemgase.
a) Beschreibe anhand der Abbildung den Bau eines Lungenbläschens.

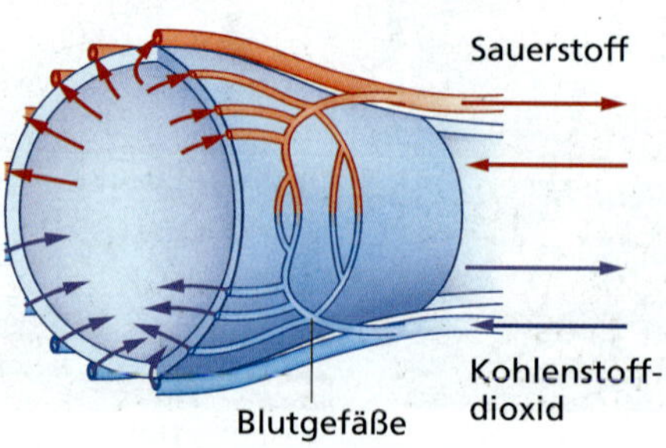

b) Erkläre den Austausch der Atemgase zwischen den Lungenbläschen und den Blutkapillaren.

5. Der Anteil an Kohlenstoffdioxid ist in der Ausatemluft höher als in der Einatemluft. Begründe.

6. In unserer Lunge befinden sich etwa 300 Mio. bis 500 Mio. Lungenbläschen. Sie bilden aneinandergelegt eine Fläche von 70 m^2 bis 80 m^2.
Ziehe Schlussfolgerungen in Bezug auf die Leistungsfähigkeit unserer Lunge.

7. Beim Wandern werden 17 Liter Luft je Minute eingeatmet, beim Schlafen nur 5 Liter. Begründe den Unterschied.

8. Der Tabakrauch enthält viele schädliche Stoffe.
Nenne die Hauptschadstoffe des Tabakrauches und ihre Schadwirkung.

9. Beobachte einen schreienden Säugling und berichte darüber in der Klasse. Welchen Atemmechanismus setzt er beim Schreien vor allem ein?

10. Begründe, dass es aus gesundheitlichen Gründen wenig sinnvoll ist, neben einer Hauptverkehrsstraße zu joggen.

11. Das Ausspucken auf Straßen wird zunehmend zu einer allgemeinen (Un-)Sitte. Diskutiere in der Klasse, v. a. in Hinblick auf die Selbstreinigungsfunktion der Lunge, welche Gefahren damit verbunden sind.

Atmungsorgane

In den Atmungsorganen wird die Luft auf dem Weg zur Lunge von feinen Staub- und Schmutzteilchen gereinigt, angewärmt und angefeuchtet.

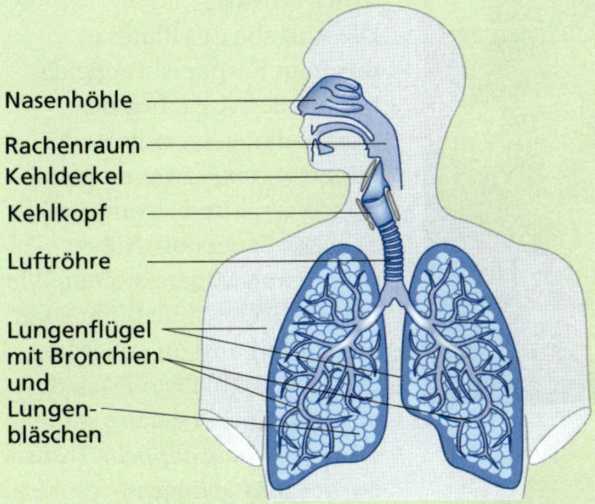

Bau des Lungenbläschens

Durch die Lungenbläschen wird eine **Vergrößerung der Oberfläche** erreicht.

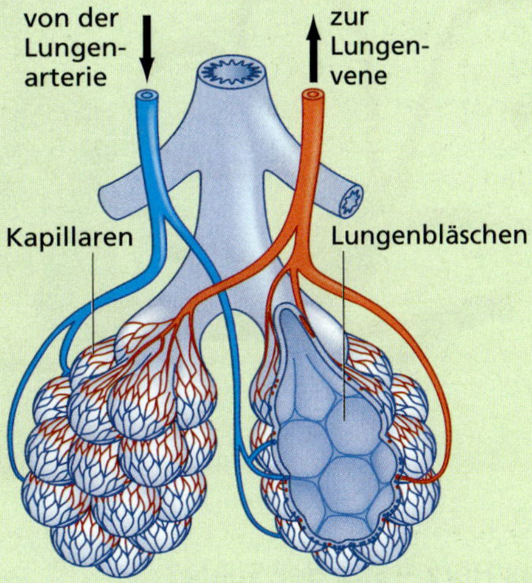

Gasaustausch zwischen Lungenbläschen und Blutkapillaren

Der Gasaustausch erfolgt über die dünne Wand der Lungenbläschen durch **Diffusion.**
Sauerstoff gelangt aus den Lungenbläschen ins Blut und mit dem Blut über das Herz zu allen Organen und Zellen des Körpers.
Kohlenstoffdioxid wird mit dem Blut von den Organen und Zellen des Körpers über das Herz zu den Lungenbläschen transportiert und ausgeatmet.
Die **Einatemluft** hat einen höheren Sauerstoffanteil (21 %) und niedrigeren Kohlenstoffdioxidanteil (0,03 %) als die **Ausatemluft** (17 % und 4 %).

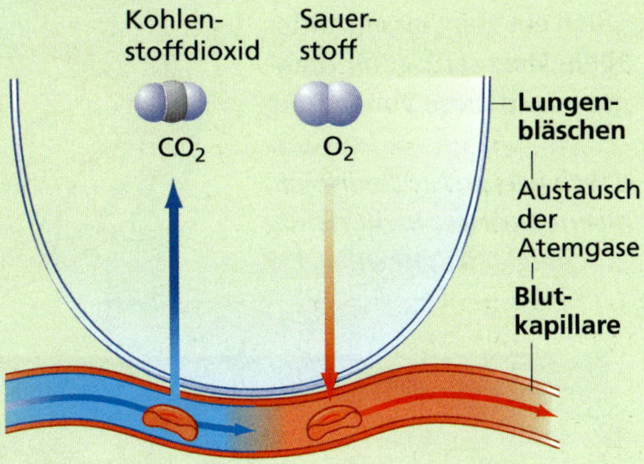

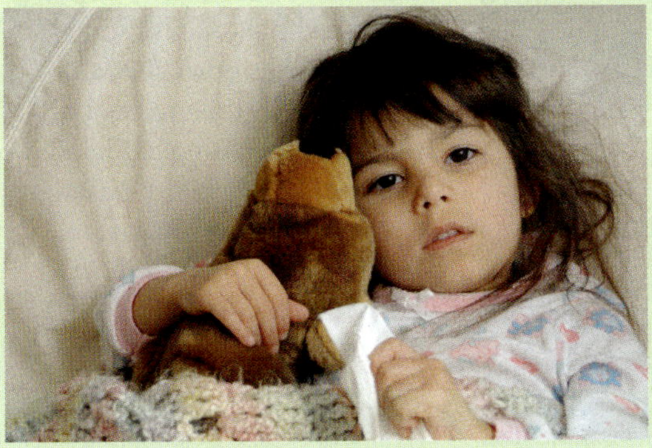

Erkrankungen der Atmungsorgane

Die Erkrankungen der Atmungsorgane können durch Krankheitserreger, schädliche chemische Substanzen in der Luft und Strahlungen hervorgerufen werden. Beispiele sind Schnupfen, Bronchitis, Lungenentzündung, Lungenkrebs, Tuberkulose.
Auskühlung erhöht die Infektionsgefahr (Erkältung).

2.3 Blut und Kreislauf – Weg durch den Körper

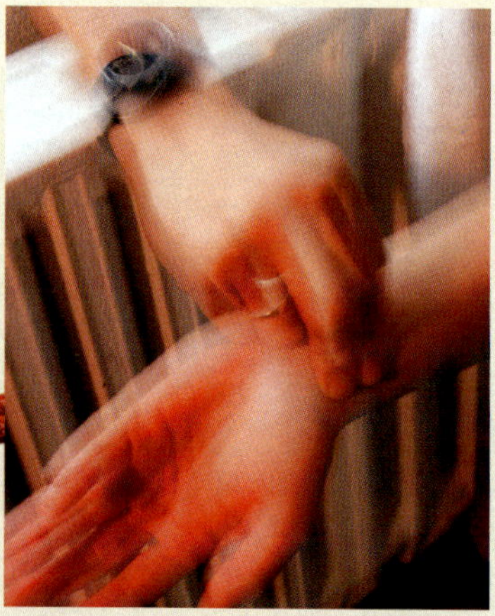

Blutkreislauf und Stadtwerke

Die Aufgabe des Blutes in unserem Körper ist vergleichbar mit den Aufgaben der Stadtwerke in unserer Stadt. Es versorgt uns zwar nicht mit Gas, Wasser und Strom, dafür aber mit Sauerstoff, Nährstoffen und Mineralstoffen. Wie die städtische Müllabfuhr sorgt unser Blutkreislauf außerdem dafür, dass Abfallstoffe wieder aus dem Körper gelangen.
Wie kann diese doppelte Transportleistung gelingen?
Welche Stoffe transportiert das Blut darüber hinaus noch?

Das Herz – Sitz der Seele?

Das Herz wurde lange Zeit als Sitz der Gemütsbewegungen angesehen. Redewendungen wie „Sich ein Herz fassen“ oder „Mein Herz schlägt für dich“ gehen auf diese Vorstellung zurück.
Doch was passiert wirklich, wenn das Herz nicht richtig schlägt oder gar stillsteht?

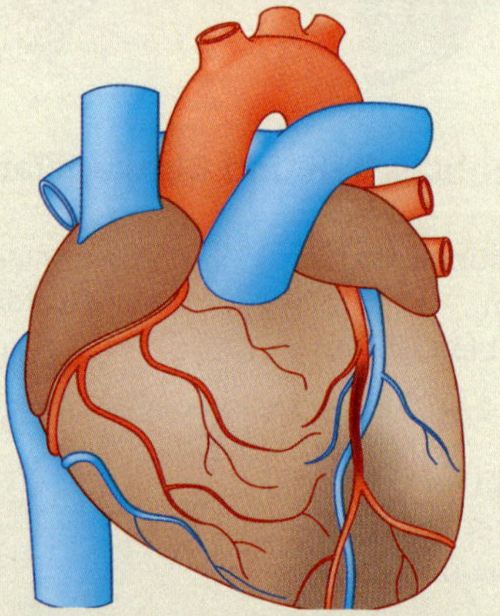

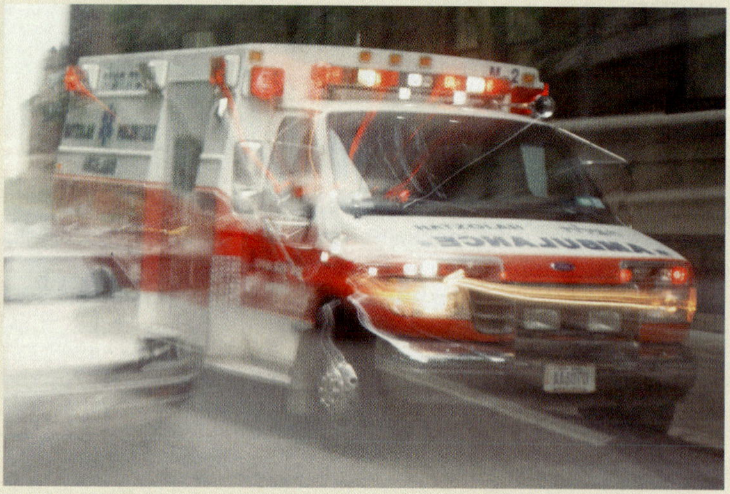

Höchste Leistung

Pro Tag pumpt das Herz eines Erwachsenen durchschnittlich 7 000 l Blut durch den Körper. Im Laufe eines Menschenlebens sind das etwa 200 Millionen Liter. Für unsere Gesundheit ist die Leistungsfähigkeit unseres Herzens sehr wichtig.
Welche Bedeutung haben in diesem Zusammenhang die Herzkranzgefäße?
Was ist ein Herzinfarkt?

Blut – der zirkulierende Lebenssaft

Zusammensetzung des Bluts

Ein erwachsener Mensch besitzt ein Blutvolumen von etwa 5 - 6 Litern. Als Transportorgan erfüllt das Blut im Körper vielfältige, lebensnotwendige Funktionen. Zu etwa 55 % besteht Blut aus flüssigen Bestandteilen, dem Blutplasma. Das übrige Volumen nehmen unterschiedlich spezialisierte Blutzellen ein (↗ Abb.).

Das **Blutplasma** ist in das durchsichtig helle Serum und das wasserlösliche Fibrinogen unterteilbar. Das Serum enthält etwa 90 % Wasser, 8 % Proteine sowie Fette, Vitamine, Salze und Glucose (Blutzucker). Es transportiert auch Stoffwechselabfallprodukte, z. B. Milchsäure nach starker Muskeltätigkeit. Aus Fibrinogen entsteht das wasserunlösliche Protein Fibrin, das für die Blutgerinnung und beim Wundverschluss wichtig ist (↗ S. 143).

Die **zellulären Anteile** im Blut (↗ Tab.) haben unterschiedliche Funktionen. Sie werden passiv mit dem Blutplasma im Körper verteilt.
Die roten Blutkörperchen (***Erythrozyten***) bestehen u. a. zu einem hohen Anteil (34 %) aus dem Blutfarbstoff Hämoglobin. Dieser kann sowohl Sauerstoff (O_2) als auch Kohlenstoffdioxid (CO_2) anlagern (↗ S. 126). Alternde Erythrozyten werden in der Milz abgebaut.

Zu den weißen Blutkörperchen (***Leukozyten***) gehören verschiedene Zelltypen mit unterschiedlichen Aufgaben. Als gemeinsame Aufgabe wehren sie körperfremde Substanzen und Infektionen ab. Einerseits können sie diese Fremdstoffe umschließen und verdauen (Phagozytose) oder andererseits gezielt immunologisch bekämpfen. Dazu wandern sie durch die Gefäßwände in die umliegenden Gewebe ein. Eiter enthält neben aufgelösten Gewebeteilen vor allem weiße Blutkörperchen, die während der Phagozytose zugrunde gegangen sind.

Blutplättchen (***Thrombozyten***) sind keine Zellen, sondern kernlose Abschnürungen vom Zellplasma der Riesenzellen. Beim Kontakt mit Verletzungen zerfallen sie. Zusammen mit Fibrinogen und Gerinnungsfaktoren im Blutplasma sind sie dann an den komplexen Vorgängen des Wundverschlusses und der Blutgerinnungbeteiligt (↗ S. 143).

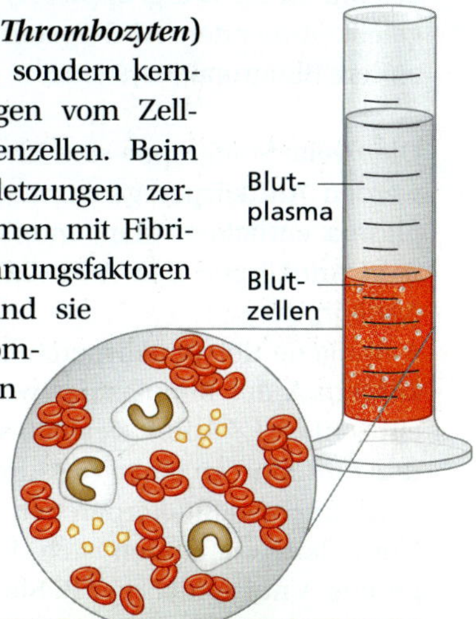

Die zellulären Bestandteile des Bluts			
	Erythrozyten	**Leukozyten**	**Thrombozyten**
Aufbau / Form	kernlose Zelle mit Hämoglobin; rund, scheibenförmig	mit Zellkern; amöboide Fortbewegung möglich	kernlos, vielfältige Form
Größe (Durchmesser)	7–8 µm	10–20 µm	2–4 µm
Anzahl pro µl Blut (1 µl = 1 mm³)	Frauen: 4,2–5,4 Mill. Männer: 4,6–6,2 Mill.	Säuglinge: 9000–19000 Kinder: 8000–14000 Erwachsene: 3000–10000	150000–300000
Funktion	Sauerstoff- und Kohlenstoffdioxidtransport	Abwehr von Infekten und Fremdkörpern; Bildung von Antikörpern	Blutgerinnung und Wundverschluss
Lebensdauer im Blut	etwa 120 Tage	etwa 10 Tage	4–10 Tage

Blutgruppen und Blutübertragung

Wie die Körpergröße oder die Augenfarbe unterscheidet sich auch die Zusammensetzung des Blutes bei den Menschen. Das Blut enthält bestimmte Stoffe, die unterschiedliche Eigenschaften hervorrufen.
Die eine Stoffgruppe sind Eiweiß-Zucker-Verbindungen. Diese befinden sich auf der Oberfläche (Zellmembran) der roten Blutkörperchen. Diese Stoffe werden Antigene genannt. Es gibt zwei **Antigene,** das Antigen A und das Antigen B.
Es ist erblich festgelegt, ob die roten Blutkörperchen das Antigen A oder B, beide Antigene A und B oder gar kein Antigen besitzen. Danach wird das Blut in die **Blutgruppen A, B, AB** oder **0** eingeteilt. Außer dem ABO-System kennt man noch andere Blutgruppensysteme.

Die zweite Stoffgruppe sind Eiweiße. Diese Stoffe werden **Antikörper** genannt. Sie sind im Blutplasma enthalten. Man unterscheidet ebenfalls zwei Antikörper, den A-Antikörper und den B-Antikörper.
A-Antigene der Blutkörperchen passen zu Antikörpern A des Blutplasmas wie ein Schlüssel in ein Schloss (↗ Abb.). Deshalb verbinden sie sich und dies führt zu einer Verklumpung (Agglutination) der roten Blutkörperchen.
Normalerweise finden sich im Blut der Blutgruppe A nur Antikörper B. Sie passen nicht und es kommt deshalb zu keiner Verklumpung.

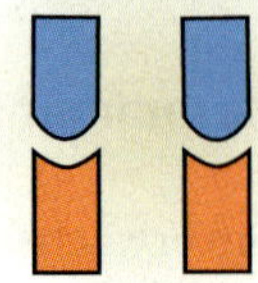

Genauso verhält es sich bei den anderen Blutgruppen. Auch sie besitzen Antikörper. Das Blut der Blutgruppe B besitzt den A-Antikörper, das der Blutgruppe AB enthält keine Antikörper. Im Blut der Blutgruppe 0 kommen beide Antikörper (A- und B-Antikörper) vor.

Wird bei einer **Blutübertragung** Blut einer falschen Blutgruppe übertragen, kann die Verklumpungsreaktion zum Tode führen. Es ist deshalb wichtig, dass bei Blutübertragungen immer nur Blut derselben Blutgruppe verwendet wird. Notfalls kann bei der Übertragung von kleinen Mengen auch Blut der Blutgruppe 0 verwendet werden.

> Aufgrund der Zusammensetzung des Blutes unterscheidet man hauptsächlich vier verschiedene Blutgruppen: A, B, AB und 0.

Aufgabe

Erläutere die Antigen-Antikörper-Reaktion mithilfe eines Modells.
Erkläre zu diesem Beispiel das Schlüssel-Schloss-Prinzip.

Modell der Antigen-Antikörper-Reaktion der Blutgruppen („Schlüssel-Schloss-Prinzip")

Blutgruppen	A	B	AB	0
Antigene auf der Oberfläche der roten Blutkörperchen	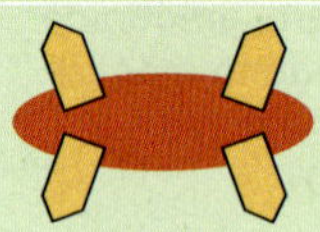 Antigene A	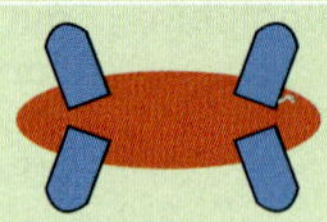 Antigene B	 Antigene A und B	 keine Antigene
Antikörper im Blutplasma	 B-Antikörper	 A-Antikörper	keine Antikörper	 A- und B-Antikörper
Verklumpung mit	A-Antikörpern	B-Antikörpern	A- und B-Antikörpern	keine

Mosaik

Rh-System und Vererbung des Rh-Faktors

Der Wiener Arzt Dr. Karl Landsteiner (1868–1943) erforschte Anfang des 20. Jahrhunderts die Blutgruppen und entdeckte 1940, dass es noch weitere Substanzen auf den Blutkörperchen gibt. Erstmals wurden diese Substanzen an Rhesusaffen entdeckt und nach ihnen benannt.
Wie die Blutgerinnungsantigene A und B ist der Rhesusfaktor, (Rh-Faktor) ein **Antigen** auf der Oberfläche der roten Blutkörperchen (Erythrozyten). Menschen, die diese Antigene, also einen Rhesusfaktor, besitzen, sind rhesuspositiv (Rh^+). Das betrifft 85 % aller Menschen, entsprechend haben 15 % keinen Rhesusfaktor, sie sind rhesusnegativ (Rh^-).

Das Gen zur Ausprägung des Rh-Faktors liegt auf dem 1. Chromosomenpaar. Bei der Vererbung des Rhesusfaktors handelt es sich um einen **dominant-rezessiven Erbgang**. Das Vorhandensein eines Rhesusfaktors (Rh^+) wird dominant vererbt und mit „D" gekennzeichnet, Rh^- entsprechend mit „d". Die Vererbung des Rhesusfaktors erfolgt wie die Vererbung der Blutgruppe nach den mendelschen Regeln.
Beide Blutgruppensysteme liegen auf verschiedenen homologen Chromosomen. Das ABO-System auf dem Chromosomenpaar 9 und das Rh-System auf dem Chromosomenpaar 1. Das bedeutet, dass es viele verschiedene Blutgruppenkombinationen gibt, weil sie **unabhängig** voneinander nach der 3. mendelschen Regel vererbt werden (↗ Tab.).

Der Rh-Faktor hat durchaus **klinische Bedeutung**. Wichtig ist die Beachtung des Rhesusfaktors, wenn eine rhesusnegative Mutter ein rhesuspositives Kind erwartet. Gegen die roten Blutzellen des Kindes mit dem Rh^+-Faktor würde die Mutter Antikörper ausbilden. Bei einer erneuten Rh^+-Schwangerschaft werden durch die Abwehrreaktionen der rhesusnegativen Mutter die roten Blutzellen des rhesuspositiven Kindes geschädigt, da die Mutter Antikörper gegen den Rh^+-Faktor gebildet hat.
Um dies zu verhindern, spritzt man der Mutter unmittelbar nach der Geburt des ersten Kindes Antiglobuline. Diese wirken gegen die von ihr gebildeten Rh^+-Antikörper. Damit wird die Bildung des **Antigen-Antikörper-Komplexes** als Immunreaktion gegen die roten Blutzellen des Kinds verhindert.

Außerdem ist die Bestimmung des Rhesusfaktors zusätzlich zur Blutgruppe ein weiteres und wichtiges Merkmal zur Eingrenzung einer möglichen Vaterschaft.

Eltern	**Mutter**	**Vater**
Blutgruppen (Phänotyp)	**A Rh^+**	**B Rh^-**
mögliche Genotypen	AADD, AODD, AADd, AODd	Bdd, BOdd
Keimzellen	AD, OD, Ad, Od	Bd, Od
Genotypen der Kinder	ABDd, AODd, BODd, OODd, ABdd, AOdd, OOdd	
Blutgruppen der Kinder	$ABRh^+$, ARh^+, BRh^+, ORh^+, $ABRh^-$, ARh^-, ORh^-	

Körperlogistik: das Blutkreislaufsystem

Um die Verteilung des Bluts im Körper an den jeweils lokalen Bedarf anzupassen, besitzt der Mensch ein ausgeklügeltes Gefüge von Leitungsbahnen. Dieses **geschlossene Kreislaufsystem** besteht aus Körper- und Lungenkreislauf, die sich jeweils aus verschiedenen Funktionselementen zusammensetzen (↗ Abb. 2).

Hauptantriebsmotor im Blutkreislauf ist das **Herz.** Es ist ein Hohlmuskel, der das Blut im Kreislaufsystem in Bewegung hält. Das Herz ist mit seinen mehr als 30 Millionen Kontraktionen pro Jahr der strapazierfähigste Muskel im Körper.
Beim Zusammenziehen des Herzmuskels (**Systole,** ↗ Abb. 1) presst dieser das Blut aus den Hauptkammern in die Lungen- und Körperarterien. Entspannt sich der Muskel, weitet sich das Herz und die Vorhöfe und die Herzkammern füllen sich aus dem Blutreservoir der Venen (**Diastole,** ↗ Abb. 1). Die Herzschlagfrequenz (Schläge pro Minute) richtet sich z. B. nach den aktuellen körperlichen Belastungen.
Passive Bewegungen der **Herzklappen** verhindern den Rückfluss des Blutstroms in die falsche Richtung. So schließen sich während der Systole die Verbindungen zu den Venen (Segelklappen) und der Weg zu den Arterien wird frei. Während der Diastole öffnet sich dagegen die Verbindung zu den Venen und die Arterienansätze (Taschenklappen) werden verschlossen.

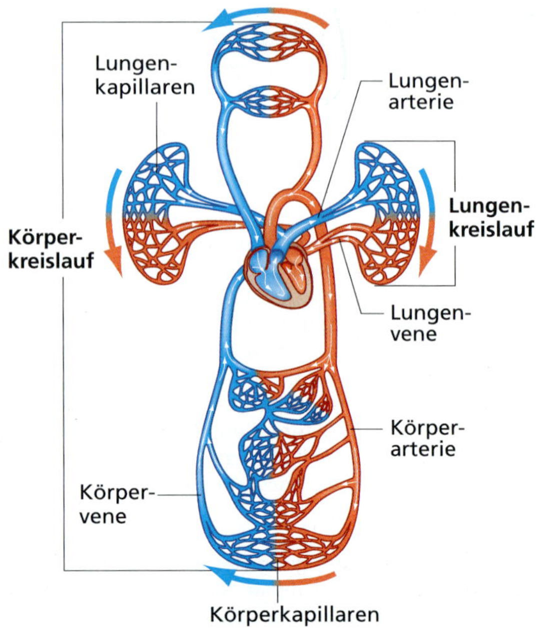

2 Das Blutgefäßsystem ist ein Kreislauf, es verteilt das Blut im gesamten Körper.

> Das Herz ist in zwei funktionale Hälften geteilt, die jeweils dem Lungen- und Körperkreislauf zugeordnet sind. Jede Hälfte besteht aus Vorhof und Hauptkammer.

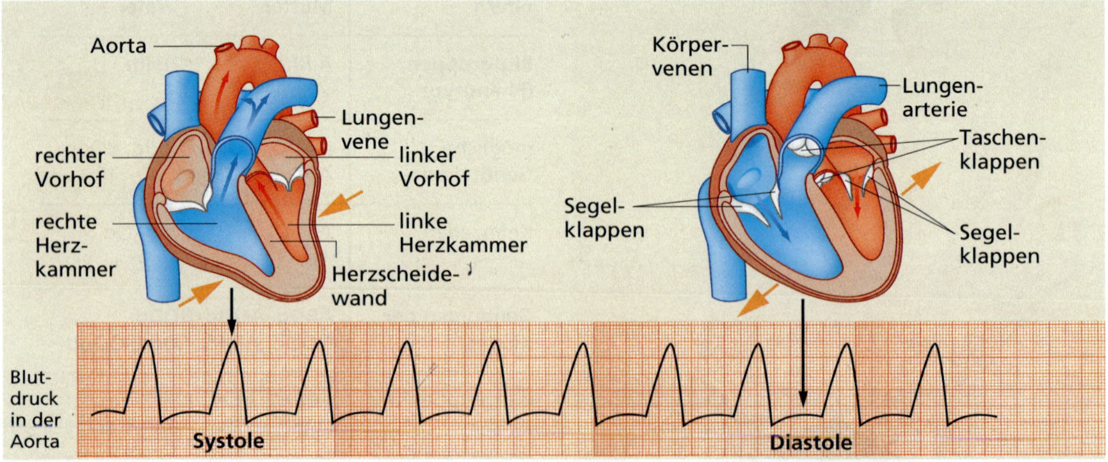

1 Im Ruhezustand wechseln Systole und Diastole etwa 60- bis 70-mal pro Minute ab.

Arterien, Kapillaren, Venen

Im Blutkreislaufsystem finden sich über den Körper verteilt unterschiedliche Gefäße, deren Aufbau jeweils mit ihrer Funktion zusammenhängt.

Arterien sind Blutgefäße, die vom Herzen wegführen. An ihnen ist die vom Herzschlag erzeugte Druckwelle als Puls messbar. Durch ihre muskulöse Wandstruktur mildern die Arterien die Druckspitzen der Systole und bilden gleichzeitig während der Diastole ein Druckreservoir für die anschließenden Kapillaren (Druckkesselprinzip). Dies führt zu einem gleichmäßigeren Blutdurchfluss durch die Gewebe und Organe.

Kapillaren (Haargefäße) durchziehen als mikroskopisch kleine Blutgefäße fein verzweigt alle Gewebe. Dies ermöglicht einen schnellen Stoffaustausch. Zusätzlich bestehen die Kapillarenwände nur aus einer Zellschicht und sind für das Blutplasma durchlässig (permeabel). So gelangen die darin enthaltenen Nährstoffe in die umliegenden Zellzwischenräume und Stoffwechselprodukte werden leicht übernommen.

Aus den Kapillaren sammelt sich das Blut in den **Venen.** Sie leiten es zum Herzen zurück. Die Venen enthalten etwa 50 % des Blutvolumens im Körper. Sie besitzen grundsätzlich einen niedrigen Innendruck. Deshalb wird das Blut, wie z. B. beim Blutspenden, immer aus den Venen entnommen. Skelettmuskeln und Arterien, die den Venen eng anliegen, verringern streckenweise das Lumen der Venen und verschieben so das Blut. Passiv bewegliche Ventilklappen kanalisieren dabei die Fließrichtung zum Herzen (↗ Abb. 1).

Arterien, Venen und Kapillaren bilden ein geschlossenes Blutgefäßsystem. Sie haben unterschiedliche Funktionen im Kreislauf.

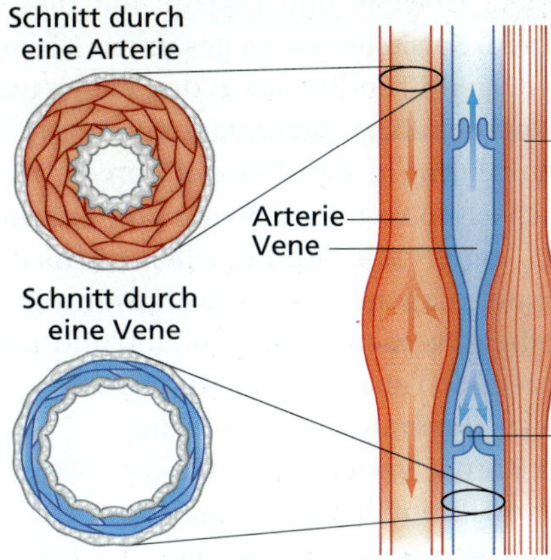

1 Benachbarte Muskeln und Arterien bewirken in den Venen den Blutfluss zum Herzen (Venenpumpe).

Praktikum: Durchblutung peripherer Körperteile

Material:
Tisch und Stuhl, Stoppuhr

Durchführung:
1. Setze dich entspannt auf einen Stuhl. Strecke nun einen Arm senkrecht nach oben und lasse den anderen Arm locker herunterhängen.
2. Lege nach einer Minute beide Hände auf den Tisch und betrachte die Handrücken.
3. Wiederhole anschließend den Versuch mit gewechselten Seiten.

Auswertung:
1. Vergleiche beide Handrücken. Wie unterscheiden sie sich?
2. Leite aus deinen Beobachtungen eine Vermutung für die Unterschiede ab.
3. Überlege, wie du deine Vermutung überprüfen kannst. Plane dazu einen Versuch.
4. Begründe, weshalb eine Wiederholung mit gewechselten Seiten wichtig ist.

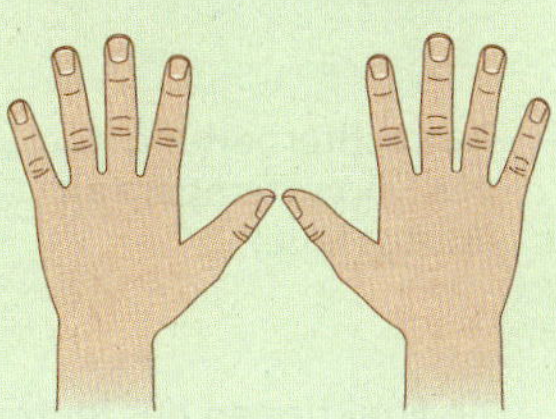

Aufgaben des Blutkreislaufs

Mit seinen Bestandteilen spielt das Blut bei vielfältigen Vorgängen im Körper eine wichtige Rolle. Es transportiert Nährstoffe, Abbauprodukte und Signalstoffe, bei gleichwarmen Tieren auch Wärme, und sorgt damit für ein inneres Gleichgewicht (Homöostase).

- Im Kapillarnetzwerk der Darmzotten sammelt das Blut die **Grundbausteine** der im Darm verdauten Nahrung und bringt sie zur Leber. Dort dienen sie der Synthese neuer, körpereigener Substanzen. Außerdem versorgt das Blut alle Zellen, Gewebe und Organe mit diesen Bausteinen. So sichert es im gesamten Körper den jeweiligen Grundbedarf in den Zellen und bringt Nachschub bei verstärkter Belastung.
- Das Blut nimmt in den Lungen den für den Stoffwechsel notwendigen **Sauerstoff** auf und versorgt damit alle Körperzellen. Schlecht durchblutete Organe (z. B. lokale Erfrierungen, Raucherbein) verlieren ihre Funktion und sterben letztendlich ab (↗ S. 143, Thrombose).
- Auch die **Hormone** werden vom Blut im Körper verteilt. Es befördert sie von ihrem Produktionsort (Drüsen bzw. neurosekretorische Zellen) zum jeweiligen Zielorgan. Durch verschiedene Rückkopplungssysteme werden der Blutzuckerspiegel, der Salzgehalt und die Bluttemperatur geregelt. Dafür gibt es im Körper an vielen Stellen entsprechende Messpunkte.
- In der Leber übernimmt das Blut die entgifteten **Abbauprodukte** von Stickstoffverbindungen und sonstigen Schadstoffen (z. B. Alkohol, Pharmaka). Diese befördert es, ebenso wie die im gesamten Körper angefallenen Endprodukte des Stoffwechsels (Kohlenstoffdioxid, Harnstoff), zu den Lungen und Nieren, wo sie ausgeschieden werden.
- Der Blutstrom hat großen Einfluss auf unsere konstante **Körpertemperatur**. Er verteilt die durch biochemische Prozesse des Stoffwechsels oder durch Muskelbewegungen örtlich entstandene Wärme im ganzen Körper und gleicht somit Unterschiede aus. Bei Bedarf wird der Blutdurchfluss in der Haut erhöht oder reduziert. Wärmeveränderungen der Umwelt werden durch aktives Erweitern bzw. Verengen der Hautkapillaren ausgeglichen.

Aufgabe

Beschreibe, woran du erkennen kannst, dass die Durchblutung im Körper örtlich verstärkt ist. Nenne Situationen, in denen dies der Fall ist, und zeige die Hintergründe dafür auf.

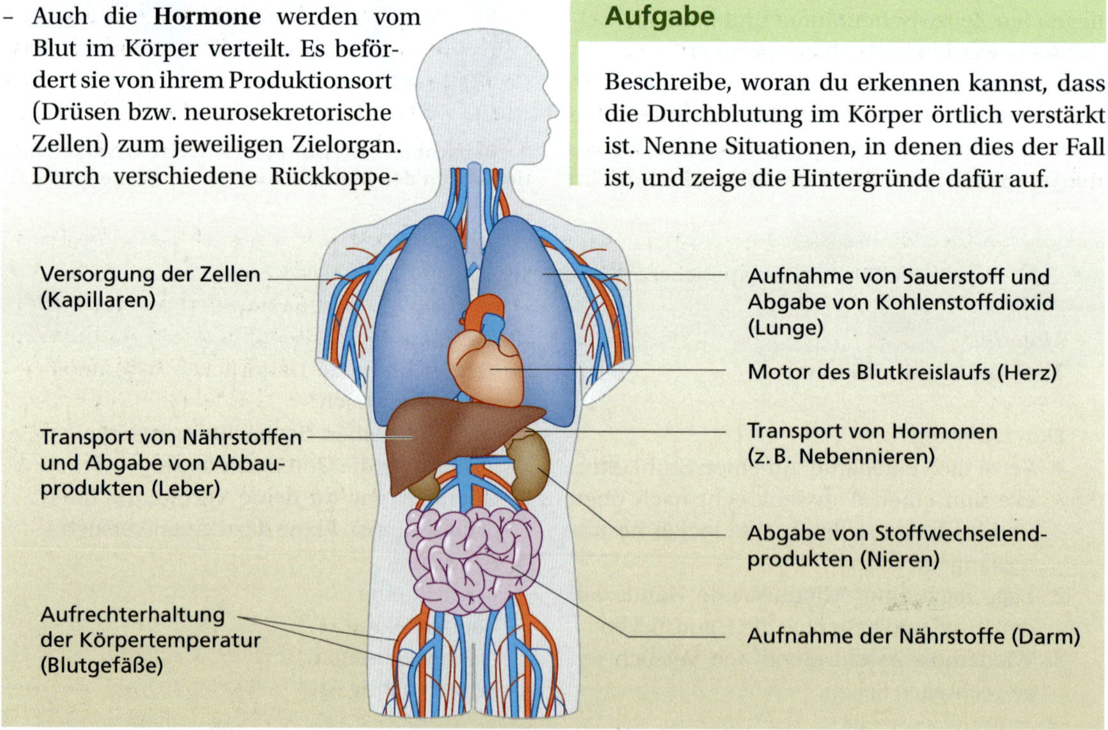

1 Die Funktionen des Blutes sind sehr vielfältig und komplex.

Ein Reparatursystem mit Pflegebedarf

Das Blut und sein Kreislaufsystem gewährleisten neben der bedarfsgerechten Versorgung des gesamten Körpers (↗ S. 142) auch die Abwehr und Reparatur möglicher Störungen.

Wird z. B. ein Blutgefäß verletzt (↗ Abb. 1 a), sorgt eine Reihe von Mechanismen dafür, dass der Blutverlust möglichst gering bleibt. Als Erstes kontrahieren sich reflexartig die Muskeln der lokalen Gefäßwände. Dies reduziert kurzfristig den Blutzustrom. Anschließende Reaktionen der Blutzellen und komplexe Abläufe im Blutplasma bewirken dann die Gerinnung **(Koagulation)** des Blutes. So heften sich die **Thrombozyten** in der Wunde fest, verändern ihre Form (↗ Abb. 1 b) und verkleben zum Thrombus (griech.: *thrombos* = geronnene Masse, Klumpen, dicker Tropfen; ↗ Abb. 1 c).
Schließlich vernetzen sie mit Fibrinogen-Molekülen zum wasserunlöslichen Fibrin (↗ Abb. 1 d). In diesem Fibrinnetz verfangen sich zusätzlich Blutzellen. Der anfänglich gallertige Wundverschluss trocknet zu einem krustigen Schorf ein.
Dieser Vorgang verläuft in einer Reaktionskette mit mehr als zehn Gerinnungsfaktoren. Starke Blutungen erfordern darüber hinaus zusätzliche Maßnahmen (z. B. einen Druckverband, ↗ Abb. 2).

Würde das Blut nicht kurzfristig gerinnen, wäre auch die kleinste Verletzung lebensgefährlich.

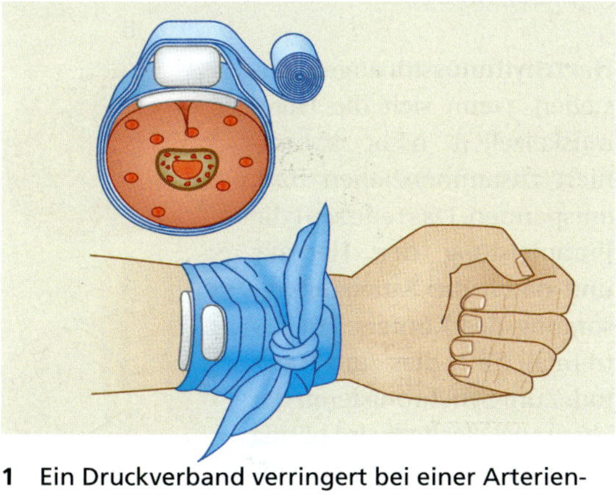

1 Ein Druckverband verringert bei einer Arterienverletzung den Blutverlust.

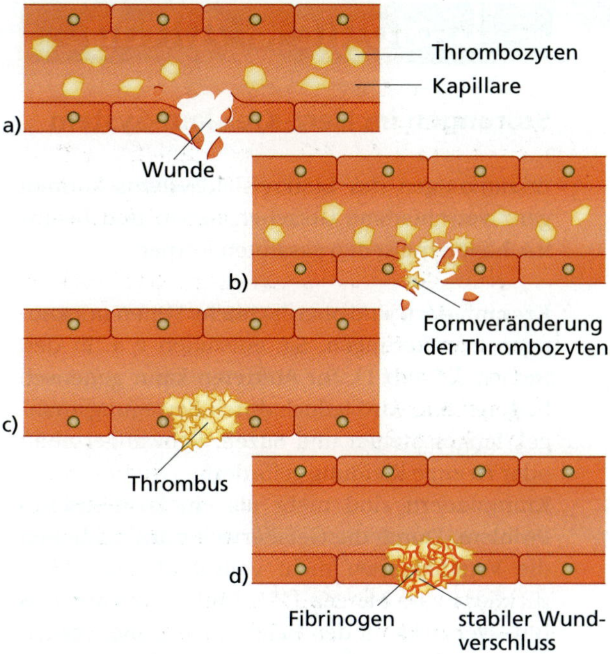

2 Wundverschluss in einer Kapillare

Damit jedoch nicht das gesamte Kreislaufsystem verstopft, muss die **Blutgerinnung** auf den Verletzungsort begrenzt bleiben. Dies geschieht über Hemmstoffe (Inhibitoren), die in die Reaktionskette der Gerinnungsfaktoren eingreifen und so die Gerinnung blockieren.

Dennoch können sich, v. a. im Bereich der Venen, Blutgerinnsel **(Thrombosen)** bilden. Löst sich der sogenannte Thrombus und wird vom Blutstrom weitergeschwemmt, führt das oft zur Verstopfung eines anderen Gefäßes (Embolie). Die Folge ist eine schwere Beeinträchtigung eines Organs oder sogar der Tod. Besonders betroffen sind die Lungen (Lungenembolie), die Herzkranzgefäße (Herzinfarkt) und das Gehirn (Schlaganfall).

Aufgaben

1. Informiere dich über die Ursachen der Bluterkrankheit.
2. Wiederhole und übe das Anlegen eines Druckverbands.

Biologie im Alltag

Störungen im Herz-Kreislauf-System

Erkrankungen des Blutkreislaufsystems können ganz verschiedene Ursachen haben und beeinträchtigen meist den gesamten Körper.

Krampfadern sind oberflächliche Venen mit knotigen Erweiterungen. Sie entstehen v. a. in den Beinen (↗ Abb. 1). Ihr Auftreten kann genetisch bedingt sein, wird jedoch durch Bewegungsmangel, langes Stehen und Sitzen, Schwangerschaft oder zu enge Kleidung gefördert.
Krampfadern sind mehr als ein kosmetisches Problem. Durch die Gefäßerweiterung schließen die Venenklappen nicht vollständig, der Blutrückfluss zum Herzen (↗ S. 140) ist gestört: Das Blut „versackt" in den Beinen. Die Füße werden dick, es kann zu Venenentzündungen, schlecht heilenden Wunden („offenes Bein") und Thrombosen (↗ S. 143) kommen.
Vorbeugend und lindernd wirken das Anlegen von Stützstrümpfen oder medikamentöse Therapien. Das Ziehen oder Veröden von Krampfadern sind chirurgische Maßnahmen.

Bei der **Arterienverkalkung (Arteriosklerose)** verringern Ablagerungen an den Innenwänden den Gefäßquerschnitt (↗ Abb. a – d). Dabei verlieren die Gefäßwände zunehmend ihre Elastizität. Dies ist ein natürlicher Alterungsprozess, wird jedoch durch verschiedene Risikofaktoren verstärkt. Arteriosklerose lässt sich nicht rückgängig machen, kann aber vermieden oder verzögert werden.
An den Ablagerungen auf der Arterienwand sind bestimmte Formen von **Cholesterin** beteiligt. Cholesterin (griech.: *chole* = Galle, *stereos* = fest) erhöht die Stabilität der Membranen und ist u. a. die Vorstufe der Gallensäure. Eine hohe Cholesterinkonzentration im Blut zählt zu den Risikofaktoren.
Die meisten Risikofaktoren kann man durch seine Lebensweise beeinflussen. Übergewicht und erhöhte Cholesterinwerte gehören dazu: Eine gesunde Ernährung und viel Bewegung verhindern sie. Bluthochdruck und Diabetes müssen vom Arzt behandelt werden. Auch das Rauchen ist ein wesentlicher Risikofaktor (↗ S. 130).
Die Arteriosklerose selbst merkt man nicht. Beschwerden treten erst in den Organen auf, die durch den reduzierten Blutfluss unterversorgt sind. Auch steigert sich durch den verringerten Gefäßquerschnitt die Gefahr einer Verstopfung (Embolie, ↗ S. 143).
In lebensbedrohlichen Situationen wird Arteriosklerose chirurgisch behandelt. So werden verengte Gefäße durch eingeführte Ballonkatheter geweitet und Herzkranzgefäße, die den Herzmuskel nur noch ungenügend versorgen, in Bypassoperationen ersetzt (↗ S. 145, Abb. 1).

Herzrhythmusstörungen entstehen, wenn sich die Herzmuskelzellen nicht koordiniert zusammenziehen bzw. entspannen. Das reduziert die Pumpleistung des Herzens und damit die Sauerstoffversorgung des Körpers. Im Extremfall führt dies zum Herztod. Zum Synchronisieren der Herzmuskelzellen wird häufig ein Herzschrittmacher implantiert.

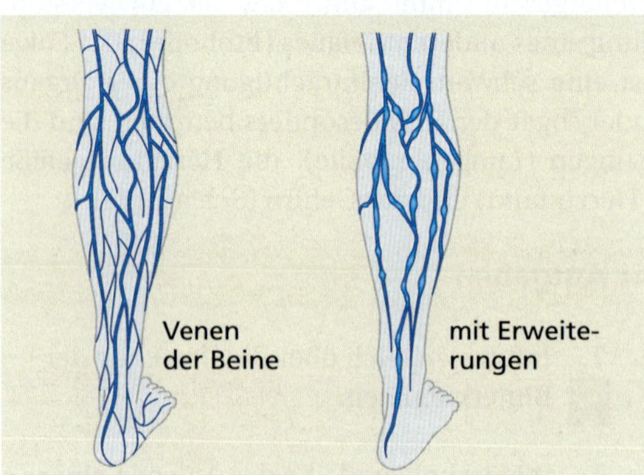

1 Entstehung von Krampfadern

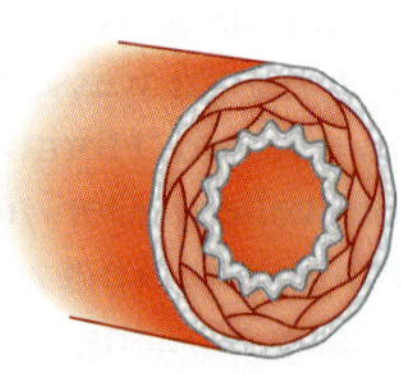

a

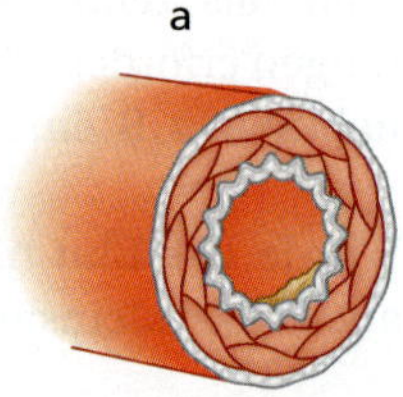

b

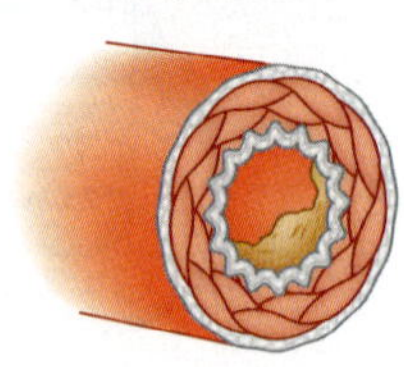

c

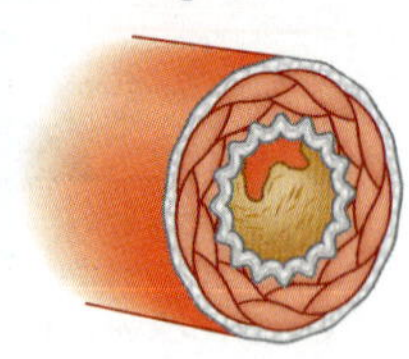

d

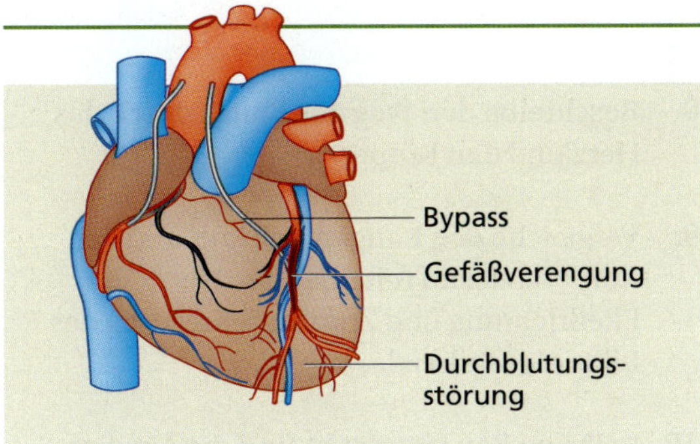

1 Bypassoperationen ersetzen verengte Gefäße.

Auch die **Herzschwäche** (Herzinsuffizienz) verringert die Pumpleistung des Herzens. Tritt sie akut und heftig auf, führt sie zum plötzlichen Herzversagen. Das ist im Alter eine häufige Todesursache.
Herzinsuffizienz entsteht z. B. durch unvollständig schließende Herzklappen oder durch zu großen Widerstand in verengten Arterien. Meist ist jedoch eine Störung im Herzmuskel selbst der Grund (z. B. Herzrhythmusstörung) oder eine Unterversorgung durch **verengte Herzkranzgefäße** (↗ Abb. 1).

Angina pectoris (Brustenge) tritt auf, wenn die Herzkranzgefäße von Arteriosklerose betroffen sind. Häufig sind damit auch Herzinsuffizienz, Herzrhythmusstörungen sowie **Herzinfarkte** verbunden. *Angina pectoris* geht mit dumpf drückenden Schmerzen im Brustraum einher.

Viele angeborene oder erworbene **Herzfehler**, wie z. B. eine nicht völlig geschlossene Herzscheidewand oder undichte Herzklappen, können heute erkannt und in spezialisierten Kliniken durch chirurgische Eingriffe behoben werden.

Störungen im Herz-Kreislauf-System führen zu Beeinträchtigungen im gesamten Körper. Viel Bewegung und eine bewusste Ernährung unterstützen die Gesunderhaltung des Systems.

Praktikum: Messung des Blutdrucks

Material:
Blutdruckmessgerät, Zettel und Stift

Durchführung:
1. Ermittle deinen Blutdruck mit einem Messgerät entsprechend der Gebrauchsanweisung. Schaue während der Messung nicht auf die Anzeige.
2. Wähle ruhige, entspannte Situationen für die Ermittlung deines Normbereichs aus (Kontrollversuch).
3. Belaste dich gezielt und miss vorher und nachher in sinnvollen Zeitabständen deinen Blutdruck. Nutze körperliche Betätigungen (z. B. schnelles Treppensteigen, Liegestütz, Kniebeugen) oder erzeuge Stress durch Zeitdruck beim Lösen von kniffligen Aufgaben.
4. Trage die Messwerte in eine Tabelle ein, die Spalten für Datum/Uhrzeit, Systole/Diastole sowie Bemerkungen (Stichpunkte zur Situationsbeschreibung) enthält.

Auswertung:
1. Überlege, warum es sinnvoll ist, während der Messung nicht auf die Anzeige zu schauen.
2. Beschreibe die Messdaten in Abhängigkeit von der jeweiligen Situation und vergleiche diese.
3. Fasse die Daten in sinnvollen Kategorien zusammen (z. B. Ruhe, Art der Belastung, Zeitabstand vorher/nachher).
   Berechne die Mittelwerte und stelle diese in Blockdiagrammen dar. Überlege, warum bei der Darstellung des Blockdiagramms auf eine durchgezogene x-Achse verzichtet werden sollte.
4. Wiederhole den Versuch „Durchblutung peripherer Körperteile" (↗ S. 141). Vergleiche die gemessenen Blutdruckwerte am hochgestreckten und herunterhängenden Arm.

Gewusst · Gekonnt

1. Ergänze dein Glossar um folgende Begriffe: Blut, Blutplasma, Blutzellen, Blutkörperchen, Blutplättchen, Herz, Herzfrequenz, Blutkreislauf, Arterie, Kapillare, Vene, Herz-Kreislauf-Erkrankungen, Blutdruck, Diastole, Systole, Blutgruppen, Bluttransfusion.

2. Berechne mithilfe der Tabelle auf Seite 137 die ungefähre Anzahl der verschiedenen Blutzellen in einem Liter Blut.

3. Betrachte die Bestandteile des Blutes mithilfe des Mikroskops (Dauerpräparat). Fertige eine Zeichnung an.

4. Fertige eine Skizze vom Herzen in deinem Heft an. Beschrifte die Skizze mit folgenden Begriffen: rechter Vorhof, Lungenarterie, linke Herzkammer, Lungenvene, Körperarterie, linker Vorhof, Körpervene, rechte Herzkammer, Herzscheidewand, Herzklappen.

5. Vermute, welche Folgen es hat, wenn die beiden Herzhälften durch ein Loch in der Herzscheidewand verbunden sind.

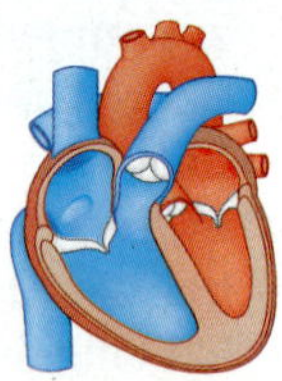

6. Beurteile die Richtigkeit folgender Aussagen: In Venen fließt kohlenstoffdioxidreiches Blut und in Arterien fließt sauerstoffreiches Blut. Begründe deine Antwort.

7. Das Blut ist ein vielseitiges Transportmittel. Nenne Stoffe, die vom Blut transportiert werden. Fertige eine Tabelle an.

8. Beschreibe den Weg des Blutes durch das Herz und den Körper.

9. Vergleiche den Lungenkreislauf und den Körperkreislauf miteinander. Nutze u. a. Fließrichtung und Zusammensetzung des Bluts als Merkmale.

10. In ihrem Bau (Struktur) sind die Arterien, Kapillaren und Venen an ihre Funktion angepasst. Beschreibe den Zusammenhang zwischen Struktur und Funktion bei den drei Gefäßtypen.

11. Die Herzfrequenz ist abhängig von der körperlichen Aktivität. Plane ein Experiment zur Bestätigung dieser Aussage nach folgender Schrittfolge:
    - Vermutung,
    - Planung,
    - Durchführung und Beobachtung,
    - Auswertung mit Bezug zur Vermutung.

12. Der rote Blutfarbstoff, das Hämoglobin, bindet Kohlenstoffmonooxid 300-mal höher als Sauerstoff. Schon beim Rauchen von Zigaretten werden ca. 10 % des Hämoglobins durch Kohlenstoffmonooxid blockiert.

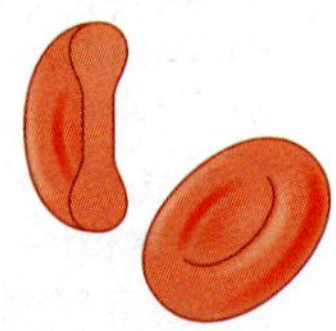

    a) Beschreibe den Transport von Sauerstoff im Körper.
    b) Nenne Eigenschaften und Quellen von Kohlenstoffmonooxid. Nutze dazu Nachschlagewerke oder das Internet.
    c) Erkläre die Folgen des Rauchens aus Sicht des Sauerstofftransports.

13. Bei der Erstversorgung von stark blutenden Menschen wird zunächst Wasser mit etwas Kochsalz in die Blutbahn gegeben, wenn keine passende Blutkonserve zur Verfügung steht. Erkläre diese Maßnahme.

14. Recherchiere, was man unter „Herzklappenfehler“ versteht.

Blutbestandteile und ihre Funktion

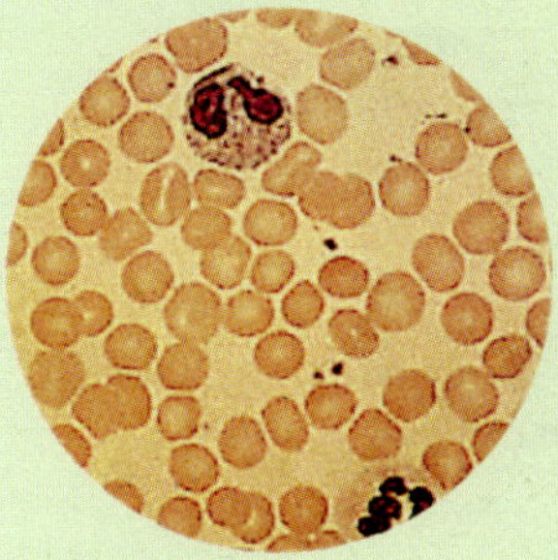

Blutplasma:	ca. 55 %; Stofftransport
Blutplättchen:	kernlos, unterschiedlich geformt; Blutgerinnung und Wundverschluss
Rote Blutkörperchen:	kernlos, scheibenförmig, kreisrund, enthalten Hämoglobin; Sauerstoffbindung und -transport
Weiße Blutkörperchen:	kernhaltig, wechselnde Form mit Zellkern; Vernichtung von Krankheitserregern, Bildung von Abwehrstoffen, Antikörperbildung

Bau und Funktionen des Blutgefäßsystems

Herz	**Blutgefäße**	**Blutkreislauf**
Durch rhythmisches Zusammenziehen des Herzens wird das Blut durch unseren Körper transportiert.	Das Blut fließt in Blutgefäßen durch unseren Körper.	Im geschlossenen System kreist das Blut durch den Körper und erreicht alle Organe.

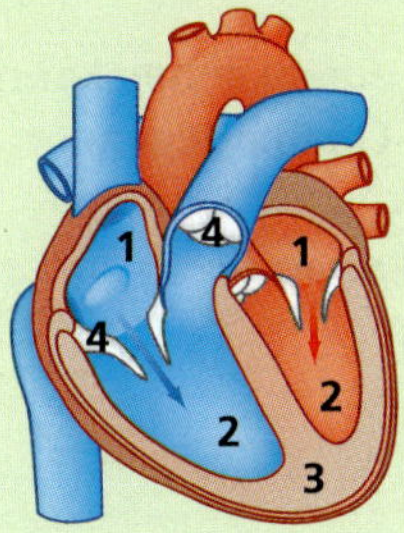

1 Vorhöfe
2 Herzkammern
3 Herzscheidewand
4 Herzklappen

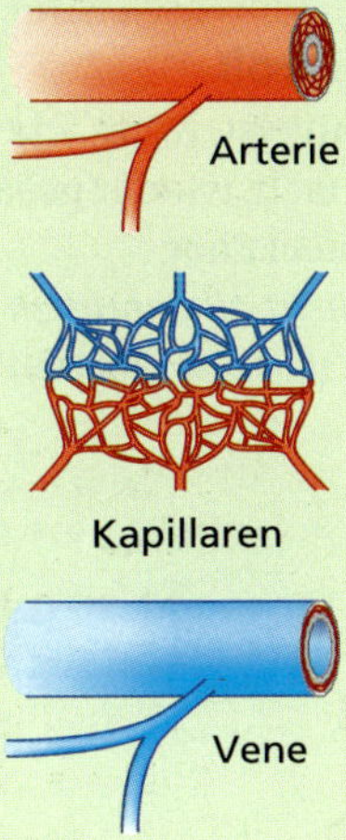

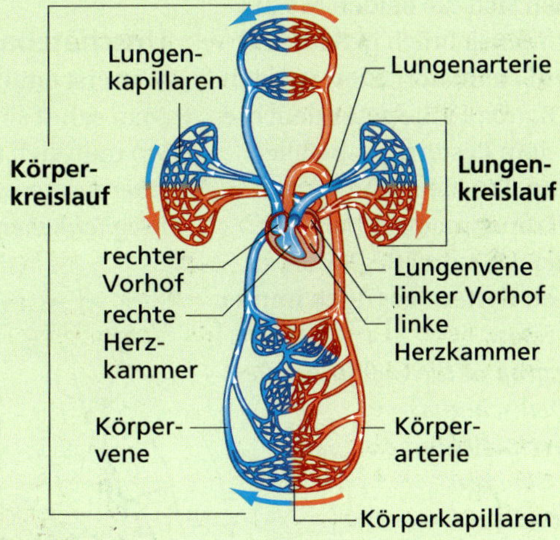

Herz-Kreislauf-Erkrankungen

Wichtige Erkrankungen an Blutgefäßen und am Herzen sind u. a. Krampfadern, Arterienverkalkung (Arteriosklerose), Herzinfarkt, Schlaganfall (Hirnschlag).

Durch eine gesunde Lebensführung kann man den Erkrankungen vorbeugen. Dazu zählen u. a. sportliche Betätigung, regelmäßiger Schlaf, gesunde Ernährung.

2.4 Krankheitserreger und die körpereigene Abwehr

NEW YORK. Am vergangenen Freitag hat ein Paar aus dem US-Bundesstaat New Mexico New York besucht, zwei von täglich Zehntausenden Touristen. Doch die beiden brachten eine beträchtliche Gefahr mit. „Wir geben heute den wohl ersten Fall von Beulenpest in New York seit 100 Jahren bekannt", sagte am Donnerstag der Gesundheitsbeauftragte der Stadt. *(CNN)*

7. November 2002

Beulenpest im 21. Jahrhundert?

An dieser Seuche angesteckt haben sich die beiden Mexikaner offensichtlich in Santa Fe, ihrem Heimatort. Dort wurden auf Ratten Flöhe gefunden, die mit dem Pesterreger befallen waren. Das deutsche Institut für Tropenmedizin benennt in den USA drei Regionen, in denen Pesterreger noch immer auftreten.

Wie groß ist die Gefahr der Pest in Deutschland?
Wie schnell können sich Seuchen ausbreiten?
Welche Infektionskrankheiten gibt es noch heute?

Unschätzbar wertvoll

Wer erst einmal krank ist, weiß, wie schlecht es einem gehen kann. Man sehnt sich danach, wieder gesund zu sein. Oft überlegt man, wo man sich angesteckt hat.

Aber warum sind nicht alle anderen auch krank geworden? Gibt es Möglichkeiten, sich vor Krankheiten zu schützen?

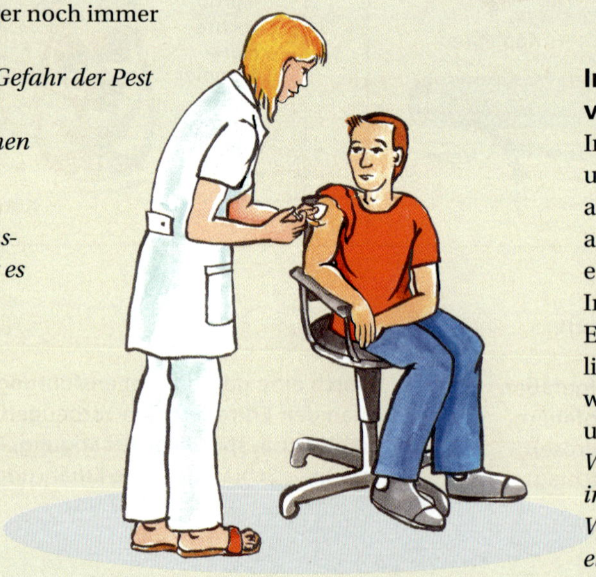

Impfungen – Schutz vor Erkrankung?

Infektionsgefahr besteht immer und überall. Sowohl Kinder als auch Erwachsene können an einer Infektionskrankheit erkranken. Ausreichende Impfungen können vor solchen Erkrankungen und ihren möglichen gesundheitlichen Folgen wie Lähmungen, Krampfleiden und Herzschwäche schützen.

Was verstehst du unter Schutzimpfung?
Welche Vorgänge laufen bei einer Impfung im Körper ab?

Infektionskrankheiten – Entstehung und Verlauf

Aus der Umgebung können in unseren Körper verschiedene Krankheitserreger eindringen. Dies können Bakterien, Viren, Pilze, Einzeller, Tiere oder Prionen sein (↗S. 150, Tab.). Der Körper wird von ihnen infiziert (angesteckt). Es erfolgt eine **Infektion.**
Die nach einer bestimmten Zeit (Inkubationszeit) ausbrechenden Krankheiten werden als **Infektionskrankheiten** oder **ansteckende Krankheiten** bezeichnet.

Krankheitserreger können auf direktem oder indirektem Weg in den Körper gelangen. Das ist u. a. abhängig von der Art des Erregers.
Die **direkte Übertragung** erfolgt z. B. durch Tröpfchen- und Schmierinfektion, durch Einatmen mit der Luft, über Körperflüssigkeiten beim Geschlechtsverkehr und Küssen bzw. auch über die Muttermilch, durch Direktkontakt beim Händegeben oder bei der Geburt.

Indirekt können die Erreger mit der Nahrung aufgenommen, durch medizinische Instrumente, z. B. Spritzen, eingeimpft oder durch Tiere, z. B. Fliegen oder blutsaugende Insekten (Mücken), übertragen werden.

Erreger von Krankheiten können an den unterschiedlichsten Stellen in den Körper gelangen. Vor allem über die Körperöffnungen, wie Mund, Nase, Augen, Geschlechtsorgane, After. Sie dringen häufig in Atmungs- und Verdauungsorgane ein, seltener in die Haut (z. B. nach Verletzungen) oder die inneren Schleimhäute.
Abhängig von der aktuellen körperlichen Konstitution und dem bisherigen Kontakt zu verschiedenen Erregern besitzt jeder Mensch eine bestimmte Widerstandsfähigkeit gegenüber Krankheitserregern, sodass nicht jede Infektion zu einer Erkrankung führen muss.

Aufgabe

Interpretiere das Schema in Abbildung 1.

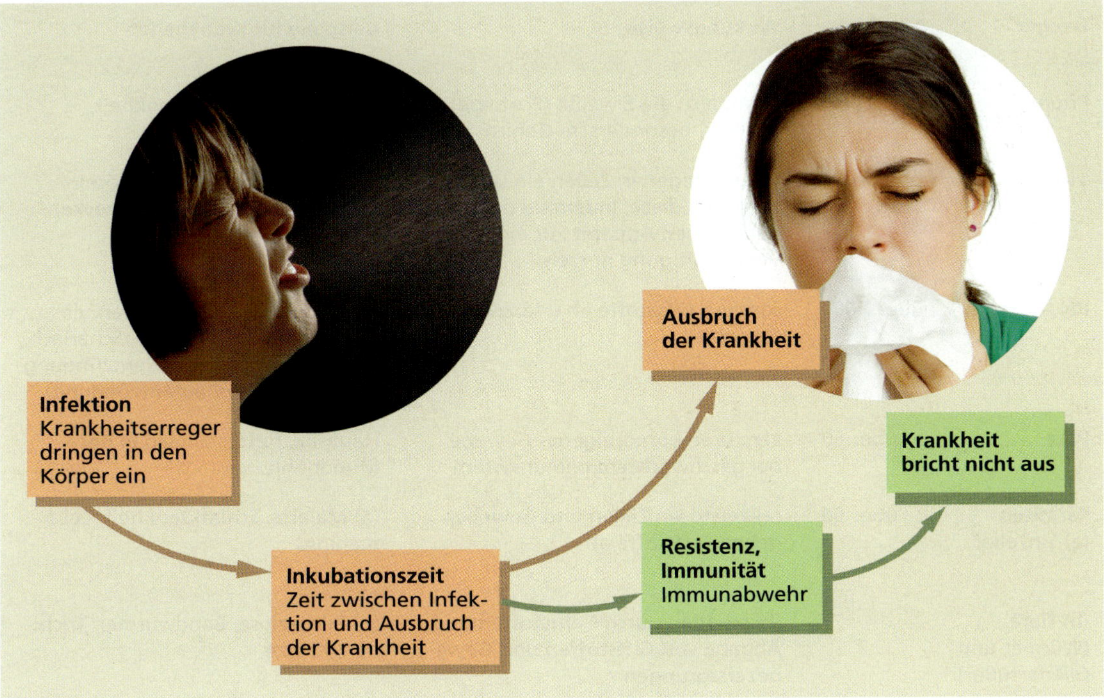

1 Eine Tröpfcheninfektion kann durch Husten oder Niesen erfolgen.

Krankheitserreger und Infektionskrankheit

So unterschiedlich die Erreger auch sind, mit denen sich ein Organismus infiziert kann (↗ Tab.), die Mechanismen, die durch ihr Eindringen ausgelöst werden, sind im Prinzip gleich.
Nach der **Infektion** vermehren sich die Erreger im Körper. Durch Abgabe von **Giftstoffen** (Toxine) bzw. durch eine bestimmte Erregerkonzentration kommt es zur Schädigung des Körpers. Typische Anzeichen für eine Erkrankung (**Symptome**) treten auf, z. B. steigt die Körpertemperatur an.
Nasskaltes Winterwetter kann die Anfälligkeit gegenüber Erregern der **Erkältungskrankheiten** (Schnupfen, Husten, Halsschmerzen) fördern, da die Kälte zu einer verringerten Durchblutung der Schleimhäute in Nasen- und Rachenraum führen kann. Solche „grippalen Infekte" sind leicht übertragbar, z. B. durch Tröpfcheninfektion.

Die Krankheitserreger vermehren sich im Körper und schädigen ihn.

Aufgabe

Vergleiche den Bau von Bakterien und Viren. Begründe, warum Viren keine Lebewesen sind.

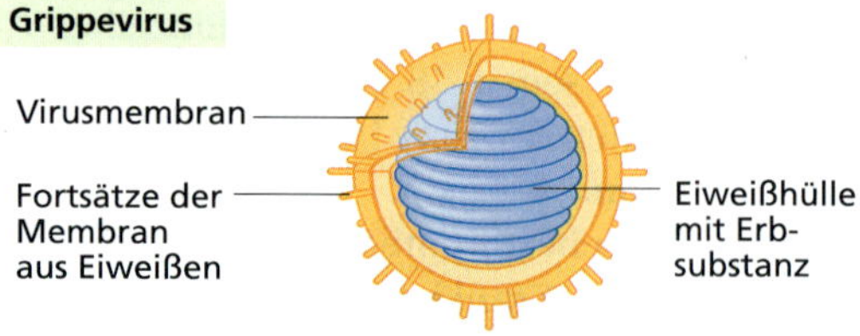

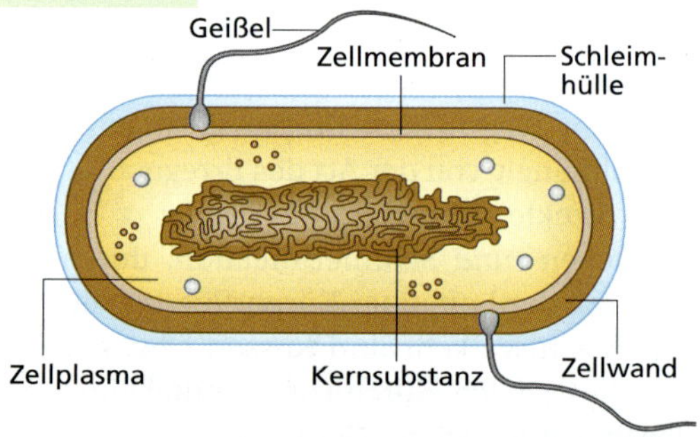

Erreger	Anzahl der Arten	Wirkungsweise	Beispiele für Krankheiten
Prionen		verändern die Eiweiße (Proteine) des Körpers, besonders im Gehirn	Creutzfeldt-Jakob-Krankheit, Rinderwahnsinn (BSE)
Viren	über 1 000	Viren dringen in Zellen ein und zerstören diese, indem sie deren genetischen Apparat zur eigenen Vervielfältigung nutzen	Grippe, Kinderlähmung, Röteln, Hepatitis B, Mumps, Windpocken, Aids
Bakterien	über 1 000	sondern Giftstoffe ab und zerstören Gewebe	Keuchhusten, Typhus, Tuberkulose, Pest, Tetanus, Diphtherie, Scharlach, Cholera, eitrige Mandelentzündung, Meningitis (Hirnhautentzündung)
Pilze	über 50	zerstören körpereigenes Gewebe bei geschwächtem Immunsystem	Hautpilz, Hefepilzbelag in der Mundhöhle
Parasiten (a) Einzeller	über 50	(a) zerstören Zellen und Gewebe, geben Giftstoffe ab	(a) Malaria, Schlafkrankheit, Leishmaniose
(b) Tiere (Würmer und Gliederfüßer)		(b) schaden durch Nährstoffentzug, Abgabe von Giftstoffen und Gewebezerstörungen	(b) Bilharziose, Bandwürmer, Trichinen, Krätze

1 Verschiedene Krankheitserreger können unterschiedliche Krankheiten verursachen.

Bakterien können beim Menschen, aber auch bei Tieren und Pflanzen, Infektionskrankheiten hervorrufen. Für den Menschen gehören z.B. Scharlach, Keuchhusten, Diphtherie, Tuberkulose, Cholera, Pest sowie die Geschlechtskrankheit Syphilis dazu.

Infektionskrankheiten beim Menschen, die durch **Viren** ausgelöst werden, sind z.B. Kinderlähmung (Poliomyelitis), Röteln, Gürtelrose, Herpes, Gebärmutterhalskrebs durch HPV, Aids durch HIV und verschiedene Leberentzündungen (Hepatitis A, B, C, D, E).

Weitere durch Bakterien verursachte Infektionskrankheiten			
Krankheit	**Erreger und Übertragung**	**Inkubationszeit**	**Krankheitsanzeichen (Symptome)**
Wundstarrkrampf (Tetanus)	*Clostridium tetani* Kontakt verletzter Haut mit Erde, Straßenstaub	3 Tage bis 3 Wochen	Mattigkeit; Schlafstörungen; qualvolle Krampfzustände der Muskulatur (u. U. der Herz- und Atemmuskulatur)
Hirnhautentzündung (Meningitis)	u. a. durch *Meningokokken, Pneumokokken, Staphylokokken* Tröpfcheninfektion	2–7 Tage	häufig Entzündung der oberen Luftwege, Mittelohr, Kehlkopf und Hirnhäute; Eiteransammlung über den Großhirnhälften; vielfach Langzeitschädigung des Nervensystems
Tripper (Gonorrhoe)  0,5–2 cm	*Gonokokken* Kontakt- oder Schmierinfektion bei Geschlechtsverkehr oder Geburt	meist 3 Tage	eitriger Ausfluss aus Scheide oder Harnröhre; Entzündung von Harnblase und inneren Geschlechtsorganen
Borreliose	*Borrelien* Übertragung durch Zecken (Holzböcke)	wenige Tage, Wochen, Monate bis Jahre	ringförmige Hautrötung; Fieber; Muskel- und Kopfschmerzen; Lähmungen von Gliedmaßen und Nerven
Lebensmittelvergiftung	*Salmonellen* Verzehr von rohen bzw. nicht ausreichend erhitzten Nahrungsmitteln (Eier, Fleisch, Milch)	20–24 Stunden	Fieber; Übelkeit; Erbrechen; Durchfall
Weitere durch Viren verursachte Infektionskrankheiten			
Mumps (Ziegenpeter)	*Mumpsvirus* Tröpfcheninfektion (Husten, Niesen)	14–30 Tage	Schwellungen der Ohrspeicheldrüsen und des Gesichts; Fieber; Kopf- und Gliederschmerzen
Windpocken  (350 nm)	*Windpockenvirus* Tröpfcheninfektion (Husten, Niesen)	14–21 Tage	Kopfschmerzen; leichtes Fieber; bläschenförmiger, stark juckender Hautausschlag; meist im Kindesalter; verläuft harmlos
Hirnhaut- und Hirnentzündung	*FSME-Virus* (Frühsommer-Meningoenzephalitis) Stich von Zecken (Holzböcke)	7–10 Tage	Fieber; Kopf- und Gliederschmerzen; Entzündung der Hirnhäute; des Gehirns; der Nerven und des Rückenmarks; Lähmungen
Masern  (180 nm)	*Masernvirus* Tröpfcheninfektion	9–11 Tage	rotfleckiger Hautausschlag; geschwächter Allgemeinzustand; Fieber

Mosaik

Alte Seuchen – Virusgrippe bei Menschen

Die Virusgrippe tritt nicht nur bei Menschen, sondern z. B. auch bei Schweinen, Walen, Pferden und Vögeln auf. Erreger sind stets Viren aus der großen und weltweit verbreiteten Gruppe sehr ähnlicher **Influenza-** oder **Grippeviren** (↗Abb. 1).
Beim Menschen werden vor allem die Schleimhäute der Atemwege befallen. Deshalb ähneln die Symptome oft denen einer Erkältung. Eine typische Virusgrippe beginnt jedoch mit einem plötzlich einsetzenden, starken Krankheitsgefühl, verursacht durch ein sich schnell entwickelndes, hohes Fieber, Kopf-, Glieder- und Muskelschmerzen.
Die Übertragung der Viren erfolgt durch Tröpfcheninfektion beim Husten und Niesen. Im Körper vermehren sich die Viren rasant (↗Abb. 1). Die Inkubationszeit beträgt zwischen wenigen Stunden und drei Tagen. Einmal ausgebrochen kann eine schwere Grippe bis zu mehreren Wochen anhalten. Häufig ist sie mit **Komplikationen,** wie Lungen- oder Herzmuskelentzündungen, verbunden. Die **Behandlung** erfolgt mit Antigrippemittel, um die Vermehrung der Viren zu stoppen, sowie mit Antibiotika, um Sekundärinfektionen durch Bakterien zu verhindern.
In den Wintermonaten kommt es regelmäßig zu verstärkten Grippeausbrüchen. In Deutschland sterben daran in jedem Jahr 7 000 bis 15 000 Menschen. Sind 10 bis 20 % der Bevölkerung betroffen, spricht man von einer **Epidemie.** Weltweit auftretende Grippeepidemien haben meist verheerende Folgen. Bei der „Spanischen Grippe" 1918/19 fanden mehr als 40 Millionen Menschen den Tod, rund 300 000 davon in Deutschland.
Eine Besonderheit der Viren ist ihre schnelle Wandlungsfähigkeit. Eine überstandene Grippe führt deshalb nicht zu einer lebenslangen Immunität. Schutz vor der Virusgrippe kann jedoch die jährliche **Grippeschutzimpfung** bieten, die auf den neuesten Virustyp eingestellt ist.

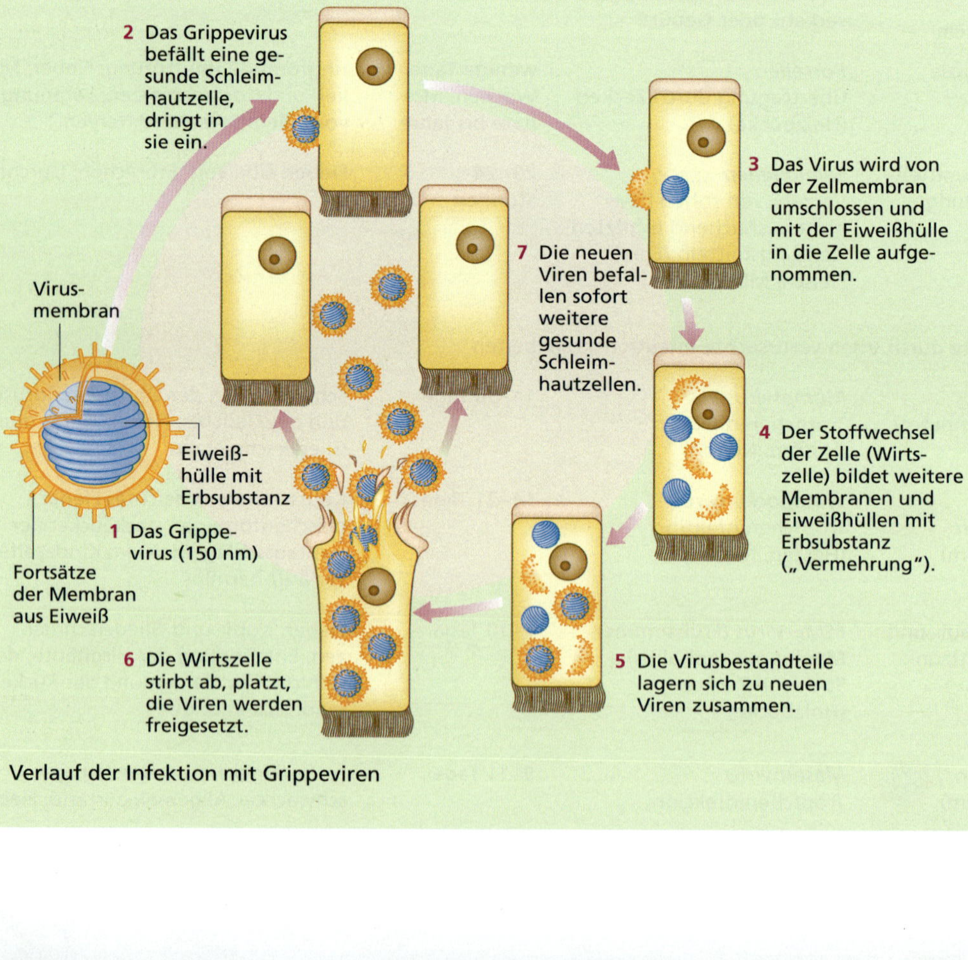

1 Verlauf der Infektion mit Grippeviren

Abwehr und Immunität

Zahlreiche **Krankheitserreger,** hauptsächlich Bakterien und Viren, gelangen ständig in unseren Körper, z.B. über die Atemwege, über Wunden oder über verschiedene Körperkontakte (↗ S. 149). Aber nicht immer bricht die entsprechende Krankheit aus. Der Körper reagiert mit **Abwehrreaktionen.**
Die Unempfindlichkeit bzw. Widerstandsfähigkeit des Körpers gegenüber Krankheitserregern oder deren giftige Stoffwechselendprodukte wird als Immunität bezeichnet. Die **Immunität** ist angeboren oder wird infolge einer Infektion natürlich bzw. durch Immunisierung künstlich erworben (↗ S. 156).

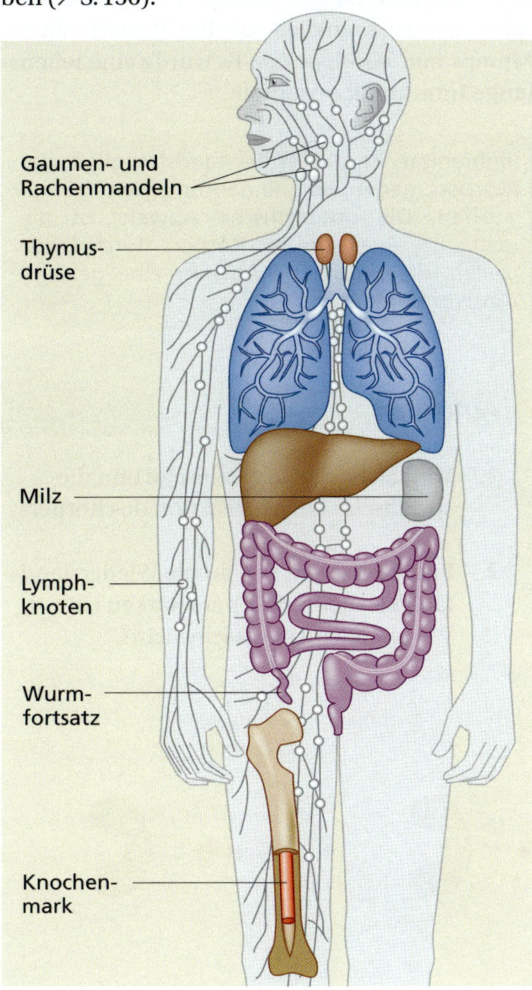

1 Das Immunsystem des Menschen

Immunität wird durch die Gesamtheit aller Abwehrreaktionen des Körpers gewährleistet. Es sind auch Reaktionen gegen Fremdeiweiße (z.B. bei Transplantationen) eingeschlossen.
Die Abwehrreaktionen oder Immunreaktionen werden durch das **Immunsystem (Abwehrsystem,** ↗ Abb. 1) ausgelöst. Dadurch kann der Ausbruch von Krankheiten in vielen Fällen wirkungsvoll verhindert werden.

Zum Immunsystem gehören neben verschiedenen Organen noch die weißen Blutzellen (Leukozyten). Je nach ihrer Funktion bei der Immunabwehr werden diese weißen Blutzellen unterschieden (↗ Tab.). Dabei gibt es Blutzellen, die an der **unspezifischen Immunabwehr** beteiligt sind, und Blutzellen, die an der **spezifischen Immunabwehr** (↗ S. 154) mitwirken.

Die unverletzte Haut mit ihrem Säureschutzmantel stellt die erste **Barriere für Krankheitserreger** dar. Sekretbildungen wie Tränenflüssigkeit, Speichel und Nasensekret schließen aufgrund ihrer schleimigen Beschaffenheit Mikroorganismen ein, sodass sie mit dem Sekret aus dem Körper entfernt werden. Im Magen werden eingedrungene Erreger oftmals von der Magensäure abgetötet.

Name	Funktion
Fresszellen (Makrophagen)	nehmen eingedrungene Krankheitserreger auf und verdauen sie
Killerzellen	zerstören infizierte und krankhaft veränderte Zellen des eigenen Körpers
B-Lymphozyten (B-Zellen)	produzieren spezifische Antikörper (z.B. IgG und IgE) gegen Fremdstoffe und Krankheitskeime
T-Lymphozyten (T-Zellen)	erkennen u.a. spezifische Krankheitserreger oder Fremdstoffe und aktivieren andere Zellen der Immunabwehr
T-Helferzellen	regen andere Zellen an, Antikörper zu bilden

Überwinden Krankheitserreger oder Fremdstoffe die Haut oder Sekrettbarrieren, werden sie im Körper von Fresszellen angegriffen. Diese umfließen eingedrungene Krankheitserreger, z.B. Bakterien oder Viren, aber auch andere Fremdkörper, nehmen diese in sich auf und verdauen sie (↗Abb. 1). Die Überreste werden u.a. als Eiter abgeschieden. Diese Form der Abwehr bezeichnet man als **unspezifische Abwehr.**

Der **Ablauf der spezifischen Abwehrreaktion** ist sehr kompliziert, er hängt z.B. vom Erregertyp bzw. Fremdstoff ab. Entscheidend ist auch, ob es der erste oder ein wiederholter Kontakt mit den Eindringlingen ist.

Die eingedrungenen Erreger tragen auf ihrer Oberfläche Strukturen, die als **Antigene** bezeichnet werden. Werden diese vom Immunsystem erkannt, beginnen die Abwehrreaktionen.
Makrophagen schließen die Erreger in sich ein und verdauen sie. Daraufhin aktivieren sie **T-Helferzellen.** Durch die T-Helferzellen werden **B-Lymphozyten** aktiviert. Diese produzieren Antikörper.
Antikörper sind hochspezifische Eiweiße, die sich nach dem Schlüssel-Schloss-Prinzip an die Antigene binden können (↗S. 155). Sie sind erregerspezifisch. Trifft ein Antikörper auf ein passendes Antigen, kommt es zur **Antigen-Antikörper-Reaktion,** es bildet sich ein **Antigen-Antikörper-Komplex.** Binden sich z.B. Antikörper an die Antigene von eingedrungenen Bakterien, werden diese in ihrer Beweglichkeit behindert und können auch verklumpen. Dadurch werden die Bakterien für die Fresszellen markiert und können von ihnen aufgenommen und verdaut werden.
Beim ersten Kontakt mit einem neuen Erreger dauert diese Reaktion etwa drei bis vier Tage. Der „Wettlauf" zwischen Erreger und Immunsystem bestimmt im Wesentlichen die Schwere der Erkrankung.

Parallel zur Abwehr speichern die **Gedächtniszellen** über mehrere Jahre hinweg die Antigenstruktur des Erregers. Bei erneuter Infektion reagieren die Gedächtniszellen nahezu sofort, aktivieren die spezifische Abwehr und der Erreger wird beseitigt. Es kommt bei wiederholter Infektion mit dem gleichen Erreger häufig nicht mehr zum Ausbruch der Krankheit, wie bei Masern, Röteln, Mumps und Windpocken. Es wurde eine **lebenslange Immunität** erworben.

Immunität ist die Widerstandsfähigkeit des Körpers gegenüber eingedrungenen Fremdstoffen. Die unspezifische Abwehr ist die schnellste Reaktion des Körpers durch Fresszellen, die spezifische Abwehr eine gezielte Antikörperreaktion.

Aufgaben

1. Vergleiche die unspezifische und die spezifische Abwehrreaktion des Körpers.
2. Finde Beispiele, wie du die Wiederstandsfähigkeit deines Körpers stärken kannst. Wodurch wird sie geschwächt?

1 Weiße Blutzelle (Fresszelle) nimmt Krankheitserreger in ihr Plasma auf und vernichtet sie.

Antigen-Antikörper-Reaktion als Schlüssel-Schloss-Prinzip

In biochemischen Systemen besitzen Reaktionspartner oftmals räumlich zueinander passende Strukturen, die wie ein Schlüssel in ein Schloss passen. Damit können sie spezifisch miteinander interagieren. Nur der aus beiden Partnern entstandene Komplex kann eine bestimmte biologische Funktion im Organismus erfüllen.
Dieses Schlüssel-Schloss-Prinzip bildet im Immunsystem des Menschen die Voraussetzung für die Antigenerkennung durch Antikörper. Dabei spielen mehrere komplementäre Strukturen gleichzeitig zusammen.

Ablauf einer Immunreaktion

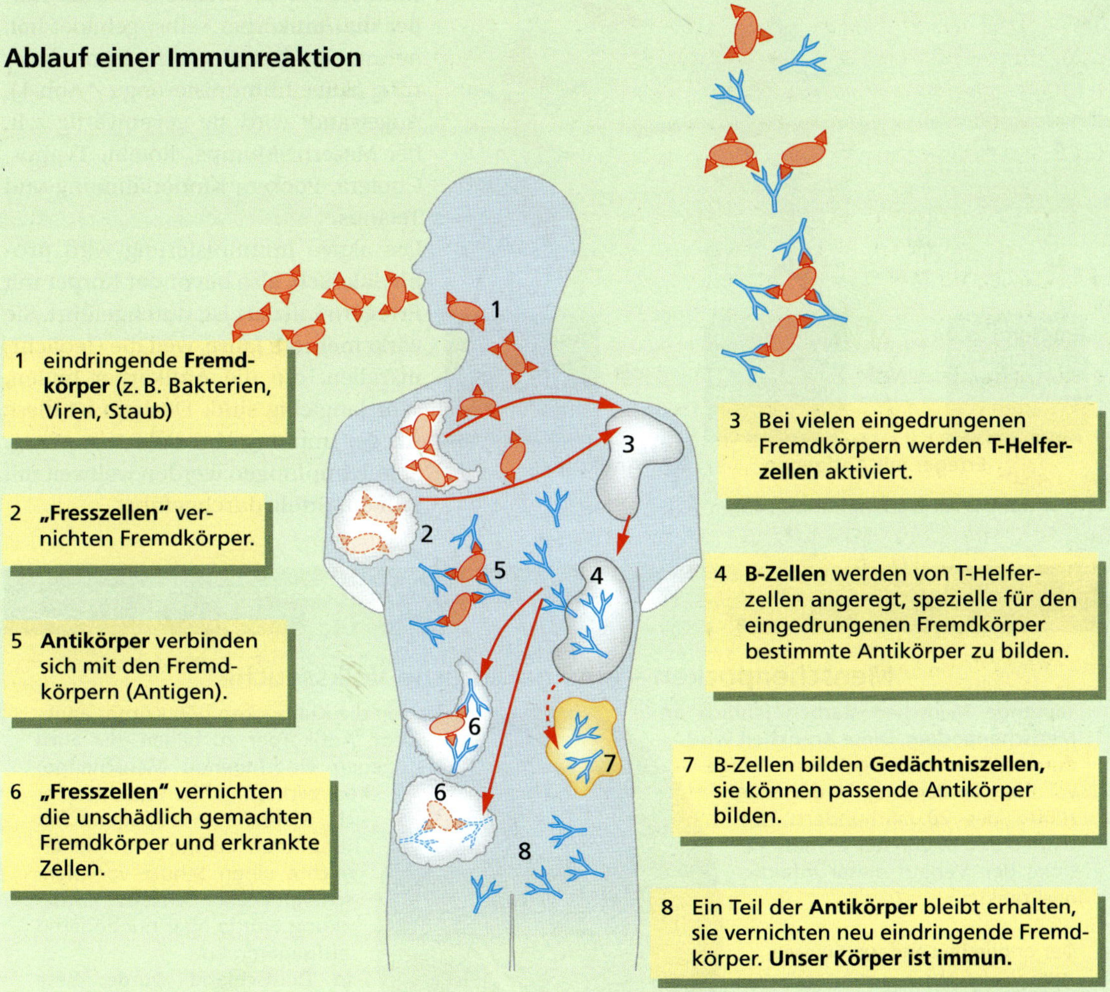

Übertrage dieses Prinzip auf die Enzym-Substrat-Reaktion bei der Verdauung.

Immunisierung

Die Immunität gegen bestimmte Krankheitserreger kann künstlich durch den Vorgang der **Immunisierung** (Impfen) erreicht werden. Es werden eine aktive und eine passive Immunisierung unterschieden.

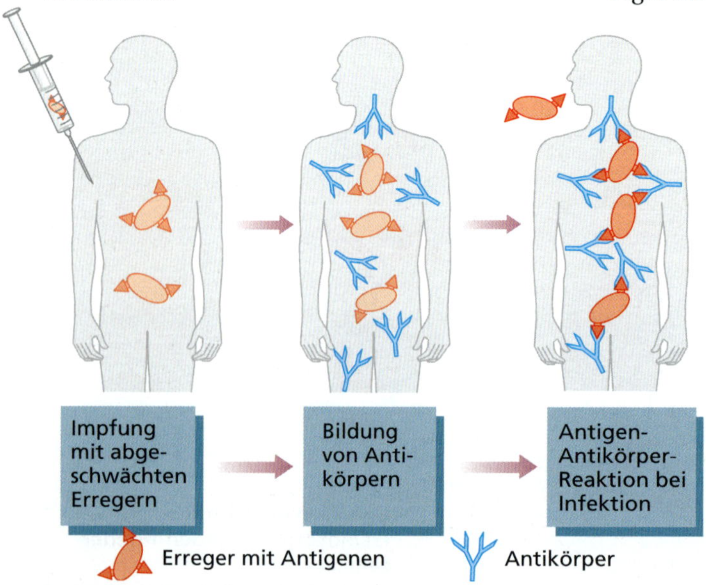

1 Verlauf der aktiven Immunisierung

Bei der **aktiven Immunisierung** werden dem Menschen kleine Mengen von abgeschwächten Erregern einer bestimmten Krankheit eingeimpft. Die Antigene der Erreger werden von den T-Helferzellen erkannt. Diese regen die B-Zellen an, die passenden Antikörper zu bilden. Dringen nun Erreger dieser bestimmten Krankheit in den Körper ein, wird ihre anfangs geringe Anzahl von den Antikörpern abgetötet. Die Krankheit bricht nicht aus. Da der Körper die Antikörper selbst gebildet hat, nennt man diese Form der Immunisierung aktive Immunisierung (↗ Abb. 1). Angewandt wird sie gegenwärtig z. B. bei Masern, Mumps, Röteln, Typhus, Cholera, Pocken, Kinderlähmung und Tetanus.

Die aktive Immunisierung wird **prophylaktisch**, also bevor der Körper mit Erregern infiziert ist, durchgeführt. Sie wirkt mehrere Jahre, weil die Gedächtniszellen, die die Antikörper bilden, sehr langlebig sind. Deshalb ist diese Art der Impfung eine **Schutzimpfung.** Schutzimpfungen werden weltweit mit großem Erfolg durchgeführt.

Mosaik

Menschenpocken – eine gefährliche Volksseuche

Tausende Menschen starben jährlich an **Menschenpocken.** Diese Krankheit wird durch Viren hervorgerufen. Lange vor ihrer Entdeckung, in der ersten Hälfte des 20. Jahrhunderts, beschrieb 325 n. Chr. der Chinese GE HONG den Verlauf dieser Infektionskrankheit.

Der englische Landarzt EDWARD JENNER (↗ Abb.) beobachtete schließlich, dass Bauernmädchen, die an Kuhpocken erkrankte Kühe molken, sich infizierten (ansteckten), aber nur leicht erkrankten und danach gegen Menschenpocken immun waren. Offensichtlich hatten die Kuhpocken den Körper angeregt, Antikörper zu bilden, die auch gegen eindringende Menschenpocken wirkten. 1796 entschloss er sich, Menschen vorbeugend mit Kuhpocken zu impfen, und erreichte einen Schutz vor Menschenpocken. JENNERS Entdeckung wurde aber nur zögernd aufgenommen.

In Deutschland wurde diese Impfung (aktive Immunisierung) erst durch das Impfgesetz von 1874 eingeführt. Seitdem erkranken nur noch wenige Menschen an Pocken.

EDWARD JENNER (1749–1823)

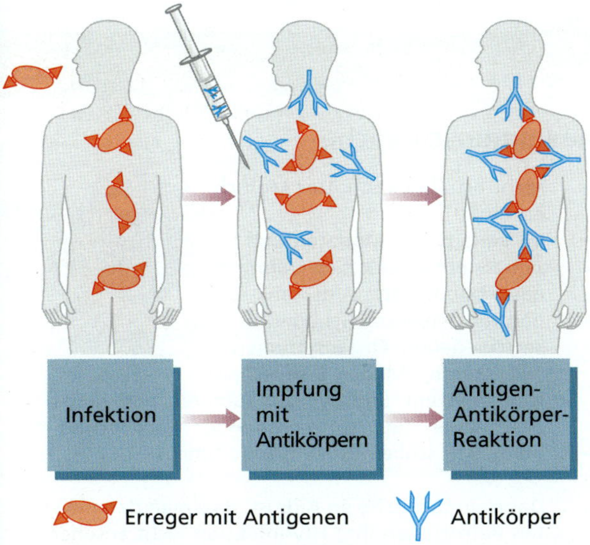

1 Verlauf der passiven Immunisierung

Ist der Körper bereits mit Erregern infiziert oder steht ein Kontakt mit Antigenen unmittelbar bevor, erfolgt eine **passive Immunisierung.** Bei der passiven Immunisierung wird dem Körper ein Serum eingespritzt. Dieses Serum gewinnt man, indem Tieren, z. B. Pferden, Krankheitserreger injiziert werden. Die Tiere bilden im Blut Antikörper gegen diese Erreger. Das den Tieren entnommene Blut enthält nun Antikörper. Aus diesem Blut wird das Serum gewonnen, das dem Menschen zur Bekämpfung einer bestimmten Krankheit eingeimpft wird.

Da der menschliche Körper die Antikörper nicht selbst bildet, also passiv ist, nennt man diese Form der Immunisierung passive Immunisierung (↗ Abb. 1). Angewandt wird diese Form der Impfung z. B. bei Tetanus, wenn eine Verletzung erfolgte und kein ausreichender Impfschutz mehr besteht, und bei Tollwut sowie bei Hepatitis B.

Vorteilhaft bei der passiven Immunisierung ist der rasche Eintritt der Wirkung. Die Antikörper können mit den Antigenen den Komplex bilden, der von den Fresszellen vernichtet werden kann.

Die Antikörper werden in relativ kurzer Zeit wieder abgebaut. Somit bieten sie keinen Langzeitschutz gegen eine erneute Ansteckung.

Aufgabe

Vergleiche die passive Immunisierung mit der aktiven Immunisierung am Beispiel der Tetanusimpfung.
Fertige dazu eine Übersicht an.

Mosaik

Diphtherie – der gefährliche Würgeengel

Der deutsche Arzt Emil von Behring (↗ Abb.) entwickelte am Hygiene-Institut Berlin (heute Robert-Koch-Institut) eine Serumtherapie gegen Diphtherie. An dieser Krankheit waren bereits Tausende Menschen durch einen grausamen Erstickungstod („Würgeengel") gestorben.
1890 fand Behring heraus, dass Diphtherie durch Bakterien und vor allem durch deren Gifte hervorgerufen wird. Das von ihm entwickelte Heilserum wirkt gegen die Bakteriengifte.

Behring infizierte Pferde mit abgeschwächten Diphtheriebakterien, um die Bildung von Antikörpern auszulösen. Aus dem Blut der infizierten Tiere gewann er das Serum mit den Antikörpern gegen die Bakteriengifte und impfte damit an Diphtherie erkrankte Menschen.
Für seine Arbeiten zur passiven Immunisierung erhielt Emil von Behring 1901 den ersten Nobelpreis für Medizin.
Ab 1893 war er Professor für Hygiene an der Universität Halle und ab 1895 an der Universität Marburg.

Emil von Behring (1854–1917)

Mosaik

Aids – erworbene Immunschwäche

Aids ist die Abkürzung für **erworbenes Immunschwächesyndrom** (engl.: *acquired immuno deficiency syndrome).* Der Erreger ist das **Immundefektvirus HIV** (engl.: *human immunodeficiency virus* = menschlicher Immunschwächevirus, welches überwiegend durch Sexualkontakte, seltener auch durch infizierte Drogenspritzen, Blutkonserven oder Organtransplantationen übertragen wird.

Die HI-Viren befallen im Blut die für das körpereigene Abwehrsystem zuständigen weißen Blutzellen, insbesondere die für die Erkennung von Krankheitserregern zuständigen **T-Helferzellen.** Sie vermehren sich in ihnen, zerstören sie und befallen weitere Abwehrzellen (↗ Abb. 1).

Dadurch wird allmählich das gesamte Immunsystem so geschwächt, dass es seine Funktion nicht mehr erfüllen kann. Der Mensch erkrankt.

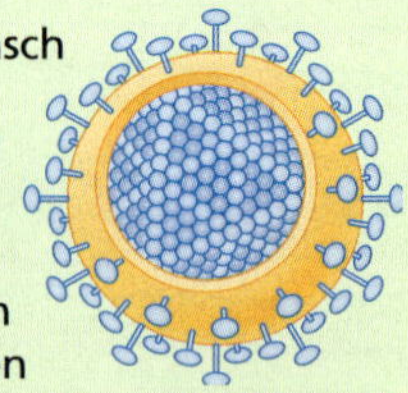

Im Verlauf von Monaten und Jahren entwickelt sich dann das Vollbild der Aidskrankheit mit schweren Schäden in verschiedenen Organsystemen wie Lunge, Magen-Darm-Kanal, Nervensystem, Bildung von Tumoren und Krebsgeschwüren und fortschreitender Gehirnschädigung, was schließlich zum Tode führt.

Das Heimtückische an Aids ist, dass man den meisten Betroffenen ihre HIV-Infektion nicht ansehen kann. Viele wissen selbst nichts davon, da sie anfangs nahezu beschwerdefrei sind. In dieser Zeit können sie aber bereits andere anstecken und die Krankheit verbreiten.

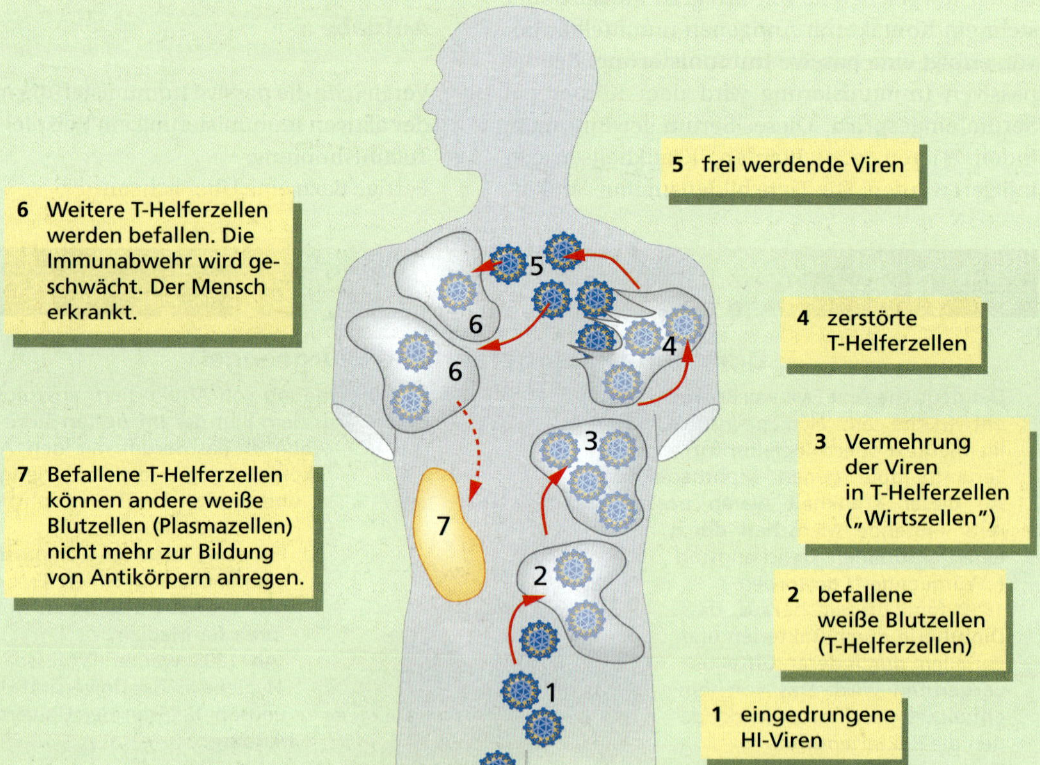

1 HI-Virus und seine Wirkung im Körper

Gewissheit schafft erst der **HIV-Labortest,** bei dem das Blut auf HIV-Antikörper untersucht wird. Er zeigt allerdings erst etwa drei Monate nach einer eventuellen Ansteckung an, ob die Person infiziert (HIV-positiv) oder nicht infiziert (HIV-negativ) ist.
Das **Risiko einer HIV-Infektion** ist besonders hoch beim Sex mit Zufallsbekanntschaften, Prostituierten, Homo- und Bisexuellen sowie Personen aus Ländern, in denen HIV und Aids stark verbreitet sind (↗ Abb. 1). Hier müssen unbedingt Kondome verwendet werden **(„Safer Sex").**

Keine Ansteckungsgefahr besteht beim
- Händegeben, Küssen,
- Anhusten, Anniesen,
- gemeinsamen Spielen und Sporttreiben,
- gemeinsamen Benutzen von Bestecken, Gläsern und Geschirr sowie von Handtüchern und Bettwäsche,
- Besuch von Schwimmbädern, Saunen,
- Mückenstichen, Kontakten mit Tieren

Bei Einhaltung der Hygienevorschriften erfolgt auch **keine** Ansteckung
- im Krankenhaus, beim Arzt und Zahnarzt,
- beim Friseur, bei Maniküre, Pediküre,
- bei Akupunktur, Tätowieren, Piercing.

Eine gewisse Gefahr besteht bei Wundkontakten in der Ersten Hilfe ohne Schutzhandschuhe.
Seit seiner Entdeckung Anfang der 80er- Jahre haben sich weltweit mehr als 65 Mio. Menschen mit

1 Verbreitung von HIV-Infektionen (November 2007)

HIV angesteckt, darunter auch viele Kinder. Jedes Jahr sterben über 3 Mio. Menschen an Aids.
Am meisten betroffen sind Afrika, Südostasien, Südamerika und Osteuropa (↗ Abb. 1). In Deutschland leben über 50 000 Menschen mit HIV-Infektionen, darunter 39 500 Männer, rund 9 500 Frauen und etwa 300 Kinder. Bisher gab es über 27 000 Todesfälle. Jedes Jahr stecken sich ca. 2 500 Menschen in Deutschland neu an. Fast ein Drittel davon sind zwischen 15 und 24 Jahre alt.

Nach Schätzungen der WHO (Weltgesundheitsorganisation) könnte es im Jahr 2025 weltweit 100 Mio. HIV-Kranke geben. Deshalb wird intensiv an der Entwicklung von Medikamenten gegen Aids gearbeitet. Die bereits in Erprobung und Anwendung befindlichen Medikamente können die Krankheit nicht heilen, sondern deren Ablauf nur verzögern und die Symptome lindern. Es gibt auch noch keine Schutzimpfung gegen Aids.

Daher gilt, auch und gerade für junge Menschen:
Bei sexuellen Kontakten nicht unüberlegt und leichtfertig handeln!

HIV-Infizierte und Aidskranke benötigen sorgsame ärztliche Betreuung, aber auch viel eigene Kraft sowie Verständnis, Solidarität und Hilfe durch ihre Umwelt, Familie und Freunde. Eine wichtige Rolle spielen dabei die Beratungsstellen und Aktivitäten der Deutschen Aidshilfe und anderer örtlicher Einrichtungen. Sie sind gekennzeichnet durch das Symbol der roten Schleife.

Aids ist eine Immunschwächekrankheit. In den Körper eingedrungene Viren zerstören die Gruppe von weißen Blutzellen (T-Helferzellen). Der Körper bildet keine Abwehrstoffe mehr.

Aufgabe

Organisiert eine Informationsveranstaltung zum Thema Aids. Dazu könnt ihr Mitarbeiterinnen und Mitarbeiter einer Aids-Beratungsstelle einladen. Sammelt vorher Fragen, die euch in Bezug auf die Thematik interessieren.

Die Expertenmethode

Biologische Themen kann man sich mit unterschiedlichen Lernmethoden erschließen. Besonders die Expertenmethode ist gut geeignet, um selbstständig Probleme und Aufgabenstellungen zu lösen. Erarbeitet man sich ein Thema selbst, bleiben die Ergebnisse lange im Gedächtnis.

Experten sind immer Spezialisten für ein konkretes Sachgebiet. Mit diesem Thema haben sie sich ausgiebig beschäftigt und können anderen ihre Erfahrungen weitergeben. Bei der Expertenmethode wird dies ausgenutzt und so die Arbeit auf viele Schultern verteilt.
Macht euch also selbst zu Experten und helft den anderen dabei, euer Spezialgebiet zu verstehen. Lasst euch dann von anderen Experten helfen, sodass am Ende alle den gleichen Wissensstand haben. Das ist echte Teamarbeit!

Konkrete Beispiele für Infektionskrankheiten

1. Schritt

Vorbereitung
Findet zum vorgegebenen Hauptthema sinnvolle Teilthemen. Zum Hauptthema „Infektionskrankheiten" könnten z. B. die Teilthemen „durch Viren verursacht", „Bakterien als Erreger", „von Tieren übertragen" und „Prionen als Ursache" bearbeitet werden.
Teilt nun die Klasse in vier bis fünf Basisgruppen.

2. Schritt

Arbeit in Basisgruppen
Erarbeitet in der Basisgruppe alle Teilthemen. Dabei ist jedes Mitglied der Gruppe für ein anderes Thema verantwortlich und wird zum Experten für dieses Thema.

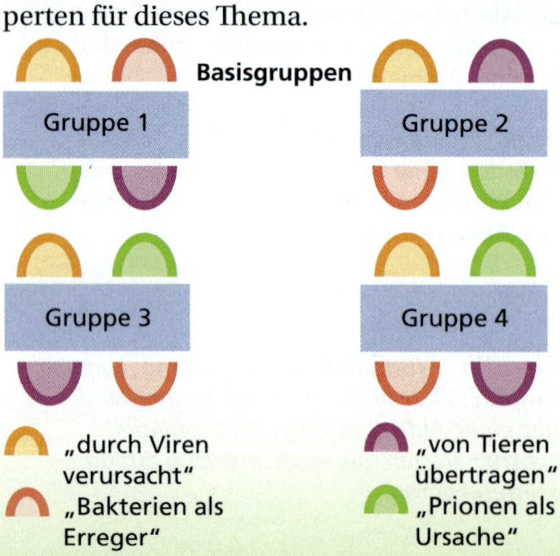

3. Schritt

Arbeit in Expertengruppen
Bildet neue Gruppen, die sich aus den jeweiligen Experten für die gleichen Teilthemen zusammensetzen. Tauscht eure Arbeitsergebnisse aus und klärt offene Fragen. Dabei kommt jeder Experte zu Wort. Erarbeitet eine Zusammenfassung.

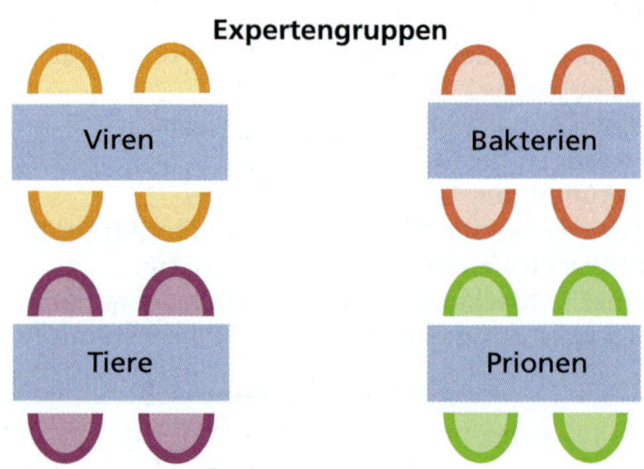

4. Schritt

Präsentation der Lernergebnisse
Findet euch wieder mit den Mitgliedern eurer Basisgruppe zusammen. Jeder Experte stellt seine Arbeitsergebnisse zu dem Teilthema vor, für das er verantwortlich war. Im Ergebnis sind alle Mitglieder der Gruppe über alle Teilthemen informiert.

In einer anderen Variante der Methode bearbeiten in der Basisgruppe alle das gleiche Thema. In den Expertengruppen erfolgt dann der Austausch.

Biologie im Alltag

Malariagefahr in Deutschland?

Weltweit sterben jährlich 1,5 - 2,7 Mio. Menschen an Malaria, 300 - 500 Mio. Menschen infizieren sich neu. Malaria ist neben Cholera die am häufigsten importierte Infektionskrankheit in Deutschland. Bedingt durch die wachsende Zahl von Fernreisen steigt die Anzahl von Malariaerkrankungen in Deutschland, obwohl diese Erkrankung für unsere Region nicht typisch ist.

Der Auslöser dieser in den Tropen und Subtropen verbreiteten Krankheit ist ein **parasitischer Einzeller,** *Plasmodium,* der durch den Stich einer *Anopheles-Mücke* in die Blutbahn des Menschen gelangt (↗ Abb. 2).
Der Einzeller befällt erst Leberzellen, dann rote Blutkörperchen. In diesen teilt er sich, zerstört sie und die freigesetzten Erregerzellen infizieren dann neue rote Blutkörperchen. Diese **ungeschlechtliche Vermehrung** wiederholt sich alle zwei bis drei Tage. Parallel bildet *Plasmodium* in den Blutkörperchen getrennt geschlechtliche Zellen zur **geschlechtlichen Fortpflanzung** aus, die von der Mücke mit einem erneuten Stich aufgenommen werden und in ihrem Darm verschmelzen (↗ Abb. 2).

Krankheitsverlauf: Die Inkubationszeit beträgt je nach Erreger 7 - 35 Tage. Charakteristisch sind schwere Fieberschübe, die durch das Platzen der Blutkörperchen entstehen. Oft kommen Störungen des Gehirns und anderer Organe hinzu. Malaria kann schnell zum Tode führen.

Schutz: Es gibt bisher keine Schutzimpfung. Wichtig ist deshalb der Schutz vor Mückenstichen durch Antimückenmittel, entsprechende Kleidung und Netze vor den Fenstern. Außerdem ist dringend geraten, unter Moskitonetzen zu schlafen. Daneben wird in Gebieten mit hohem Malariarisiko (↗ Abb. 1) eine Chemoprophylaxe gegen *Plasmodium* empfohlen, zur Bekämpfung der frühen Entwicklungsstadien von *Plasmodium.*

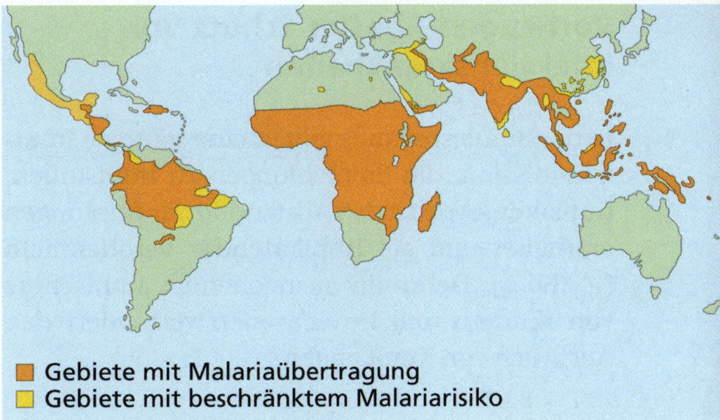

1 Gebiete mit Malariarisiko

Probleme: Weltweite Bekämpfung mit Insektiziden führt zur Entstehung von resistenten Mücken. Auch die Erreger reagieren immer weniger auf die bewährten Medikamente.

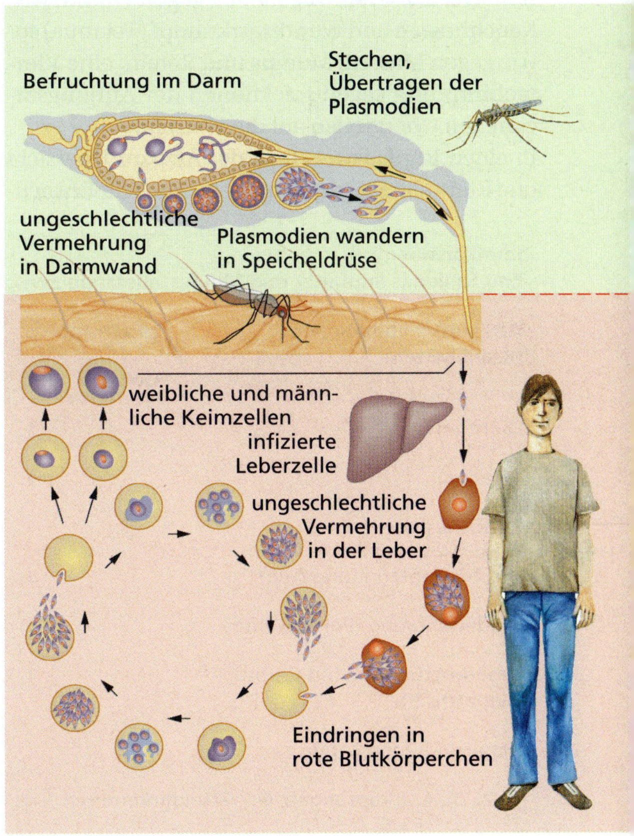

2 Plasmodien sind intrazelluläre Parasiten. Der Endwirt ist die Anopheles-Mücke.

Vorbeugen – bester Schutz vor Infektionskrankheiten

In der Bundesrepublik gibt es eine ständige Impfkommission, die Empfehlungen zu Impfstoffen, Impfalter sowie zu den Abständen der Impfungen erarbeitet und als **Impfkalender** veröffentlicht (↗Abb. 1). Denn ein ausreichender Impfschutz von Kindern und Erwachsenen verhindert den Ausbruch von Krankheiten.

Für einige Erkrankungen hält diese Schutzwirkung anfangs nur wenige Wochen an und muss in Abständen wieder „aufgefrischt" werden.
Um Säuglingen und Kleinkindern nicht zu häufig Spritzen geben zu müssen, werden **Mehrfachimpfungen** eingesetzt. Der Impfstoff schützt dabei gegen mehrere Krankheiten.
Eine **Dreifachimpfung** gibt es gegen Diphtherie, Keuchhusten und Wundstarrkrampf (Tetanus) sowie gegen Masern, Mumps und Röteln, eine **Vierfachimpfung** gegen Infektionen der Atmungsorgane mit Übergreifen auf die Hirnhäute.
In einen **Impfausweis** trägt der Arzt zur Übersicht und Kontrolle alle Impfungen ein. Auch für Erwachsene sollten verschiedene Impfungen in bestimmten Abständen aufgefrischt werden, z. B. Diphtherie – alle 10 Jahre, Hepatitis – alle 5 Jahre, Tetanus – alle 10 Jahre, Kinderlähmung – alle 10 Jahre.

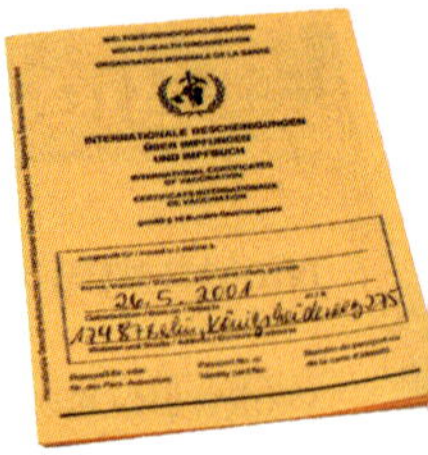

Darüber hinaus werden Impfungen bei besonderem Anlass empfohlen. Dazu gehören u. a. die Impfungen gegen Grippe, Windpocken, Frühsommer-Meningoenzephalitis (FSME wird durch Zecken übertragen). Auch als Vorbereitung auf den Urlaub können in Abhängigkeit des Reiseziels verschiedene Impfungen sinnvoll sein.

Unabhängig davon kann jeder Einzelne durch **vorbeugende Maßnahmen** Infektionskrankheiten eindämmen. Dazu gehören:

- gesunde Lebensweise (u. a. Abhärtung, gesunde Ernährung, Sport) – Abwehrkräfte werden gestärkt, der Körper ist nicht so anfällig gegenüber Krankheiten;
- Sauberkeit und Hygiene – Vermeidung des Eindringens von Krankheitserregern in den Körper.

Impfkalender
Empfohlenes Impfalter und Mindestabstände zwischen den Impfungen bis zum 18. Lebensjahr

Antigenkombinationen (Krankheiten)	Lebensmonat						Lebensjahr	
	Geburt	2	3	4	11–14	15–23	5–6	9–17
Diphtherie		1.	2.	3.	4.		A	A
Tetanus		1.	2.	3.	4.		A	A
Keuchhusten		1.	2.	3.	4.		A	A
Hirnhautentzündung (Hib)		1.	(2.)	3.	4.			
Kinderlähmung (Poliomyelitis)		1.	(2.)	3.	4.			A
Leberentzündung mit Gelbsucht (Hepatitis B)		1.	(2.)	3.	4.			G
Masern/Mumps/Röteln					1.	2.		

1., 2., 3., 4. – Impfungen; **G** – Grundimmunisierung; **A** – Auffrischungsimpfung; (2.) – kann u. U. entfallen

1 Im Impfkalender ist angegeben, in welchem Alter und in welchen Abständen Impfungen durchgeführt werden sollten. (Stand: Dezember 2008)

Gewusst · Gekonnt

1. Ergänze dein Glossar durch folgende Begriffe: Infektion, Ansteckung, Inkubationszeit, Aids, Immunität, Immunisierung, spezifische Immunabwehr, unspezifische Immunabwehr, Antigen-Antikörper-Reaktion.

Glossar

Aids:
Ansteckung:
Antigen-Antikörper-Reaktion:

2. Beschreibe an einer Krankheit, was während der Inkubationszeit im Körper abläuft. Entwickle ein Schema.

3. Robert Koch konnte durch seine Untersuchungen Erreger von Infektionskrankheiten nachweisen und so ihre Ursachen aufklären.
Bereite einen Vortrag über das Leben und die Verdienste von Robert Koch vor.

4. Durch das HI-Virus, den Erreger von Aids, werden vor allem T-Helferzellen befallen und zerstört.
a) Begründe, dass Betroffene an sonst harmlosen Bakterien- und Pilzinfektionen lebensgefährlich erkranken und sterben können.
b) Stellt euch vor, bei einem Bekannten von euch wird Aids festgestellt. Wie werdet ihr euch ihm gegenüber in Zukunft verhalten? Stellt die Situation in einem Rollenspiel dar.

5. Nach den Angaben des Robert-Koch-Instituts gab es durch die Grippewelle 15 000 bis 20 000 Todesfälle in Deutschland.
a) Beschreibe mithilfe der Abbildung auf Seite 152, wie sich eine Grippeepidemie entwickelt.
b) Erläutere, warum die Grippeschutzimpfung jedes Jahr erneut notwendig ist.

6. Bei der Bekämpfung von Infektionskrankheiten, die durch Bakterien verursacht werden, spielen Antibiotika wie das Penicillin eine wichtige Rolle. Man sollte Penicillin nicht unkontrolliert anwenden. Begründe.

7. Die Kleidung eines Pestarztes im Mittelalter wird wie folgt beschrieben:
„... ein langes Gewand aus gewäxtem Tuch. Sein Angesicht ist verlarvt, für den Augen hat er grosse Brillen, vor den Nasen einen langen Schnabel voll wolriechender Specerey, in der Hände, welche mit Handschuhen wol versehen ist, eine lange Ruthe und damit deutet er, was man thun soll."

a) Für Ärzte im Mittelalter war es besonders wichtig, eine solche Kleidung zu tragen. Begründe.
b) Die Menschen hatten früher sehr große Angst vor der Pest. Finde eine Begründung dafür.
c) Recherchiere über die Geschichte der Pest. Stelle deine Ergebnisse als Präsentation in der Klasse vor.

Entstehung und Verlauf einer Infektionskrankheit

Infektion → **Inkubationszeit** → **Krankheit** → **Immunreaktionen** → **Genesung**

- **Infektion**: Erreger dringen in den Körper ein.
- **Inkubationszeit**: Erreger vermehren sich oder geben Giftstoffe (Toxine) ab.
- **Krankheit**: Symptome erkennbar
- **Immunreaktionen**: unspezifische und spezifische Reaktionen zur Bildung von Antikörpern

Inkubationszeit → **Mobilisierung von Abwehrkräften** → **Krankheit bricht nicht aus**

Immunität und Immunisierung

Immunität ist die Widerstandsfähigkeit des Körpers gegenüber Krankheitserregern aufgrund des Vorhandenseins von Antikörpern.

Durch **Immunisierung** (Impfung) kann künstlich die Immunität gegenüber bestimmten Krankheitserregern erreicht werden.

- Immunität
  - unspezifische Immunabwehr
  - spezifische Immunabwehr
- Immunisierung
  - aktive Immunisierung
  - passive Immunisierung

Schutz vor Infektionskrankheiten

- durch persönliche Maßnahmen wie gesunde Lebensführung, Sauberkeit und Hygiene
- durch Schutzimpfungen
- durch Vermeidung der Umweltbelastung mit Schadstoffen

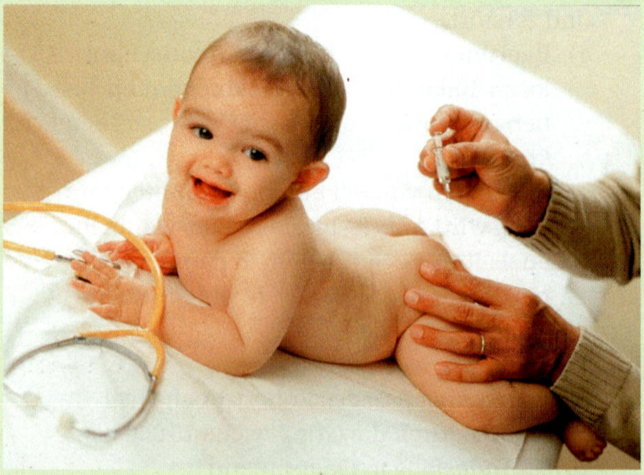

2.5 Sexualität des Menschen

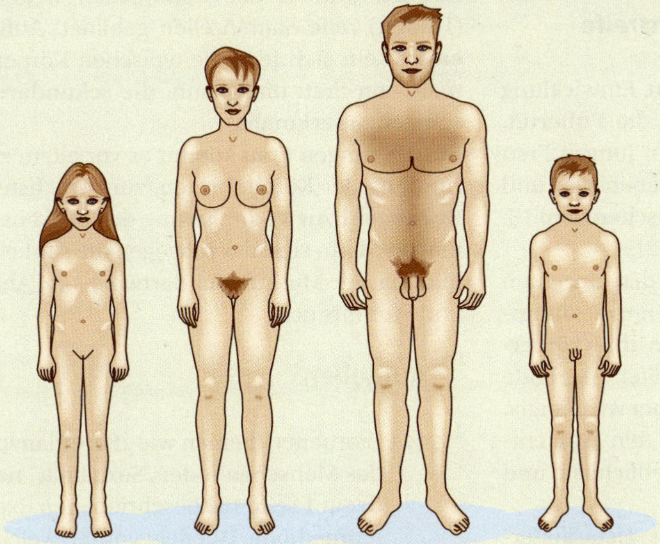

Pubertät – Reise zu sich selbst

Die Pubertät ist eine wichtige Phase in der Entwicklung jedes Menschen. Der Junge wird zum Mann und das Mädchen zur Frau. Es vollziehen sich aufregende, manchmal unerklärliche Veränderungen im Körper eines jeden. Das wird auch äußerlich sichtbar.

Warum wird die Zeit der Pubertät auch als Flegeljahre bezeichnet?
In welcher Gefühlswelt erlebt ihr euch selbst? Laufen die körperlichen Veränderungen bei Jungen und Mädchen gleich ab? Welche Unterschiede gibt es?

Schwangerschaft und Geburt

Liebe und Partnerschaft münden häufig in die Gründung einer Familie. Kinder werden gezeugt, ausgetragen und geboren.

Was geschieht im Körper einer Frau, damit ein neuer Mensch entstehen kann?
Wie ist der Körper einer Frau darauf vorbereitet, ein Kind zu versorgen?

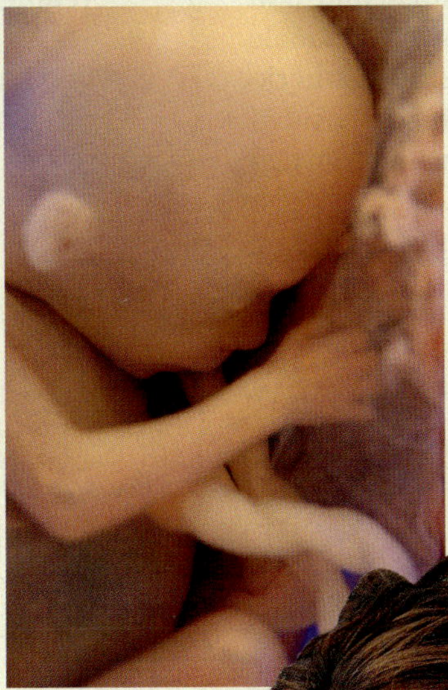

Sexualität – was bedeutet das?

Eine Freundin bzw. einen Freund zu haben, sich lieben, küssen und miteinander intim sein, heiraten und eine Familie gründen – das sind Vorgänge, die mit der Sexualität des Menschen zusammenhängen.

Welche Funktion hat die Sexualität beim Menschen?
Wie sieht Familienplanung aus?

Pubertät – ich verändere mich

Gestaltwandel und Geschlechtsreife

Eine wichtige Phase der sexuellen Entwicklung ist die Zeit der **Geschlechtsreife,** die **Pubertät.** Dieser Übergang vom Mädchen zur jungen Frau findet zwischen dem 11. und 17. Lebensjahr und vom Jungen zum jungen Mann zwischen dem 13. und 18. Lebensjahr statt (↗ Abb. 1, 2).

Im Pubertätsalter gibt es zwischen den einzelnen Jungen und Mädchen ziemliche Entwicklungsunterschiede. Die einen erreichen ihre körperliche Reife früher, die anderen später. Am Ende der Pubertätszeit gleicht sich das aber wieder aus. Also: kein Grund zur Besorgnis bei den „Spätentwicklern"; kein Anlass zu Überheblichkeit und Hänseleien für die „Frühreifen"!

Der Beginn der Pubertät macht sich äußerlich durch einen starken Wachstumsschub und eine Veränderung der körperlichen Merkmale bemerkbar. Die **primären Geschlechtsmerkmale,** die Keimdrüsen, entwickeln bei beiden Geschlechtern ihre volle Funktionsreife. In den weiblichen Keimdrüsen (Eierstöcke) werden reife Eizellen und in den männlichen Keimdrüsen (Hoden) reife Samenzellen gebildet. Außerdem entwickeln sich jetzt die typischen Körpermerkmale von Frau und Mann, **die sekundären Geschlechtsmerkmale.**

Bei der jungen Frau kommt es vor allem zur Abrundung der Körperformen, zum Wachstum der Brüste und zur Verbreiterung des Beckens. Beim jungen Mann sind das hingegen die stärkere Ausbildung der Muskulatur, Bartwuchs (↗ Abb. 1, 2) und Stimmbruch.

Aufgaben

1. Erarbeitet Themen wie „Fortpflanzung des Menschen" oder „Sexualität" nach der auf Seite 160 beschriebenen Expertenmethode. Überlegt vorher, welche Teilthemen jeweils möglich sind.

2. Vergleiche die körperlichen Veränderungen während der Pubertät bei Jungen und Mädchen.

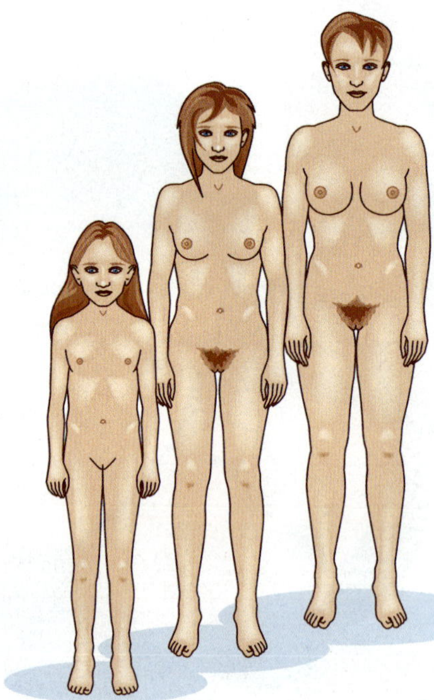

1 Die pubertäre Entwicklung der Mädchen

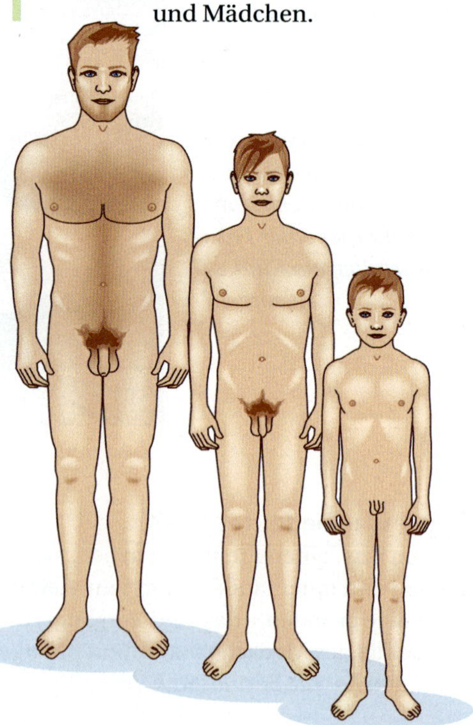

2 Die pubertäre Entwicklung der Jungen

Diese Entwicklungs- und Reifungsvorgänge werden durch **Hormone** gesteuert. Mit Eintritt in die Pubertät gehen vom Zwischenhirn (Hypothalamus) und der Hirnanhangsdrüse (Hypophyse) hormonelle Impulse aus (Hypothalamus-Hypophysen-System, ↗ S. 175), welche die bis dahin ruhenden Keimdrüsen zur Produktion von **Geschlechtshormonen** (Sexualhormone) anregen.

In den Keimdrüsen des jungen Mannes, den Hoden, werden Androgene produziert, z. B. **Testosteron.** Es steuert die Produktion und Reifung der Samenzellen, die Ausprägung der männlichen Geschlechtsmerkale und das Sexualverhalten des Mannes.

Die Einnahme von Testosteronpräparaten im Sport zur Muskelförderung und Leistungssteigerung gilt bei Männern und Frauen als Doping. Bei Dopingkontrollen im Wettkampfsport wird dies erkannt und mit Wettkampfsperren bestraft.

In den Keimdrüsen der jungen Frau, den Eierstöcken, werden **Östrogene** und **Gestagene** produziert. Diese Sexualhormone sind für die Ausprägung der weiblichen Geschlechtsmerkmale verantwortlich.
Auch die sich monatlich wiederholenden Vorgänge in den Eierstöcken und der Gebärmutterschleimhaut (Menstruationszyklus, ↗ S. 174) werden durch Gestagene und Östrogene bewirkt. Das **Follikelhormon** (ein Östrogen) prägt die erste Zyklushälfte, das **Gelbkörperhormon** (ein Gestagen) die zweite Zyklushälfte.

Gestagene sind auch zur Einleitung und Aufrechterhaltung der Schwangerschaft notwendig. Ein wichtiges Gestagen während der Schwangerschaft ist das **Progesteron.**

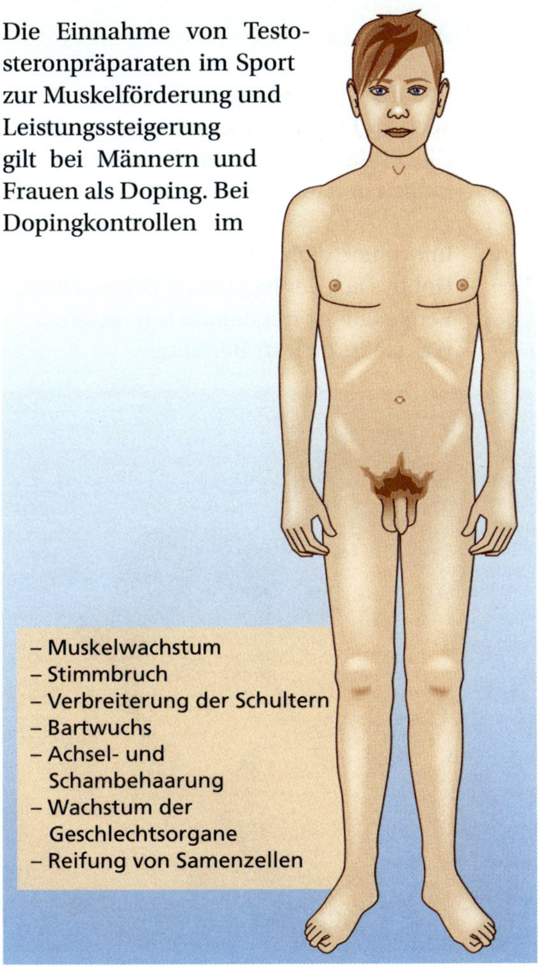

1 Merkmale der Geschlechtsreife des Mannes

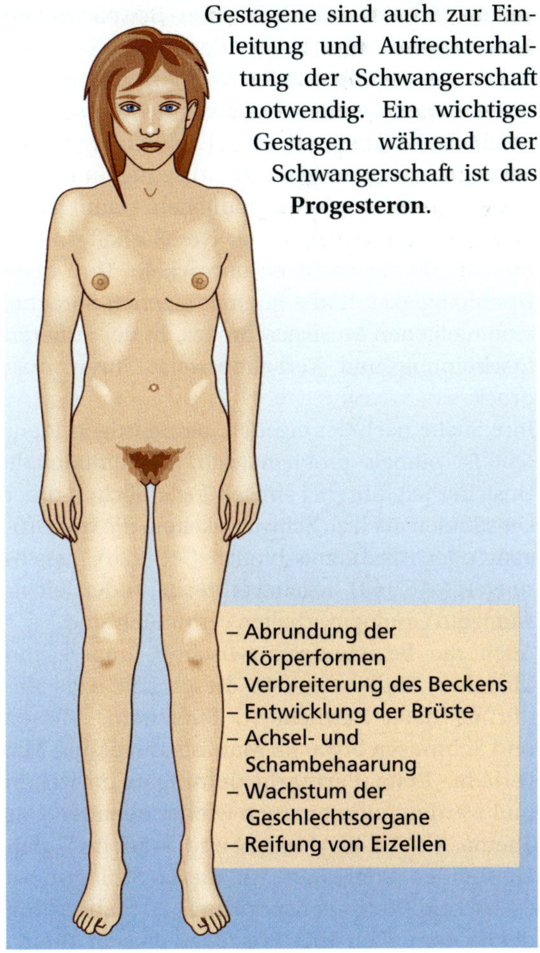

2 Merkmale der Geschlechtsreife der Frau

Im Wandel der Gefühle

In der Pubertät verändern sich auch die **Gefühle** und **Verhaltensweisen** der Jugendlichen. Das läuft oftmals nicht problemlos ab. Mädchen und Jungen müssen sich selbst mit den vielen Veränderungen ihres Körpers erst akzeptieren. Sie müssen lernen, mit ihren Gefühlen richtig umzugehen. Viele reagieren launisch und aggressiv, wenn sie doch eigentlich Zuneigung zeigen wollen. Manche sind unsicher, schüchtern oder gehemmt. Andere geben sich betont selbstbewusst und auffällig.

Für Mädchen werden Kleidung, Schminke und Frisuren meist zum zentralen Thema. Jungen wollen ihre Männlichkeit unter Beweis stellen und imponieren, z.B. mit Rauchen oder Raufereien. Anregungen oder Vorschriften von Erwachsenen begegnen sie meist mit Widerspruch. Solche **Konflikte** können für Familien große Belastungen darstellen, sind aber wichtig für die soziale Entwicklung der Jugendlichen. Damit junge Menschen ihren Platz in der Gesellschaft finden, müssen sie eigene Ideen entwickeln. Ihre neue Unabhängigkeit findet in einer eigenen Sprache, einem eigenen Musikgeschmack, in der äußeren Erscheinung und Verhaltensweise ihren Ausdruck.
Ihre Suche nach der eigenen, einzigartigen Identität ist oftmals problematisch. Die emotionale Unsicherheit führt bei einigen Jugendlichen unter Umständen auch zu Schwierigkeiten, die mit Drogen- oder Alkoholmissbrauch (↗ S. 226), Essstörungen (↗ S. 113), Jugendverbrechen oder leichtsinnigem Gruppenverhalten verbunden sind.
Auch die Beziehungen zwischen Jungen und Mädchen ändern sich in dieser Zeit. Das Bedürfnis nach Zärtlichkeit, Streicheln, Küssen und Schmusen erwacht. Man ist zum ersten Mal verliebt. **Erste Partnerbeziehungen** entstehen und werden mitunter auch wieder beendet. Das Thema Sex ist für Jungen und Mädchen gleichermaßen interessant. In dieser Situation ist es wichtig, Vertrauenspersonen zu haben, mit denen man offen über Fragen zu diesem Thema reden kann.

Sexuelle Kontakte sollten nicht unüberlegt, übereilt oder ungeschützt aufgenommen werden. Weder Junge noch Mädchen sollte sich von der eigenen Clique drängen oder von Freund oder Freundin überreden lassen. Ob und wann jeder diese erste Erfahrung für sich machen möchte, muss die eigene Entscheidung sein!

Jugendliche durchlaufen zwischen dem 11. und 18. Lebensjahr ihre Pubertät. Das ist verbunden mit der Reife der primären und Ausbildung der sekundären Geschlechtsmerkmale, einem körperlichem Gestaltwandel sowie Veränderungen von Gefühlen und Verhaltensweisen.

Aufgaben

1. Erkläre, warum die Jahre der Pubertät auch als Flegeljahre bezeichnet werden. Gibt es dabei Unterschiede zwischen Jungen und Mädchen?

2. Informiere dich über Mode, Musik und Hobbys aus der Jugendzeit deiner Eltern. Vergleiche sie mit deinen Interessen. Was stellst du fest? Berichte.

1 Gefühle zeigen ist oft nicht leicht.

Freundschaften – finden und pflegen

Einmal Zeit für sich zu haben und auf keinen Rücksicht nehmen zu müssen ist angenehm. Auf Dauer mag aber niemand allein sein. Jeder braucht Menschen, mit denen er sich gut versteht, mit denen er etwas unternehmen kann und denen man auch einmal seine Sorgen anvertrauen kann, kurz, jeder braucht Freunde.

1. *Ihr erhaltet folgende Ereigniskarten*

Deine Familie ist umgezogen. In der Nachbarschaft leben Jugendliche in deinem Alter.

Du hast die Schule gewechselt und kommst am ersten Schultag in deine neue Klasse.

Du machst mit deinen Eltern in einer Ferienanlage Urlaub.

Du gehst gemeinsam mit einem Kumpel in die Disko.

Stellt euch die Situationen vor und spielt sie nach. Wie könntet ihr mit anderen in Kontakt kommen?

2. *Was bedeutet eigentlich „Freundschaft" genau? Wann ist jemand wirklich „ein Freund"? Formuliert eure Erwartungen. Notiert sie in möglichst kurzer Form jeweils einzeln auf Papierpads, z. B.:*

Verständnis

Humor

gutes Aussehen

Ordnet die Pads auf einem großen Blatt an. Welche Eigenschaften sind für eine Freundschaft wichtig und welche sind weniger wichtig?

Zu einer Freundschaft gehört Vertrauen. Jedoch spielt es nicht nur zwischen Freunden eine Rolle. Vertrauen ist eine wesentliche Grundlage für unser Zusammenleben.
Sammelt jemand Geld für die Klassenkasse ein, vertrauen wir darauf, dass es für den vorgesehenen Zweck verwendet wird.
Einem Bekannten vertrauen wir vielleicht ein Geheimnis an.
Blinde und Sehschwache müssen sich oft auf die Hilfe Sehender verlassen können. Für jemanden, der gut sehen kann, ist dieses „blinde Vertrauen" eine ganz neue Erfahrung.

3. *Betrachtet die Fotos (↗ Abb. unten). Schreibt auf, welche Rolle die Gruppe jeweils für den Einzelnen spielt. Sammelt die Ansichten und diskutiert sie.*

4. *Bildet Zweiergruppen. Die Partner sollten jeweils gleich stark sein.*
   a) *Stellt euch hintereinander in einem Abstand von einem halben Meter auf. Kann sich der Vordermann in die Arme des Hintermannes fallen lassen? Wird er aufgefangen? Welche Gefühle hat derjenige, der sich fallen lassen muss? Was empfindet der „Fänger"? Sprecht in der Gruppe darüber.*
   b) *Verbindet einem Partner die Augen. Der andere führt ihn dann durch „unbekanntes" Gelände. Dann werden die Rollen getauscht. Wie habt ihr euch gefühlt?*

Männliche Geschlechtsorgane

Zu den männlichen Geschlechtsorganen gehören die Hoden und Nebenhoden, die Samenleiter, die Bläschen- und Vorsteherdrüse (*Prostata*) sowie das männliche Glied, der Penis (↗ Abb. 1).

Die **Hoden** sind die männlichen Keimdrüsen. Sie bestehen aus mehreren Hundert Samenkanälchen, in denen beim geschlechtsreifen Mann aus Urspermienzellen durch Teilung in großer Zahl die Samenzellen (Spermien) gebildet werden. Diese reifen in den Nebenhoden (↗ Abb. 2). Vermischt mit Sekreten, die in der Bläschen- und Vorsteherdrüse gebildet werden, entsteht daraus die **Samenflüssigkeit (Sperma).** Diese wird von Zeit zu Zeit über die das männliche Glied durchziehende Harn-Samenröhre entleert (Samenerguss). Das erfolgt über ein steifes Glied. Die Schwellkörper werden dabei stärker durchblutet, das Glied wird länger und dicker und richtet sich auf. Dies wird als **Erektion** bezeichnet. Eine Erektion mit Samenerguss kann während des Geschlechtsverkehrs mit einem Partner erfolgen oder auch durch Manipulieren am eigenen Penis (*Masturbation*). Ebenso kann sich auch nachts während der Traumphase und ohne aktive Unterstützung ein unwillkürlicher Samenerguss ereignen. Dieser „feuchte Traum" wird **Pollution** genannt. Häufig erwacht der Träumende dabei nicht, sondern bemerkt erst beim morgendlichen Erwachen, dass er in der Nacht einen Samenerguss hatte.

Zu den männlichen Geschlechtsorganen gehören Hoden, Samenleiter und männliches Glied (Penis). Nach Eintritt der Geschlechtsreife werden in den Hoden ständig männliche Keimzellen, die Samenzellen (Spermien) in großer Zahl gebildet.

Aufgaben

1. Beschreibe Aufbau und Funktion der männlichen Geschlechtsorgane.
2. Informiere dich genauer über die Produktion und die Reifung der männlichen Keimzellen, der Samenzellen, in den Hoden und Nebenhoden.

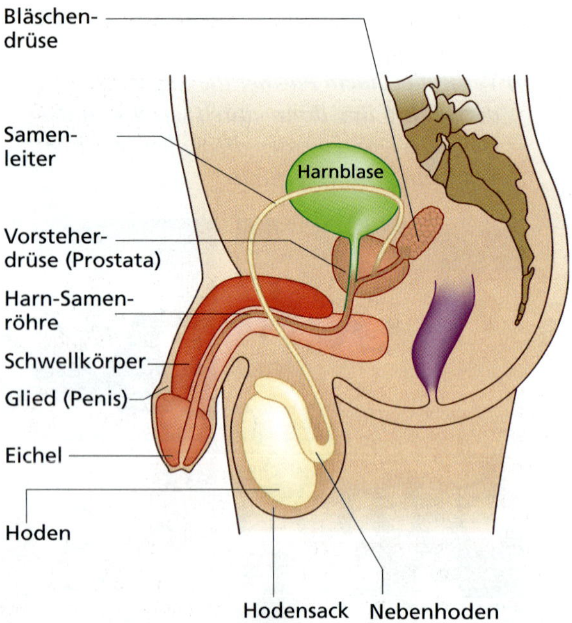

1 Männliche Geschlechtsorgane (Längsschnitt)

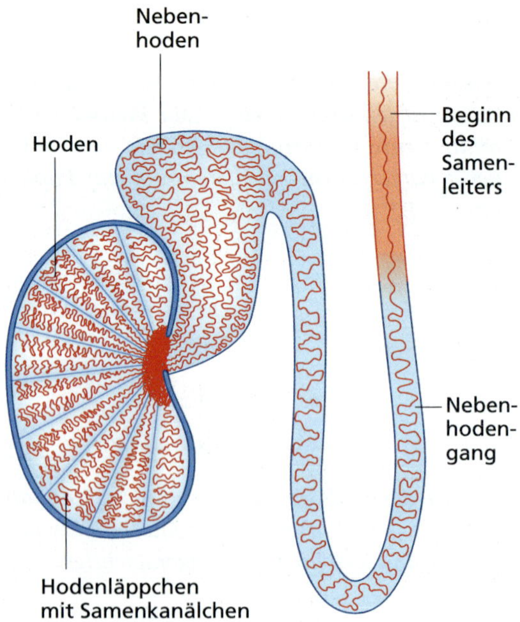

2 Bau eines Hodens (Längsschnitt)

Jeder Samenerguss enthält viele Millionen winzig kleine männliche Samenzellen. Ein **Spermium** ist eine 0,06 mm lange Zelle und besteht aus einem **Kopf** (A) mit Kern und Kappe (1) sowie einem **Schwanzteil** (Geißel, B) mit Hals (2), Mittelstück (3), Hauptstück (4) und Endstück (5) (↗ Abb. 1).

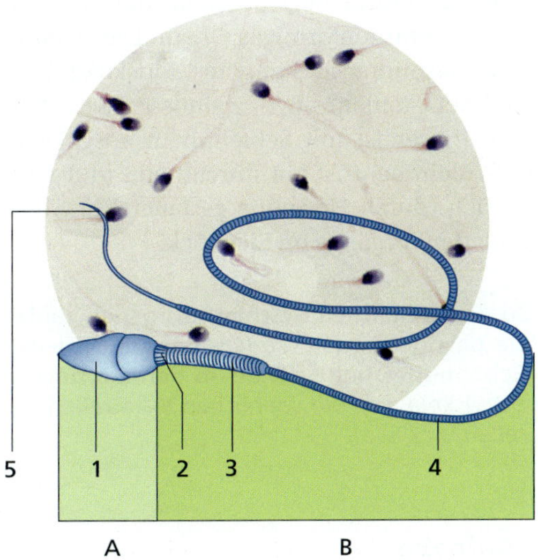

1 Mikroskopisches Bild von Spermien (ca. 500-mal vergrößert) und schematische Zeichnung eines Spermiums

Hygiene der männlichen Geschlechtsorgane

Die Intimpflege der männlichen Geschlechtsorgane ist sehr wichtig.
Unter der beweglichen Hautfalte des männlichen Gliedes, der Vorhaut, liegen Talgdrüsen und sondern dort fettende Stoffe ab. Diese sammeln sich zusammen mit Urinresten und Drüsensekreten am Rande der Eichel und können unangenehmen Körpergeruch oder sogar Entzündungen verursachen. Es ist daher eine tägliche Reinigung notwendig. Dazu wird die Vorhaut des Gliedes zurückgeschoben und die äußeren Geschlechtsteile mit Wasser und milder Seife gewaschen.

Es kann auch vorkommen, dass die Vorhaut zu eng ist. Das betrifft etwa jeden zehnten Jungen. Diese Vorhautverengung (*Phimose*) kann zu Entzündungen und durch Urinrückstau sogar zur Schädigung der Niere führen. Durch einen kleinen ärztlichen Eingriff kann die Verengung beseitigt werden.

Mosaik

Andere Völker – andere Sitten: Beschneidungen

In einigen Kulturkreisen wie Islam und Judentum ist es ein uralter Brauch, die Vorhaut der Jungen durch einen Schnitt zu entfernen **(Beschneidung).** Diese Maßnahme diente ursprünglich vermutlich der Hygiene und der Vorbeugung gegen eine Phimose.
Im Judentum werden die Jungen am 8. Lebenstag in einer feierlichen Zeremonie beschnitten. Im Islam findet die Beschneidung meist im Alter von fünf bis sieben Jahren statt. Das ist ein großer Tag für die ganze Familie. Alle sind festlich gekleidet. In ihrem mit Pailletten besetztem Festanzug und in dem mit Federn geschmückten Kopfschmuck sehen die Jungen aus wie kleine Prinzen. Süßigkeiten und Geschenke sollen die Jungen über den erlittenen Schmerz trösten.

Bei einigen Völkern Afrikas, Arabiens sowie Indonesiens und Malaysias wird bei sechs- bis siebenjährigen Mädchen eine rituelle Beschneidung vorgenommen. Diese wird ohne Narkose durchgeführt und beeinträchtigt in starkem Maße die Funktion der Geschlechtsorgane. Sie ist oft mit dauerhaften Gesundheitsschäden verbunden und wird deshalb von der UNO und verschiedenen Menschenrechtsorganisationen scharf verurteilt.

Weibliche Geschlechtsorgane und Menstruationszyklus

Die Geschlechtsorgane

Die **Geschlechtsorgane** der Frau liegen im Gegensatz zu den männlichen Geschlechtsorganen im Körperinneren (Unterleib, Beckenregion). Zu ihnen gehören Eierstöcke (Ovarien), Eileiter, Gebärmutter und Scheide (Vagina, ↗ Abb. 1). Zu den äußeren Geschlechtsteilen der Frau gehören die kleinen und großen Schamlippen, der Kitzler (Klitoris) und die Harnöffnung. Bei jungen Mädchen ist der Scheideneingang durch eine Hautfalte, das Jungfernhäutchen, verschlossen. Es zerreist beim ersten Geschlechtsverkehr („Entjungferung").

In den beiden **Eierstöcken** werden die **Eizellen** gebildet. Bereits beim neugeborenen Mädchen sind mehrere Hunderttausend Eizellen angelegt. Nach Eintritt der Geschlechtsreife (11.–14. Lebensjahr) entwickeln sich einige dieser Eianlagen weiter zu 1 bis 2 cm großen flüssigkeitsgefüllten **Eibläschen (Follikeln).** Alle vier Wochen platzt das reifste Bläschen. Man nennt das **Follikelsprung** oder auch **Eisprung** (↗ Abb. 2).
Er findet 12 bis 14 Tage vor Beginn der darauffolgenden Menstruation statt und gibt eine befruchtungsfähige Eizelle frei. Diese wird vom Trichter eines Eileiters aufgefangen (↗ Abb. 2).
Die **Eileiter** sind zwei etwa 12 cm lange Röhren. Ihre Schleimhaut ist mit dichten, winzig kleinen Flimmerhärchen ausgekleidet, die zum Transport der Eizellen in Richtung Gebärmutter dienen.

Die **Gebärmutter** liegt oberhalb der Harnblase und ist ein birnenförmiges Organ. Die Wandung der Gebärmutter besteht aus Muskulatur und umschließt einen etwa walnussgroßen Hohlraum. Dieser ist mit Schleimhaut ausgekleidet. Die Schleimhaut ist gut durchblutet und verändert sich (durch Hormone gesteuert) in Abhängigkeit der Vorgänge im Eierstock.

Zu den weiblichen Geschlechtsorganen zählen die paarigen Eierstöcke (Ovarien) und Eileiter, Gebärmutter und Scheide. In den Eierstöcken entwickeln sich die weiblichen Keimzellen (Eizellen).

Aufgabe

Beschreibe den Aufbau der weiblichen Geschlechtsorgane und ordne den einzelnen Teilen ihre Funktion zu.

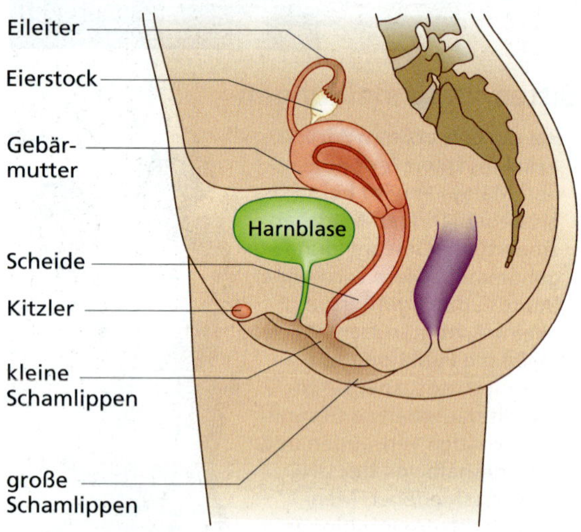

1 Teile und Lage der weiblichen Geschlechtsorgane (Längsschnitt)

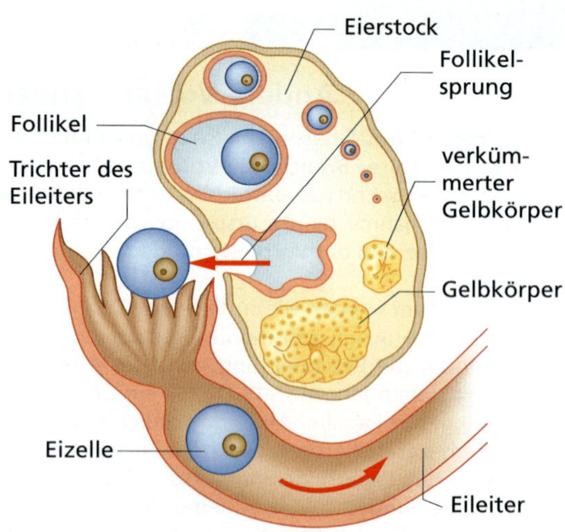

2 Eierstock und Eileiter (Längsschnitt); Auffangen des reifen Eies durch den Trichter des Eileiters

Hygiene der weiblichen Geschlechtsorgane

Zur täglichen Körperpflege der Frauen und Mädchen gehört auch die Hygiene der Geschlechtsorgane. Die Schleimhaut der Scheide sondert ständig Flüssigkeit ab, was bei Ablagerung zwischen den Schamlippen zu unangenehmem Körpergeruch und Entzündungen führen kann.

Beim **Reinigen der äußeren Geschlechtsteile** mit klarem Wasser muss darauf geachtet werden, dass immer von der Scheide zum After hin gewaschen wird, damit keine Keime in die Scheide gelangen.

Während der monatlichen **Menstruationsblutungen** sind noch zusätzliche Hygienevorkehrungen wichtig. Um die Blutungen aufzufangen, gibt es verschiedene Möglichkeiten. Binden werden vor den Scheidenausgang gelegt. Tampons hingegen werden in die Scheide geschoben (↗Abb. 1). Je nach Stärke der Regelblutung gibt es unterschiedlich starke Vorlagen und Tampons aus Zellstoff und Watte (↗Abb. 2). So kann jedes Mädchen und jede Frau die unterschiedlichen Angebote ausprobieren und sich nach dem persönlichen Wohlbefinden entscheiden.

Wichtig ist, dass diese Hygieneartikel täglich mehrmals gewechselt werden und die Schamregion sauber gehalten wird.

Manche Frauen und Mädchen leiden während der Regelblutung unter körperlichen Beschwerden. Das kann von Ziehen im Unterleib über Kopf- oder Rückenschmerzen bis zu Übelkeit und Erbrechen gehen. Oftmals kommen auch Müdigkeit und Energielosigkeit hinzu. Andere Frauen und Mädchen hingegen haben keine Menstruationsbeschwerden. Dann spricht auch nichts dagegen, sich wie gewohnt sportlich zu betätigen oder sogar schwimmen zu gehen.
Tampons bieten eine bequeme und sichere Möglichkeit, um in dieser Zeit nicht ungeschützt ins Wasser zu gehen. Durch die Scheide könnten sonst Keime in die Blutbahn gelangen und zu einer Infektion führen.

Aufgaben

1. Begründe Maßnahmen der Hygiene der weiblichen Geschlechtsorgane.
2. Berechne, wie viele Eizellen bei einer Frau im fortpflanzungsfähigen Alter (von ca. 13 – 50 Jahren) reifen.

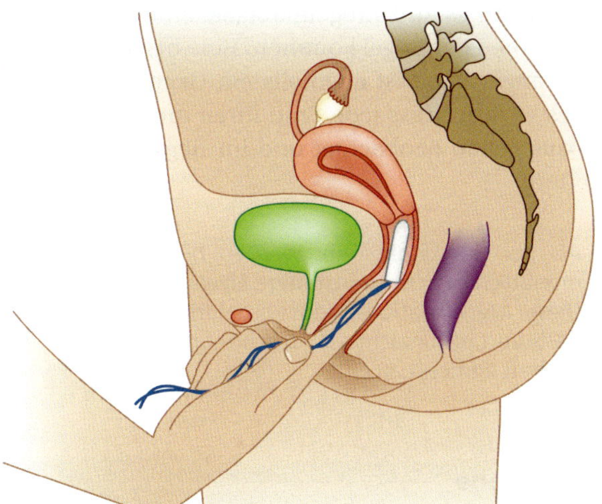

1 Das Hochstellen eines Beines erleichtert das Einführen eines Tampons.

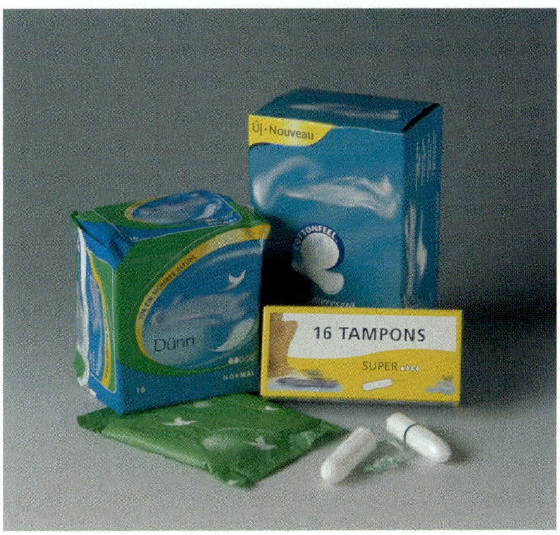

2 Es gibt ein großes Angebot an Slipeinlagen und Tampons.

Der Menstruationszyklus

Die sich monatlich wiederholenden Vorgänge in den Eierstöcken (Eibläschenreifung, Follikelsprung, Gelbkörperbildung) sind mit Veränderungen in der Gebärmutterschleimhaut verbunden.

Diese für das Leben der Frau wichtige Erscheinung wird **Menstruationszyklus** (↗Abb. 1) genannt. Während der Regelblutung verliert die Frau etwa 65 bis 150 ml Blut. Das entspricht einer halben bis einer Tasse Flüssigkeit.

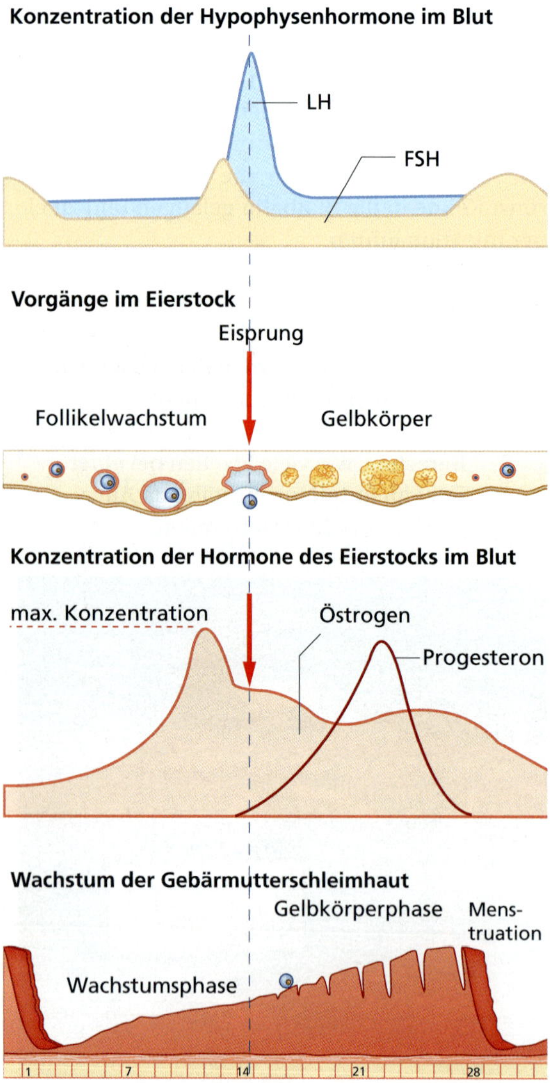

1 Menstruationszyklus

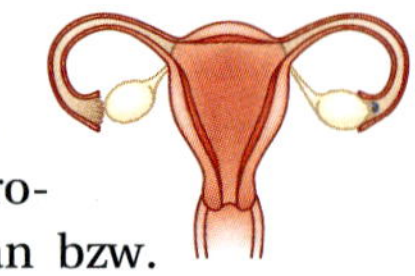

Die **Hirnanhangsdrüse** (Hypophyse), gesteuert durch das Zwischenhirn, regt die Produktion der Sexualhormone an bzw. hemmt diese. Durch das follikelstimulierende Hormon **(FSH)** reift die Eizelle im Eierstock heran. Eisprung (Ovulation) und Gelbkörperbildung werden durch das luteinisierende Hormon **(LH)** angeregt. Während dieser Zeit macht sich der Uterus für eine mögliche Einnistung einer Eizelle bereit. Unterstützt durch das **Östrogen** des Follikels bis zum Eisprung und durch das **Progesteron** (ein Gestagen) des Gelbkörpers kommt es zu einem starken Aufbau der Schleimhaut und einer Einlagerung von Nährstoffen.

Wird die Eizelle nicht befruchtet, sterben Gelbkörper und Eizelle ab, die Produktion von Progesteron wird wieder verringert und ein großer Teil der Uterusschleimhaut mit Eizelle wird während der **Menstruationsblutung** (Regel, Periode) abgestoßen.

Die erste Regel tritt meist im Alter zwischen 11 und 14 Jahren auf und schwankt anfänglich in Dauer, Stärke und Regelmäßigkeit. Aber auch in Extremsituationen, wie sehr starkem Untergewicht, extremer Anstrengung oder Klimaveränderung, kann es zu Unregelmäßigkeiten oder zum Ausbleiben der Regel kommen. Eine beginnende Schwangerschaft ist ebenfalls ein Grund. Daher ist es wichtig, dass jede Frau ihren monatlichen Zyklus genau beobachtet und im Regelkalender notiert.

Ab der Geschlechtsreife werden bei der Frau monatlich befruchtungsfähige Eizellen gebildet. Dieser Menstruationszyklus wird durch Hormone gesteuert und macht sich durch monatliche Blutungen bemerkbar.

Aufgabe

Beschreibe die Rolle der Hormone beim Ablauf des Menstruationszyklus.

Regulation

Ein Organismus ist bestrebt, seine Funktionsfähigkeit unter allen Bedingungen aufrechtzuerhalten bzw. wiederherzustellen. Dazu dienen unterschiedliche Regulationsmechanismen im Körper.
Bei der **hormonalen Regulation** ist das **Hypothalamus-Hypophysen-System** durch komplexe Rückkopplungen gekennzeichnet. Rückkopplungen erfolgen sowohl über die Konzentrationen der ausgeschütteten Homone als auch über das Nervensystem (nicht eingezeichnet). Dieses Regulationsprinzip hat eine hohe Stabilität und ermöglicht die Einstellung langzeitiger Rhythmen wie Menstruationszyklus und Pubertät.

Der Menstruationszyklus und seine Regulation

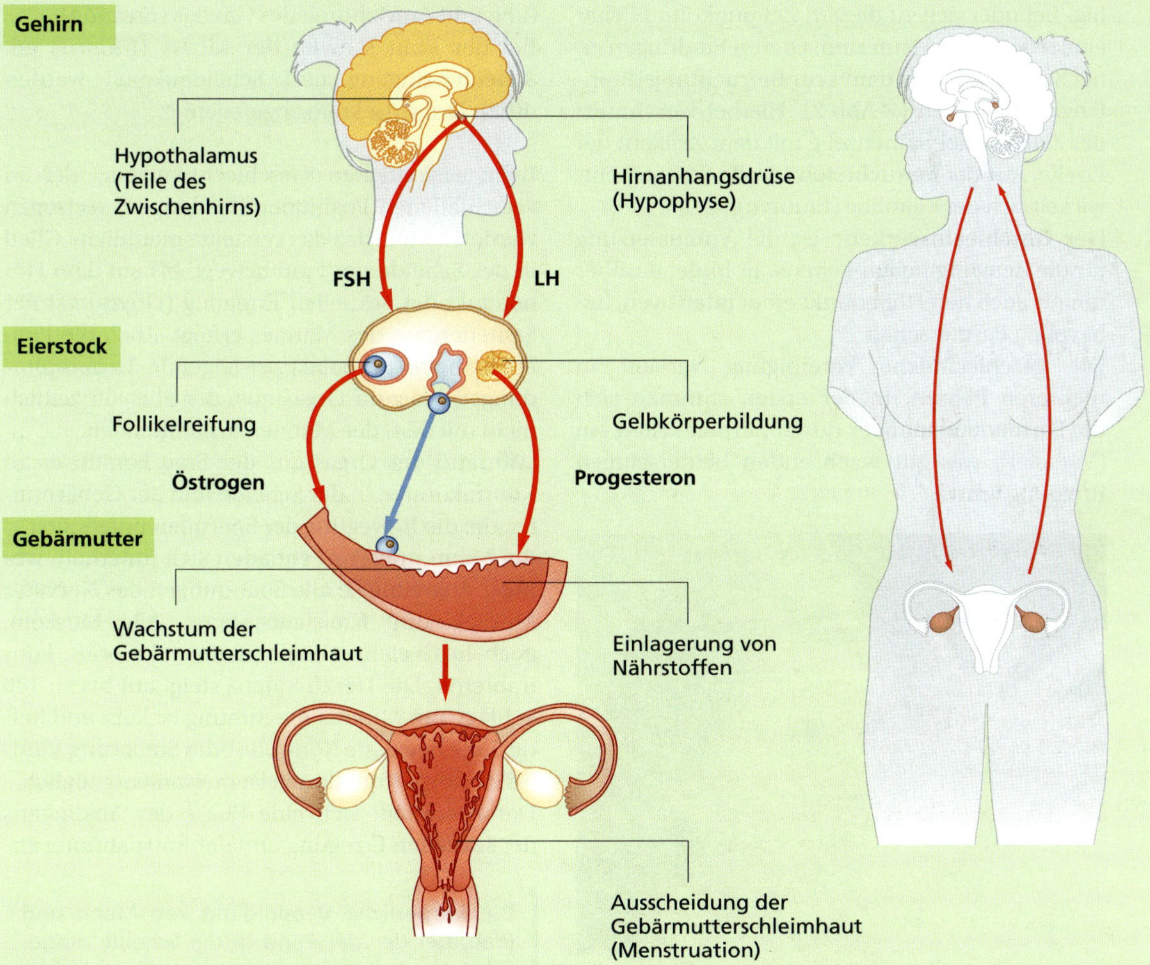

Informiere dich, wie die Pille in die Regulation des Menstruationszyklus eingreift.

Geschlechtsverkehr und Befruchtung

Der Grund für das Ausbleiben einer Regelblutung kann die Befruchtung einer Eizelle sein.

Beim ungeschützten **Geschlechtsverkehr** gelangen die Samenzellen in die Scheide der Frau, wo sie sich mit ihren Schwanzfäden aktiv vorwärtsbewegen. Schon in weniger als zwei Stunden können sie über die Eingangsöffnung der Gebärmutter in die Gebärmutterhöhle und von dort in die Eileiter gelangen.

Samenzellen sind etwa 48 bis 56 Stunden, unbefruchtete Eizellen nur 16 bis 24 Stunden lebensfähig. Befindet sich zu diesem Zeitpunkt im Eileiter eine reife Eizelle, dann kann es zum Eindringen einer Samenzelle und damit zur **Befruchtung** (Empfängnis) kommen (↗ Abb. 2). Hierbei verschmilzt der Zellkern der Samenzelle mit dem Zellkern der Eizelle. Aus der **befruchteten Eizelle** (Zygote) entwickelt sich der Keimling (Embryo).

Der **Geschlechtsverkehr** ist die Voraussetzung für die Zeugung neuen Lebens. Er bildet darüber hinaus auch den Höhepunkt einer intensiven, liebevollen Partnerschaft.

Die geschlechtliche Vereinigung verläuft in mehreren Phasen. In der ersten stimmen sich die Partner aufeinander durch Zärtlichkeiten ein (Vorspiel), was zur wachsenden beiderseitigen Erregung führt.

1 Liebe und Sexualität erfordern gegenseitiges Vertrauen und Verantwortung.

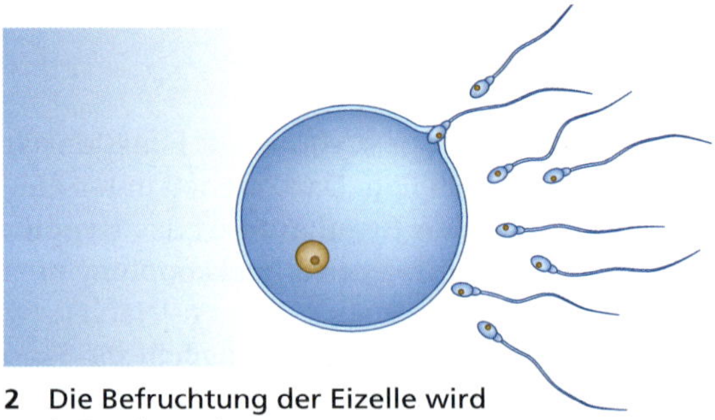

2 Die Befruchtung der Eizelle wird auch Empfängnis genannt.

Beim Mann kommt es dabei durch verstärkten Blutstrom in die Schwellkörper zu einer Versteifung und Aufrichtung des Gliedes (*Erektion*).

Bei der Frau schwillt der Kitzler (*Klitoris*) an. Scheideneingang und Scheidenkanal werden durch Drüsensekrete angefeuchtet.

Beim eigentlichen Geschlechtsverkehr, der in verschiedenen Positionen (Stellungen) vollzogen werden kann, wird das versteifte männliche Glied in der Scheide der Frau bewegt, bis auf dem Höhepunkt der sexuellen Erregung (*Orgasmus*) der Samenerguss des Mannes erfolgt. Auch die Frau erlebt beim Sexualakt ansteigende Lustempfindungen bis zum Orgasmus, der aber oft zeitlich nicht mit dem des Mannes zusammenfällt.

Während des Orgasmus der Frau kommt es zu Kontraktionen in der Scheide und der Gebärmutter, die die Bewegung der Spermien unterstützt.

Bei Mann und Frau entladen sich innerhalb weniger Augenblicke alle Spannungen des Nerven-, Muskel- und Kreislaufsystems. Alle Muskeln, auch in Gesicht, Gliedmaßen und Gesäß, kontrahieren. Die Herzfrequenz steigt auf bis zu 180 Schläge pro Minute, die Atmung ist kurz und heftig. Eine bewusste Kontrolle oder Steuerung sämtlicher Körperfunktionen ist meist nicht möglich.

Daran schließt sich eine Phase des Abklingens der sexuellen Erregung und der Entspannung an.

Die körperliche Vereinigung von Mann und Frau, bei der der Penis in die Scheide eingeführt wird, bezeichnet man als Geschlechtsverkehr. Dadurch können die Samenzellen zur Eizelle gelangen und mit dieser zur Zygote verschmelzen (Befruchtung).

Schwangerschaft

Hat eine Befruchtung stattgefunden, beginnt die Entwicklung eines neuen Menschen. Die befruchtete Eizelle teilt sich auf dem Weg zur Gebärmutter, zunächst ohne dass ihre Größe zunimmt. Ab dem vierten Tag beginnen die Zellen, sich zu unterscheiden. Im Inneren des Zellverbandes entsteht ein Hohlraum. Etwa am sechsten Tag lagert sich der Keim an die Gebärmutterschleimhaut an.
Der äußere Teil des Zellverbandes bildet feine Zotten aus, die sich in die Schleimhaut einsenken. Daraus entsteht der scheibenförmige Mutterkuchen, die **Plazenta.** Ihre Aufgabe ist die Versorgung des Embryos mit Nährstoffen und Sauerstoff.

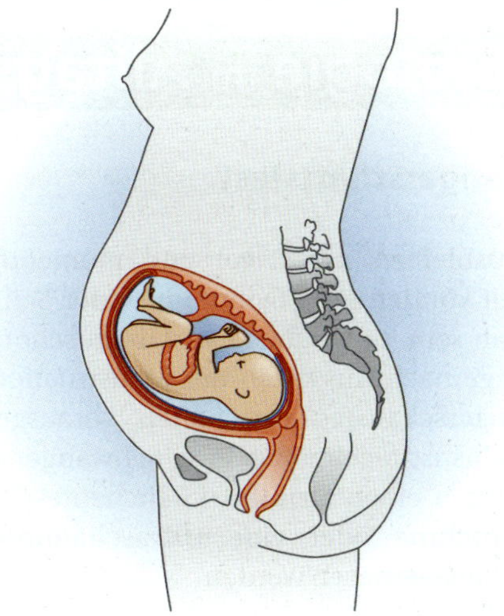

1 Geschützt liegt der Fetus im Bauch der Mutter.

Die Entwicklung der befruchteten Eizelle bis zum geburtsreifen Baby im Bauch der Mutter nennt man **Schwangerschaft.** Sie dauert beim Menschen normalerweise 40 Wochen, etwa neun Kalendermonate.
Geschützt durch die **Fruchtblase** mit dem Fruchtwasser wächst der Embryo in der Gebärmutter heran. Körperteile und Organe entwickeln sich. Bereits nach fünf Wochen kann man deutlich die Anlagen von Kopf, Rumpf, Gliedmaßen und Herz erkennen.
Mit der Plazenta bleibt der **Embryo** über die Nabelschnur bis zur Geburt verbunden. Ein einfaches Herz, das noch nicht über Vorhöfe und Kammern verfügt, schlägt bereits. Das Gehirn nimmt etwa in der siebten Woche seine Tätigkeit auf. Zwischen der neunten und zwölften Woche wächst der Embryo stark. Bewegungen werden erkennbar.

Ab der 13. Woche ist die Embryonalentwicklung abgeschlossen. Das heißt, alle Körperstrukturen und Organe sind angelegt. Man spricht jetzt vom **Fetus**. Er ist nun 9 bis 10 cm groß und hat deutlich menschliche Gestalt. Am Ende des siebten Monats ist die Organ-, Knochen- und Muskelentwicklung so weit abgeschlossen, dass das Kind bei einer Frühgeburt gute Überlebenschancen hat.

Mosaik

Schwangerschaftsabbruch

Die rechtlichen Grundlagen für einen Schwangerschaftsabbruch werden im deutschen Strafgesetzbuch in die Paragrafen 218 und 219 geregelt.
Demnach ist der Abbruch einer Schwangerschaft straffrei, wenn er innerhalb der ersten zwölf Wochen nach Empfängnis durchgeführt wird, eine Schwangerenkonfliktberatung erfolgte und drei Tage zwischen Beratung und Abbruch liegen.
Keine Beratungspflicht besteht, wenn:

- die Schwangerschaft z. B. Folge einer Vergewaltigung ist (kriminologische Indikation);
- die Fortsetzung der Schwangerschaft das Leben bzw. die körperliche und seelische Gesundheit der Frau gefährdet oder eine Schädigung des Kindes zu befürchten ist (medizinische Indikation). Dann ist ein Schwangerschaftsabbruch sogar nach der zwölften Woche möglich.

Die Entscheidung eines Schwangerschaftsabbruchs liegt letztlich bei der Frau. Es sollten immer der Schutz des ungeborenen Lebens und die Perspektiven von Mutter und Kind im Mittelpunkt stehen.
Ein Schwangerschaftsabbruch ist kein Mittel zur Empfängnisregulation!

Biologie im Alltag

Schwangerschaftstest

Das Ausbleiben der Regel und morgendliche Übelkeit können erste Symptome einer Schwangerschaft sein. Gewissheit kann dann schon wenige Tage nach Aussetzen der Menstruation ein Schwangerschaftstest verschaffen, vorausgesetzt der Zyklus ist regelmäßig. Eine Schwangerschaft kann durch einen **Urintest** (Stäbchentest), eine **Blutentnahme** oder eine **Ultraschalluntersuchung** nachgewiesen werden.

Der Stäbchentest ist in Apotheken erhältlich und kann zu Hause durchgeführt werden. Dabei wird der Morgenurin auf das schwangerschaftserhaltende Hormon **HCG** (**h**umanes **C**horion**g**onadotropin) getestet, das bei gesunden Frauen bis zur 12. Schwangerschaftswoche gebildet wird.

Ab etwa zehn Tagen nach der Befruchtung kann durch einen Schwangerschaftstest mit ca. 98 %iger Sicherheit die Schwangerschaft bestätigt oder ausgeschlossen werden. Er beruht auf einer **Antigen-Antikörper-Reaktion** (↗ Abb. 1). Antigen ist das HCG, Antikörper stammen aus dem Serum von Mäusen oder anderen Säugetieren. Die Antikörper verbinden sich mit dem im Urin enthaltenen HCG, wodurch auf dem Teststreifen eine Farbreaktion ausgelöst wird.

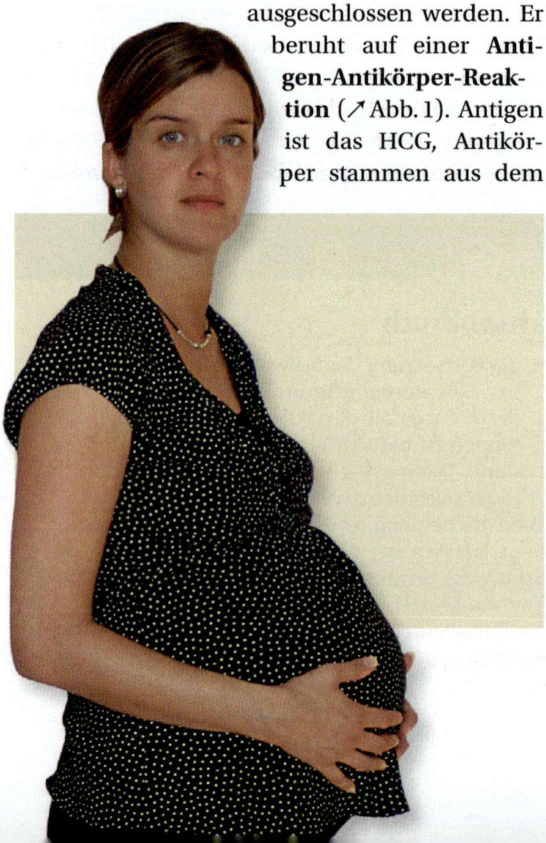

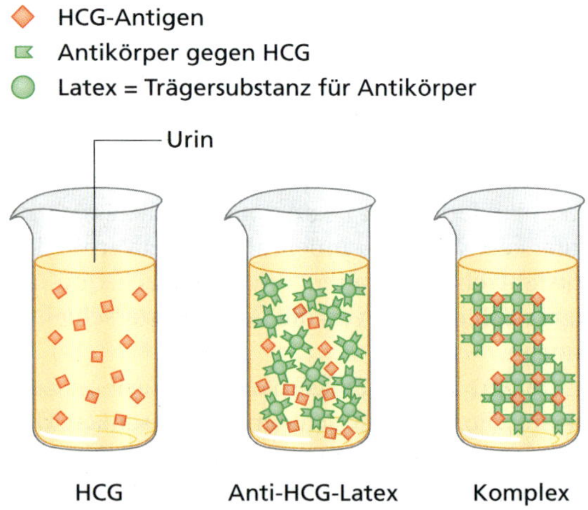

1 Der Stärketest beruht auf dem Nachweis eines Antigen-Antikörper-Komplexes.

Vorsicht: Bestimmte Erkrankungen können zu falschen Ergebnissen führen.

Genauer sind vom Arzt durchzuführende Blutuntersuchungen. Letzte Gewissheit bringt eine ab der 6. Schwangerschaftswoche mögliche Ultraschalluntersuchung (↗ Abb. 2).

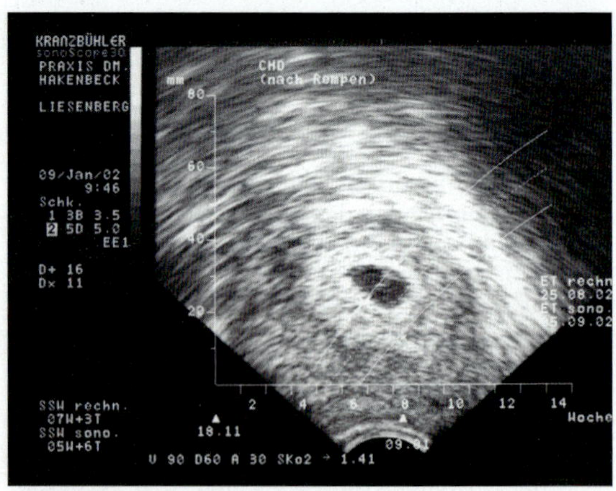

2 Durch Ultraschall kann auch die Schwangerschaftswoche bestimmt werden.

Geburt – ein besonderes Ereignis

Vor der Geburt liegt das Kind in der Regel mit dem Kopf nach unten in der Gebärmutter und ist etwa 50–52 cm groß und 2800 bis 3400 g schwer. Durch das Platzen der Fruchtblase **(Blasensprung)** oder einsetzende Wehen beginnt die spontane Geburt.
Die ersten krampfartigen Muskelkontraktionen der Gebärmutter **(Wehen)** führen zur Öffnung des Muttermunds und damit des Geburtskanals (**Eröffnungsphase,** Abb. 1 a). Werden die Wehen stärker und erfolgen in immer kürzeren Abständen, wird das Kind mit dem Kopf zuerst herausgepresst (**Austreibungsphase,** Abb. 1 b).
Liegt das Kind bei der Geburt mit dem Gesäß nach unten, wird von einer Steißlage gesprochen. Dann ist meist ein Kaiserschnitt notwendig, um das Kind auf die Welt zu bringen.

Die **Nabelschnur** hört bereits wenige Sekunden nach der Geburt auf, Blut von der Mutter zum Kind zu transportieren. Sie kann jetzt abgebunden und durchtrennt werden. Da keine Sauerstoffversorgung über die Nabelschnur mehr erfolgt, steigt der Kohlenstoffdioxidgehalt im Blut des Kindes an. Das reizt das Atemzentrum im Gehirn und löst den ersten Atemzug aus, der oft mit dem ersten Schrei verbunden ist. Damit öffnen und entfalten sich die Lungenbläschen. Da die eigene **Lunge** ab jetzt für die Versorgung mit Sauerstoff zuständig ist, muss auch der gesamte **Blutkreislauf** des Neugeborenen umgestellt werden. Körper- und Lungenkreislauf werden voneinander getrennt.

Durch das Saugen an der Mutterbrust trinkt das Kind die besonders leicht verdauliche Vormilch, die den **Verdauungstrakt** anregt und den ersten Stuhlgang (Kindspech) fördert.
Auch alle anderen Organe des Neugeborenen müssen sich auf die neue Lebenssituation einstellen. Die funktionslos gewordene Plazenta löst sich etwa eine Stunde nach der Geburt von der Gebärmutterwand ab und wird ausgestoßen **(Nachgeburtsphase).**

Mit der Geburt beginnt für das Neugeborene die nachgeburtliche Entwicklung, in der es auf die Fürsorge seiner Umgebung angewiesen bleibt.

> Mit der Geburt endet die vorgeburtliche Entwicklung. Das Kind ist unabhängig von der Versorgung durch den mütterlichen Körper.

Aufgaben

1. Beschreibe die drei Phasen der Geburt.
2. Entwickle Abbildung 1 c).
3. Recherchiere zum Begriff „Kaiserschnitt".

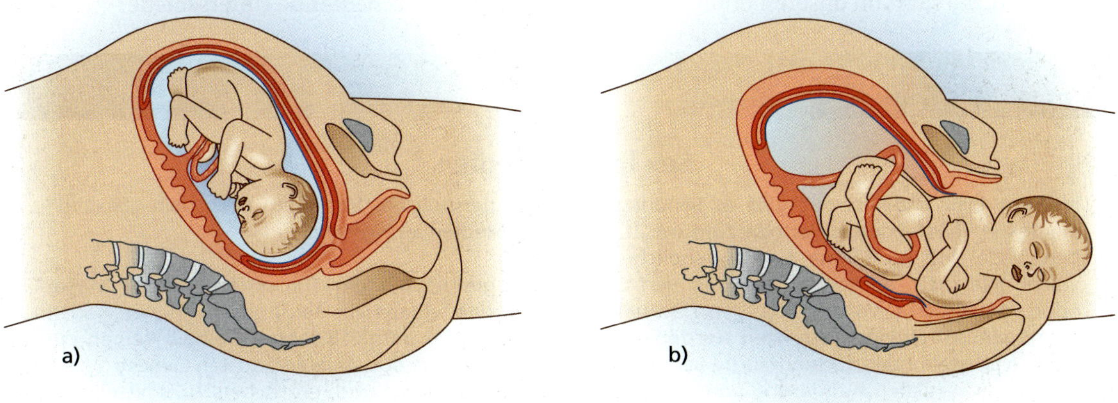

1 Bei der Geburt wird das Kind a) zum Gebärmutterausgang gedrückt, und b) durch die Kontraktionen der Gebärmuttermuskulatur (Wehen) aus dem Körper gepresst.

Sexualität, Liebe und Partnerschaft

Die biologische Grundfunktion der Sexualität ist die Erzeugung von Nachkommen durch geschlechtliche Fortpflanzung. Beim Menschen ist sie darüber hinaus ein wichtiger Bestandteil der Kommunikation und Partnerbeziehung, ein Wesensmerkmal und Grundbedürfnis, das bei jedem Einzelnen in einer persönlichen (individuellen) Art und Weise ausgeprägt ist.

Sexualität wird von gesellschaftlichen Leitbildern, von sozialen Lebensumständen wie Beruf, Familie, Freundeskreis, von der Erziehung, den positiven und negativen Erfahrungen beeinflusst. Deshalb ist es auch schwer, Normen aufzustellen, an die sich alle Menschen halten müssen.
Man kann nur Persönlichkeitseigenschaften und ethische Werte nennen, die für Partnerschaft, Ehe und Familie wichtig sind. Dazu gehören neben Liebe, Zärtlichkeit, Einfühlungsvermögen und Rücksichtnahme auch gegenseitige Achtung und Vertrauen.

Weitere **ethische Prinzipien** im Zusammenhang mit menschlicher Sexualität sind die Ablehnung jeglicher Form von Nötigung und Gewaltanwendung sowie der Ausnutzung von Abhängigkeitsverhältnissen, aber auch die Toleranz gegenüber Homosexuellen.
In anderen Kulturen und Religionen gibt es zur Geschlechterrolle und Sexualität Auffassungen und Regeln, die sich von unseren unterscheiden.

1 Miteinander neue Gefühle erfahren

Aufgabe

Vergleiche die menschliche Sexualität mit der Sexualität und dem Sexualverhalten von Tieren.
Welche Gemeinsamkeiten gibt es und wo liegen entscheidende Unterschiede?

Mosaik

Sex in den Medien

Im Fernsehen und Internet gibt es Sendungen, die Sex in verschiedenen Formen zum Inhalt haben. Viele sind für Kinder und Jugendliche als „nicht geeignet" eingestuft, weil sie verfrühte oder unrealistische Vorstellungen von Sexualität vermitteln. In Jugendzeitschriften werden neben solchen Darstellungen auch nützliche Beiträge zur fundierten sexuellen Aufklärung von Jugendpsychologen publiziert. Kein junger Mensch sollte sein persönliches Verhalten nach dem „Sexbild" der Medien ausrichten.

Das gilt noch mehr für pornografische Magazine und Videos aus Sexshops. Zu denen haben Jugendliche unter 18 Jahren deshalb keinen Zutritt. Die dort ebenfalls verkauften Liebestropfen, Glückshormone und erotischen Hilfsmittel sind von umstrittenem Nutzwert.

Eine besondere Rolle spielt schon in der Pubertät das wachsende Interesse am anderen Geschlecht.
Aus Verliebtsein kann echte **Liebe** werden. Das ist ein Gefühl innerer Zuwendung, verbunden mit der Bereitschaft, für den anderen da zu sein, sich gegenseitig zu vertrauen und zu helfen. Es entwickelt sich eine Partnerschaft, in der das Bedürfnis nach engeren Kontakten und intimeren Zärtlichkeiten wächst.
Wann es zum ersten Geschlechtsverkehr kommt, ist die freie Entscheidung beider Partner.

Die früheren Auffassungen vom unterschiedlichen **Rollenverhalten** der Geschlechter – dem „coolen", aktiven, lustbetonten Männertyp und dem passiv-zurückhaltenden, gefühlsbetonten Frauentyp – gelten heute als einseitig und überholt. Deshalb sollte sich kein junger Mensch von einem solchen falschen Rollenbild unter Druck setzen lassen oder krampfhaft einem Idealtyp aus Film und Fernsehen nacheifern wollen. Jeder ist auch in sexueller Hinsicht seine eigene Persönlichkeit. Beide Geschlechter können je nach Veranlagung, Stimmung oder Situation aktiv oder passiv, herausfordernd-sinnlich oder romantisch-zärtlich sein.

Für eine gute Partnerschaft ist es wichtig, Gefühle zu zeigen und zu erwidern, dem anderen seine Erwartungen und Wünsche mitzuteilen sowie sich über Probleme offen auszusprechen.
Liebe zueinander und Sex miteinander erfordern gegenseitiges Vertrauen und Verantwortung.
Beide Partner sollen über Zeitpunkt, Art und Häufigkeit ihrer sexuellen Kontakte frei entscheiden, Ja oder Nein sagen können, nichts übereilen oder erzwingen!
Beide tragen Verantwortung für das Anwenden von Mitteln zur **Empfängnisverhütung** und zum **Schutz vor** Ansteckung mit **Geschlechtskrankheiten** (↗ S. 183).

Sexualität, Liebe und Partnerschaft sind wichtige Bestandteile im Leben des Menschen. Mit dem Erreichen der Pubertät gewinnt das auch für die Jugendlichen eine immer größere Bedeutung.

Mosaik

Homosexuell, na und?

Ein bekanntes Beispiel für ein öffentliches Coming-out lieferte KLAUS WOWEREIT bei seiner Aufstellung zum Kandidaten für die Wahl zum Regierenden Oberbürgermeister von Berlin 2001 mit dem Satz: „Ich bin schwul, und das ist auch gut so."
Der Begriff **Homosexualität** steht für eine sexuelle Orientierung, bei der Liebe und sexuelles Begehren ausschließlich oder vorwiegend gegenüber Personen gleichen Geschlechts empfunden werden. Homosexuelle Frauen werden auch als **Lesben** bezeichnet, homosexuelle Männer auch als **Schwule.** In allen Kulturen und Epochen der Weltgeschichte findet man Menschen, deren Gefühle und sexuelle Wünsche sich auf das eigene Geschlecht richten. Aber erst 1993 hat die Weltgesundheitsorganisation (WHO) die Homosexualität aus der „Internationalen Liste für Krankheiten" gestrichen.

Der Anteil der Homosexuellen wird auf 5–10 % der Bevölkerung geschätzt, in Deutschland wären dies ca. 4–8 Millionen. Hier gibt es seit dem 1. August 2001 die sogenannte *Eingetragene Lebenspartnerschaft*.

Aufgabe

Diskutiert die Probleme, mit denen Homosexuelle auch heute noch konfrontiert werden, in der Klasse.

Mosaik

Glossar (Auswahl) zu Formen der menschlichen Sexualität

Bisexualität: Bisexuell veranlagte Menschen haben sexuelle Beziehungen zu Männern und zu Frauen.
Coming-out: Zeitpunkt, zu dem Homosexuelle in der Lage sind, vor sich selbst und vor anderen ihre Gefühle zum gleichgeschlechtlichen Partner zu akzeptieren, in die Öffentlichkeit zu tragen und als etwas Positives für sich selbst zu erleben.
Ejakulation: ist der Samenerguss beim Mann.
Erektion: Durch Blutstrom in den Schwellkörpern wird der Penis größer, dicker und richtet sich auf.
Erogene Zonen: Körperregionen, wie z. B. Lippen, Brustwarzen, Scheide oder Penis, die durch zärtliche Berührungen sexuell erregbar sind.
Exhibitionist/Exhibitionismus: Ein Exhibitionist (meist männlich) empfindet sexuelle Erregung, indem er seine Geschlechtsorgane vor anderen Menschen entblößt und die verstörten Reaktionen dieser Menschen genießt.
Heterosexualität: Heterosexuell veranlagte Menschen sind sexuell auf Partner des anderen Geschlechtes orientiert. In vielen Kulturen bildet die Heterosexualität die Grundlage für Ehe und Familie und wird daher als Norm angesehen.
Homosexualität: Sexualität bzw. sexuelle Lust von Männern oder Frauen, die nur für Partner des gleichen Geschlechts empfunden und ausgelebt wird.
Intersexualität: Diese Menschen (unter 2000 Geburten ca. ein Kind) können körperlich nicht eindeutig einem Geschlecht zugeordnet werden. Sie werden auch als Hermaphroditen oder volkstümlich „Zwitter" bezeichnet. Die unterschiedlichen Ausprägungen kommen durch Veränderungen von Erbinformationen und durch hormonellen Abweichungen zustande. Medizinische Eingriffe zur Förderung eines Geschlechtes können zu sehr schwerer Traumatisierung führen. Deshalb ist die Akzeptanz der Intersexualität meist der bessere Weg.
Lesbisch: ist die homosexuelle Beziehungen zwischen Frauen.
Masturbation/Onanie/Selbstbefriedigung: Sexuelle Befriedigung der eigenen Person durch Reizung des Penis bzw. des Kitzlers
Masochist/Masochismus: Masochisten empfinden sexuelle Befriedigung, wenn man ihnen seelische Demütigungen oder körperliche Schmerzen zufügt.
Orgasmus: Höhepunkt (seelisch und körperlich) der sexuellen Erregung. Bei der Frau kommt es zum rhythmischen Zusammenziehen der Scheiden- und der Gebärmuttermuskulatur, beim Mann zur Ejakulation (Samenerguss).
Pädophilie: Vorliebe bzw. sexuelles Verlangen eines Erwachsenen, mit Kindern des gleichen oder des anderen Geschlechtes sexuelle Beziehungen zu haben.
Petting: Der gesamte Körper, einschließlich des Genitalbereichs, wird mit der Hand oder mit dem Mund gegenseitig liebkost. Das kann unter Umständen bis zum Orgasmus führen, ohne dass Geschlechtsverkehr durchgeführt wird.
Pornographie: Sexuelle Handlungen werden in Bildern und mithilfe von Worten dargestellt, ohne seelische bzw. partnerschaftliche Aspekte dabei zu berücksichtigen.
Prostitution: Weibliche oder männliche Prostituierte bieten ihren eigenen Körper gegen Bezahlung zur Befriedigung der sexuellen Bedürfnisse ihrer Kunden an.
Pollution: Der unwillkürliche Samenerguss ohne aktives Eingreifen während der Traumphase im Schlaf wird als Pollution bezeichnet. Meist wird erst am Morgen der „feuchte Traum" bemerkt.
Sadist: Ein Sadist verschafft sich sexuelle Befriedigung, indem er andere Menschen seelisch demütigt oder körperlich quält.
Safer Sex: Sexuelle Praktiken bzw. Handlungen, die eine Ansteckungsgefahr bezüglich HIV oder anderer Geschlechtskrankheiten stark herabsetzen. Beim Geschlechtsverkehr mit unbekannten oder häufig wechselnden Partnern ist z. B. die Verwendung eines Kondoms sehr zu empfehlen!
Schwul: ist die homosexuelle Beziehung zwischen Männern.
Sodomie: sind sexuelle Handlungen mit Tieren.
Transsexualität/Transidentität/Transgender: Menschen, die körperlich eindeutig einem Geschlecht zuzuordnen sind, sich nach Gefühl und Verhalten aber dem anderen Geschlecht zuordnen. Das kann unter Umständen zu einer Vornamensänderung der Person und medizinischen, geschlechtsangleichenden Maßnahmen führen.
Transvestit: Transvestiten fühlen sich – anders als Transsexuelle – in ihrem angeborenen Geschlecht grundsätzlich wohl und schlüpfen nur gelegentlich oder für kurze Zeit in die Rolle des anderen Geschlechts (z. B. dadurch, dass sie Kleidung des anderen Geschlechts tragen).
Voyeur: Mensch, der sexuelle Erregung empfindet, wenn er sexuelle Handlungen anderer Menschen heimlich beobachtet (umgangssprachlich: Spanner)

Biologie im Alltag

Sex mit Verstand

Die Zeit der Pubertät bringt körperliche und seelische Veränderungen mit sich. Das Interesse an der eigenen Sexualität wächst. Eine große Unsicherheit ist oft die Folge. Da ist es sehr wichtig, über bestimmte Themen mit Offenheit und Klarheit zu sprechen. Besonderes Thema ist die Aufklärung zum Schutz vor **sexuell übertragbaren Krankheiten** und **ungewollter Schwangerschaft** (Empfängnisregulation).
Es gibt verschiedene Wege, sich sachkundig Aufklärung zu verschaffen. Entscheidend ist, dass kompetente Antworten gegeben werden. Für junge Mädchen wird dazu der erste Besuch beim Frauenarzt empfohlen.

Die verschiedenen Methoden und Mittel zur **Schwangerschaftsverhütung** unterscheiden sich in ihrer Wirksamkeit und Anwendung deutlich.
Die Wirksamkeit, die sogenannte „Versagerquote", des jeweiligen Verhütungsmittels wird mit dem **Pearl-Index (PI)** angegeben. Er berechnet sich aus der Anzahl der ungewollten Schwangerschaften von 100 Frauen innerhalb eines Jahres unter Anwendung einer bestimmten Methode. Es gilt: je kleiner der Pearl-Index, desto sicherer die Methode.
Die Angaben zum Pearl-Index berücksichtigen sowohl die theoretische Sicherheit als auch die Fehler, die bei der Anwendung passieren können. Je exakter man ein Verhütungsmittel verwendet, desto besser schützt es. Bei ungeschütztem Geschlechtsverkehr ist der Pearl-Index > 80.

Je nach **Wirkprinzip** wird nach natürlichen, hormonellen und mechanischen (Barriere) Verhütungsmethoden unterschieden.

Die **natürlichen Methoden** stützen sich auf das Wissen über den Menstruationszyklus und die Lebensdauer von Eizelle und Samenzelle. Eizellen sind 16 bis 24 Stunden lebensfähig, Samenzellen sogar bis zu 56 Stunden.

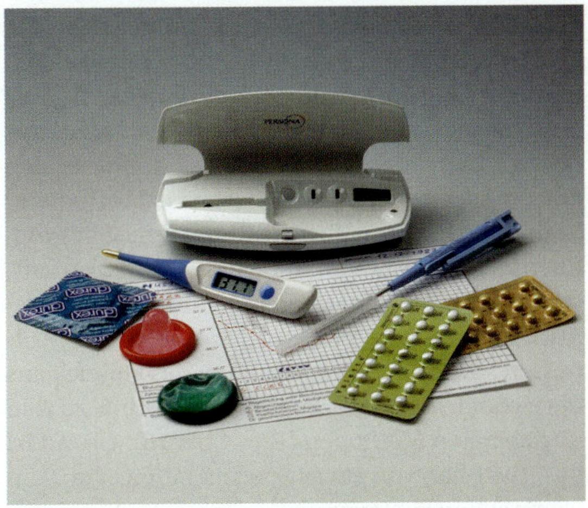

1 Die Wahl des Verhütungsmittels muss gut überlegt sein!

Je nach gewählter Methode wird entweder die Beschaffenheit des Scheidenschleims untersucht, die Veränderung der Körpertemperatur um 0,2 bis 0,4 °C gemessen, die Hormonkonzentration im Urin bestimmt oder es werden die wahrscheinlich fruchtbaren Tage errechnet. Eine Kombination sowie die Nutzung sogenannter „Babycomputer" verringern den Unsicherheitsfaktor dieser Methoden (↗ Tab.).

Natürliche Verhütungsmethoden	Pearl-Index
Zeitwahlmethode (nach Knaus-Ogino)	9
Schleimmethode (nach Billings)	5
Temperaturmethode (nach Döring und Thyma)	0,8–3
Elektronische Messgeräte (z. B. Minicomputer)	2–5

Aufgabe

Überlege, ob die Verwendung von natürlichen Methoden ein sicherer Schutz vor Schwangerschaft und sexuell übertragbaren Krankheiten sein kann. Begründe.

Die natürlichen Methoden setzen eine akribische Selbstkontrolle der Frau über einen langen Zeitraum bei regelmäßigem Zyklus voraus. Besonders im jugendlichen Alter, wenn der Menstruationszyklus noch nicht stabil ist, sondern sich erst einpegelt, ist der Unsicherheitsfaktor bei der Verhütung durch natürliche Methoden sehr groß. Ebenso können Erkrankungen oder Medikamenteneinnahmen zu falschen Ergebnissen führen. Auch der *Coitus interruptus*, das sogenannte „Aufpassen" durch das Herausziehen des Gliedes aus der Scheide vor dem Samenerguss, zählt zu den unsichersten Methoden (PI = 4 bis 18). Grund ist das Austreten von etwas Sperma bereits vor dem eigentlichen Samenerguss.

Bei jungen Frauen wird häufig die **„Pille"** empfohlen, da sie sehr einfach in der Anwendung ist und einen stabilen und hohen Schutz vor Schwangerschaft bieten kann.

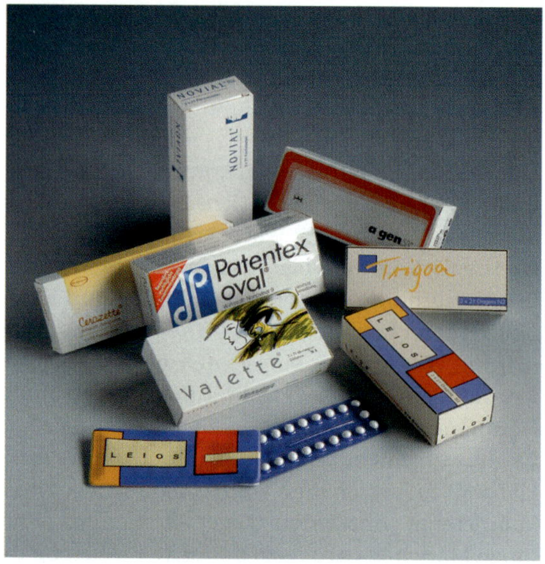

1 Die Pille wird nach den individuellen Bedürfnissen der Frau ausgewählt.

Verhütungsmittel	PI	Anwendung	Hinweise
hormonelle Methoden		Durch gezielte Hormongaben wird der Eisprung unterdrückt.	Sie nehmen Einfluss auf den natürlichen Menstruationszyklus.
„Pille"	0,1–0,5	Hormone in Tablettenform werden in der Regel über 21 Tage eingenommen und für 7 Tage ausgesetzt.	Erfolgt die sehr einfache Einnahme gewissenhaft, ist eine große Sicherheit gewährleistet.
Pflaster	0,72	Auf die Haut geklebte Hormonpflaster (ca. 4,5 x 4,5 cm) werden wöchentlich gewechselt und in der vierten Woche ausgesetzt.	Die Pflaster sind an entsprechender Hautpartie sichtbar, lösen sich nur selten durch Wasser ab.
Vaginalring	0,65	Ein flexibler Kunststoffring verbleibt für 3 Wochen in der Scheide, gefolgt von einer einwöchigen Pause.	Der Ring mit etwa 5 cm Durchmesser wird problemlos selbst von der Frau eingeführt und herausgenommen.
Implantat	0,0–0,08	Das 4 cm lange und 2 mm dicke Stäbchen wird nach örtlicher Betäubung unter die Haut des Oberarms geschoben und verbleibt dort 3 Jahre.	Selten kann es zum Verrutschen des Implantats kommen. Herausnehmen des Implantates erfolgt durch einen lokalen Schnitt.
Depotspritze	0,3–1,4	In einmonatigen oder dreimonatigen Abständen werden die Hormongaben per Spritze verabreicht.	Negativ beeinflusst wird besonders die Entwicklung der Knochendichte bei jungen Menschen.
Hormonspirale	0,16	Ein ca. 4 cm langes, T-förmiges Plastikstück wird für 3–5 Jahre direkt in die Gebärmutter eingesetzt.	Eignet sich für Frauen mit abgeschlossener Familienplanung.

Zur Vielzahl der in Deutschland zur Verfügung stehenden Verhütungsmethoden zählen auch die sogenannten **Barrieremethoden.** Sie verhindern mechanisch das Eindringen von Sperma in die Gebärmutter.

Am bekanntesten und am häufigsten verwendet wird das **Kondom.** Die dünne, elastische Gummihülle wird vor dem Geschlechtsverkehr über das steife Glied des Mannes gezogen. Nach dem Orgasmus des Mannes wird die Samenflüssigkeit aufgefangen und somit verhindert, dass diese in die Scheide der Frau gelangt.

Nach dem gleichen Prinzip funktioniert das **Femidom®** („Kondom für die Frau"). Die durchsichtige, weiche Kunststoffhülle hat zwei elastische Ringe, wovon der Ring an der geschlossenen Seite in die Scheide eingeführt wird, der andere außerhalb verbleibt. Das Femidom® kann bis zu zehn Stunden vor dem Geschlechtsverkehr eingeführt werden. Es schmiegt sich wie eine zweite Haut von innen an die Vagina an.

Die Sicherheit durch Kondom oder Femidom® ist stark abhängig von der korrekten Anwendung (Pearl-Index = 1–12). Diese kann allerdings sehr leicht erlernt werden (↗Abb. 2) und entwickelt sich dann schnell zur Routine.
Darüber hinaus bieten nur sie einen effektiven **Schutz vor sexuell übertragbaren Krankheiten** wie Hepatitis, HIV und Chlamydieninfektion.

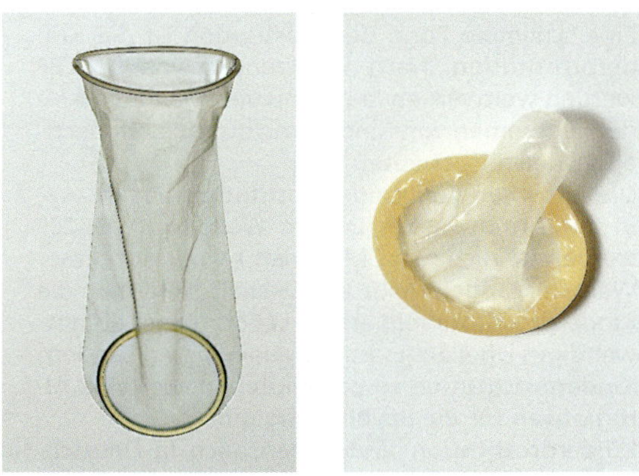

1 Femidom® und Kondom – der einzige sichere Schutz vor sexuell übertragbaren Krankheiten

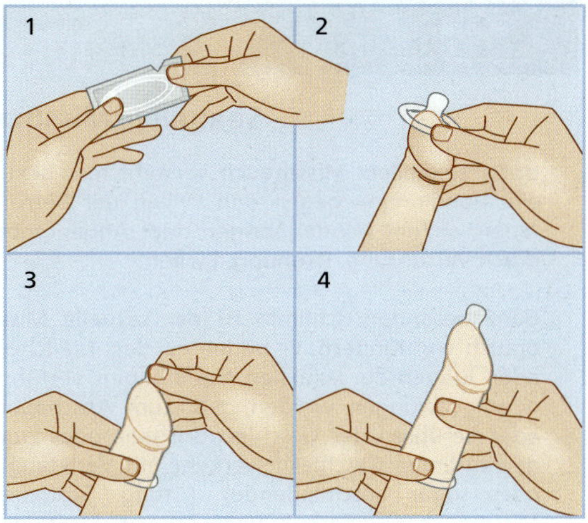

2 Die Handhabung eines Kondoms lässt sich mit etwas Übung leicht perfektionieren.

Ob in einer festen Partnerschaft oder bei häufigem Partnerwechsel, ein verantwortungsvoller Umgang miteinander setzt auch voraus, dass Empfängnisregulation und Ansteckung von sexuell übertragbaren Krankheiten ein Thema sind.

Bei neuem Partner oder One-Night-Stand nie ohne Schutzbarriere!

Aufgaben

1. a) Diskutiere z. B. mit Freunden, welche Verhütungsmethoden für junge Menschen am besten geeignet sind. Wäge Vor- und Nachteile ab.
b) Überlege, wie der Schutz vor sexuell übertragbaren Krankheiten durch den Gebrauch eines Kondoms erhöht werden kann. Was ist bei der Verwendung eines Kondoms zu beachten?
c) Ziehe eine Schlussfolgerung, wie der beste Schutz vor Schwangerschaft und sexuell übertragbaren Krankheiten aussehen sollte.

2. Erkundige dich über weitere, nicht aufgeführte Verhütungsmittel.

Mosaik

Sexueller Missbrauch und Prostitution

Unter **sexuellem Missbrauch** versteht man sexuelle Handlungen gegen den Willen der Betroffenen, an/mit Minderjährigen oder Abhängigen durch Verführung, Drohung, Zwang.

Ganz besonders schlimm ist der sexuelle Missbrauch von Kindern. Er bedeutet, dass Mädchen oder Jungen zu sexuellen Handlungen verführt oder gezwungen werden, z.B. zum Anschauen oder Berühren der Geschlechtsorgane oder zum gewaltsamen Geschlechtsverkehr mit Verletzung oder sogar anschließender Tötung. Sexueller Missbrauch wird deshalb unter schwere Strafe gestellt.

Die Täter sind in solchen Fällen zumeist Personen, die ihre Opfer im Auto mitnehmen oder durch Geld, Geschenke, Süßigkeiten und Versprechungen an einsame Orte locken. Es sind nicht immer Fremde, die Kinder missbrauchen, oft sind es Bekannte, Verwandte oder sogar Familienangehörige (Vater, Stiefvater, Bruder). Die strafbaren sexuellen Handlungen finden in solchen Fällen oft wiederholt über längere Zeit statt. Sie werden erst später aufgedeckt, weil die betroffenen Kinder durch Belohnungen oder Druck zum Schweigen gezwungen werden oder sich schämen, offen darüber zu sprechen.

Nicht jede Zärtlichkeit zwischen Erwachsenen und Kindern/Jugendlichen ist gleich sexueller Missbrauch. Daher: keine Panik, aber im Zweifels- oder Wiederholungsfall nicht schweigen, sondern offen Rat und Hilfe bei Vertrauenspersonen oder in Beratungsstellen suchen (z.B. bei PRO FAMILIA, Gesellschaft für Familienplanung und Sexualberatung).

Der Begriff **Prostitution** ist vom Lateinischen *prostituere* abgeleitet und bedeutet „sich öffentlich hinstellen". Als Prostitution werden alle sexuellen Handlungen gegen Entgelt bezeichnet. Es gibt eine Reihe von Umschreibungen für Prostitution, z.B. „ältestes Gewerbe der Welt" oder „horizontales Gewerbe".

Prostitution findet in verschiedenen Varianten statt, u.a. als

- Straßenprostitution („Straßenstrich"):
  Die Prostituierten stehen an bestimmten, offiziell dafür vorgesehenen Straßenrändern und bieten sich potenziellen Kunden an.
- Wohnwagenprostitution:
  Die Prostituierten warten in Wohnwagen, die auf einsamen Parkplätzen oder Feldwegmündungen stehen, auf Kunden.
- Prostitution in Bordellen:
  Es gibt spezielle Häuser, in denen der Freier eine Prostituierte auswählen kann.

Das Gewerbe ist schon uralt und hat seine Wurzeln im Geschlechtstrieb von Männern. Viele Männer sind bereit, Geld für Sex auszugeben, Prostituierte decken diesen Markt ab. Deshalb konnte sich dieses Gewerbe entwickeln.
Aber Prostitution ist nicht immer freiwillig. So werden Frauen oftmals durch Gewalt in persönliche und finanzielle Abhängigkeit gebracht und dann zur Prostitution gezwungen. Ein anderer Grund für Prostitution ist u.a. auch, sich Geld für Drogen zu beschaffen.

Eine schlimme Form der Prostitution ist die Kinderprostitution. Nach Schätzungen von UNICEF werden weltweit etwa drei bis vier Millionen Kinder im Rahmen von Kinderprostitution kommerziell sexuell ausgebeutet.
Die Ursachen für Kinderprostitution liegen u.a. in der Armut in der Dritten Welt. Laut UNICEF sterben jährlich sechs Millionen Kinder auf dieser Welt an Mangelernährung. Deshalb sieht man die Kinderprostitution in armen Ländern eher als notwendiges Übel an. Es ist schwer, in diesen Ländern Kinderprostitution zu bekämpfen, da es keine Alternativen für die Bevölkerung gibt.
Kinderprostitution findet man auch in Deutschland. Die bekannt gewordenen Fälle fanden in der Regel im familiären Umkreis statt

Sexuell übertragbare Krankheiten

Wer Geschlechtsverkehr mit wechselnden Partnern hat und sich dabei nicht schützt, kann sich mit verschiedenen Krankheitserregern infizieren. Das geschieht häufiger, als man vermutet. In Deutschland gibt es jährlich über 1 Million Fälle, darunter sind viele Jugendliche!

Verdächtige Anzeichen für Geschlechtskrankheiten sind u. a. auffällige Rötungen und Hautjucken in der Intimregion, Schmerzen im Unterleib und beim Wasserlassen, verstärkter Ausfluss aus Harnröhre oder Scheide.

Bei solchen Anzeichen muss jeder Mann und jede Frau den Partner informieren und zur Diagnose einen Facharzt aufsuchen.

Zur Behandlung dieser Krankheiten werden meist Antibiotika eingesetzt. Schutzimpfungen gibt es zur Zeit nur gegen Hepatitis und zur Vorsorge gegen Gebärmutterhalskrebs.

Bakterieninfektionen

Chlamydieninfektion

Chlamydien sind eine Gruppe von Bakterien, die die Schleimhäute der Harn- und Geschlechtsorgane angreifen. Im Anfang ruft das meist nur geringfügige Beschwerden hervor und wird leicht übersehen. Besteht eine Infektion über längere Zeit, wandern Erreger in die tiefer gelegenen Teile, Gebärmutter und Eileiter der Frau, Vorsteherdrüse und Nebenhoden des Mannes. Hier können sie zu Verklebungen führen und Unfruchtbarkeit hervorrufen. Bis zu 10 % der 17-jährigen Mädchen in Deutschland haben eine Chlamydieninfektion. Sexualpartner sollten miteinander über die Infektion sprechen. Nur die Behandlung aller Beteiligten kann eine erneute Ansteckung verhindern.

Tripper (Gonorrhö)

Die Erreger (Kugelbakterien) rufen in den Schleimhäuten der Harn- und Geschlechtsorgane von Mann und Frau Entzündungen hervor. Erste Anzeichen sind Juckreiz, Brennen beim Wasserlassen und Ausfluss. Tripper muss im Frühstadium behandelt werden, um Schädigungen anderer Organe und Unfruchtbarkeit zu vermeiden.

Syphilis (Lues)

Die beim Sex übertragenen Erreger (Spiralbakterien) erzeugen im Anfangsstadium Hautausschlag, knotige Geschwüre, Lymphknotenschwellungen. Im späten Stadium kommt es zu schweren Schäden an inneren Organen und Nervensystem.

Virusinfektionen

HIV *(human immunodeficiency virus)*

Aids („*acquired immune deficiency syndrome*", auf Deutsch „durch Ansteckung erworbene Immunschwäche") ist die jüngste und gefährlichste sexuell übertragbare Krankheit (↗ S. 158). Der Aidserreger ist das Human-Immundefekt-Virus (HIV). Seit seiner Entdeckung Anfang der 80er-Jahre haben sich weltweit 50 Mio. Menschen mit HIV infiziert. 25 Mio. sind bereits an Aids gestorben, zwei Drittel davon allein in Afrika.

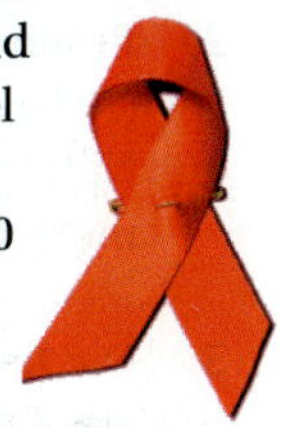

In Deutschland gab es bisher ca. 86 000 HIV-Infektionen und 27 000 Aidstodesfälle. 70 % der Aidsinfektionen wurden durch ungeschützten Geschlechtsverkehr übertragen. Die richtige Benutzung eines Kondoms schützt. Laut einer Umfrage benutzen aber nur knapp 30 % der Befragten Kondome als Schutz vor Geschlechtskrankheiten.

HSV2 (**H**erpes-**S**implex-**V**iren Typ **2**)

Herpesviren verursachen an den Geschlechtsorganen Hautausschläge, Bläschen und kleine Geschwüre („Herpes genitalis").

HPV *(human papilloma virus)*

Papillomaviren verursachen an den Geschlechtsorganen die Bildung von Gewebswucherungen („Feigwarzen"). Länger andauernde Infektionen mit diesen Viren fördern wahrscheinlich die Ausbildung von Gebärmutterhals- und Scheidenkrebs bei Frauen sowie Penis- und Analkrebs beim Mann.

HBV (**H**epatitis-**B**-**V**irus)

Hepatitis B ist eine schwere Erkrankung der Leber, die durch das HBV ausgelöst wird.

Gewusst · Gekonnt

1. Erweitere dein Glossar um folgende Begriffe: Pubertät, männliche/weibliche Geschlechtsorgane, primäre/sekundäre Geschlechtsmerkmale, Sexualhormone, Menstruationszyklus, Geschlechtsverkehr, Befruchtung, Aids, Geschlechtskrankheiten, Schwangerschaft, Geburt.

Glossar

Geschlechtsmerkmale:
Geschlechtsorgane:

2. Beschreibe den Ablauf der Geschlechtsreife (Pubertät) bei Jungen und Mädchen. Nenne primäre und sekundäre Geschlechtsmerkmale von Mann und Frau.

3. Die Entwicklung eines Jungen zum Mann, eines Mädchens zur Frau ist an äußerlichen Veränderungen sichtbar. Beschreibe diese sichtbaren Veränderungen.

4. Wie erlebst du gegenwärtig deine Pubertät? Welche Veränderungen stellst du fest:
   a) an deinem Körper,
   b) in deinem Verhältnis zu Eltern, Freunden, häuslichen Pflichten,
   c) in deiner Einstellung zum Lernen, zu Schule und Lehrern, zum sozialen Umfeld?

Schreibe deine Probleme zu Hause auf. Legt in der Klasse eine Box an, in der alle Schüler anonym ihre Zettel einwerfen können und nutzt diese als Diskussionsgrundlage.

5. Stelle die männlichen und weiblichen Geschlechtsorgane in Tabellen dar. Erläutere deren Funktionen.

6. Beschreibe die Bildung und Reifung der Eizellen.

7. Schätze die Anzahl der in einem Leben produzierten Keimzellen bei Mann und Frau und vergleiche die Anzahl.

8. Nenne und begründe
   a) allgemeine Maßnahmen der Intimhygiene bei beiden Geschlechtern,
   b) spezielle Maßnahmen und Mittel der Menstruationshygiene der Frau.

9. Welche Bedeutung hat das gewissenhafte Führen eines Regelkalenders?

10. Setzt euch mit folgenden Auffassungen auseinander:
   - Ein Mädchen versteht nichts von Technik.
   - Ein Junge, der mit Puppen spielt, ist kein richtiger Junge.
   - Ein Junge darf nicht weinen.
   - Mädchen sind albern.

   Hört euch dazu auch den Musiktitel „Männer" von HERBERT GRÖNEMEYER an.

11. Werte die Grafik auf der Seite 159 aus. Informiere dich über traditionelle Einstellungen und Vorstellungen im Zusammenhang mit der Sexualität in den verschiedenen Regionen der Erde.

12. Welche Voraussetzungen sollten deiner Meinung nach erfüllt sein, bevor ein junges Paar zum ersten Mal miteinander schläft?

13. Wenn Paare miteinander Geschlechtsverkehr haben, wollen sie damit nicht immer auch ein Kind zeugen.
a) Nenne Methoden und Mittel zur Empfängnisverhütung.
b) Beurteile die Eignung dieser Mittel und Methoden für ganz junge Paare.
c) Wer ist für die Verhütungsmaßnahmen „verantwortlich“?

14. Diskutiert Möglichkeiten, sich vor sexuell übertragbaren Krankheiten zu schützen.

15. Erläutere die empfängnisverhütende Wirkung der „Pille“ und die Grundprinzipien ihrer Einnahme.
Stelle dabei einen Zusammenhang mit dem Menstruationszyklus der Frau her.

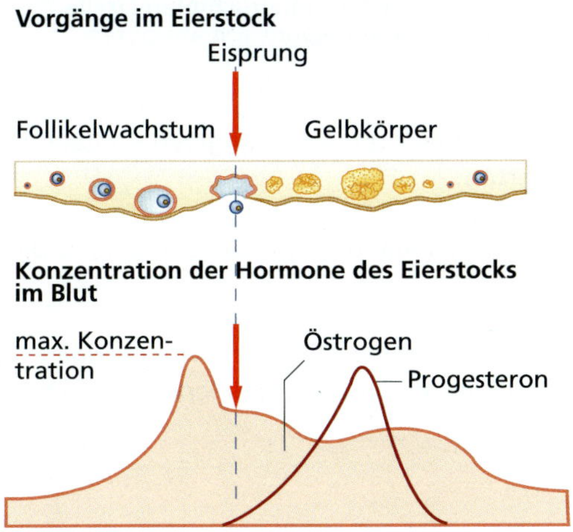

16. Eine statistische Umfrage in Deutschland hat ergeben, dass Jugendliche zwischen 14 und 19 Jahren beim Geschlechtsverkehr
zu 29,2 % Kondome;
zu 34,0 % die Pille;
zu 0,5 % ein Diaphragma;
zu 0,5 % eine Spirale und
zu 1,0 % natürliche Methoden
zur Verhütung verwenden.
Andere Verhütungsmittel wurden nicht verwendet.
a) Berechne den Anteil Jugendlicher, die sich beim Geschlechtsverkehr gar nicht schützen. Was stellst du fest?
b) Erstelle aus den Angaben zu den verschiedenen Verhütungsmitteln ein Balkendiagramm.

17. Gibt es typisch männliche oder weibliche Formen des sexuellen Verhaltens?
Äußere dich dazu.

18. Ethische, gesellschaftliche und medizinische Aspekte der menschlichen Sexualität lassen viel Spielraum für Diskussionen. Wählt in der Klasse ein Thema aus und sammelt Informationen dazu, z. B. Geschlechterrolle von Mann und Frau, homosexuelle Ehe. Organisiert Projektveranstaltungen, holt euch interessante Gäste dazu und diskutiert.

19. Die rote Schleife ist seit einigen Jahren das Symbol im Kampf gegen Aids. Bereite einen Vortrag über die Geschichte der Aidsschleife vor.

20. Diskutiert die Darstellung von Sex in den Medien und deren Auswirkungen.

21. Wie können Kinder und Jugendliche Gefahrensituationen für sexuellen Missbrauch und für Gewalttaten vermeiden? Wie können sie zur Aufklärung solcher Vorfälle beitragen? Übt in der Klasse entsprechende Verhaltensweisen beim Rollenspiel.

22. Beschreibe die Entwicklung des Embryos und des Fetus bis zur Geburt.

23. Überprüfe mit einem Modell die Wirkung von Fruchtwasser und Fruchtblase.
a) Lege ein rohes Ei in einen mit Wasser gefüllten Beutel und verschließe ihn. Lege den Beutel in ein Becherglas und schüttle erst vorsichtig und dann kräftiger.
b) Lege das Ei ohne den Beutel in das Becherglas und schüttle wieder.
Beschreibe deine Beobachtungen. Ordne die Teile des Modells den entsprechenden Teilen im Mutterleib zu.

Pubertät

In der Pubertät bilden sich durch hormonelle Einflüsse die körperlichen Merkmale von Mann und Frau heraus. Begleitet wird diese Entwicklungsphase durch Verhaltensänderungen, Stimmungsschwankungen und Irritationen in Gefühlen und Empfindungen. Bei Mädchen setzt der Menstruationszyklus ein:

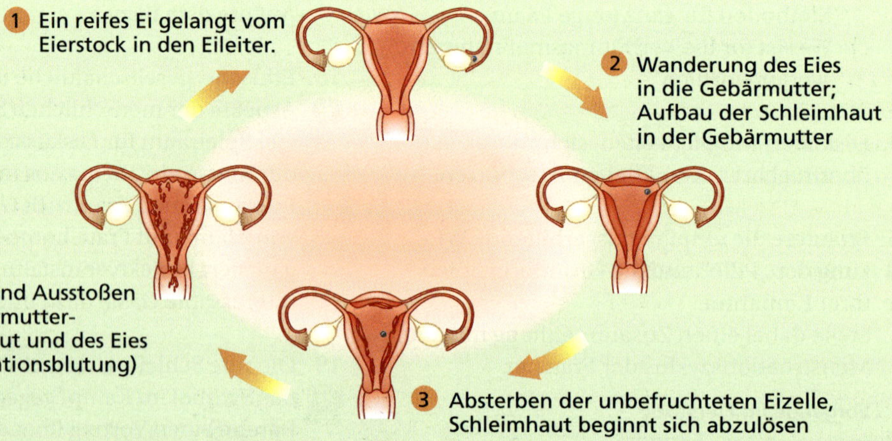

Sexualität

ist ein Wesensmerkmal und Grundbedürfnis des Menschen. Das Interesse an engeren Kontakten und intimen Zärtlichkeiten wächst mit Beginn der Pubertät.

Das Gefühl der inneren Verbundenheit, für den anderen da zu sein und sich zu vertrauen, ist die Voraussetzung für die Entstehung einer Partnerschaft.

Homosexuelle (Schwule, Lesben) fühlen sich zu Partnern des gleichen Geschlechts hingezogen. Sie sind weder krank noch pervers und werden deshalb heute nicht mehr diskriminiert, sondern heterosexuellen Paaren rechtlich weitgehend gleichgestellt.

Verhütungsmethoden

Verschiedene Methoden verhindern eine ungewollte Schwangerschaft. Kondome schützen auch vor der Übertragung von Geschlechtskrankheiten.

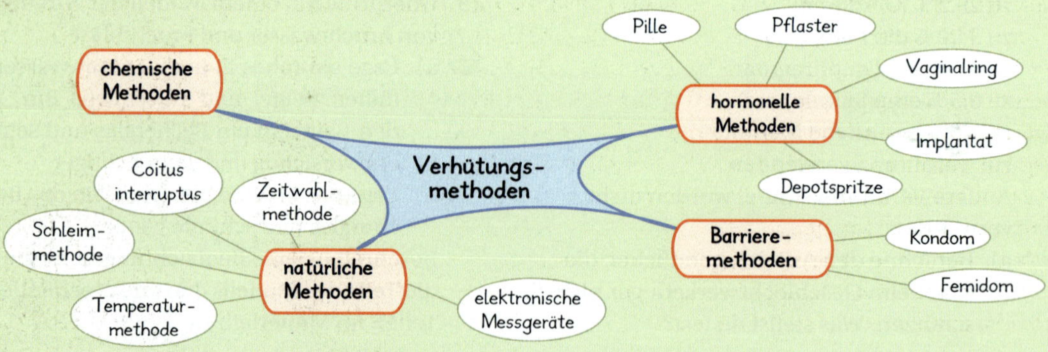

2.6 Informationen – aufnehmen und verarbeiten

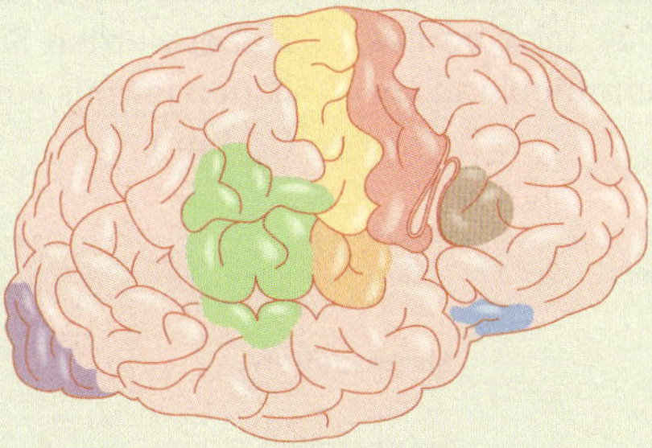

Lernen – eine Leistung des Gehirns

Lernen können alle höheren Tiere. Der Mensch und mit Einschränkungen Menschenaffen können sich Kenntnisse und Fähigkeiten aneignen sowie Einstellungen, Denk- und Verhaltensweisen aufgrund von Erfahrungen oder Einsichten entwickeln.
Welche Bedeutung hat das Lernen?
Welche Lerntypen kann man unterscheiden?

Sinnesorgane – „Tore" zur Umwelt

Mit den Sinnesorganen nehmen wir die verschiedensten Umwelteinflüsse auf. Wir erfreuen uns z. B. am Duft einer Blüte, sehen die Farbenpracht einer blühenden Wiese oder hören unsere Lieblingsmusik.
Wie kommt es, dass wir Erscheinungen in unserer Umwelt wahrnehmen können?
Wie funktionieren unsere Sinne?

Sinnesorgane und Nerven – ein eng verknüpftes „Paar"

Unsere Sinnesorgane ermöglichen uns im Zusammenwirken mit dem Nervensystem die Orientierung in der Umwelt.
Beim Volleyball gelingt der Abschlag des Balls nur, wenn die Spieler aufmerksam und konzentriert jede Bewegung der gegnerischen Spieler auf dem Volleyballfeld beobachten. Sie müssen dann blitzschnell reagieren, um die gezielten Bälle über das Netz zu schlagen.
Wie wirken Nervensystem und Sinne zusammen?
Welche Bedeutung hat dieses Zusammenwirken für den Menschen?

Wie viele Sinne hat der Mensch?

Reizbarkeit ist die Fähigkeit von Lebewesen, auf **Reize** (Informationen aus der Umwelt und dem Körperinneren) zu reagieren. Das setzt voraus, dass diese Informationen aufgenommen und verarbeitet werden können.

Auf welche Art und Weise das geschieht, hängt u. a. von den informationsaufnehmenden **Sinnesorganen** und der Informationsverarbeitung im **Nervensystem** ab.
Dabei werden Sinneszellen in unseren Sinnesorganen jeweils von ganz bestimmten Reizen erregt (↗ Tab.).

Überblick über Sinne und Reizarten

Sinne	Reizarten	Sinneszellen	Empfindungen
Gesichtssinn 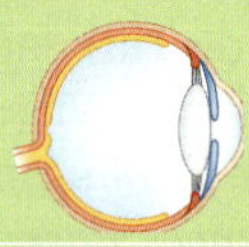	Licht (optische Reize)	Sinneszellen in der Netzhaut des Auges	Unterscheiden von Hell und Dunkel; Farben-, Bewegungs-, Bildsehen; räumliches Sehen
Geruchssinn 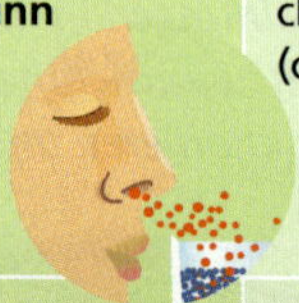	chemische Stoffe (chemische Reize)	Sinneszellen im Riechfeld der Nasenschleimhaut 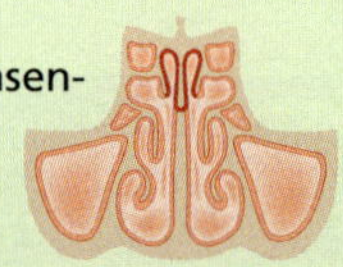	Unterscheiden von Geruchsqualitäten, z. B. rauchig, würzig, faulig, fruchtig, blumig
Gehörsinn 	Schall (akustische Reize)	Sinneszellen im Innenohr (Schnecke)	Wahrnehmen von Tonhöhen und Lautstärken
Gleichgewichtssinn	Lage und Bewegungsänderungen des Körpers (mechanische Reize)	Sinneszellen im Innenohr (Lagesinneszellen im Vorhof, Bewegungssinneszellen in den Bogengängen)	Feststellen der Lage des Körpers, der Körperhaltung und -bewegung
Geschmackssinn	chemische Stoffe (chemische Reize)	Sinneszellen in den Geschmacksknospen der Zunge und des Gaumens 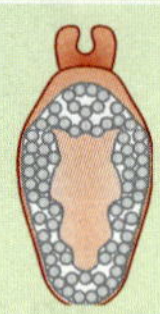	Unterscheiden von Geschmacksqualitäten: sauer, süß, bitter, salzig, umami (fleischig und herzhaft)
Temperatursinn 	Wärme und Kälte, Veränderung der Temperatur (Temperaturreize)	Sinneszellen und freie Nervenendigungen in der äußeren Haut und der Schleimhaut 	Feststellen von Temperaturunterschieden und -veränderungen, Wärme- und Kälteempfindung
Druck- und Berührungssinn	Druck und Berührung (mechanische Reize)	Sinneszellen und freie Nervenendigungen in der Haut und den inneren Organen	Feststellen von Druck und Berührung
Schmerzsinn	alle Reize	freie Nervenendigungen	Schmerz

Die aus der Umwelt und dem Innern unseres Körpers kommenden Reize sind sehr verschiedenartig. Es können z.B. akustische, optische, chemische, mechanische Reize oder auch Temperaturreize sein. Durch Reize werden einzelne Sinneszellen erregt, die in Sinnesorganen konzentriert sein können oder in der Haut als freie Nervenendigungen vorliegen.

Die Reize führen in den Sinneszellen zu einer elektrischen Spannungsänderung. Diese wird als Erregung an Nervenzellen weitergegeben. Jede Erregung wird über Nerven zum Rückenmark und Gehirn geleitet. Im Gehirn bzw. im Rückenmark werden die Erregungen verarbeitet und auf andere Nerven übertragen. Diese Nerven führen zu den Organen, die die Reaktion auf den Reiz ausführen.
Der Ablauf von der Einwirkung des Reizes auf die Sinneszelle bis zur Auslösung der Reaktion durch das Erfolgsorgan wird als **Reiz-Reaktions-Kette** bezeichnet (↗ S. 216, Abb. 1).

Dieser Prozess der Reizaufnahme, Erregungsbildung, Erregungsleitung und Erregungsverarbeitung führt zur **Wahrnehmung der Umwelt.**

Nur wenn der Reiz die richtige Stärke hat, werden die Sinneszellen erregt. Die in den Nerven weitergeleiteten Erregungen werden im Gehirn verarbeitet und zu Wahrnehmungen umgewandelt.

Aus der Tabelle auf Seite 192 kannst du entnehmen, dass ein bestimmtes Sinnesorgan nur durch bestimmte Reize erregt werden kann. Wenn beispielsweise Schall die Ohren erreicht, werden die Hörsinneszellen im Innenohr erregt, du hörst bestimmte Töne bzw. Geräusche. Wird sehr leise gesprochen, erreicht der Schall auch unsere Ohren, aber wir hören nichts oder kaum etwas. Jeder Reiz muss eine minimale Stärke und Einwirkungsdauer – einen **Schwellenwert** – besitzen, damit er in den Sinneszellen eine Erregung hervorrufen kann. Ist die Reizstärke zu gering, wird die Reizschwelle für die Auslösung der Erregung in den Sinneszellen nicht erreicht. Die Sinneszellen werden dann nicht erregt.

Jeder Reiz muss eine bestimmte Stärke (Schwellenwert) besitzen, um eine Erregung auslösen zu können.

Aufgabe

Teste dein Gehör mit einem einfachen Hörtest.

a) Bitte eine Person, dir in 6 m Entfernung mit normaler Stimme etwas vorzulesen.
b) Wenn du es nicht hören kannst, gehe so lange näher, bis du die Person verstehst, und miss die Entfernung.
c) Beurteile mithilfe der Tabelle, wie gut dein Gehör funktioniert. Beachte, dass der Test sehr ungenau ist.
d) Informiere dich über Angebote für kostenlose Hörtests und führe einen solchen durch.

Entfernung zur lesenden Person	Hörfähigkeit
mehr als 6 m	normal hörfähig
4–6 m	geringe Hörschädigung
1–4 m	mittlere bis starke Hörschädigung
unter 1 m	sehr starke Hörschädigung

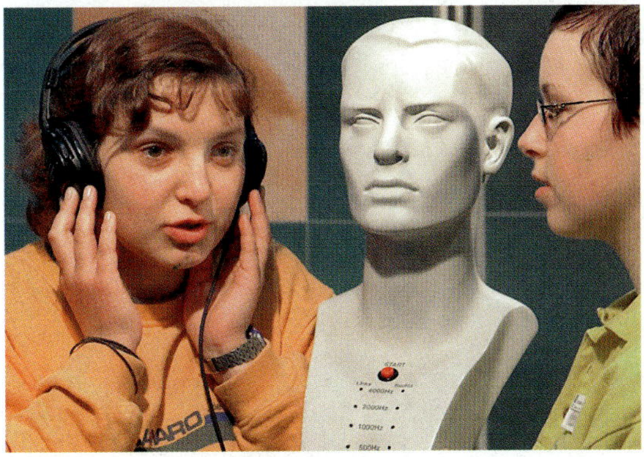

1 Beim Hörtest kann die Hörfähigkeit für verschiedene Töne oder Lautstärken getestet werden.

Das Auge – unser Lichtsinnesorgan

Schutz- und Hilfseinrichtungen der Augen

Die fast kugeligen Augen liegen geschützt im Schädel, jedes in einer knöchernen **Augenhöhle** (↗Abb. 1). Die Knochen und Fettpolster schützen die Augen vor zu starkem Druck, Erschütterungen und Beschädigungen. Die **Augenbrauen** verhindern, dass Schweiß in die Augen fließt und zum „Brennen" der Augen führt.

Die **Augenlider** und **Wimpern** schließen sich sofort, wenn Fremdkörper in die Nähe der Augen gelangen, und verhindern so das Eindringen der Fremdkörper in die Augen.

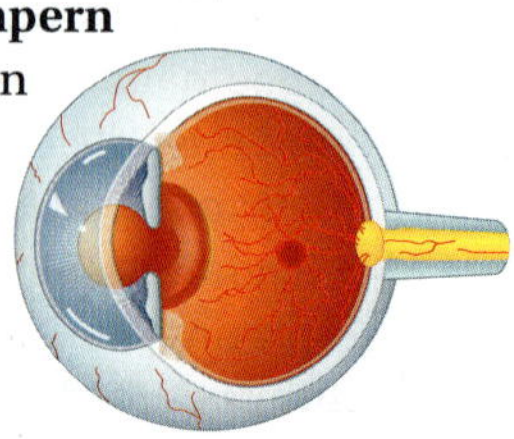

Die in den **Tränendrüsen** (↗Abb. 2) produzierte Tränenflüssigkeit wird durch Lidschlag gleichmäßig über Hornhaut und Bindehaut verteilt. Im inneren Augenwinkel fließt sie durch Tränenkanälchen in den Tränensack und weiter in die Nasenhöhle. Die Tränenflüssigkeit verhindert ein Austrocknen von Hornhaut und Bindehaut. Auch Fremdkörper, z. B. Staubteilchen, werden herausgespült.

Zu den **Hilfseinrichtungen** des Auges gehören die Augenmuskeln (↗Abb. 1). Sie setzen am äußeren Augapfel an und bewirken die gleichsinnige Bewegung unserer Augen.

Bau und Funktionen des Auges

Die Augenwand ist aus drei Schichten aufgebaut (↗S. 195). Die äußere weiße und feste Schicht ist die **Lederhaut** (Sklera). Nach vorne geht sie in die vorgewölbte durchsichtige **Hornhaut** über. Beide schützen die inneren Teile des Auges. Die mittlere Schicht ist die **Aderhaut** (Chorioidea). Sie wird von zahlreichen Blutgefäßen durchzogen und dient der Versorgung der Augenteile mit Nährstoffen und Sauerstoff sowie demcd Abtransport von Stoffwechselendprodukten. Nach vorn schließen sich Ziliarkörper und Regenbogenhaut an.

Die **Regenbogenhaut** (Iris) gibt unseren Augen die Farbe. Sie enthält eingelagerte Farbstoffe. In ihrer Mitte lässt sie ein kreisrundes Loch frei, das Sehloch (Pupille). Ring- und strahlenförmig angeordnete **Muskeln** in der Regenbogenhaut bewirken durch Kontraktion eine Verengung oder Erweiterung der Pupille. Dadurch wird die einfallende Lichtmenge geregelt (↗S. 197, Abb. 1).

Der hinter der Regenbogenhaut liegende **Ziliarkörper** besteht aus einem **Ringmuskel** (Ziliarmuskel) und Linsenbändern, die mit der Linse verbunden sind. Der Ziliarmuskel umgibt wie ein Ring die farblose, durchsichtige und bikonvexe **Linse.** Die **Linse** ist durch strahlenförmig vom Linsenrand abgehende Fasern an dem Ziliarkörper befestigt. Durch Kontraktion und Entspannung des ringförmigen Ziliarmuskels kann die elastische Linse gewölbt bzw. abgeflacht werden (↗S. 197).

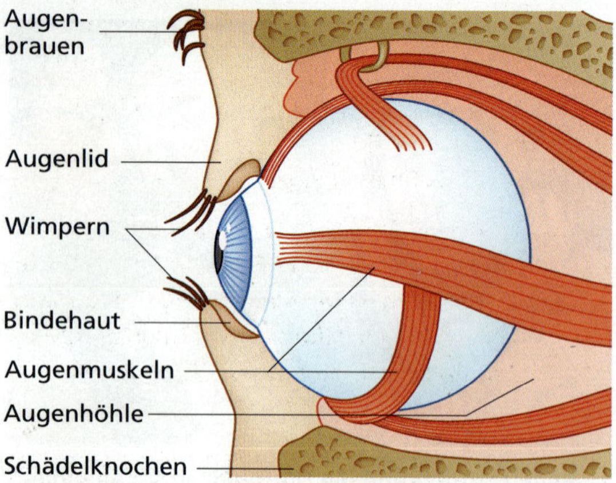

1 Schutz- und Hilfseinrichtungen des Auges

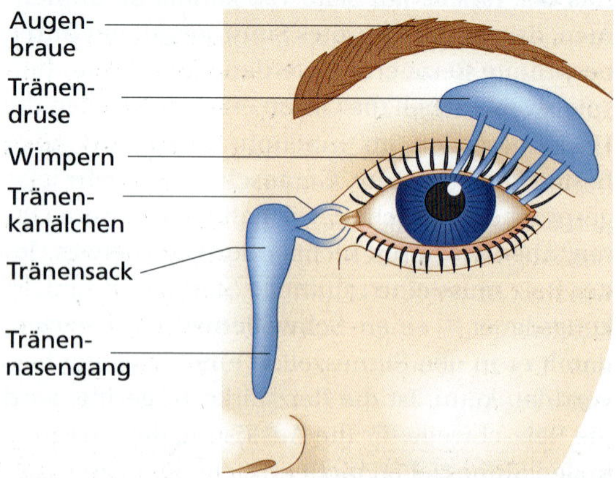

2 Auge mit Tränendrüse und ableitenden Kanälen

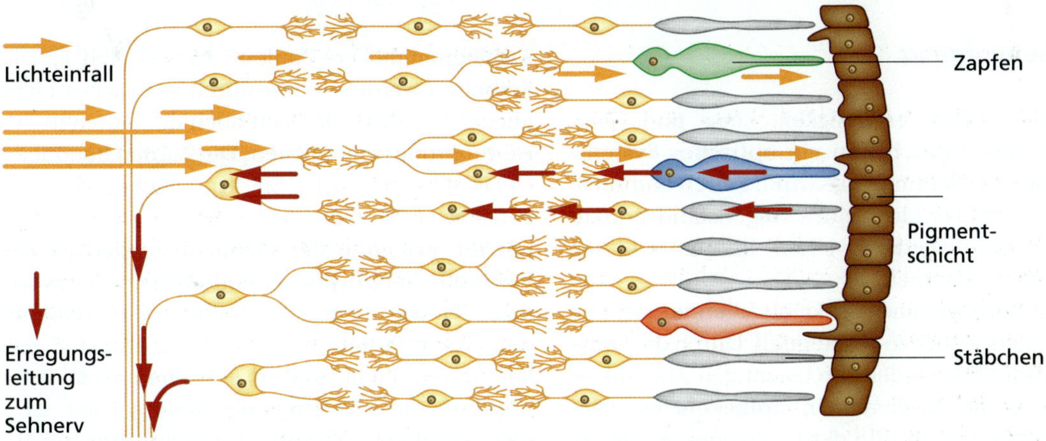

1 Bau der Netzhaut, Lichteinfall (⟶) und Erregungsleitung (⟶)

Die Räume zwischen Hornhaut und Regenbogenhaut sowie zwischen Regenbogenhaut und Linse heißen vordere bzw. hintere **Augenkammer.** Sie sind mit einer klaren Flüssigkeit gefüllt. Dieses Kammerwasser dient u. a. der Aufrechterhaltung des Augeninnendrucks.

Die innere Augenschicht besteht aus zwei Teilen. Außen liegt die schwärzliche **Pigmentschicht.** Sie ist fest mit der Aderhaut verwachsen und fungiert als Lichtfilter. Die aufliegende Netzhaut (Retina) ist mit der mittleren Augenhaut nur im Bereich der Iris und des Sehnervs fest verbunden. Sie enthält die Lichtsinneszellen **(Stäbchen** und **Zapfen)** sowie verschiedenartige Nervenzellen mit ihren Fortsätzen. Die netzartig untereinander verbundenen Nervenzellen vereinen sich zum **Sehnerv** (↗ Abb. 1).
An der Stelle, an der der Sehnerv das Auge verlässt, befinden sich keine Lichtsinneszellen. Dort ist der **blinde Fleck,** die Stelle des Nichtsehens.
Etwas seitlich der Austrittsstelle des Sehnervs befinden sich in einer Vertiefung der Netzhaut gehäuft Lichtsinneszellen (nur Zapfen). Es ist die Stelle des schärfsten Sehens, der **gelbe Fleck.** Das Innere des Auges füllt der fast kugelige, durchsichtige, gallertartige **Glaskörper** (↗ Abb. rechts) aus. Durch seinen Innendruck behält das Auge seine Form.

Das Auge besteht aus drei Augenhautschichten, der Linse und dem Glaskörper.

Aufgaben

1. Übertrage die Teile des Auges in eine Tabelle und benenne dazu jeweils ihre Funktion. Ergänze die Schutzeinrichtungen des Auges.

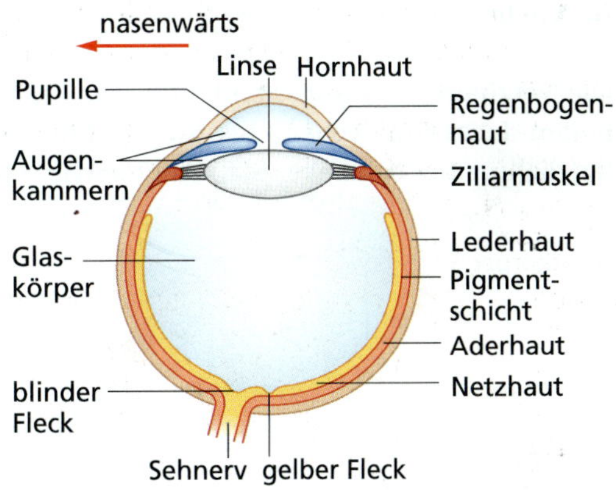

2. Halte mit geschlossenem linken Auge die untere Abbildung in Armeslänge vor dein rechtes Auge und schaue genau auf das linke Dreieck. Nähere nun langsam die Abbildung deinem Auge. Erkläre deine Beobachtung.

Der Sehvorgang

Hornhaut, Kammerflüssigkeit, Linse und Glaskörper des Auges bilden ein **optisches System**, das wie eine Sammellinse wirkt. Durch Sammellinsen wird das Licht eines Gegenstandspunkts vor der Linse wieder in einem Bildpunkt hinter der Linse gesammelt.
Die Regenbogenhaut wirkt als Blende, sie begrenzt den seitlichen Lichteinfall. Durch die Sammellinsenwirkung der durchsichtigen Augenteile wird auf die Netzhaut ein **umgekehrtes, verkleinertes, reelles Bild** der Umgebung projiziert (↗ Abb. 1). Das funktioniert ähnlich, wie man es mit einer Lupe auf ein Blatt Papier werfen kann.

Die lichtempfindlichen Sinneszellen in der Netzhaut, die Stäbchen und Zapfen, werden durch das Licht gereizt. Dadurch kommt es zur Erregungsbildung. Die in den Lichtsinneszellen durch den Lichtreiz ausgelösten Erregungen werden über den Sehnerv zum Sehfeld der Großhirnrinde geleitet, dort verarbeitet und gespeichert.
Erst durch diese **Verarbeitung** des Erregungsmusters **im Gehirn** kommt es zur eigentlichen Sehwahrnehmung.

Die **Netzhaut** jedes Auges enthält bis zu 130 Millionen Lichtsinneszellen, bis zu 125 Millionen längliche und schlanke Stäbchen sowie etwa 5 Millionen dickere Zapfen (↗ S. 195, Abb. 1). Die **Stäbchen** werden schon durch schwaches Licht angeregt, sodass sie auch noch das Sehen in der Dämmerung ermöglichen. Die **Zapfen** benötigen etwas stärkeres Licht. Sie ermöglichen das Farbensehen (↗ S. 200).
Für die Erregung der Lichtsinneszellen ist der Farbstoff **Sehpurpur** (Rhodopsin) verantwortlich, der aus einer farbgebenden Komponente und einem Protein besteht. Dieser Farbstoff zerfällt durch Licht. Dabei entstehen elektrische Impulse, die als Erregung weitergeleitet werden. Anschließend wird der Sehpurpur wieder neu aufgebaut. Dazu wird Vitamin A gebraucht. Fehlt Vitamin A in der Nahrung, kommt es zur Einschränkung der Sehfähigkeit, die sich zuerst nachts bemerkbar macht **(Nachtblindheit).**

Auf der Netzhaut entsteht ein verkleinertes, umgekehrtes, reelles Bild des betrachteten Gegenstands.
Erst im Gehirn nehmen wir ein Abbild des betrachteten Objekts in natürlicher Lage und Gestalt wahr.

Aufgaben

1. Beschreibe die Bildentstehung anhand der Abbildung 1.

2. Die Farbe der Regenbogenhaut hat nichts mit dem Farbensehen zu tun. Begründe.

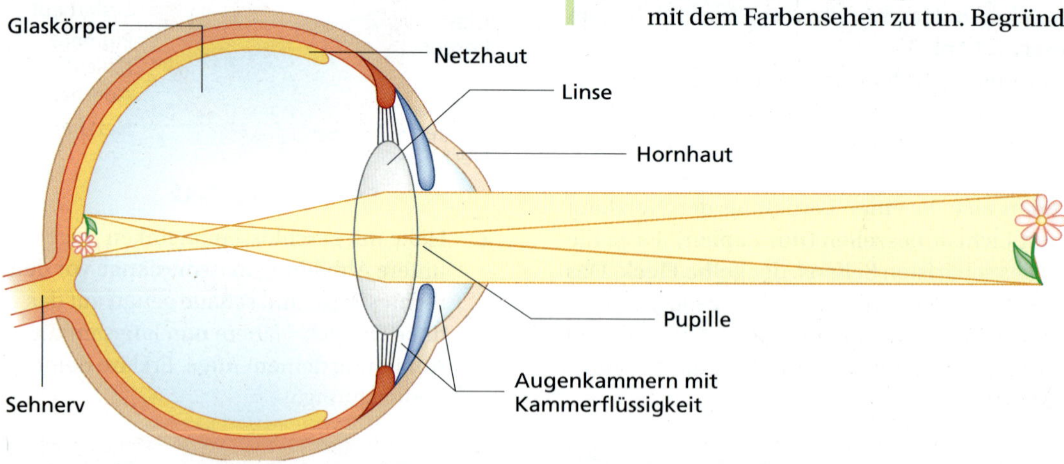

1 Sehvorgang – Bildentstehung in der Netzhaut

Anpassungen des Auges

Pupillenadaptation

Das ist jedem schon einmal passiert: Man war an einem sonnigen Tag lange draußen und betritt dann einen relativ dunklen Raum. Man sieht eine Weile nichts. Umgekehrt ist es nicht ganz so schlimm, aber das einfallende Licht blendet im ersten Moment sehr.

Würden wir in diesem Augenblick unsere Augen im Spiegel betrachten, könnten wir eine Veränderung der **Pupillen** feststellen. Bei starkem Lichteinfall verengen sie sich, in der Dämmerung öffnen sie sich weit. Damit wird das Auge an die Menge des einfallenden Lichts, also an die unterschiedliche Beleuchtungsstärke, angepasst. Diese Anpassung des Auges wird **Pupillenadaptation** genannt.

Die Veränderung der Pupillenweite beruht auf der Kontraktion bzw. dem Erschlaffen der ring- und strahlenförmig angeordneten Muskeln in der Regenbogenhaut (↗Abb. 1).

Pupillenadaptation ist die Anpassung des Auges an die unterschiedliche Beleuchtungsstärke durch Erweiterung oder Verengung der Pupille.

Aufgaben

1. Stelle dich in einem hell erleuchteten Raum vor einen Spiegel und beobachte deine Pupillen. Verschließe für einige Zeit mit der Hand ein Auge, nimm die Hand fort und schaue gleichzeitig in den Spiegel. Betrachte genau die Pupille des vorher abgedeckten Auges und vergleiche mit der Pupille des anderen Auges.

2. Bestimme den Nahpunkt des Auges. Halte dazu das Lineal mit der Nullmarke unter das linke Auge und schließe das rechte. Bewege nun den Bleistift wie in der Abbildung vom Ende des Lineals langsam auf dein Auge zu, bis die Spitze noch scharf zu erkennen ist. Lass von einem Mitschüler die verbleibende Entfernung zum Auge auf dem Lineal ablesen und notiere sie. Ermittle zum rechten und linken Auge einen Mittelwert. In welcher Entfernung erscheint dir der Bleistift unscharf?

Pupille im grellen Licht

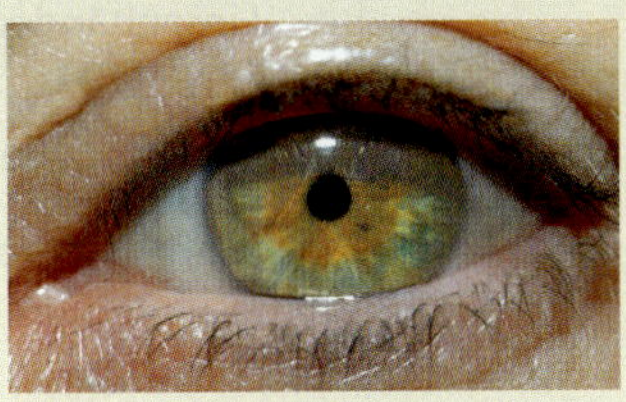

Verengung der Pupille

durch Kontraktion der Ringmuskeln der Regenbogenhaut – Verringerung der Menge des einfallenden Lichts

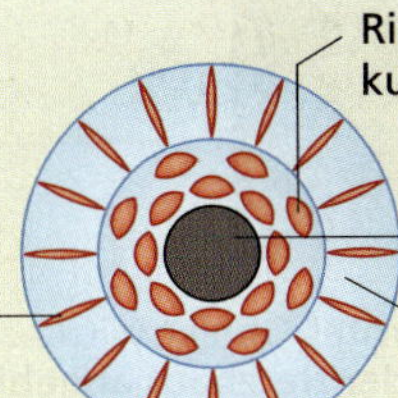

Pupille im Dunkeln

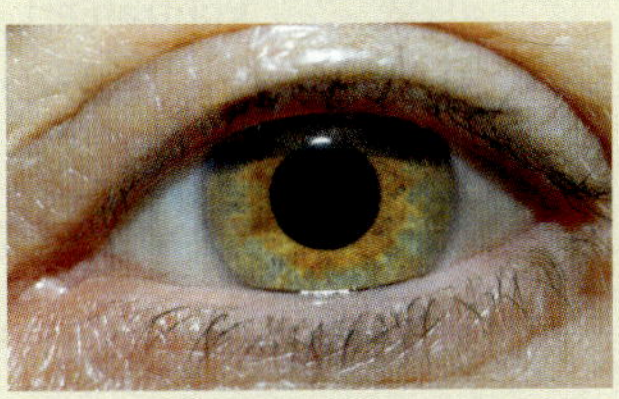

Erweiterung der Pupille

durch Kontraktion der strahlenförmig angeordneten Muskeln – Erhöhung der Menge des einfallenden Lichts

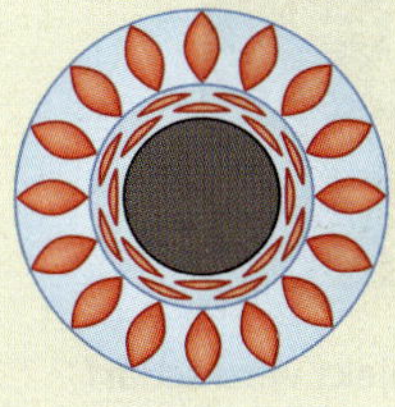

1 Anpassung des Auges an die unterschiedliche Beleuchtungsstärke – Pupillenadaptation

Akkommodation

Wir können nicht zugleich nahe und ferne Gegenstände scharf sehen. Betrachten wir ferne Gegenstände, sehen wir die nahen Gegenstände unscharf; betrachten wir nahe Gegenstände, sehen wir die fernen Gegenstände unscharf (↗Abb. 1).
Die Anpassung des Auges an die unterschiedliche Entfernung der betrachteten Gegenstände nennt man **Akkommodation.** Sie beruht auf der unterschiedlichen Krümmung der elastischen Augenlinse. Die Linse hängt mit Linsenbändern am ringförmigen Ziliarmuskel.

Betrachten wir z.B. **ferne Gegenstände,** so fällt das Licht fast parallel auf die Linsen. Die Ziliarmuskeln sind entspannt, die Linsenbänder werden straff gespannt.
Dadurch werden die elastischen Linsen abgeflacht. Ihre Brechkraft ist geringer, sodass die entfernten Gegenstände auf der Netzhaut scharf abgebildet werden (↗Abb. 1a).

Beim **Nahsehen** wird das Licht durch die Linsen stärker gebrochen. Dazu werden die Ziliarmuskeln kontrahiert. Dadurch entspannen sich die Linsenbänder und die Linsen nehmen - bedingt durch ihre eigene natürliche Elastizität - eine stark gekrümmte, fast kugelige Form an.
Damit wird eine höhere Brechkraft der Linse erreicht, sodass die nahen Gegenstände auf der Netzhaut scharf abgebildet werden (↗Abb. 1b).

Akkommodation ist die Anpassung des Auges an die unterschiedliche Entfernung der zu betrachtenden Gegenstände durch Änderung der Linsenkrümmung.

Aufgabe

Beschreibe den Zusammenhang von Bau und Funktion am Beispiel des Auges. Gehe dabei auf die Anpassung des Auges an unterschiedliche Entfernungen ein.

a) Anpassung an ferne Gegenstände – Fernakkommodation

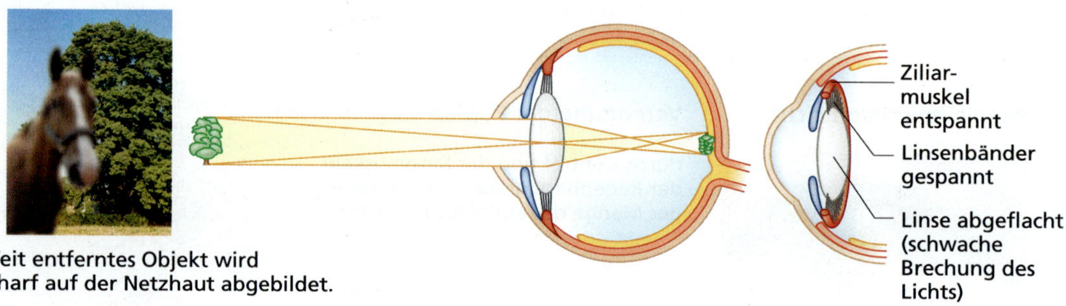

Weit entferntes Objekt wird scharf auf der Netzhaut abgebildet.

b) Anpassung an nahe Gegenstände – Nahakkommodation

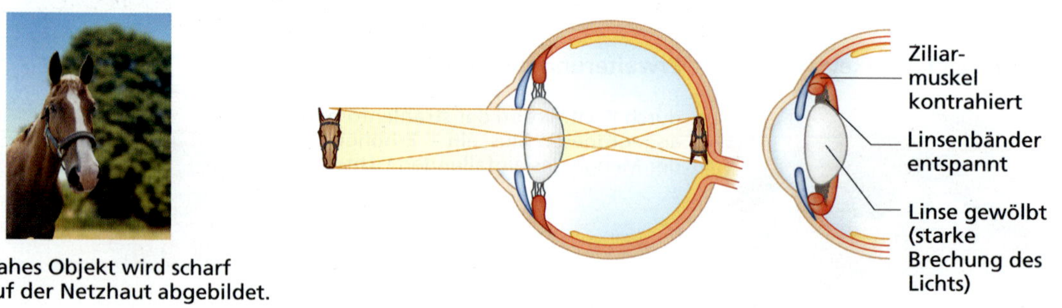

Nahes Objekt wird scharf auf der Netzhaut abgebildet.

1 Anpassung des Auges an die unterschiedliche Entfernung der betrachteten Gegenstände – Akkommodation

Mosaik

Sehfehler und ihre Korrektur

Normalerweise passt sich die Linsenkrümmung automatisch an die Entfernung des betrachteten Gegenstands an. Beim Blick in die Ferne entsteht auf der Netzhaut ebenso ein scharfes Bild wie bei der Betrachtung eines nahen Gegenstands.

Altersweitsichtigkeit

Bei jungen Menschen ist die Linse besonders elastisch. Eine Naheinstellung auf Objekte bis auf etwa 8 cm Entfernung ist problemlos möglich. Mit zunehmendem Alter lässt die Elastizität der Linse jedoch kontinuierlich nach. Mit 40 Jahren kann man noch Gegenstände in 17 bis 20 cm Entfernung scharf sehen, mit 50 Jahren liegt der Nahpunkt in der Regel bei ca. 50 cm, mit 70 Jahren schon bei 1 m. Durch das Nachlassen der Krümmungsfähigkeit der Linse (Brechkraft verändert) entsteht auf der Netzhaut ein unscharfes Bild des nahen Gegenstandes.
Diese erworbene Altersweitsichtigkeit macht sich zuerst beim Lesen bemerkbar. Mit einer Brille, die leichte **Sammellinsen** enthält („Lesebrille"), kann sie ausgeglichen werden.

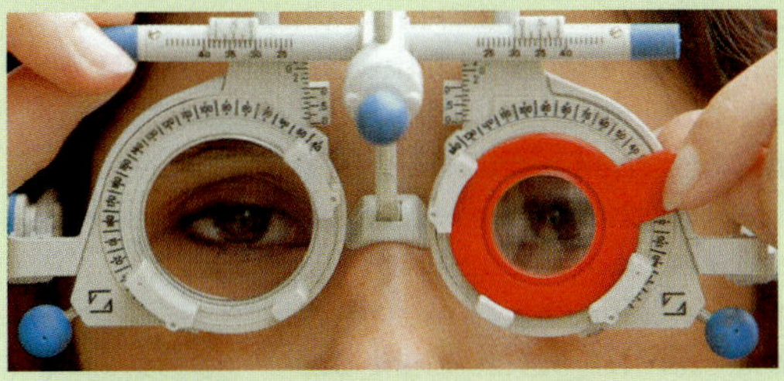

2 Beim Augenarzt kann die benötigte Linsenstärke zur Augenkorrektur bestimmt werden.

Angeborene Sehfehler

Ist der Augapfel etwas zu lang, kann man sehr nahe Gegenstände scharf, entfernte Gegenstände jedoch nur verschwommen wahrnehmen. Diese **Kurzsichtigkeit** kann man durch **Zerstreuungslinsen** ausgleichen (↗Abb. 1). Das bedeutet bei starker Kurzsichtigkeit allerdings auch eine deutliche Einengung des Gesichtsfelds. **Weitsichtigkeit** durch einen verkürzten Augapfel kann durch **Sammellinsen** ausgeglichen werden (↗Abb. 1).

Kurzsichtigkeit
(Ursache: angeboren)

Kurzsichtige Menschen können nahe Gegenstände mühelos sehen, aber ferne Gegenstände sehen sie verschwommen.

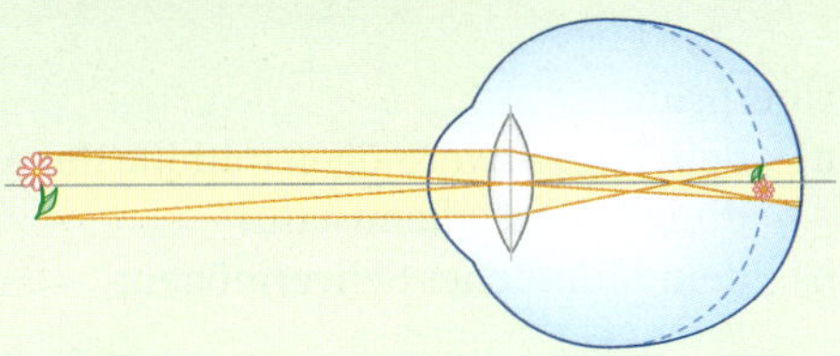

Augapfel zu lang; scharfes Bild von entfernten Gegenständen entsteht vor der Netzhaut, auf der Netzhaut ist das Bild unscharf.

Korrektur:
durch Brillen mit Zerstreuungslinsen

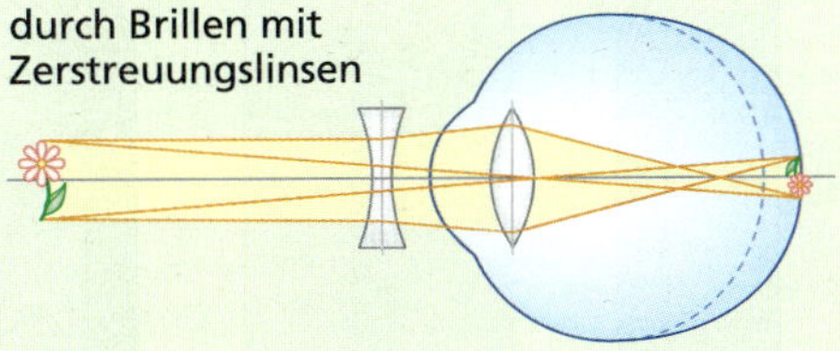

Weitsichtigkeit/Übersichtigkeit
(Ursache: angeboren)

Weitsichtige (übersichtige) Menschen können ferne Gegenstände mühelos scharf sehen, nahe Gegenstände jedoch nur mit Mühe oder nur unscharf.

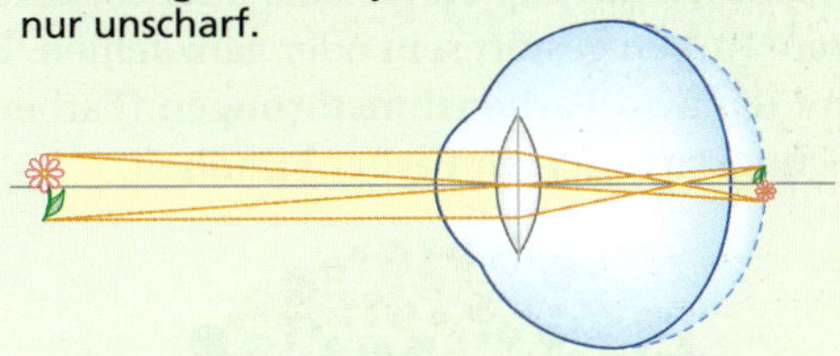

Augapfel zu kurz; scharfes Bild von nahen Gegenständen entsteht hinter der Netzhaut, auf der Netzhaut ist das Bild unscharf.

Korrektur:
durch Brillen mit Sammellinsen

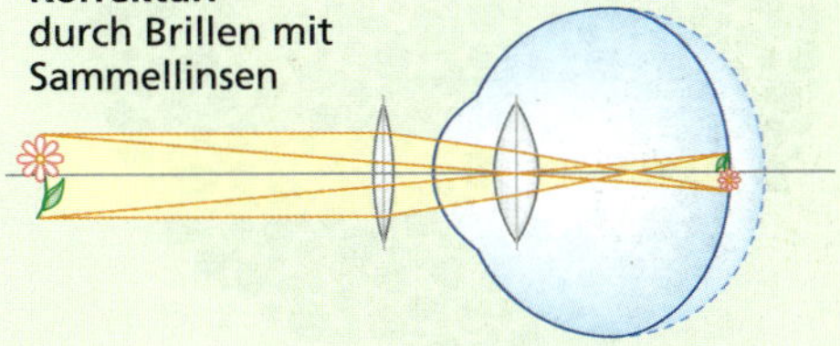

1 Sehfehler und ihre Korrektur

Das Farbensehen

Licht besteht aus elektromagnetischen Wellen. Das Spektrum des sichtbaren Lichts umfasst die Wellenlängen von 390 nm (Violett) bis 780 nm (Rot). Noch längere Lichtwellen (Infrarot) bzw. noch kürzere Lichtwellen (Ultraviolett) können vom Menschen nicht wahrgenommen werden.

In der Netzhaut gibt es drei **verschiedene Zapfentypen.** Jeder Zapfentyp besitzt einen spezifischen Sehfarbstoff. Diese werden durch Licht der Wellenlängen für die Grundfarben Rot, Grün bzw. Blau erregt. Eine gleich starke Erregung aller drei Zapfentypen ruft den Eindruck Weiß hervor. Werden die Zapfen nur durch Wellenlängen für rotes und grünes Licht erregt, sehen wir die Farbe Gelb. Spektralfarben können also gemischt werden. Durch **Mischen der Grundfarben** Rot, Grün und Blau erhält man alle Farben (↗Abb.).

In unserem Auge wird jede Farbe durch ein für sie typisches Erregungsverhältnis der drei Zapfentypen widergespiegelt. Dadurch kann unser Auge 150 bis 200 verschiedene Farben und ca. 7 Millionen Farbtöne unterscheiden. Bei einigen Menschen können die Zapfen für eine oder sogar für mehrere Farben gestört sein oder ganz fehlen. Es kommt dann zu **Farbensinnstörungen** (Farbenfehlsichtigkeit) oder zur **Farbenblindheit.**

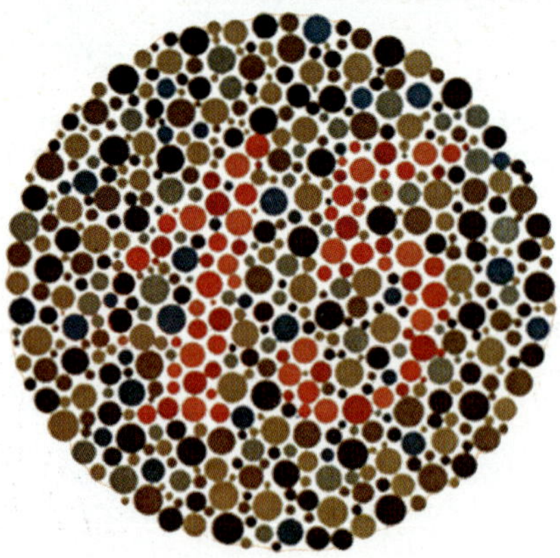

1 Testbild zur Prüfung der Rotgrünsehschwäche

Das räumliche Sehen

In jedem Auge entsteht ein flächiges Bild des betrachteten Gegenstands. Wir sehen aber nicht zwei getrennte Bilder des Gegenstands, sondern ein einziges räumliches Bild.

Dies ist eine **Leistung unseres Gehirns.** Vergleicht man nämlich das Netzhautbild des rechten und linken Auges miteinander, dann stellt man fest, dass sie sich deutlich voneinander unterscheiden. Das rechte Auge sieht den Gegenstand mehr von rechts, das linke mehr von links. Mit beiden Augen wird der Gegenstand, z. B. ein Buchrücken, vollständig gesehen, weil im Gehirn beide Bilder zu einem räumlichen Bild vereinigt werden (↗Abb. unten).

Das **räumliche Sehen** ist für die räumliche Tiefenwahrnehmung unabdingbar. Das ist z. B. beim Autofahren notwendig. Da jedes Auge einen Gegenstand aus einem anderen Blickwinkel wahrnimmt, wird auf der Netzhaut jedes Auges demzufolge auch ein anderes Halbbild des gesehenen Gegenstands erzeugt.

Die beiden Sehnerven senden somit auch unterschiedliche Erregungsmuster zum Gehirn. Das Gehirn entwickelt aus ihnen die Raumempfindung.

Aufgabe

Überprüfe

a) dein Farbsehvermögen mithilfe der Abbildung 1. Was erkennst du?

b) dein räumliches Sehvermögen:

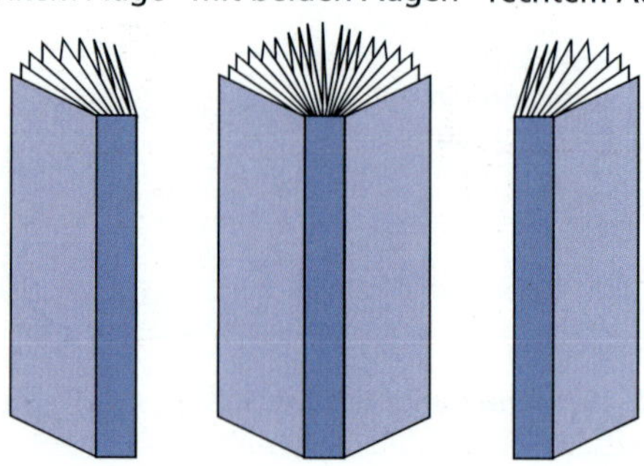

Optische Täuschung

Dass unser Gehirn beim Sehen beteiligt ist, können wir an weiteren Beispielen verdeutlichen. Betrachtet man die Abbildung 1 genau, so scheint die Person im Hintergrund größer als die im Vordergrund zu sein. Ein Nachmessen zeigt aber, dass beide Personen gleich groß sind. Dies ist eine **optische Täuschung.** Sie entsteht, weil der Raum einen räumlichen und perspektivischen Eindruck erweckt. Im Gehirn ist die Erfahrung gespeichert, dass der hintere Gegenstand größer sein müsste als der vordere. Daher erscheinen die Personen unterschiedlich groß.

Die optische Täuschung wird noch größer, wenn man ein Auge schließt. Einige sehen auf der Abbildung 2 b ein junges Mädchen, andere eine alte Frau, obwohl auf der Netzhaut aller Betrachter das gleiche Bild entsteht. Die junge Frau ist links im seitlichen Profil zu erkennen. Wenn man die Wimpern und die Nase der jungen Frau zuhält, sieht man das nach unten gerichtete Gesicht einer alten Frau, das Kinn im Pelzmantel versteckt. Auch bei der Auswertung dieses Bilds werden die gespeicherten Erfahrungen im Gehirn unbewusst bei der Sehwahrnehmung mit verarbeitet.

Bei der Betrachtung der Abbildung 2 a erscheinen die inneren Kreise unterschiedlich groß, obwohl sie den gleichen Durchmesser besitzen. Die Ursache dieser optischen Täuschung liegt darin, dass die Flächen in unserem Gehirn immer in Bezug zu ihrer Umgebung (kleinere Kreise, größere Kreise) wahrgenommen werden. Dabei wirken größere Figuren neben kleinen Figuren besonders groß.

Auge und Gehirn arbeiten beim Sehen zusammen. Das räumliche Sehen ist eine Leistung unseres Gehirns. Es ist nur beidäugig möglich. Einige optische Täuschungen beruhen darauf, dass das Gehirn Gesehenes nach der Erfahrung deutet.

Aufgaben

1. Führe die Untersuchungen zu den Sinnestäuschungen auf der Seite 202 durch. Erkläre, wie optische Täuschungen zustande kommen.

2. Finde weitere optische Täuschungen. Probiere sie mit einem Mitschüler gemeinsam aus.

1 Entferntere Gegenstände wirken erfahrungsgemäß eigentlich kleiner als nahe.

2 a Die inneren Kreise erscheinen unterschiedlich groß.
b Einige sehen eine junge Frau, andere eine alte.

Sehen mit Verstand

1. Betrachte die Spitze des Bleistifts.

Material:
spitzer Bleistift

Durchführung und Beobachtung:

1. Halte deinem Mitschüler einen spitzen Bleistift ca. 40 cm vor das Gesicht. Er soll ein Auge schließen und versuchen, mit dem Zeigefinger die Bleistiftspitze zu berühren. Was stellst du fest?
2. Anschließend wiederholt er den Versuch mit geöffneten Augen. Was stellst du dieses Mal fest?

Auswertung:

1. Vergleiche die Ergebnisse von 1 und 2.
2. Versuche, eine Begründung zu finden.

2. Ermittle Sinnestäuschungen.

Materialien:
verschiedene Testbilder (↗ Abb.)

Durchführung und Beobachtung:
Betrachte die drei verschiedenen Testbilder. Beschreibe Lage und Länge der Linien.

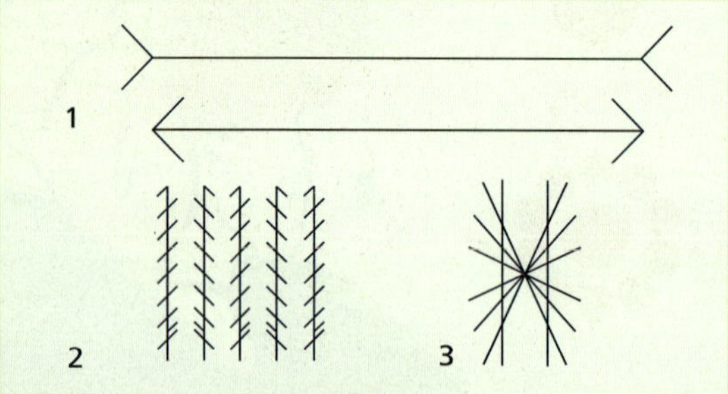

Auswertung:
Miss die Figuren aus und vergleiche mit deinen Wahrnehmungen. Was stellst du fest?

3. Schütze deine Augen.

Beim Kauf einer Brille ist nicht nur das Design entscheidend. Die Brille muss auch eine bestimmte Funktion erfüllen. Neben der Verbesserung der Sehleistung können Brillen noch einiges mehr.

1. *Sonnenbrillen werden nicht nur beim Optiker angeboten. Worauf ist beim Kauf zu achten?*
2. *Begründe das Tragen einer Schutzbrille bei vielen Laborexperimenten.*

Um die Augen zu schützen, ist auch am Schreibtisch auf bestimmte Dinge zu achten.

1. *Betrachte das Foto.*
   a) *Entsprechen die Bedingungen einem gesunden Arbeitsplatz?*
   b) *Begründe, warum die Lampe am Arbeitsplatz eines Linkshänders rechts stehen muss.*

Gesunderhaltung und Schutz der Augen

Mit den Augen nehmen wir viele Informationen aus der Umwelt auf. Deshalb ist es wichtig, sie zu schützen. Beim Ausführen aller Tätigkeiten, sei es Lesen, Schreiben, Kochen, Sticken, ist auf **ausreichende Beleuchtung** zu achten. Allerdings ist sehr helles Licht, auch grelles Sonnenlicht, schädlich für die Augen. Deshalb sollte eine **Sonnenbrille** getragen werden.
In vielen Berufen sind die Augen durch **Schutzbrillen** zu schützen, z. B. beim Schleifen, Schweißen, Drehen gegen Funkenflug oder abspringende feste Teilchen, beim Motorradfahren gegen Wind und Fremdkörper, beim Arbeiten mit ätzenden Flüssigkeiten wie Säuren und Basen gegen ätzende Spritzer. Nicht zuletzt sind deshalb auch bei einigen Laborexperimenten in der Schule Schutzbrillen aufzusetzen (↗ Abb.).

Viele Leute arbeiten heute am Computer. Um die Augen nicht zu überanstrengen, sollte man den Blick nach einiger Zeit in die Ferne richten. Denn die Linsenkrümmung verringert sich beim **In-die-Ferne-Sehen,** das Auge ruht sich aus. Dies gilt auch beispielsweise beim Lesen eines Buches.
Zu beachten ist auch der **Abstand zwischen Auge und Arbeitsgegenstand.** Beim gesunden Auge eines Erwachsenen zwischen 40 und 50 Jahren beträgt er etwa 25 bis 35 cm.
Kann man den Arbeitsgegenstand nicht mehr scharf sehen, muss ein Arzt aufgesucht werden.

Am Auge leidet bei **Schädigungen** der verschiedensten Art häufig zunächst die außen liegende Bindehaut (↗ Abb. 1). Kälte und Wind, Sonnenstrahlen und Rauch, Chemikalien und viele andere Auslöser kommen dafür als Ursache infrage. Häufig schwellen die Bindehäute auch bei Heuschnupfen und sonstigen Allergien an. Daneben treten zahlreiche Bakterien und Viren als Krankheitserreger auf.
Bereits winzige Fremdteilchen schmerzen im Auge. Jeder Lidschlag scheuert über die Hornhaut und kann zu **Verletzungen des Auges** führen. Häufig lässt sich der Eindringling sogleich beseitigen: behutsam und stets in Richtung des Tränenflusses zur Nase hin.

Bei jeder ernsteren Schädigung ist unverzüglich ein Augenarzt aufzusuchen. Auf dem Weg dorthin sollte die Verletzung möglichst steril abgedeckt sein. Gerade bei Arbeits- und Verkehrsunfällen dringen Glas- und Metallsplitter leicht in den Augapfel ein. Es entstehen inwendige Blutungen und durch eingeschleppte Keime folgt meist eine schwere Infektion. Wird die notwendige Behandlung verzögert, ist das Auge oft nicht mehr zu retten.
Besonderen Wert erhält die richtige Hilfe vor Ort bei **chemischen Verätzungen** des Auges. Ob Säuren oder Basen, am Arbeitsplatz oder im Haushalt: sofort das Auge ausspülen und zwar von innen nach außen! Am besten eignet sich klares, fließendes Wasser direkt aus der Leitung mindestens zehn Minuten lang. Wichtig ist, dass die Chemikalie vollständig aus dem Auge entfernt wird, weil sonst die Verätzung weiter fortschreitet.
Alle Arten von Verätzungen erfordern schnellstmöglich ärztliche Hilfe. Andernfalls drohen schlimme Vernarbungen der vorderen Augenhäute und damit Erblindung.

> Die Augen sind sehr empfindliche Sinnesorgane, deshalb muss man sie schützen. Entzündungen und Verletzungen müssen unbedingt vom Arzt behandelt werden.

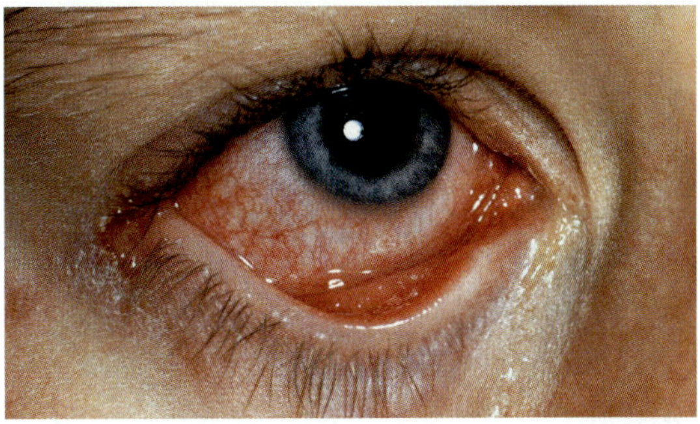

1 Bindehautentzündung: Das Auge ist gerötet, juckt und brennt. Reiben verschlimmert die Entzündung.

Biologie im Alltag

Bedeutung des Tastens für Blinde

In der Haut des Menschen befinden sich etwa 640 000 Tastpunkte. Die Anzahl der Tastkörperchen ist besonders groß an den Fingerspitzen, der Fußsohle, den Lippen und in der Handfläche.
Mithilfe der Tastkörperchen kann man ertasten, ob ein Gegenstand glatt, rau, spitz, stumpf, eckig oder rund ist. Da die Anzahl der Tastkörperchen in den Fingerspitzen besonders groß ist, können blinde Menschen mit ihren Fingern die **Blindenschrift** ertasten.
Die Blindenschrift (↗ Abb. 2) ist eine Punktschrift, die von Blinden abgetastet („gelesen") und eingedrückt („geschrieben") werden kann. Sie beruht auf einer zwölfpunktigen, von CHARLES BARBIER (1767–1841) geschaffenen Grundform. Der blinde LOUIS BRAILLE (1809–1852) vereinfachte die Grundform durch das Sechspunktgrundzeichen (↗ Abb. 2 a). Damit begründete er die international eingeführte Blindenschrift, die nach ihm benannte braillesche Schrift oder Brailleschrift. Bei den gedruckten Materialien für Blinde werden die brailleschen Zeichen durch Druckpressen als abtastbare, etwas vom Papier erhabene Punkte in das Papier gedrückt (↗ Abb. 2 b).
Jeder Buchstabe wird durch eine bestimmte Anzahl von Punkten sowie durch ihre Anordnung zueinander gekennzeichnet (↗ Abb. 2 a).

Damit sich blinde Menschen zeitlich orientieren können, gibt es **Blindenuhren** (↗ Abb. 3). Diese Uhren besitzen auf den Zeigern und dem Zifferblatt braillesche Zeichen. Durch Abtasten dieser Zeichen können die blinden Menschen die Uhrzeit feststellen.
Der Tastsinn ist also besonders bei Blinden ausgeprägt. Sie finden sich mit seiner Hilfe in ihrer Umgebung zurecht.

1 Blinde Schülerin am Computer

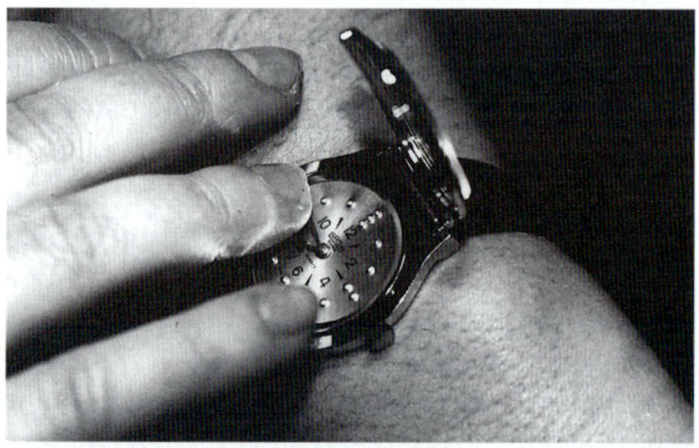

3 Blindenuhr mit ertastbarem Relief

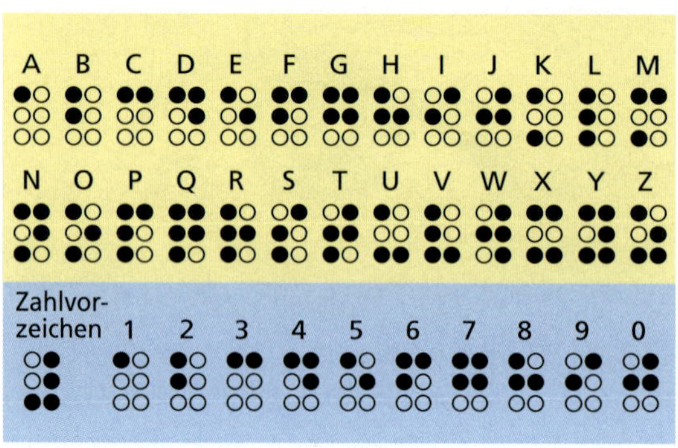

2 a Blindenschrift (Schema)

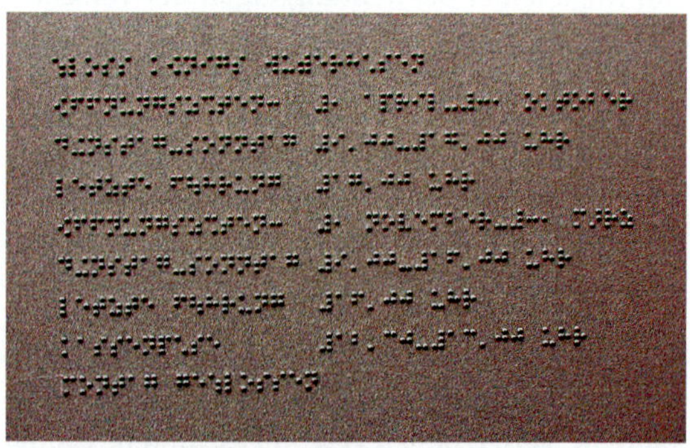

2 b Blindenschrift (Original)

Wie fertige ich ein Poster an?

Wandzeitungen oder Poster fallen auf. Sie sind geeignet, um sachliche Informationen, Versuchsergebnisse oder den Verlauf und die Ergebnisse eines Projekts darzustellen. Meist wählt man zur Präsentation den Fachraum oder den Schulflur. Damit man sofort erkennt, worum es geht, hier ein paar Tipps:

Jedes Poster hat eine **Überschrift.**
Sie soll sofort über den Inhalt informieren und Neugier beim Betrachter wecken.

Schriftart sorgfältig auswählen!
Ob mit der Hand oder mit Unterstützung eines Computers, die Erfahrung zeigt, dass eine einfache Schrift besser und schneller wahrgenommen werden kann. Verwende nicht mehr als zwei Schriftarten, sonst wird deine Darstellung zu unruhig.

Auf **Groß- und Kleinschreibung** achten!
Damit sind nicht nur die Rechtschreibregeln gemeint. Texte aus reinen GROSSBUCHSTABEN sind schlechter zu lesen.

Den **Abstand der Buchstaben** beachten – nicht b r e i t a u s e i n a n d e r, sondern eng und in Blöcken schreiben!
Der Abstand zwischen den Buchstaben ist entscheidend für ein angenehmes Lesen und das schnelle Auffassen von Informationen. Achte besonders darauf, wenn du von Hand schreibst, z. B. bei der Gestaltung von Postern.

Mit kurzen **Ober- und Unterlängen** schreiben! So sollte z. B. der Bogen beim g etwa 1/3 der Buchstabengröße ausmachen, das erleichtert das Lesen.

Klare Strukturen schaffen!
Gestalte dein Poster oder deine Präsentationsfolie übersichtlich! Nutze ein gedachtes Raster aus senkrechten und waagerechten Linien zur Gliederung!
Verwende Überschriften! Sie sollten kurz und prägnant formuliert sein.

Filzstifte mit Kalligrafiespitze benutzen!
Mit abgeschrägter Spitze, einer sogenannten Kalligrafiespitze, erhältst du ein ansprechendes Schriftbild.

Farben sparsam verwenden!
Beschränke dich bei der Schrift auf 3 bis 4 dunklere Farben, damit es übersichtlich bleibt. Farben und Formen sind Bedeutungsträger (z. B. Pro/Kontra). Mit ihrer Hilfe kannst du Sinnzusammenhänge deutlich machen.

Mut zur eigenen **Grafik!**
Freie Grafiken regen an. Perfekte Darstellungen, zu „glatte“ Bilder hingegen wirken kühl und schaffen Distanz.

Freiraum schaffen – ein Drittel bleibt frei!
Nutze die Blattgröße nur zu ca. 60–70 % aus! Auch Freiflächen sind Gestaltungselemente.

Lesegewohnheiten beachten!
In unserem Kulturkreis sind wir gewohnt, von links oben nach rechts unten zu lesen. Selbst wenn man ein Poster nur überfliegt, werden Informationen aus der Ecke links oben bzw. rechts unten besonders gut wahrgenommen.

Sinnesorgane – unsere Tore zur Welt

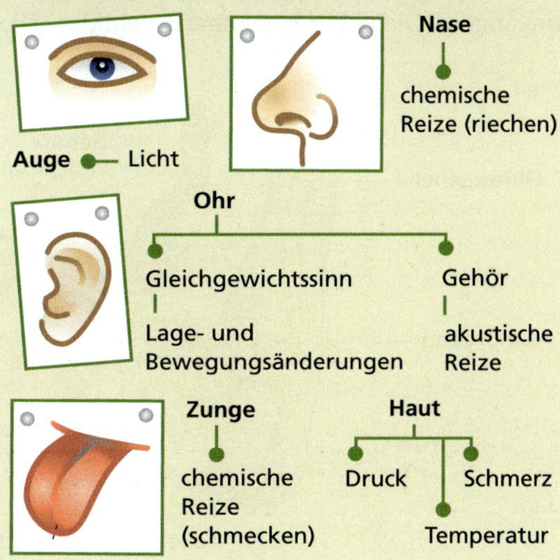

Das Ohr – unser Hörsinnesorgan

Bau des Ohrs und Funktion seiner Teile

Alles, was wir hören können, z. B. Sprache, Musik, Lärm, wird als Schall bezeichnet. Schall sind sich ausbreitende Schwingungen (Schallwellen).
Unser Ohr ist das Sinnesorgan, welches der Aufnahme, Übertragung und Umwandlung dieser Schallwellen dient.
Es wird in drei Abschnitte unterteilt. Zum **äußeren Ohr** gehört die Ohrmuschel, die aus einem elastischen Knorpel besteht. Der anschließende Gehörgang ist durch Ohrenschmalz ausgekleidet, welches eine Schutzschicht darstellt.
Das äußere Ohr ist durch das Trommelfell vom **Mittelohr** getrennt. Es besteht neben dem Trommelfell aus der Paukenhöhle mit den Gehörknöchelchen (Hammer, Amboss, Steigbügel) und der Ohrtrompete (eustachische Röhre).
Die Ohrtrompete stellt eine Verbindung mit der Rachenhöhle her. Sie dient dem Druckausgleich zwischen beiden Räumen. Das hat jeder bestimmt schon einmal selbst bei schnell fahrenden Fahrstühlen oder beim Start eines Flugzeugs erlebt. Durch Schlucken ist es möglich, die Luftdruckunterschiede von Mittelohr und Mundhöhle auszugleichen.
Das **Innenohr** wird von der Schnecke (Cochlea, Hörsinnesorgan) sowie dem Vorhof und den Bogengängen (Gleichgewichtsorgan) gebildet. Die Schnecke mit ihren zweieinhalb Windungen enthält etwa 14 000 Hörsinneszellen. Das Innenohr ist mit Ohrlymphe ausgefüllt. Alle Teile liegen geschützt im knöchernen Schädel (↗ Abb. 1).
Schallwellen aus der Umwelt werden von der Ohrmuschel aufgenommen und im Gehörgang bis zum Trommelfell geleitet, das in Schwingungen gerät. Die Schwingungen werden im Mittelohr von den Gehörknöchelchen über ein dünnes Häutchen, das ovale Fenster, auf die Flüssigkeit (Lymphe) des Innenohres übertragen. Diese Schwingungen der Ohrlymphe stellen für die Hörsinneszellen in der Schnecke einen Reiz dar. Die in den Hörsinneszellen entstehenden Erregungen werden über den Hörnerv zum Hörzentrum des Gehirns geleitet und dort verarbeitet. **Wir hören.**

Das Außenohr dient der Schallaufnahme und -weiterleitung, das Mittelohr der Übertragung der Schwingungen. In den Hörsinneszellen des Innenohrs entstehen Erregungen, die über den Hörnerv zum Gehirn geleitet werden.

Aufgabe

Die Flüssigkeit in den Bogengängen (Lymphflüssigkeit) wird bei der Bewegung des Körpers in Bewegung versetzt. Informiere dich, wie unser Gleichgewichtsorgan im Ohr genau funktioniert.

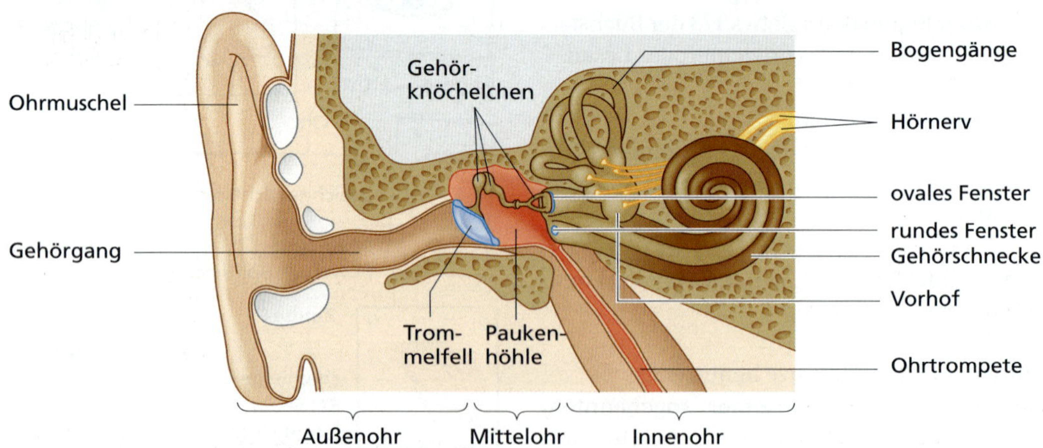

1 Bau des Ohrs als Hör- und Gleichgewichtsorgan

Sinnesorgan Ohr

1. Ermittle die Bedeutung der Ohrmuscheln.

Materialien:
Wecker auf Teller, Papierblatt

Durchführung und Beobachtung:
1. Führe folgende Untersuchungen durch und achte dabei auf die Lautstärke des Schalls vom Ticken des Weckers:
   - Ohrmuscheln nach hinten an den Kopf drücken.
   - Ohrmuscheln rechtwinklig nach vorne drücken.
   - Beide Handflächen muschelförmig hinter die Ohren legen.
   - Ein aus Papier gedrehtes „Hörrohr" in eine Ohröffnung stecken.
2. Notiere jeweils das Ergebnis der Untersuchung in einer Tabelle.

Stellung der Ohrmuscheln	empfundene Lautstärke
Ohrmuscheln nach hinten an Kopf gedrückt	

Auswertung:
1. Welche Veränderungen der Lautstärke hast du festgestellt?
2. Leite aus den Ergebnissen die Bedeutung der Ohrmuscheln für das Hören ab.

2. Teste das Richtungshören.

Materialien:
Schlauch, Stab

Durchführung und Beobachtung:
Die Mitte des Schlauches wird gekennzeichnet und vorsichtig wie auf dem Foto gehalten. Mit dem Stab wird vorsichtig auf den Schlauch geklopft. Notiere, wann (mit welcher Entfernung von der Mittelmarkierung) die Testperson erkennt, ob das Geräusch von links oder rechts kommt oder genau die Mitte angetippt wurde.

Auswertung:
1. Erläutere, wodurch das Richtungshören ermöglicht wird.
2. Vergleiche die Fähigkeit des Richtungshörens des Menschen mit der anderer Wirbeltiere (z. B. Vögel und Säugetiere). Was stellst du fest?

3. Teste deinen Drehsinn.

Durchführung und Beobachtung:
Drehe dich eine Weile in eine Richtung und bleibe plötzlich stehen. Beschreibe, was du empfindest.

Auswertung:
Recherchiere, wie diese Empfindung zustande kommt.

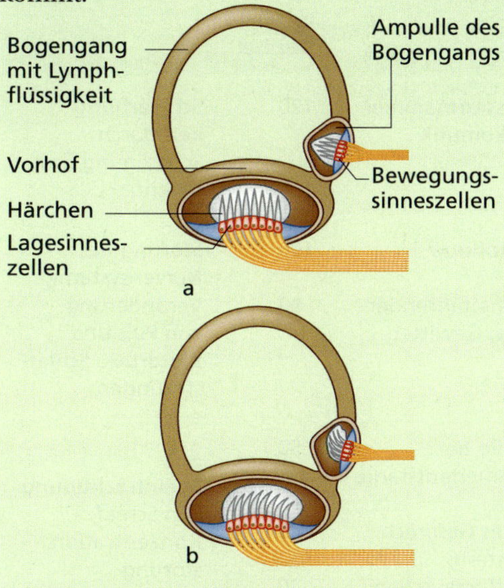

1 Sinneszellen in den Bogengängen a) in Ruhe b) nach Lageveränderung

Was hören wir?

Der Mensch kann unterschiedliche **Töne** zwischen 16 und 20 000 Hz wahrnehmen. Das verändert sich mit dem Alter. Während bei einem Kleinkind die obere Hörgrenze bei 20 000 Hz liegt, sinkt sie beim 70-Jährigen auf etwa 5 000 Hz ab. Ältere Menschen können hohe Töne wie Fahrradklingeln oder Kinderstimmen also schlecht wahrnehmen.
Der Mensch kann aber nicht nur hohe und tiefe Töne unterscheiden, sondern auch laute und leise. Je höher der Ton, desto größer ist die Frequenz. Die Frequenz ist die Anzahl der Schwingungen pro Sekunde und wird in Hertz (Hz) angegeben.
Die **Lautstärke** wird in Dezibel (dB) angegeben und als maximale Auslenkung der Schwingung (Amplitude) gemessen. Eine Erhöhung um 10 dB wird als doppelt so laut empfunden.
Es gibt keinen festen Wert für die Schwelle der Lärmempfindung. Dennoch kann man **Lärm** als Schall beschreiben, der den Menschen belästigt oder sogar gesundheitlich schädigt (↗ Tab.). Um zu beurteilen, ob Lärm das Gehör schädigt, muss man ihn messen.

Geräusch- und Lärmquellen	Lautstärke in Dezibel	Lärmauswirkungen
Presslufthammer, Diskomusik	120	Schwerhörigkeit durch Schädigung des Innenohrs
Autohupe vorbeifahrender Lkw; Gewitter	100 90	Störung des Nervensystems, Veränderung von Puls und Blutdruck, Schlafstörungen
Radio bei Zimmerlautstärke leises Gespräch Flüstern; Blätterrauschen	50 40 30	Beeinträchtigung von Schlaf, Konzentrationsstörung

In einigen Berufen ist es erforderlich, einen **Hörschutz** zu tragen, z.B. bei Schmiedearbeiten, Arbeiten mit einem Presslufthammer, bei der Prüfung von Motoren, beim Einweisen von Flugzeugen usw.
Personen, die in lärmgefährdeten Berufen tätig sind, müssen sich regelmäßig untersuchen lassen, damit eine beginnende Lärmschwerhörigkeit frühzeitig erkannt werden kann. Die Lärmschwerhörigkeit ist eine anerkannte Berufskrankheit.

Bedenklich ist, dass junge Menschen ihr Gehör bei Diskobesuchen und durch die Verwendung von CD- und MP3-Playern überanstrengen. Das kann zu akuten **Hörstörungen,** insbesondere zum plötzlichen Gehörverlust (Hörsturz), führen. Dieser muss schnellstens ärztlich behandelt werden, um bleibende Schwerhörigkeit zu vermeiden.

Aufgaben

1. Lärm ist ein gesundheitsschädigender Risikofaktor.
   a) Ermittle in deiner Umgebung verschiedene Lärmquellen und leite mögliche Schutzmaßnahmen ab.
   b) Ziehe Schlussfolgerungen für dein eigenes Verhalten.

2. Erläutere den Zusammenhang des Hörvermögens und der Sicherheit im Straßenverkehr besonders in Bezug auf ältere Menschen.

3. Informiere dich über weitere Faktoren, die Einfluss auf das Hörvermögen haben können. Welche Rolle spielen dabei das Lebensalter und bestimmte Erkrankungen?

Musik und Lärm

Musik gehört zu den schönen Dingen des Lebens. Doch wie man eine bestimmte Musik empfindet, kann sehr unterschiedlich sein. Was für den einen angenehm oder beruhigend ist, kann für den anderen im täglichen Miteinander zur Belastung werden. Musik wird so zum Lärm.
Ob Töne oder ein Geräusch als Lärm empfunden werden, ist immer abhängig von der eigenen Einstellung oder der jeweiligen Situation.
Trotzdem hat die Stärke des Schalls (Schallpegel) Auswirkungen auf unseren Körper. Häufig wird eine Belästigung durch Musik gar nicht mehr wahrgenommen oder einfach hingenommen. Dabei ist Lärmschutz oft eine Frage der eigenen Lebensgestaltung.

1. a) *Was ist Schall? Informiere dich und erkläre.*
b) *Versuche, eine Definition für den Begriff Lärm aufzustellen, und finde passende, erklärende Beispiele dazu.*

2. *Erstelle eine Mindmap zum Thema: Situationen, in denen ich Musik höre.*

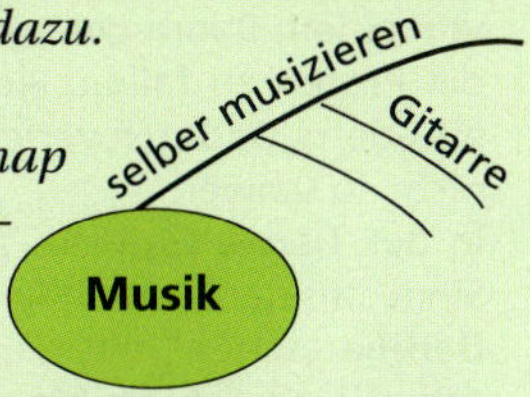

3. a) *Fertige ein umfassendes (!) Protokoll über die Musikbeschallung im Verlauf eines Tages an. Fertige dafür in deinem Hefter eine Tabelle mit folgenden Spalten an: Uhrzeit, Musikquelle, Musikart, Dauer, Lautstärke (sehr leise, leise, Zimmerlautstärke, laut, sehr laut, schmerzhaft laut), Empfindungen bei dieser Musik.*

Uhrzeit	

b) *Inwiefern haben die Musikart, die Lautstärke und weitere Faktoren Auswirkungen*
- *auf eigene Tätigkeiten (z. B. Anfertigung von Hausaufgaben),*
- *auf die eigene Befindlichkeit (z. B. schlechte Laune) sowie*
- *auf die Befindlichkeit anderer (z. B. sich gestört fühlen)?*

c) *Diskutiere mit Mitschülerinnen und Mitschülern, welche Musik man gerne hört und welcher Musik man „ausgeliefert" ist. Leitet Regeln für den Umgang mit Medien ab, die als Musikquellen dienen (z. B. Radio, CD-Player, MP3-Player).*

1 Viele Jugendliche entspannen beim Hören von Musik.

2 Einige Jugendliche erlernen Instrumente und musizieren selbst.

Mosaik

Sinnesleistungen bei Tieren

Auch wenn unsere Haustiere mit uns zusammen in derselben Umgebung leben, sie nehmen die Welt ganz anders wahr als wir.

Hunde orientieren sich hauptsächlich über ihre Nase in der Umgebung. Die Riechschleimhaut weist im Durchschnitt etwa 220 Millionen Riechzellen auf. Beim Menschen sind es nur etwa fünf Millionen. Zudem sind die entsprechenden Zentren zur Verarbeitung („Riechhirn") im Gehirn verhältnismäßig größer. Hunde riechen eine Million mal besser als der Mensch und entnehmen einem Geruch viel mehr Informationen als ein Mensch (↗Abb. 1). Außerdem riechen sie räumlich, ähnlich, wie wir räumlich sehen. Sie können unterscheiden, ob ein Geruch von links oder rechts kommt. Das ermöglicht ihnen, den Verlauf und die Richtung einer Duftspur wahrzunehmen. Von den Menschen werden sie aufgrund dieser Sinnesleistung als Such- und Spürhund z. B. zum Aufspüren von Drogen eingesetzt.
Das Hörvermögen eines Hundes ist ebenfalls besser als das des Menschen. Er besitzt mehr Sinneszellen und kann daher zehnmal genauer als der Mensch Geräusche lokalisieren und aus einer viermal weiteren Entfernung hören als der Mensch.
Farben werden von Hunden ganz anders wahrgenommen als von uns. Sie sehen ein anderes Farbspektrum, da sie andere Zapfen besitzen.

Katzen orientieren sich ebenfalls über ihr Gehör und ihren Geruchssinn in ihrer Umgebung. Das Gehör ist besonders gut ausgebildet. Tiefe Töne hören Katzen ähnlich gut wie der Mensch. Höhere Töne nehmen sie jedoch viel besser wahr. Das ist auch notwendig, da ihre Beutetiere (z. B. Mäuse) oft sehr hohe Töne von sich geben.
Ähnlich wie Hunde können Katzen Rottöne schlecht erkennen. Sie sehen blaue Farbtöne besser. Es werden also ganz andere Färbungen der Gegenstände wahrgenommen. In der Dämmerung kann eine Katze aber bedeutend besser sehen als der Mensch, weil sie in der Netzhaut viel mehr Stäbchen aufweist. Außerdem liegt hinter der Netzhaut eine lichtreflektierende Zellschicht, sodass auftreffendes Licht noch einmal die Sinneszellen anregen kann. Aufgrund dieser Schicht leuchten Katzenaugen im Dunkeln, wenn plötzlich Licht auf sie trifft.
Ganz erstaunlich ist der Gleichgewichtssinn der Katzen. Bei einem Sturz aus einem Fenster oder von einem Baum gelingt es ihnen fast immer, auf die Pfoten zu fallen. Sie können so den Aufprall abfedern. Dadurch verletzen sie sich seltener bzw. nicht so schwer.
In der Tierwelt gibt es zudem noch ganz andere Sinne, als der Mensch sie besitzt: **Fledermäuse** und **Delfine** „sehen" mit den Ohren (↗Abb. 2). **Vögel** orientieren sich am Magnetfeld der Erde.

1 Der Hund „erriecht" jeden Tag die Neuigkeiten seiner Umgebung. Das hat für ihn in etwa die Bedeutung wie für uns das Zeitungslesen.

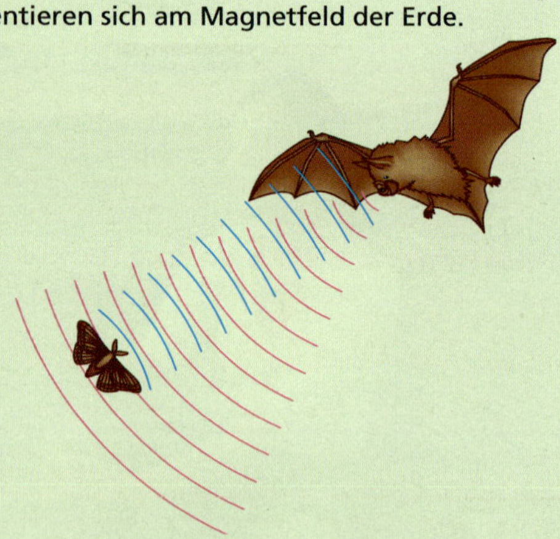

2 Fledermäuse stoßen Utraschallwellen aus und nehmen die reflektierten Wellen durch ihre Ohren auf. So können sie Hindernisse und Beutetiere „erhören".

Unser Nervensystem im Überblick

Das Nervensystem ist der „Mittler“ zwischen den Sinnesorganen, die durch Reize aus der Umwelt erregt werden, und den Musklen, die auf diesen Reiz reagieren.

Strukturell wird das Nervensystem in zwei Einheiten unterteilt. Das **periphere Nervensystem** umfasst die Nerven, die vom Gehirn und Rückenmark ausgehen und das Nervengeflecht für Haut und Muskeln von Hals, Nacken, Rumpf und Gliedmaßen bilden. Die Erregungen werden von Sinneszellen oder freien Nervenendigungen aufgenommen und über Empfindungsnerven (sensible Nerven) zum Zentralnervensystem geleitet. Dort werden sie auf die Bewegungsnerven (motorische Nerven) übertragen, die die entsprechenden Organe zur Reaktion anregen. Das **Zenralnervensystem** (Gehirn, Rückenmark) verarbeitet die Erregungen, sodass wir unsere Umwelt wahrnehmen.

Einen **funktionell** wichtigen Abschnitt des Nervensystems bildet das **vegetative Nervensystem** (Eingeweidenervensystem). Es umfasst die Nerven, die zu den inneren Organen und von ihnen wegführen. Sie steuern die Tätigkeit des Herzens, der Drüsen und der glatten Muskulatur in den inneren Organen, z. B. für Atmung, Blutkreislauf, Verdauung, Ausscheidung.

Das vegetative Nervensystem ist kaum von unserem Willen beeinflussbar. Es arbeitet selbstständig, ist aber auch mit dem Zentralnervensystem verknüpft. Zwei gegensätzlich wirkende Nervenstränge bilden das vegetative Nervensystem – der Sympathikus und der Parasympathikus (↗ Abb. 2).

> Das Nervensystem besteht aus dem Zentralnervensystem (Gehirn, Rückenmark), dem peripheren Nervensystem (Empfindungs- und Bewegungsnerven) und dem vegetativen Nervensystem (Symphathikus und Parasympathikus als Gegenspieler).

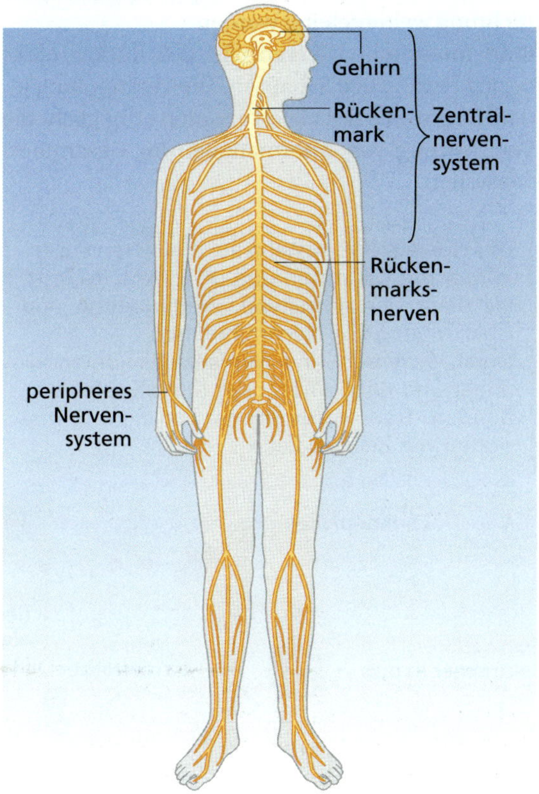

1 Zentralnervensystem und peripheres Nervensystem

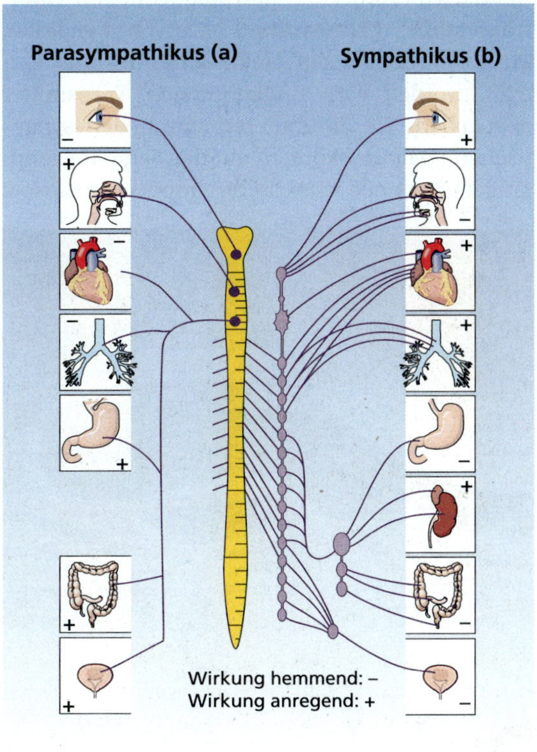

2 Parasympathikus (a) und Sympathikus (b)

Struktur und Funktion der Nervenzelle

Die Nervenzelle (Neuron) ist das **kleinste Bauelement** des Zentralnervensystems sowie **des gesamten Nervensystems.** Ihre Struktur ist durch den Nervenzellkörper mit Dendriten und Neurit (Axon) mit Synapsen gekennzeichnet. Diese spezielle Struktur ermöglicht die Funktion der Nervenzelle (↗ S. 213).

Die Nervenzellen stehen untereinander in Verbindung. Jede Nervenzelle ist über die Endknöpfchen des Axons in Kontakt mit den Dendriten der darauffolgenden Zelle (↗ Abb. 1). Diese Kontaktstellen bezeichnet man als **Synapsen.**
Es handelt sich dabei nicht um feste Verbindungen. Zwischen dem Endknöpfchen und dem Dendriten der folgenden Zelle bleibt ein winziger Spalt, der synaptische Spalt, sodass sich die Zellen nicht berühren. Die elektrischen Nervenimpulse gelangen bis ins Endknöpfchen.
Bei der Überbrückung des Spaltes helfen **Überträgerstoffe (Transmitter,** z. B. Acetylcholin, ↗ Abb. 1). Sobald ein **elektrischer Impuls** eintrifft, werden vom Endknöpfchen Transmitter abgegeben. Sie diffundieren durch den synaptischen Spalt und können auf der Seite der Empfängerzelle neue elektrische Impulse auslösen.

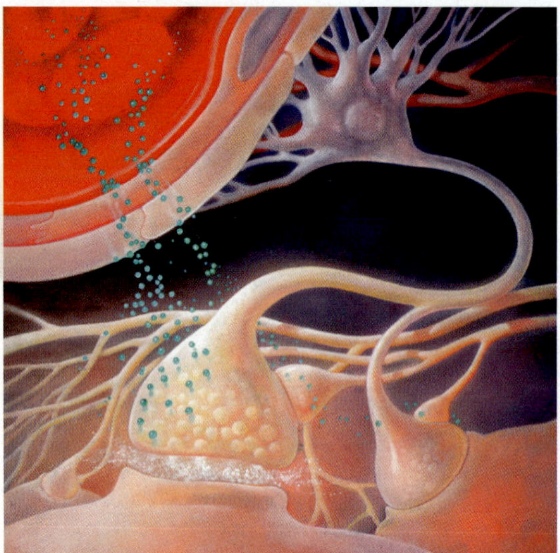

1 Abgabe von Überträgerstoffen (Transmittern)

Die Information wurde übertragen. Danach werden die Transmitter im Spalt abgebaut, vom Endknöpfchen der Sendezelle wieder aufgenommen und dort zu neuen Transmitterstoffen verarbeitet (↗ Abb. 2).

Dieser Mechanismus kann durch **Synapsengifte** wie Botulinumtoxin (Botox®) und Insektizide (z. B. BI 58®) gestört werden. Botox® z. B. verhindert die Abgabe des Transmitters in den synaptischen Spalt. Das führt zu einer Lähmung der betroffenen Muskulatur.
Auch Drogen wie Marihuana, Haschisch, Opiate, Kokain, Ecstasy, LSD u. a. wirken auf unser Nervensystem ein. Ihre Wirkung beruht darauf, dass sie eine ähnliche chemische Struktur aufweisen wie Neurotransmitter.

Synapsen wirken wie Ventile. Da nur die Endknöpfchen der Neuriten die Überträgerstoffe enthalten, können die Nervenimpulse nur in eine Richtung weitergeleitet werden.
Eine motorische Nervenzelle des Rückenmarks besitzt etwa 10 000 Synapsen. Die Verknüpfung jeder Nervenzelle mit vielen anderen ermöglicht die Verarbeitung von Informationen im Gesamtnervensystem.

> Die Nervenzelle besteht aus dem Nervenzellkörper mit Dendriten und dem Axon (Neurit). Sie dient der Aufnahme, Weiterleitung und Übertragung von Nervenimpulsen.
> Durch Synapsen sind Nervenzellen untereinander und mit Sinnes- oder Muskelzellen verbunden. Transmitter übertragen die Informationen von Zelle zu Zelle.

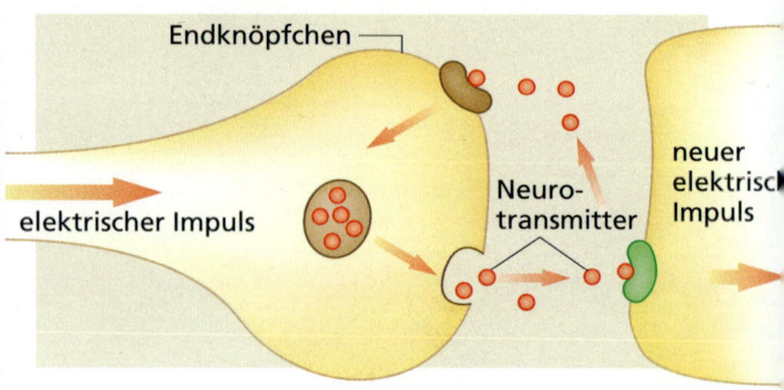

2 Synapse und Erregungsübertragung

Struktur und Funktion

Lebewesen sind faszinierend. Sie bewegen sich und pflanzen sich fort. Sie wachsen und entwickeln sich. Pflanzen und Tiere atmen. Alle Lebewesen nehmen Informationen auf, verarbeiten sie und reagieren. Dazu müssen alle Teile des Körpers funktionieren. Es ist verblüffend, wie gut z. B. Zellen ihre Funktion erfüllen. Das wird durch eine spezielle Struktur ermöglicht. Es besteht immer ein Zusammenhang zwischen Struktur (Wie?) und Funktion (Wozu?).

Die Nervenzelle

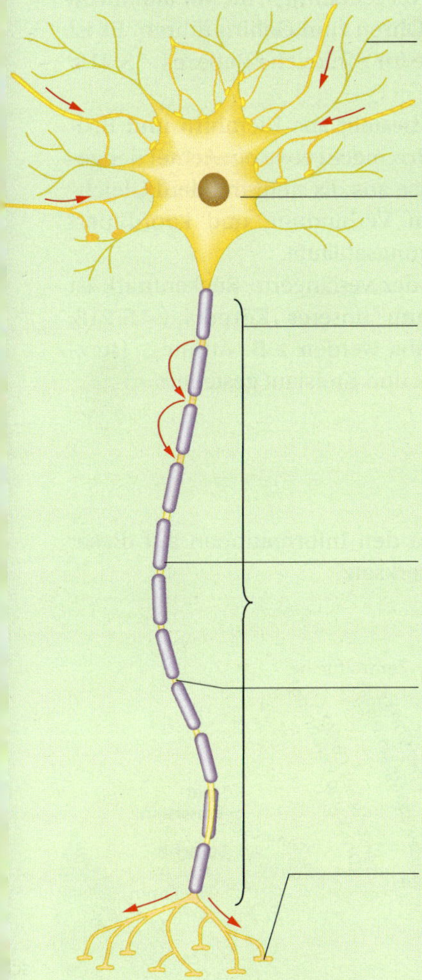

	Struktur	Funktion
Dendrit	baum- oder strauchartig verzweigte Fortsätze	Verbindung zu anderen Nerven- oder Sinneszellen; Erregungsaufnahme
Zellkörper	beinhaltet alle Zellbestandteile, z. B. Zellkern	realisiert die Funktionsfähigkeit der Zelle
Axon (Neurit)	sehr langer Nervenzellfortsatz (z. T. meterlang), am Ende verzweigt	Verbindungsfaser zu anderen Nerven-, zu Drüsen- oder Muskelzellen; Erregungsleitung in Form elektrischer Impulse (–70 mA)
schwannsche Zelle	stückweise Ummantelung des Axons	Isolierung des Axons; werden bei der Erregungsleitung im Axon übersprungen
ranvierscher Schnürring	nicht isoliertes Stück des Axons	saltatorische Erregungsleitung, dadurch Erhöhung der Leitungsgeschwindigkeit um das Zehnfache
Synapse (Endknöpfchen)	kleine Verdickung an den Verzweigungen des Axons	Verbindungsstelle zu anderen Nerven-, zu Drüsen- oder Muskelzellen; Erregungsübertragung

Wende das Struktur- und Funktionskonzept auf eine andere Zelle mit ihren Bestandteilen an.

Unser Zentralnervensystem

Struktur und Funktionen des Gehirns

Das weiche und druckempfindliche Gehirn ist durch die Schädelknochen vor schädlichen äußeren Einflüssen geschützt. Einen weiteren **Schutz** bieten die drei Hirnhäute und die Hirnflüssigkeit. Das Gehirn wird in fünf Abschnitte eingeteilt (↗ Abb. 1).

Das **Großhirn** ist das Zentrum zahlreicher Empfindungen und Wahrnehmungen, Sitz der Lernfähigkeit, des Erinnerungsvermögens und des Gedächtnisses, des Denkens, der Begriffssprache und des bewussten Handelns.

Es besteht aus zwei Hälften, die durch eine Längsspalte voneinander getrennt sind. Die Oberfläche wird durch zahlreiche Windungen und Furchen unterteilt. Die im Durchschnitt 6 mm dicke Großhirnrinde (Cortex) ist die aus Nervenzellkörpern bestehende **graue Substanz.** Unterhalb der Großhirnrinde befindet sich das Großhirnmark, die **weiße Substanz,** die aus Nervenfasern (Neuriten) besteht.

Den einzelnen Bereichen der Großhirnrinde sind bestimmte Funktionen zugeordnet. So gibt es z. B. eine Projektion des Körpers auf sensorische und motorische **Rindenfelder** des Gehirns. Die Größe des Rindenfelds entspricht dabei der Empfindlichkeit bzw. Beweglichkeit des Körperteils (↗ Abb. 2).

Das **Zwischenhirn** ist eine Schaltstation für Nervenbahnen aus dem gesamten Körper bzw. in den Körper. Es ist Mittler zwischen dem Nerven- und Hormonsystem und enthält außerdem Zentren für Emotionen.

Das kleine **Mittelhirn** ist ebenfalls eine „Umschaltstelle" für Nervenbahnen, die vor allem von den Augen und Ohren zum Gehirn führen. Es ist eine Zentralstelle für zahlreiche Reflexe (↗ S. 218, 219).

Das **Hinterhirn** besteht aus Kleinhirn und Brücke. Das **Kleinhirn** macht etwa ein Achtel der gesamten Hirnmasse aus. Es steht mit dem Gleichgewichtsorgan in Verbindung und koordiniert sämtliche Bewegungsabläufe.

Das **Nachhirn** oder verlängerte Rückenmark ist das Reflexzentrum unseres Körpers (↗ S. 218, 219). Von hier aus werden z. B. Atmung, Herzschlag, Blutdruck und Kreislauf gesteuert.

Aufgabe

Formuliere zu den Informationen auf dieser Seite einen Merksatz.

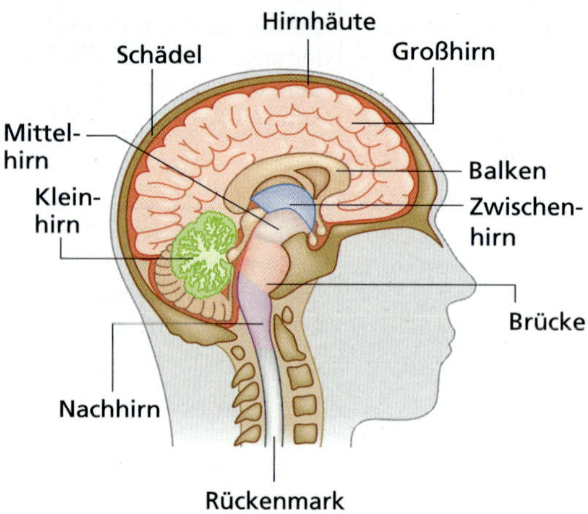

1 Mittelhirn, Brücke und Nachhirn bilden den Hirnstamm.

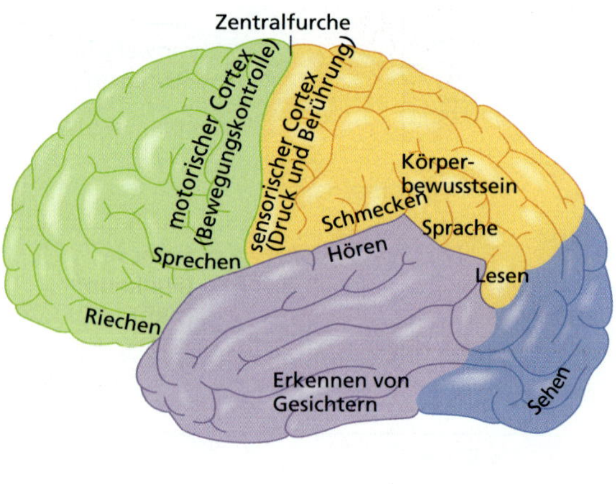

2 In beiden Hälften der Großhirnrinde sind diese sensorischen und motorischen Felder vorhanden.

Struktur und Funktionen des Rückenmarks

Der mehr als 50 cm lange und 1 cm dicke, weiche und empfindliche Rückenmarksstrang liegt geschützt im Wirbelkanal der Wirbelsäule (↗ Abb. 1,2). Schutz bieten auch die Rückenmarkshäute.

In einem Querschnitt durch das Rückenmark ist außen die aus Nervenfasern bestehende **weiße Substanz** zu erkennen. Innen liegt, schmetterlingsförmig angeordnet, die aus Nervenzellkörpern bestehende **graue Substanz** (↗ Abb. 1).

Aus dem Rückenmark treten zwischen den einzelnen Wirbelkörpern 31 Paar Nerven zu beiden Seiten der Wirbelsäule aus. Sie verzweigen sich im Bereich des Rumpfes und der Gliedmaßen. Die Rückenmarksnerven stellen eine Verbindung zum peripheren Nervensystem und damit zu allen Teilen des Körpers, z. B. den Organen, den Muskeln und der Haut, dar (↗ Abb. 2). Bei einer Durchtrennung des Rückenmarks kommt es zu Lähmungen und Sensibilitätsstörungen. Je höher die Verletzung liegt, desto mehr Körperteile sind betroffen.

> Das Rückenmark liegt geschützt im Wirbelkanal und ist mit allen Teilen des Körpers über Nervenfasern verbunden.

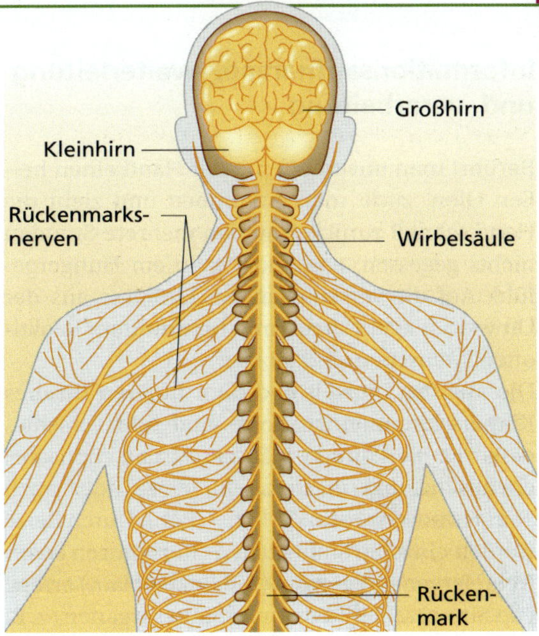

2 Wirbelsäule und Rückenmark

Funktionell unterscheidet man zwischen dem **somatischen Nervensystem,** welches die Beziehung des Organismus zur Umwelt reguliert, und dem **vegetativen Nervensystem,** das die Funktionsfähigkeit der inneren Organe beeinflusst. Das Rückenmark steht auch über Nervenfasern mit dem Gehirn in enger Verbindung; es ist die zentrale Schaltstation.

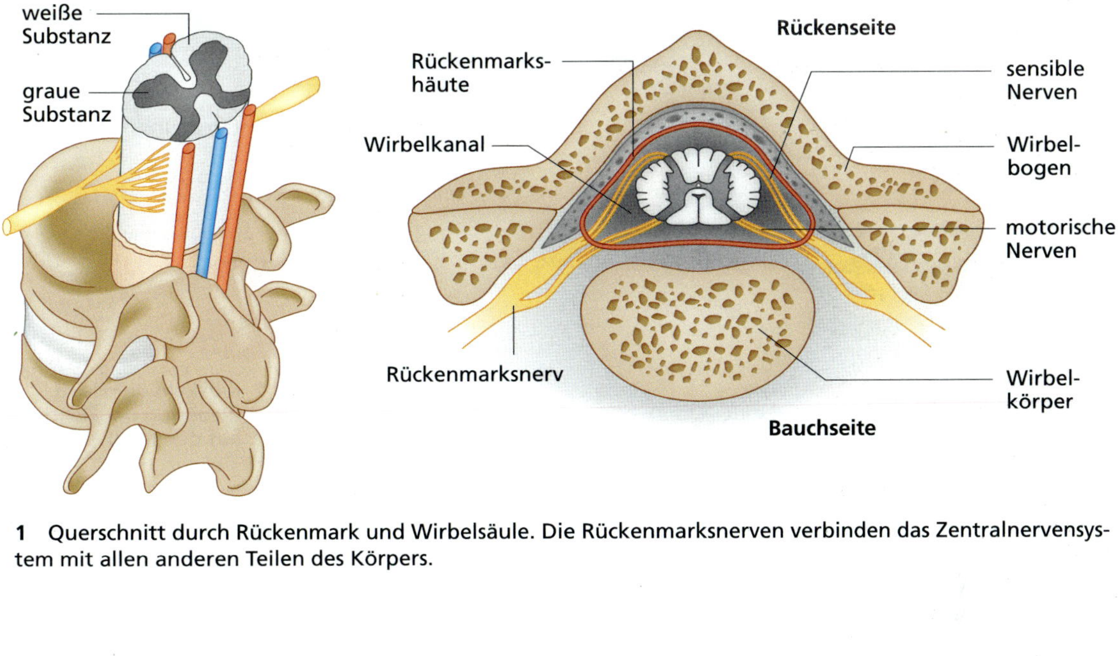

1 Querschnitt durch Rückenmark und Wirbelsäule. Die Rückenmarksnerven verbinden das Zentralnervensystem mit allen anderen Teilen des Körpers.

Informationsaufnahme, -weiterleitung und -verarbeitung

Berührt man unverhofft mit der Hand einen heißen Ofen, zuckt man zusammen und zieht die Hand schnell zurück. Hat man mehrere Stunden nichts gegessen, empfindet man ein Hungergefühl. Auf die verschiedensten Einflüsse aus der Umwelt reagiert man mit bestimmten Reaktionen. Menschen sind reizbar.

Die aus der Umwelt und dem Inneren unseres Körpers kommenden **Reize** sind sehr verschiedenartig. Es können z. B. akustische, optische, chemische und mechanische Reize oder auch Temperaturreize sein (S. 192, ↗ Tab.). Durch Reize werden einzelne Sinneszellen **(Rezeptoren)** oder freie Nervenendigungen (z. B. in der Haut) erregt. Die Sinneszellen können in Sinnesorganen, z. B. Auge und Ohr, konzentriert sein.

Sinneszellen sind auf bestimmte Reize spezialisiert. Beispielsweise werden die Sinneszellen im Innenohr durch akustische Reize und die Sinneszellen in der Netzhaut des Auges durch optische Reize erregt. Die Reize führen in den Sinneszellen zu elektrischen Spannungsänderungen. Jede Spannungsänderung breitet sich als **Erregung (Nervenimpuls)** über die ganze Sinneszelle aus und wird auf die anschließende Nervenzelle übertragen. Die Erregungen bzw. Nervenimpulse werden von den Nerven zum Rückenmark und ins Gehirn geleitet. Diese Nerven werden **Empfindungsnerven (sensible Nerven)** genannt. Im Gehirn und im Rückenmark werden die Erregungen (Nervenimpulse) verarbeitet und auf andere Nerven übertragen, die zu den ausführenden Organen führen. Die Nerven, die die Erregungen von Gehirn und Rückenmark zu den Organen leiten, werden **Bewegungsnerven (motorische Nerven)** genannt.

Dieser Prozess der Reizaufnahme, Erregungsbildung, -leitung und -verarbeitung im Gehirn führt zur **Wahrnehmung der Umwelt.**

Reizbarkeit ist eine Eigenschaft lebender Organismen, auf Einwirkungen (Reize) aus der Umwelt mit entsprechenden Reaktionen zu antworten.

Aufgabe

Nenne Informationen aus der Umwelt und dem Körperinneren, die lebensnotwendig sind.

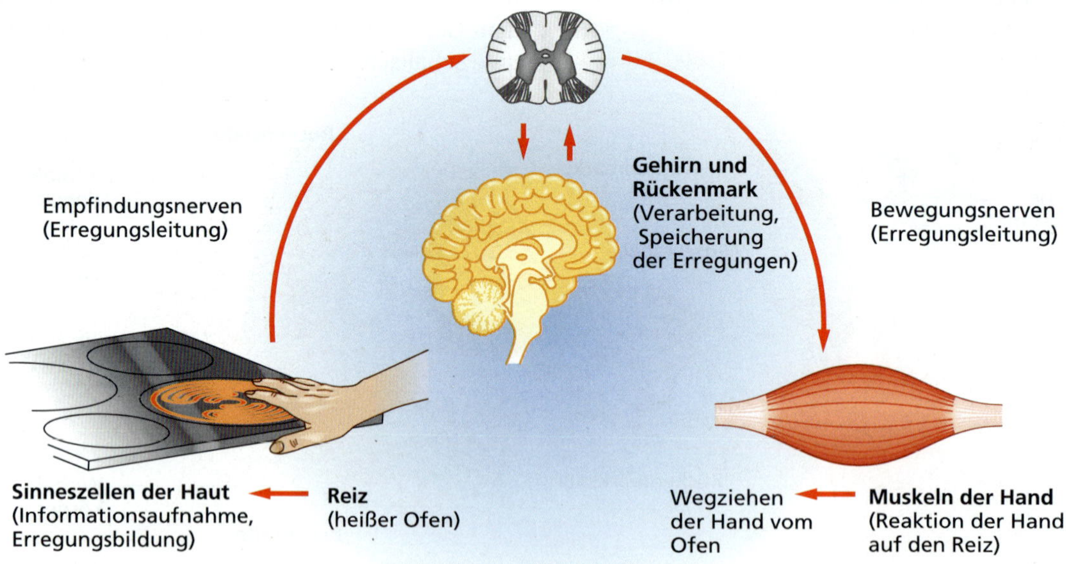

1 Prozess der Reizaufnahme, Erregungsbildung, Erregungsleitung und Erregungsverarbeitung (Reflexbogen)

Information

Auf den Menschen wirken ständig Reize (Informationen) aus der Umwelt ein. Sie werden durch spezialisierte Sinneszellen und Sinnesorgane aufgenommen. Die Sinneszellen werden erregt und die Erregung wird in die verarbeitenden Zentren geleitet. Das Ergebnis der Erregungsverarbeitung wird dem Erfolgsorgan gemeldet. Es kommt zu bestimmten Reaktionen.

Informationsverarbeitung

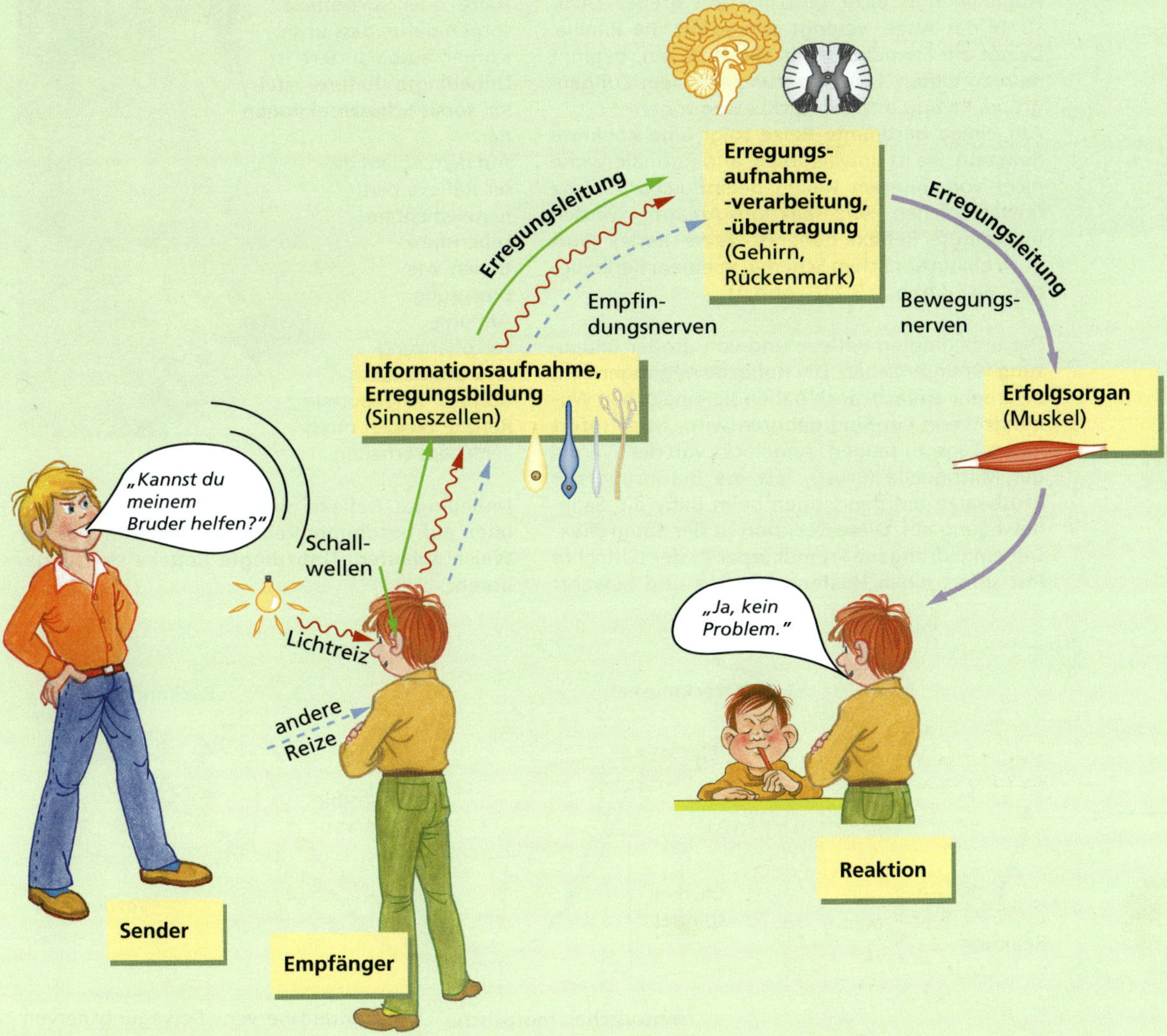

Erläutere nach diesem Schema die Informationsverarbeitung an einem selbst gewählten Beispiel.

Mosaik

Reflexe

Unbedingte Reflexe

Verschluckt man sich, beginnt man sofort zu husten. Wenn ein Fremdkörper, z.B. eine Fliege, in die Nähe der Augen kommt, schließen sich die Augenlider. Erreicht plötzlich ein greller Lichtstrahl das Auge, verengt sich sofort die Pupille. Dringt ein Fremdkörper in die Nase ein, beginnt man zu niesen. Liegt Nahrung auf dem Zungengrund, kommt es zu Schluckbewegungen.
Auf einige bestimmte Reize folgt eine konkrete Reaktion. Sie ist unwillkürlich, also normalerweise nicht von unserem Willen beeinflussbar. Solche unwillkürlichen Reiz-Reaktions-Abläufe werden **unbedingte Reflexe** genannt. Jeder Reflex läuft nach einem ähnlichen Schema, in einem **Reflexbogen,** ab (↗Abb. 1; S. 216, Abb. 1).

Die unbedingten Reflexe sind von großer **Bedeutung** für unser Leben. Die Reflexbewegungen sind zwar sehr einfach, doch haben sie eine große Wirkung. Wenn ein Kind geboren wird, ist es sofort in der Lage zu saugen. Angelockt von der Wärme der Milchquelle (Brust), löst die Berührung der Brustwarze mit den Lippen beim Baby die Saugbewegung aus. Diese Reaktion ist der **Saugreflex.** Der eingedrungene Fremdkörper in der Luftröhre löst sofort einen **Hustenreflex** aus und bewahrt auf diese Weise unseren Körper vor dem Ersticken.
Halte- oder **Stellreflexe** sorgen dafür, dass unser Körper ausbalanciert ist. Unbedingte Reflexe stellen somit **Schutzreaktionen** dar.
Auf dem Ablauf dieser Reflexe beruhen elementare Lebensfunktionen wie Ernährung, Atmung, Fortpflanzung und Schutz des Körpers. Angeborene Reflexe bleiben meist zeitlebens erhalten.

Unbedingte Reflexe sind unwillkürliche Reaktionen auf bestimmte Reize, die immer in gleicher Weise ablaufen. Unbedingte Reflexe sind angeboren.

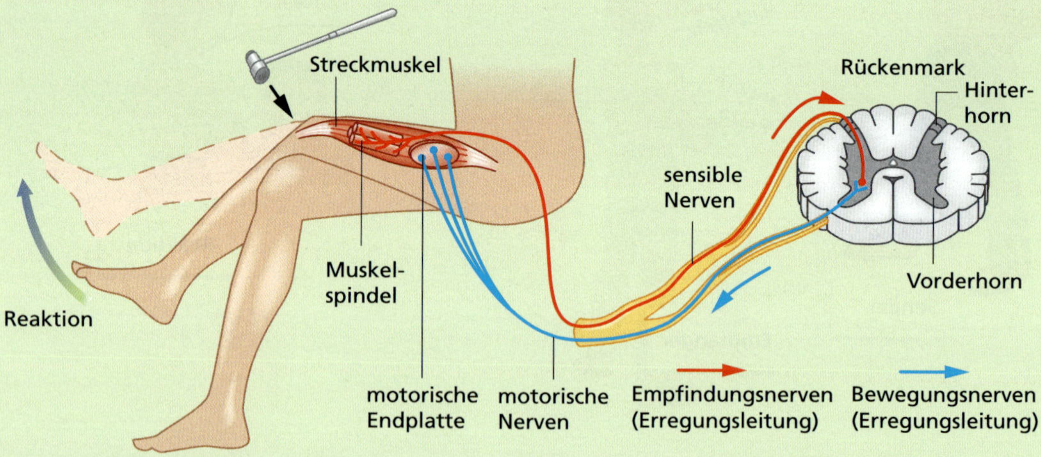

1 Der Ablauf eines Kniesehnenreflexes erfolgt als Reiz-Reaktions-Kette (Reflexbogen) zur Koordination der Muskelbewegung.

Bedingte Reflexe

Auf der Grundlage unbedingter Reflexe können sich **bedingte Reflexe** (erworbene Reflexe) entwickeln. Dazu wird der ursprüngliche Reiz mit einem neuen Reiz, dem **Signalreiz**, so verbunden, dass die Reaktion letztlich durch den Signalreiz ausgelöst wird.
Diese Reflexe wurden zuerst von dem russischen Mediziner und Physiologen IWAN P. PAWLOW (1849–1936) an Hunden erforscht. Die Aufnahme von Futter löst beim Hund den Speichelreflex (↗Abb. 1a) und die Abgabe von Magensaft aus (beides unbedingte Reflexe). Leuchtet bei der Futtergabe immer eine Lampe auf (↗Abb. 1b), dann reicht nach häufiger Wiederholung allein das Aufleuchten der Lampe, um die Abgabe von Speichel und Magensaft auszulösen. Der Hund lernt, das Licht als Signal für Futter zu erkennen (↗Abb. 1c).
Ähnliche erworbene Verknüpfungen von unbedingten Reflexen mit einem neuen Reiz kann man auch beim Menschen beobachten. „Mir läuft das Wasser im Mund zusammen“ ist eine häufige Redewendung. Kennt und mag man eine Speise, reicht schon der Anblick aus, um den Speichelfluss auszulösen.

Ein bedingter Reflex entsteht durch die wiederholte Verbindung unbedingter Reflexe mit einem neuen Reiz, dem Signalreiz.

Bei der Ausbildung von bedingten Reflexen kommt es zu einer Veränderung des Reizmusters. Jedoch bleibt die Reaktion auf einen Reiz immer konstant. Diese sehr **einfache Form des Lernens** bildet eine wichtige Grundlage für komplexere Verhaltensmuster als Reaktionen auf Umweltreize.
Auch bei der **Dressur** wird ein natürliches Verhalten mit einer zeitgleichen Reizgabe verbunden, z. B. beim Abrichten von Hunden. Der Hund lernt, auf ein bestimmtes Zeichen des Trainers in erwünschter Weise zu reagieren, z. B. sich hinzusetzen. Hat der Hund die Übung erfolgreich absolviert, wird er durch Futtergabe belohnt. Im Gegensatz zum bedingten Reflex wird das Reizmuster aus eigenem Antrieb verändert. Nach ausreichendem Training erfolgt die Reaktion auf den Reiz auch ohne Futtergabe.
Beim Menschen kann durch Training ebenfalls eine Automatisierung bestimmter Reaktionsmuster erzeugt werden. Zum Beispiel muss man beim Autofahren im Allgemeinen nach einiger Zeit nicht mehr darüber nachdenken, wie man bremst und schaltet. Läuft beispielsweise ein Kind auf die Fahrbahn, verhindert der Fahrer oft durch eine Vollbremsung Schlimmes. Erst danach werden ihm die Situation und seine Reaktion darauf bewusst.

Aufgabe:
Beschreibe anhand der Abbildung 1 auf Seite 218 den Ablauf des Kniesehnenreflexes.

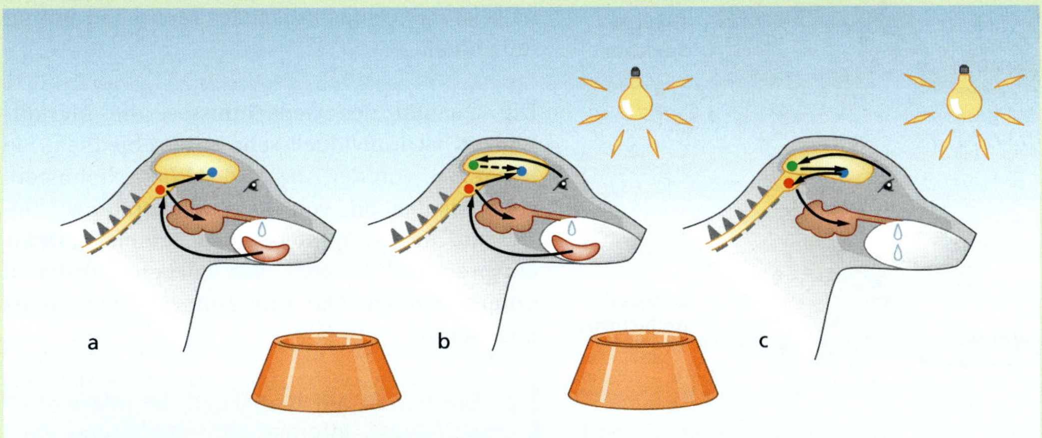

1 Ausbildung eines bedingten (erworbenen) Speichelreflexes

Gedächtnis und Lernen

Tiere und Menschen sind in der Lage, **Informationen** zu speichern und bei Bedarf wieder abzurufen. Mit der Höherentwicklung des Gehirns können diese Informationen zu komplexen Eindrücken, Erfahrungen und Kenntnissen verarbeitet und in dieser neuen Qualität gespeichert werden. Die Nervenzellen des Gehirns und ihre Verbindungen sind die Grundlage für die Speicherung, d. h. für das **Gedächtnis.**
Gedächtnis ist die Fähigkeit des Gehirns, Informationen über verschiedene Zeiträume hinweg zu speichern und abzurufen.

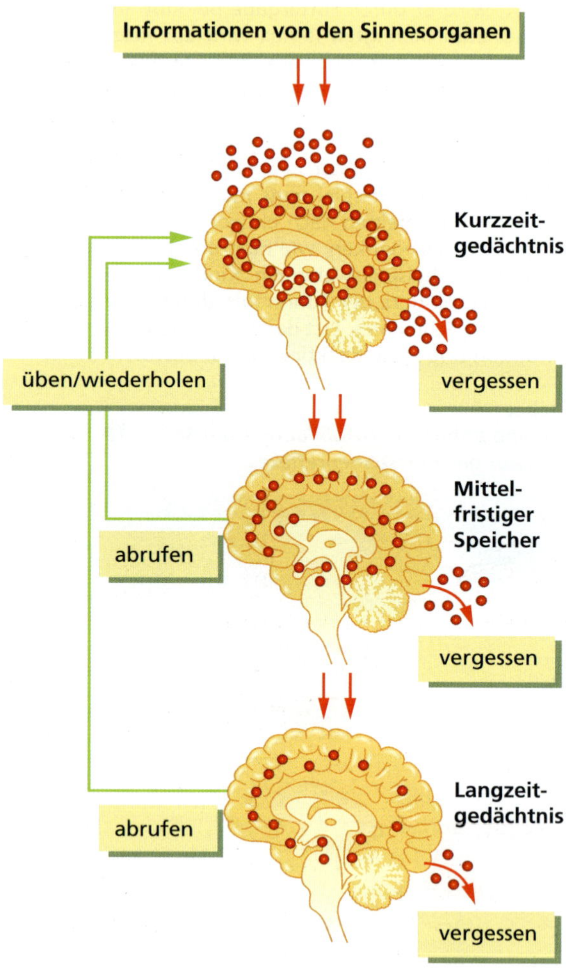

1 Ablauf der Gedächtnisvorgänge (⟶)

Man unterscheidet nach der Dauer der **Informationsspeicherung** das Kurzzeit- und das Langzeitgedächtnis.

Die aus der Umwelt aufgenommenen Informationen bleiben im **Kurzzeitgedächtnis** Sekunden bis maximal wenige Minuten gespeichert. Danach werden sie gelöscht oder vom mittelfristigen Speicher aufgenommen. Dazu gehören das Merken einer Telefonnummer ohne Wiederholung oder das Merken einer Anweisung, die nur kurzfristig Bedeutung hat.
Im **mittelfristigen Speicher** bleiben die Informationen einige Stunden bis Tage erhalten. Wenn z. B. ein Jugendlicher von der Disko kommt, hat er die Musikfolge des Abends im Wesentlichen im Kopf. Nach und nach vergisst er, was an jenem Abend gespielt wurde. Das Gehörte gerät allmählich in Vergessenheit.

Informationen, die für uns bedeutsam sind, können auch im **Langzeitgedächtnis** gespeichert werden. Die hier gespeicherten Informationen stehen meist lebenslang zur Verfügung und bilden unseren immer verfügbaren **Wissensspeicher.** Sie müssen durch wiederholtes Abrufen ständig in Erinnerung gebracht werden, damit sie auf Dauer behalten werden (↗ Abb. 1).
Interessen, Neigungen, Einstellungen und Gefühle beeinflussen die Gedächtnisleistung. Deshalb ist das Gedächtnis jedes Menschen immer individuell.

Die Qualität des Gedächtnisses, die **Merkfähigkeit,** ist individuell sehr unterschiedlich. Sie hängt z. B. von der Anzahl der Wiederholungen, vom Zeitabstand, von der Konzentrationsfähigkeit und auch vom Interesse am Thema ab. Dementsprechend ist auch das **Lernen** individuell unterschiedlich. Die Fähigkeit zum Lernen ist angeboren.

Lernen beruht auf Vorgängen der Informationsaufnahme, Informationsweiterleitung, Informationsverarbeitung, Informationsspeicherung und Informationswiedergabe.

Lernen mit der Lernkartei

Manchmal ist es scheinbar schwierig, sich Lernstoff einzuprägen. Dabei kann man sein Gehirn mit entsprechenden Techniken, sogenannten Mnemotechniken, trainieren. Man kann also das Lernen lernen! Eine geeignete Technik ist das Lernen mit einer Lernkartei. Für die Bewältigung schwieriger Stoffgebiete oder zur Vorbereitung von langfristig angekündigten Arbeiten kannst du diese Technik einsetzen.

1. Schritt

Anlegen der Lernkartei
Kaufe oder fertige einen Kasten oder eine Schachtel mit fünf Fächern an, welche jeweils etwa 1 cm, 2 cm, 4 cm, 8 cm und 16 cm breit sind (↗ Abb. 1).

2. Schritt

Erstellen der Lernkarten
Zerlege den Lernstoff in kleine, sinnvolle Einheiten und formuliere Fragen dazu.
Notiere jeweils eine Frage oder einen Begriff auf die Vorderseite einer Karteikarte und schreibe die richtige Lösung auf die Rückseite.
Beispielsweise könnte auf der Vorderseite der Karteikarten der Begriff Reflexbogen stehen und auf der Rückseite das Schema dargestellt sein (↗ Beispiel rechts).

Diese neuen Lernkarten werden in das erste Fach der Lernkartei einsortiert.

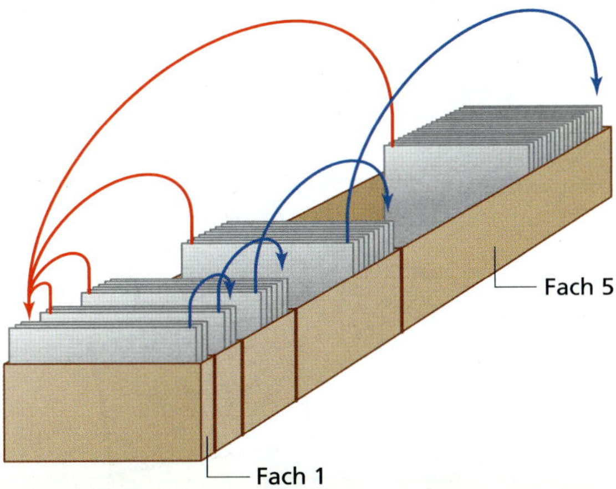

3. Schritt

Üben mit der Lernkartei
Mit den Karten aus Fach 1 prüfst du *jeden Tag* dein Wissen. War die Antwort richtig, kommt die Karte in Fach 2, war sie falsch, muss sie im Fach 1 verbleiben. Ist das Fach fast leer, kannst du neue Karten erstellen.
Alle anderen Fächer werden stets bearbeitet, wenn sie fast voll sind, sodass die Zeitabstände immer größer werden. Richtig beantwortete Karten werden jeweils in das nächsthöhere Fach einsortiert, falsch beantwortete Lernkarten wandern *immer* in das Fach 1.

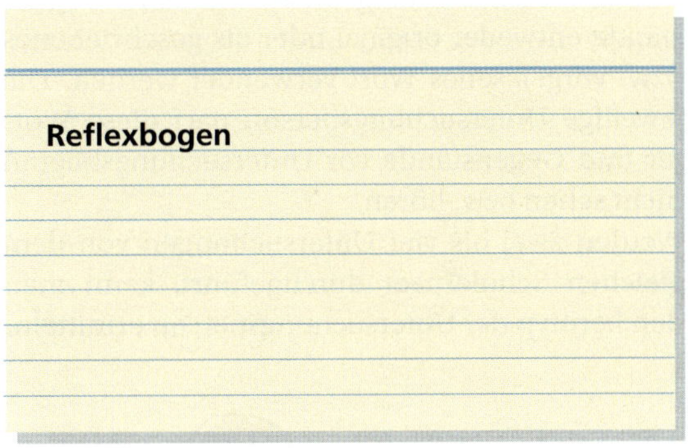

2 Beispiel Lernkarte / Vorderseite

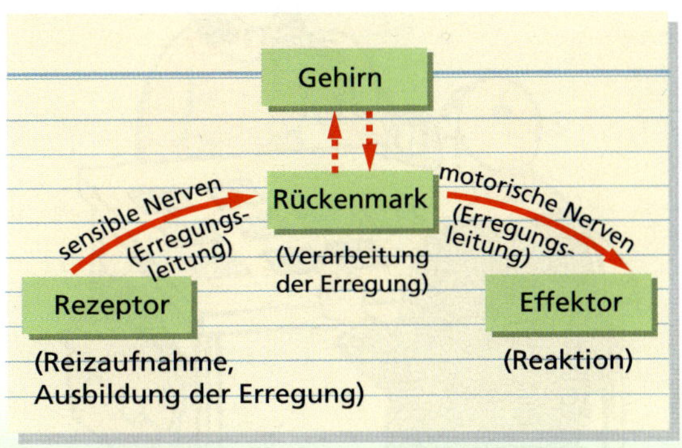

3 Beispiel Lernkarte / Rückseite

Ermitteln der verschiedenen Lerntypen

Bei allen Untersuchungen sollen immer jeweils zwei Schüler zusammenarbeiten.

Materialien:
Stoppuhr, Vorlage für Rechenaufgaben, Auswertungsvorlage (Lerntypenkreuz, ↗S. 223), Papier, Bleistift

1. Untersuchung 1: zehn Zettel mit je einem Wort eines Gegenstandes
2. Untersuchung 2: eine Liste mit den Wörtern von zehn Gegenständen
3. Untersuchung 3: zehn unterschiedliche Gegenstände (z. B. Schlüssel, Apfel, Bleistift, Arbeitsheft, Münze)
4. Untersuchung 4: Augenbinde und weitere zehn Gegenstände (z. B. Radiergummi, Tasse, Kamm, Bürste)

Hinweis:
In jeder Untersuchung müssen andere Gegenstände entweder original oder als geschriebenes bzw. vorgelesenes Wort verwendet werden. Die jeweilige Untersuchungsperson darf diese Wörter und Gegenstände vor Untersuchungsbeginn nicht sehen bzw. hören.
Werden zwei bis vier Untersuchungen von dem gleichen Schülerpaar durchgeführt, kann man den Lerntyp der Untersuchungsperson ermitteln.

Durchführung:

1. Untersuchung zum Lesetyp

- Gib deinem Untersuchungsschüler nacheinander im Abstand von drei Sekunden zehn Zettel mit je einem Wort eines Gegenstandes. Er darf jedes Wort zwei Sekunden lesen.
- Löse nun 30 Sekunden lang mit deinem Untersuchungsschüler einfache Kopfrechenaufgaben.
- Gib deinem Untersuchungsschüler 20 Sekunden Zeit, sich an die gelesenen Wörter der Gegenstände zu erinnern. Danach soll er die behaltenen Wörter nennen.
- Notiere die genannten Wörter und ermittle deren Anzahl.

2. Untersuchung zum Hörtyp

- Lies deinem Untersuchungsschüler nacheinander im Abstand von drei Sekunden zehn Wörter von Gegenständen vor.
- Löse nun – wie in Untersuchung 1 – 30 Sekunden lang mit deinem Untersuchungsschüler Kopfrechenaufgaben.
- Gib ihm wiederum 20 Sekunden Zeit, sich an die gehörten Wörter zu erinnern; dann soll er die behaltenen Wörter nennen.
- Notiere die genannten Wörter und ermittle deren Anzahl.

3. Untersuchung zum Sehtyp

- Lege deinem Untersuchungsschüler nacheinander im Abstand von drei Sekunden zehn Gegenstände auf den Tisch. Er darf jeden Gegenstand zwei Sekunden betrachten.
- Löse nun – wie in den Untersuchungen 1 und 2 – 30 Sekunden lang mit ihm Kopfrechenaufgaben.
- Gib ihm wiederum 20 Sekunden Zeit, sich an die gesehenen Gegenstände zu erinnern. Dann soll er die gemerkten Gegenstände nennen.
- Notiere die genannten Gegenstände und ermittle deren Anzahl.

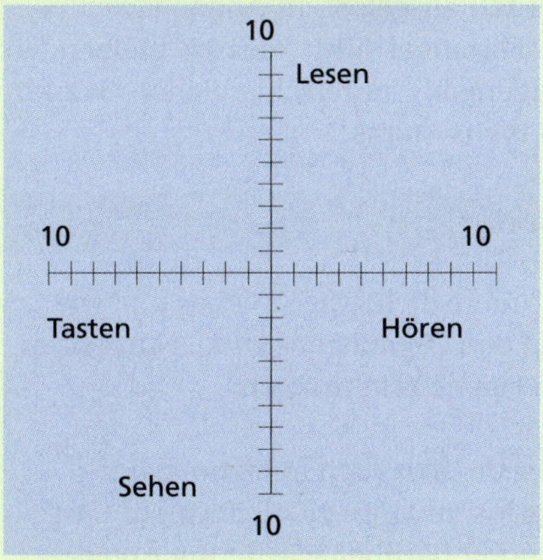

Lerntypenkreuz

4. Untersuchung zum Anfasstyp

- Verbinde deinem Untersuchungsschüler die Augen.
  Gib ihm nacheinander zehn Gegenstände in die Hände, die er jeweils zwei Sekunden betasten darf.
- Löse nun – wie in den Untersuchungen 1 bis 3 – 30 Sekunden lang mit ihm Kopfrechenaufgaben.
- Gib ihm wiederum 20 Sekunden Zeit, sich an die betasteten Gegenstände zu erinnern. Dann soll er die gemerkten Gegenstände nennen.
- Notiere die genannten Gegenstände und ermittle deren Anzahl.

Auswertung für die Untersuchungen 1–4:

1. Markiere die Anzahl der gemerkten Wörter (Untersuchung 1 und 2) sowie der gemerkten Gegenstände (Untersuchungen 3 und 4) in dem Lerntypenkreuz.
2. Verbinde die Punkte zu einem Viereck.
3. Erläutere und begründe, was für ein Lerntyp dein Untersuchungsschüler ist.
4. Entwickle aus deinen Untersuchungsergebnissen eigene Strategien für dein persönliches, effektives Lernen.

Unser Nervensystem braucht Schutz und Pflege

Erkrankungen des Nervensystems

Wird unser Körper überfordert, z. B. durch Ärger in der Schule, im Beruf, in der Familie, durch persönliche Konflikte und Probleme, kann dies zu **nervlichen Erkrankungen** führen.

Depressionen (↗Abb. 1) gehören zu den häufigsten psychischen Erkrankungen. 7–13 % der Jugendlichen erkranken daran. Die Ursachen für Depressionen sind vielfältig. Nicht nur Stress spielt eine Rolle. Es kann auch genetische Vorbelastungen geben, wie bei der manisch-depressiven Erkrankung. Ein Mangel an Neurotransmittersubstanzen (↗S. 212) wird als Ursache für viele Depressionen angesehen. Biochemische Prozesse im Gehirn kommen dadurch aus dem Gleichgewicht und neuronale Schaltkreise sind gestört. Therapeutisch eingesetzte Antidepressiva hemmen daher den Abbau der Neurotransmittersubstanzen Serotonin und Noradrenalin.

Bei an **Alzheimer Erkrankten** ist der Abbauprozess von Proteinen im Gehirn verändert. Dies wird zum Teil auf genetische Veränderungen zurückgeführt. Eine Verklumpung der Abbauprodukte der Proteine führt zur Verstopfung der Membrankanäle der Nervenzellen und somit zu deren Absterben. Zunehmende Vergesslichkeit, Sprachstörungen und Gedächtnisverlust sind die Folgen.

Die **multiple Sklerose** ist durch Schädigungen an den Nervenzellen im Gehirn und Rückenmark gekennzeichnet. Sie führen zu einer verminderten Leitfähigkeit der Nervenbahnen. Die Folge sind Lähmungen und Störungen der Empfindlichkeit.

Eine weitere Nervenerkrankung ist die von Viren verursachte **Kinderlähmung.** Befallen Viren das Rückenmark und zerstören dort Nervenzellen, kommt es zu Lähmungen der Gliedmaßen.

Auch **Unfälle** können zu Beeinträchtigungen des Nervensystems führen. Bei der Durchtrennung motorischer Nervenbahnen kommt es zu Lähmungen. Die Muskeln können nicht mehr bewegt werden. In Abhängigkeit von der Höhe der Rückenmarksverletzung treten unheilbare Lähmungen und Empfindungslosigkeit in Körperabschnitten auf, die unterhalb der Verletzungshöhe liegen (Querschnittslähmung).

1 Depressionen sind psychische Erkrankungen mit Antriebslosigkeit, Kontaktarmut und/oder Stimmungsschwankungen.

Durch Störungen der Blutzufuhr des Gehirns wird ein **Schlaganfall** ausgelöst. In Abhängigkeit vom betroffenen Hirnareal führt dies zu bleibenden Beeinträchtigungen unterschiedlicher Funktionen des Nervensystems.

Aufgaben

1. Informiere dich, was Stress ist und wie er auf den Organismus wirkt. Nutze dazu auch eigene Erfahrungen.

2. Fühlst du dich auch manchmal hoffnungslos und hast zu nichts mehr Lust? Diskutiert darüber, wie ihr mit Ärger, Konflikten und Problemen umgeht.

Gesunderhaltung des Nervensystems

Viele der Lebensprozesse in unserem Körper verlaufen im regelmäßigen Rhythmus, z.B. Herzmuskeltätigkeit, Atmungstätigkeit, Wechsel von Schlaf- und Wachzustand. Auch die Leistungsfähigkeit des Menschen schwankt im Tagesablauf. So sollte darauf geachtet werden, dass am Tag ein ausreichender Wechsel von Arbeit und Erholung sowie Freizeitgestaltung (↗Abb. 1) eingehalten wird. Unregelmäßige Zeiteinteilung und große Hektik führen zu nervösen Störungen.

Ganz wichtig ist ausreichender **Schlaf.** Der Mensch verbringt etwa ein Drittel seines Lebens schlafend. Schlaf stellt eine lebensnotwendige Aufbau- und Erholungsphase für unseren Körper dar.
Das Nervensystem, die Muskeln und die Organe regenerieren sich. Lerninhalte gelangen in das Langzeitgedächtnis. Reservestoffe werden gebildet und eingelagert. Totaler Schlafentzug für eine Nacht muss nicht unbedingt einen massiven Leistungsabfall zur Folge haben. Bei Schlafentzug über 48 Stunden zeigen sich aber Erschöpfungssymptome, z.B. ist das Reaktionsvermögen verlangsamt und die Lernfähigkeit eingeschränkt. Die Koordinierung von Bewegungen ist gestört.

Schlafdauer in Stunden pro Tag	
Neugeborene	bis 16
Kleinkinder (bis 9 Jahre)	ca. 11
Jugendliche (14–19 Jahre)	ca. 8–9
Erwachsene (bis 45 Jahre)	ca. 7
ältere Menschen (bis 70 Jahre)	ca. 6

Traumbilder (Halluzinationen) können im Wachzustand auftreten. Diese Erscheinungen verlieren sich nach 10 bis 13 Stunden Schlaf.
Die benötigte **Schlafdauer** ist individuell verschieden. Der tägliche Schlafbedarf ist vom Lebensalter, vom Beruf und den Lebensgewohnheiten eines jeden Einzelnen abhängig (↗Tab.).
Ursachen von **Schlafstörungen** können Lärm, Übermüdung, Schmerzen, quälende Gedanken, aber auch tief greifende Konflikte, Probleme und Erkrankungen sein.

Aufgabe

Informiere dich über Entspannungstechniken. Welche Wirkung sollen sie hervorrufen?

1 Sinnvolle Freizeitgestaltung dient auch der Gesunderhaltung des Nervensystems.

Drogen, Sucht und Abhängigkeit

Süchtig oder abhängig?

Wer intensiv Sport treibt, beispielsweise lange Strecken läuft, hat sicher schon einmal erlebt, dass er bei großer Belastung plötzlich keine Schmerzen mehr verspürt und in Hochstimmung ist. Dieser „Kick“ wird durch körpereigene Stoffe hervorgerufen, sogenannte Endorphine. Sie werden in Extremsituationen ausgeschüttet und wirken schmerzhemmend, beruhigend und angstlösend, verschaffen eine wohlig-glückliche Stimmung. Damit rufen sie im Körper eine ähnliche Reaktion wie einige Drogen hervor.

Suchtmittel (Drogen) sind Stoffe, die in die natürlichen Lebensprozesse des Körpers eingreifen und Wahrnehmungen, Gefühle und Stimmungen des Menschen beeinflussen.

Wenn man den Begriff Drogen hört, denkt man zuerst an Drogen wie **Haschisch, Heroin, Kokain, LSD, Ecstasy**. Bei diesen handelt es sich um illegale Drogen. Aber auch **Alkohol, Nikotin** und verschiedene **Medikamente** gehören zu den Drogen. Die Nutzung dieser Substanzen wird von der Gesellschaft toleriert.
Warum einige Menschen Suchtmittel einnehmen, hat viele Ursachen, persönliche und gesellschaftliche (↗ S. 227). Am Anfang steht oft der Wunsch, sich wohl oder besser zu fühlen. Manche Drogen erzeugen Hochstimmung und Glücksgefühle, andere beruhigen, wiederum andere putschen auf, steigern die Wachheit und Aktivität, verändern das Denken und die Sinneswahrnehmungen.
Die Drogenwirkung hängt vom jeweiligen eingenommenen Stoff ab. Sie wird auch beeinflusst von der Dauer der Einnahme, von der eingenommenen Dosis sowie von persönlichen Stimmungen und der individuellen körperlichen Verfassung. Im Laufe der Zeit benötigt der Körper – um die gleiche Wirkung zu erzielen – immer mehr des jeweiligen Suchtmittels. Damit geht einher, dass der Körper auch immer mehr des jeweiligen Suchtmittels „verträgt“.
Schließlich hat der Drogeneinnehmende ständig das Verlangen, erneut die Droge anzuwenden, um ein bestimmtes Lustgefühl und eine innere Hochstimmung zu erreichen oder auch um Unlustgefühle und eine tiefe Missstimmung zu vermeiden. Man sagt, der Mensch ist **„süchtig“** (↗ Abb. 1).

1 Entstehung der seelischen und körperlichen Abhängigkeit von Drogen – ein Teufelskreis

Diese Sucht nach bestimmten Drogen kann letztendlich zur **Abhängigkeit** führen, sowohl zur seelischen als auch zur körperlichen Abhängigkeit.
Wird das Suchtmittel zum „Dreh- und Angelpunkt" aller Handlungen, Gedanken und Gefühle, besteht eine **seelische Abhängigkeit** (↗ S. 226, Abb. 1).
Das Suchtmittel dient dann dazu, das innere Gleichgewicht zu halten, Unlustgefühle und Belastungen zu unterdrücken bzw. sich Wohlbefinden und Glücksgefühle zu verschaffen. Seelische Abhängigkeit ist der unbezwingbare Drang, sich die Droge um jeden Preis zu beschaffen und einzunehmen, z. B. auch durch kriminelle Handlungen.
Wenn das Suchtmittel abgesetzt wird, treten bei den Süchtigen Unlust- und Angstgefühle, Verstimmungen bis hin zu Selbstmordgedanken auf. Weitere Folgen seelischer Abhängigkeit sind u. a. die Einengung der Interessen auf das Suchtmittel, die Vernachlässigung bzw. der Verlust der Familie, das Verlieren der Arbeitsstelle, das Auswechseln der Freunde, die Gleichgültigkeit gegenüber der Schule.
Neben dieser seelischen Abhängigkeit gibt es auch eine **körperliche Abhängigkeit.** Wird das Suchtmittel abgesetzt bzw. dem Körper nicht mehr zugeführt, dann kommt es zu **Entzugserscheinungen** wie Schmerzen am ganzen Körper, Übelkeit, Erbrechen, Durchfall, Schweißausbrüche, Fieber und Schwindelanfälle, Frieren, Zittern und Schlafstörungen.

Diese körperlichen Entzugserscheinungen bewirken, dass der Abhängige nur noch bestrebt ist, Suchtmittel zu beschaffen und sie einzunehmen. Dabei werden Gesundheit, Aussehen, Familie und Beruf vernachlässigt.
Beide Formen der Abhängigkeit beeinflussen das private und das berufliche Leben des Süchtigen.

Die krankhafte und zwanghafte Abhängigkeit von Suchtmitteln, das ständige Verlangen nach einer erneuten Einnahme dieser Stoffe, um ein bestimmtes Glücksgefühl zu erreichen oder Unlust- und Angstgefühle zu unterdrücken, bezeichnet man als Sucht.

Aufgaben

1. Erarbeitet das Thema Drogen nach der Expertenmethode (↗ S. 160). Über welche Teilthemen möchtet ihr euch genauer informieren?
2. Wie gehst du mit Schulstress um? Welche Techniken nutzt du, um Stress abzubauen?
3. Informiere dich über Endorphine. Beschreibe ihre Wirkung im Körper.
4. Diskutiert die Fragestellung zur Abbildung 2 in der Klasse.

1 Probleme in der Schule bzw. Leistungsdruck sind unangenehm.

2 Helfen Computerspiele beim Stressabbau und Entspannen?

Nikotin – eine legale Droge

Nikotin ist ein starkes Nervengift. Die tödliche Dosis für einen Erwachsenen wird mit 50 mg angegeben.

In reiner Form ist der Stoff eine farblose, ölige Flüssigkeit. Dieses Gift kommt in Nachtschattengewächsen vor und ist in besonders hoher Konzentration in den Blättern der Tabakpflanze *(Nicotiana tabacum)* enthalten.

Der Tabak wird geraucht (Zigarette, Zigarre), geschnupft (Schnupftabak) oder gekaut (Kautabak).

Nikotin gelangt durch die dünnen Schleimhäute der Atmungs- und Verdauungsorgane ins Blut. Mit dem Blut wird es im Körper verteilt.

In sehr geringen Mengen führt diese Droge zu Veränderungen der Gehirntätigkeit und kann vorübergehend Hunger, Unlustgefühle und Ermüdungserscheinungen beseitigen sowie die Konzentration steigern. Aufgrund dieser Wirkung auf die Prozesse im Gehirn erzeugt Nikotin eine **körperliche** und **psychische Abhängigkeit.** Nikotin wirkt zudem auf das Kreislaufsystem. Es beschleunigt den Herzschlag und erhöht den Blutdruck. Es führt zur Verengung der Blutgefäße. Die schlechtere Blutversorgung ist messbar. So sinkt die Temperatur der Finger- und Zehenspitzen nach dem Rauchen. Durch die mangelnde Durchblutung wird die Sauerstoffversorgung herabgesetzt. Das kann letztendlich Herzinfarkt und „Raucherbein" zur Folge haben.

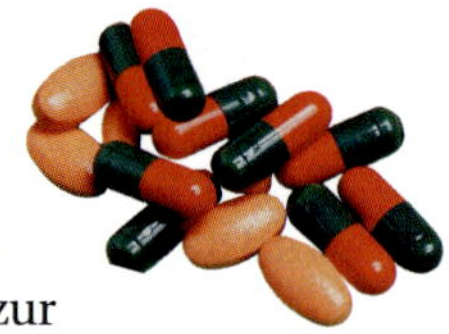

Bei einem weiteren Inhaltsstoff der Zigaretten, dem Teer, handelt es sich um ein zähes Kohlenwasserstoffgemisch. Auf der Zigarettenpackung wird es beschönigend als „Kondensat" bezeichnet. Teer verklebt die Flimmerhärchen in den Atemwegen und in der Lunge, sodass Fremdstoffe nicht mehr abgehustet werden können.

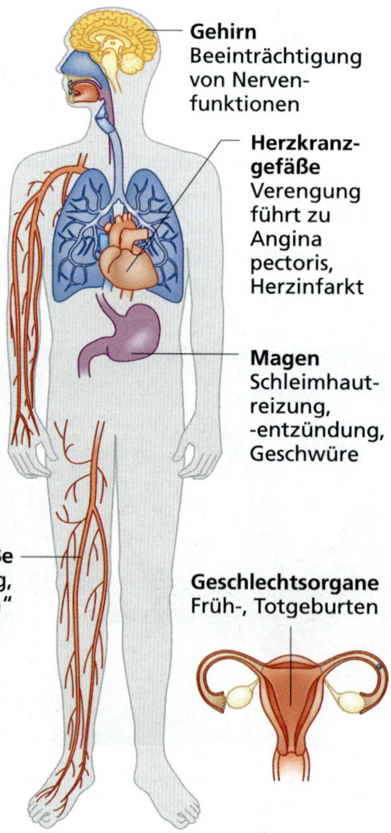

Medizin oder Droge?

Zahlreiche Medikamente sind für viele Erkrankte lebensnotwendig, z. B. für Zuckerkranke, für Menschen mit Bluthochdruck bzw. zu niedrigem Blutdruck, für Herzkranke, für an Grippe Erkrankte.

Wichtig ist, dass die verordneten Arzneimittel genau nach Anordnung und unter Kontrolle des Arztes eingenommen werden. Er bestimmt die Menge des Medikaments und die Zeit der Einnahme. So können Medikamente den Heilungsprozess fördern.

Werden Medikamente ohne Aufsicht und Kontrolle des Arztes eingenommen, kann dies leicht zu gesundheitsschädlichem Medikamentenmissbrauch führen. Die Einnahme des Medikaments wird zum Selbstzweck und kann allmählich zur **psychischen** und **körperlichen Abhängigkeit** führen.

Das betrifft sowohl die Einnahme bestimmter Schmerz- und Schlafmitteln als auch von psychischen Beruhigungs- und Aufputschmitteln.

Aufgabe

Der Gebrauch und der Verkauf von Zigaretten ist legal. Trotzdem ist es korrekt, Nikotin als Droge zu bezeichnen. Erkläre diesen Sachverhalt.

Alkohol – nein danke!?

Zum Thema alkoholische Getränke gibt es immer wieder Diskussionen. Auch im Jugendalter ist es in einigen Gruppen selbstverständlich, dass bei Zusammenkünften eine Menge Alkohol getrunken wird. Manchmal wird damit geprahlt, wie viel jeder verträgt, oder es wird ein Wetttrinken veranstaltet.
Ist jemand wirklich stark und erwachsen, der an einem Abend den höchsten Blutalkoholgehalt erreicht? Handelt er oder sie aufgrund der eigenen Meinung?

1. *Notiert einen Abend lang den Inhalt von Fernsehwerbespots für Alkohol. Beschreibt, in welchen Situationen die agierenden Personen jeweils gezeigt werden. Überlegt, was dem Betrachter vermittelt werden soll. Diskutiert in der Gruppe, ob der Zusammenhang zwischen Alkoholgenuss und dem im Spot dargestellten Lebensgefühl existiert. Gehört in der jeweiligen Situation Alkohol wirklich dazu?*

2. *Alkoholische Getränke werden unter Nutzung der unterschiedlichen Medien beworben. Beschreibe einige Beispiele. Was hältst du von solcher Werbung? Begründe deine Wertung.*

3. *Befragt Schülerinnen und Schüler der Schule zu ihrem Umgang mit Alkohol:*
   - *Hat der Interviewte schon Erfahrungen im Umgang mit alkoholischen Getränken?*
   - *Wann nimmt er alkoholische Getränke zu sich, welche Getränke werden konsumiert und in welchen Mengen?*
   - *Warum werden alkoholische Drinks getrunken oder abgelehnt?*

   a) *Stellt die Ergebnisse in einer Tabelle oder einer Grafik zusammen.*
   b) *Berechnet bei einigen der genannten Trinkmengen, welcher Promillegehalt sich bei der jeweiligen Person ergeben hat. Nutzt dazu die Widmark-Formel.*
   c) *Informiert euch genauer über die Ursachen, die Symptome und die Folgen von Alkoholmissbrauch und Alkoholsucht.*

4. *Stellt die Ergebnisse der Untersuchungen in einer Präsentation zusammen. Bewertet die Ergebnisse. Diskutiert dazu in der Gruppe die verschiedenen Standpunkte.*

Mosaik

Illegale Drogen

Der Besitz und Vertrieb sowie die Herstellung von einer Reihe von Drogen ist in der Bundesrepublik Deutschland nach dem Betäubungsmittelgesetz verboten. Verstöße gegen das Gesetz werden entsprechend bestraft. Zu diesen illegalen Drogen gehören u.a. Haschisch und Marihuana, Heroin (↗Abb. 1) und Kokain, aber auch künstlich hergestellte Drogen, wie LSD und Crack sowie die Designerdrogen, z.B. Ecstasy.

Cannabis – harmlose Droge?

Cannabis ist der wissenschaftliche Name für Hanf und wird in Marokko, der Türkei, im Libanon, in Afghanistan, Pakistan und Nepal angebaut. Häufig wird er auch als Sammelbezeichnung für Drogen benutzt, die aus den Blättern und Blüten von Hanf hergestellt werden. Dazu gehören Haschisch und Marihuana (↗Abb. 2). Bei Marihuana handelt es sich um ein Gemisch aus getrockneten Blüten und Blättern, beim Haschisch (Piece, Kanten, Dope) werden die harzreichen Teile, insbesondere die weiblichen Blüten, gepresst. Das Harz wird zu Klumpen oder Platten geknetet sowie zu Öl umgewandelt.
Die Drogen werden inhaliert (geraucht), als Cannabisbutter in Gebäck verbacken oder als Tee getrunken. Die Wirkstoffe in diesen Drogen sind Cannabinoide, Tetrahydrocannabinol (THC) und Cannabidiol (CBD).

Diese Wirkstoffe sind ähnlich aufgebaut wie körpereigene Stoffe, die bestimmte Prozesse im Gehirn steuern. So werden nach der Einnahme gute Laune bis hin zur Hochstimmung und Wohlbefinden („high sein") hervorgerufen und Sinneseindrücke mit größerer Intensität wahrgenommen. Die Schmerzempfindlichkeit nimmt ab und das Zeitgefühl verändert sich.

Eine körperliche Abhängigkeit war bisher bei Cannabisprodukten nicht nachweisbar, allerdings besteht die Gefahr, psychisch abhängig zu werden. Eine längere Einnahme kann zu Schlafstörungen, Konzentrationsproblemen und Stimmungsschwankungen bis hin zu Depressionen führen. Die Betroffenen sind in ihrer Leistungsfähigkeit eingeschränkt und leiden unter Antriebsarmut. Zudem geht man heute davon aus, dass die Einnahme von *Cannabis* bei der Ausprägung von Psychosen, wie z.B. Schizophrenie, eine Rolle spielt.

Vor diesem Hintergrund erscheint es bedenklich, dass laut Bundeszentrale für gesundheitliche Aufklärung im Jahr 2004 31 % der 12- bis 25-Jährigen Erfahrungen mit *Cannabis* (35 % der männlichen und 27 % der weiblichen Befragten) gemacht hatten und sich 13 % als aktuelle Konsumenten bezeichneten.

1 Das aus Schlafmohnkapseln gewonnene Rohopium ist Ausgangsmaterial für Morphium und Heroin.

2 Aus weiblichen Hanfpflanzen werden die Drogen Marihuana (kleines Foto) und Haschisch gewonnen.

Ecstasy – Glück aus dem Labor?

Im Zusammenhang mit der Technoszene ist in den 90er-Jahren des letzten Jahrhunderts eine neue Szenedroge „modern" geworden – **Ecstasy.** Techno ist eine Musikkultur, die einem besonderen Lebensgefühl Ausdruck verleihen soll. Als besondere Events der Technoszene gelten die Love-Parades. Auf speziellen Diskotheken dieser Szene wird oft ein ganzes Wochenende getanzt.
Dabei entstehen z.T. tranceartige Zustände, die durch die körperliche Belastung, die Musik und Lichteffekte ausgelöst werden. Solche Partys vermitteln einen Mix aus Spaß und körperlichen und psychischen Grenzerfahrungen.
Bei diesen Tanzmarathons wird dem Organismus der Tanzenden natürlich einiges abverlangt.
Ecstasy gilt als die Droge, die hilft, diese Belastung durchzustehen und das „Party-Feeling" zu verstärken.

Ecstasy ist eine sogenannte Designerdroge: Sie stammt aus dem Labor und wird vollkommen synthetisch hergestellt. Eigentlich handelt es sich um eine Sammelbezeichnung für verschiedene, ähnlich wirkende Substanzen. Oft bildet ein Stoff mit der Bezeichnung MDMA einen wesentlichen Bestandteil.

MDMA entsteht durch Abwandlung eines Amphetamins. Dabei handelt es sich um Stoffe, die anregend auf das Zentralnervensystem wirken. Sie hemmen das Hungerzentrum, bewirken eine Leistungssteigerung und nehmen Einfluss auf Herztätigkeit und Kreislauf. Damit weisen sie ein ähnliches Wirkspektrum auf wie das körpereigene Hormon Adrenalin.
Ecstasy ruft euphorische Zustände hervor, verdrängt Ermüdungserscheinungen und mindert das Hungergefühl. Allerdings kann die Einnahme auch Konzentrationsstörungen, Halluzinationen, Wahrnehmungsstörungen des Sehens und Hörens, Angst und Antriebslosigkeit hervorrufen.
Auch wenn bisher keine körperliche Abhängigkeit nachgewiesen wurde, kann die Einnahme von Ecstasy zur **psychischen Abhängigkeit** führen. Eine große Gefahr der Droge besteht zudem darin, dass Körpersignale nicht mehr richtig wahrgenommen werden.

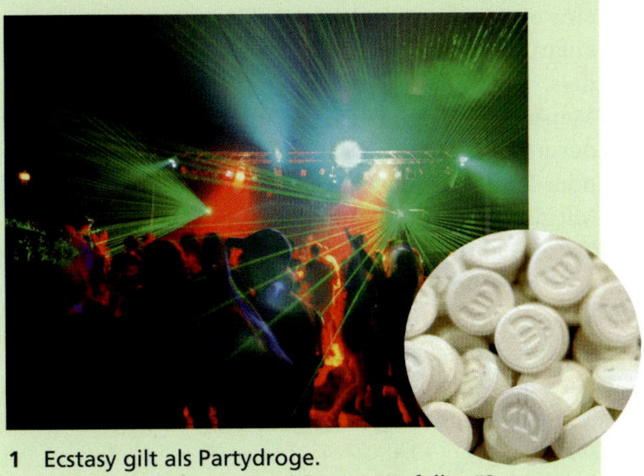

1 Ecstasy gilt als Partydroge.
Will man wirklich tanzen „bis zum Umfallen"?

Durst, Erschöpfungszustände und Schmerzen sind Warnsignale des Körpers. Werden sie infolge der Drogenwirkung ignoriert, kann es zur Austrocknung des Körpers, zu Nierenversagen, Kreislaufzusammenbrüchen und zum plötzlichen Herztod kommen. Im Jahr 2002 ließen sich 27 Todesfälle in Deutschland direkt auf den Gebrauch von Ecstasy zurückführen.
Langzeitfolgen von Ecstasygebrauch sind noch nicht vollständig untersucht. Es werden mögliche Gehirnschäden diskutiert.

Aufgaben

1. *Cannabis ist bei uns eine illegale Droge. Es gibt allerdings immer wieder Diskussionen über die Freigabe von Cannabisprodukten. Setze dich damit auseinander. Welchen Standpunkt vertrittst du?*

2. *Ecstasy gilt als Party- und Wochenenddroge. Vielfach wird ihre Nutzung als relativ ungefährlich eingeschätzt. Wie würdest du dich verhalten, wenn du bemerkst, dass einer deiner Freunde Ecstasy nimmt?*

3. *Die Herstellungskosten für eine Ecstasytablette betragen einige Cents. Eine Tablette kostet bis zu 25 Euro. Interpretiere diese Zahlen.*

Ursachen des Drogenkonsums, Vorbeugung und Hilfe

Suchtgefährdung und Sucht werden nicht durch eine einzige Ursache herbeigeführt. Sie entstehen aufgrund eines vielschichtigen Ursachenbündels. Dazu gehört u.a. das nähere Umfeld des Menschen – ungünstige Wohnbedingungen, kinderunfreundliches Wohngebiet, Arbeitslosigkeit oder Trennung der Eltern.
Mit zunehmendem Alter des Kindes und Jugendlichen nehmen die Einflüsse von außen zu, z.B. aus der Clique, dem Freundeskreis, der Schulklasse, auch durch Zeitschriften, Fernsehen und aus dem Berufsumfeld. Ursachen können aber auch u.a. Neugier, Langeweile, Angst vor dem Alleinsein, Hemmungen und Niedergeschlagenheit sein.
Jugendliche sind besonders drogen- und suchtgefährdet. Gerade in der Zeit des Erwachsenwerdens erwarten die Familie, die Schule (↗Abb.1), die Freunde, der Ausbildungsbetrieb (↗Abb.2) die Bewältigung zahlreicher Aufgaben. Es werden von den Jugendlichen eigene Anstrengungen und Entscheidungen gefordert und Verantwortungsgefühl verlangt. Sie bauen neue Beziehungen zu gleichaltrigen Jungen und Mädchen auf, sie möchten in der Clique eine bestimmte „Position" erringen und diese auch behaupten, sie müssen sich für ein Berufsziel entscheiden, sie sollen lernen, Verantwortungsgefühl zu entwickeln und Verantwortung zu tragen.

Diese vielfältigen Entwicklungsaufgaben werden von Jugendlichen unterschiedlich bewältigt. Manche Jungen und Mädchen meistern altersgemäße Aufgaben ohne Schwierigkeiten, regeln selbstständig bestimmte Angelegenheiten und entwickeln eigene lebensbejahende Werte. Andere Jugendliche fühlen sich von den vielen Leistungen, die ihnen abverlangt werden, überfordert. Um dieser Belastung zu entfliehen, suchen sie anfangs unbewusst und dann bewusst nach Möglichkeiten, den Problemen aus dem Weg zu gehen. Eine schlechte Möglichkeit ist die Einnahme von Suchtmitteln. Diese verdrängen und beseitigen nur scheinbar für kurze Zeit die Schwierigkeiten und Probleme. Der Drogenkonsum kann aber die bestehende Wirklichkeit mit all ihren Problemen nicht verändern.

> Ursachen von Suchtgefährdung und Sucht sind sehr vielfältig und eng miteinander verknüpft.

Ein „intaktes" Familienleben ist ein besonders wichtiger Schutz für Kinder und Jugendliche vor Drogenmissbrauch. In der Kindheit ist die Familie oft der „Schutzhafen". Die Kinder fühlen sich geborgen. Auch Jugendliche brauchen die Familie als „Heimathafen". Dieser gibt ihnen immer wieder Kraft, um Schwierigkeiten, z. B. in Schule und Beruf, zu meistern. Er gibt aber auch Trost und Halt, wenn sie Enttäuschungen, z.B. mit dem Freund oder der Freundin, erleben.

1 Die Schule stellt vielfältige Anforderungen.

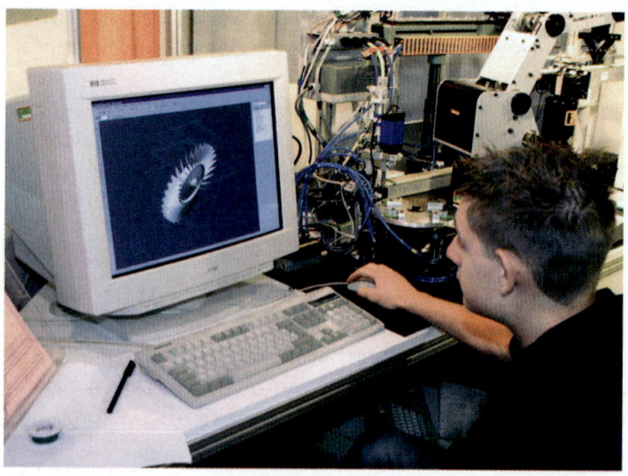

2 Ausbildung verlangt Initiative und Verantwortung.

1 *Streetworker* bei der Drogenberatung

Die Jugendlichen brauchen die Eltern als Weggefährten und als Gesprächspartner. Wenn sie wissen, dass sie zu Hause verständnisvolle, auch manchmal kritische Partner haben, kommen sie immer wieder ins Elternhaus zurück.

Jugendliche, die eigene Konflikte partnerschaftlich lösen und sich geeignete Ansprechpartner (Eltern oder andere Vertrauenspersonen) suchen, brauchen nicht auf Suchtmittel oder auf Gewalttaten zurückzugreifen.

Die Chance, „erfolgreich" gegen eine Suchtgefährdung oder Drogenabhängigkeit vorzugehen, ist umso größer, je früher und gezielter die Hilfe einsetzt.

Hilfe für Menschen mit Suchtproblemen geben **Beratungsstellen** (↗Abb. 1). Dort arbeiten ausgebildete und erfahrene Berater, z. B. Ärzte, Sozialarbeiter, Psychologen, Therapeuten. In der Regel wird mit den Eltern erst ein persönliches Beratungsgespräch geführt. Dann kommt der Suchtgefährdete oder Suchtabhängige entweder allein, mit Freunden oder in Begleitung der Eltern zum Gespräch. Wichtig ist das eigene Wollen des Rat- bzw. Hilfesuchenden und seine aktive Mitarbeit. Gemeinsam wird versucht, die Ursachen der Schwierigkeiten oder Konflikte zu finden und entsprechende Therapiepläne aufzustellen und zu realisieren.

Neben Beratungsstellen gibt es weitere Einrichtungen bzw. Organisationen für Suchtkrankenhilfe, Gesundheitsförderung und Vorbeugung. Dazu gehören u. a. der „Elternkreis drogengefährdeter und drogenabhängiger Jugendlicher". Elternkreise dienen dem gegenseitigen Austausch von guten wie schlechten Erfahrungen im Kampf gegen die Abhängigkeit der Kinder.

Es gibt auch eine Reihe von **Selbsthilfegruppen,** in denen sich Menschen, die Suchtmittel einnehmen oder eingenommen haben, treffen. Ziel dieser Gruppen ist es, sich durch gegenseitige Hilfe und Erfahrungsaustausch dabei zu unterstützen, von dem jeweiligen Suchtmittel loszukommen.

Beratungsstellen, andere Einrichtungen oder Organisationen, die Rat und Hilfe bei Suchtmittelgefährdung oder -abhängigkeit anbieten, gibt es sowohl in großen und mittleren als auch in vielen kleinen Städten. Auch in Deutschland gibt es ein relativ enges Netz von Beratungsstellen.

Zahlreiche Einrichtungen bzw. Organisationen geben Hilfe bei Suchtgefährdung oder Drogenabhängigkeit. Ausgebildete Berater sind fachkundige Partner der Rat- und Hilfesuchenden.

Aufgaben

1. Recherchiere in deiner Region Hilfseinrichtungen.

2. Organisiert einen Besuch in einer Sucht- und Drogenberatungsstelle.
   Sammelt in Vorbereitung auf die Veranstaltung Fragestellungen, die euch zum Thema Süchte und Drogen interessieren.

3. Diskutiert den Einfluss der Clique bzw. des Freundeskreises auf euer Verhalten. Wird die Einnahme von Drogen toleriert, bewundert, erwartet oder abgelehnt?

Stärke zeigen

Auf der Seite 235 werden Situationen aus dem Alltag geschildert. Solche oder ähnliche Erlebnisse hatte sicher jeder schon gemacht oder kennt sie aus seinem Bekanntenkreis.

1. *Was meinst du? Wie wird Dieter sein Problem lösen? Welche Möglichkeiten hat er? Schreibe auf, was Dieter ein halbes Jahr später berichten würde. Schildere mindestens zwei unterschiedliche Szenarien. Diskutiert die Varianten in der Arbeitsgruppe.*

2. *Spielt den Konflikt zwischen Anne und Susanne in einem Rollenspiel nach. Tragt dazu verschiedene Argumente zusammen, die die beiden in der Diskussion verwenden könnten. Lässt sich eine Lösung finden?*

3. *Hat Carsten recht mit seiner Ansicht, dass er mit dem Rauchen aufhören könnte, wenn er nur wollte? Welchen Rat würdest du Carsten geben? Erläutere deinen Standpunkt.*

Fotografen wollen mit ihren Fotos im Allgemeinen nicht nur die Realität ablichten, sondern fangen oft eine bestimmte Stimmung ein. Ihre Bilder (↗ Abb. unten) haben eine Aussage.

4. a) *Sieh dir die beiden Fotos an. Welche Stimmungen sind eingefangen? Notiere, was die abgebildeten Personen gerade empfinden oder denken könnten? Kannst du die jeweilige Stimmung durch ein kleines selbst verfasstes Gedicht beschreiben?*

   b) *Welche Personen in deiner Verwandtschaft oder Bekanntschaft sind dir wichtig? Stelle deine Beziehungen in Form eines Netzes dar.*

Im Alltag kommt es immer wieder zu großen und kleinen Konflikten. Nicht immer findet man sofort eine Lösung. Oft benötigt man Hilfe von Freunden, Experten und Fachleuten. Den Mut, sich an diese Personen zu wenden und sich ihnen anzuvertrauen, muss man schon selbst aufbringen. Oft muss man erst einmal mit sich selbst klarkommen.

5. *Wie gut kennst du dich selbst? Beantworte folgende Fragen und diskutiere die Ergebnisse mit einer Person deines Vertrauens.*
   - *Welche Stärken hast du? Was kannst du besonders gut? Welche Eigenschaften magst du an dir? Was macht dir Spaß?*
   - *Welche Schwächen hast du? Was würdest du gerne ändern? Was kannst du gar nicht leiden?*
   - *Was möchtest du in einem halben Jahr, in zwei Jahren, in fünf Jahren erreicht haben? Sind die Ziele realistisch? Wer kann dir bei ihrer Umsetzung helfen?*

Dieters Schulprobleme

Dieter schildert seinem Kumpel sein Problem: *„Ich bin furchtbar schlecht in der Schule. Eine Zeit lang hatte ich überhaupt keinen Bock, mich anzustrengen, und dachte, ich schaffe alles, ohne zu lernen. Schlechte Zensuren habe ich als Ausnahmen angesehen. Hatte eben ganz andere Dinge im Kopf. Weißt ja, ich hatte Stress mit meiner Freundin. Mittlerweile merke ich aber, dass ich den Anschluss verpasst habe und eventuell sitzen bleibe. Zu Hause gibt es deshalb auch dauernd nur Zoff und meine Eltern streiten sich obendrein oft wegen mir. Ich weiß gar nicht, wie ich das jetzt alles noch auf die Reihe bekommen soll."*

Raucher kontra Nichtraucher

Anne und Susanne haben einen Ausflug geplant. Dazu wollen sie mit dem Zug fahren. Etwas abgehetzt erreichen sie den Zug gerade noch rechtzeitig. Bei der Auswahl der Sitzplätze kommt es jedoch zum Streit. Anne ist Raucherin und möchte sich deshalb in das Raucherabteil setzen. Sie findet es toll, bei einem netten Gespräch und einer Zigarette zu entspannen.
Susanne protestiert heftig und wirft ihrer Freundin Rücksichtslosigkeit vor. Immerhin raucht Susanne nicht. Im Raucherabteil würde sie aber zum Passivrauchen gezwungen, und das sei mindestens so schädlich, wie selbst zu rauchen. Außerdem findet sie den Geruch eklig.

Carsten ist Raucher

Carsten berichtet: *„Mit dem Rauchen habe ich mit 12 Jahren angefangen. Ich hatte einen 13-jährigen Freund. Die Jungs aus seiner Clique trafen sich immer am Bolzplatz und rauchten zusammen. Hin und wieder wurde mir eine Zigarette angeboten. Natürlich wollte ich nicht wie ein Kleinkind wirken und nahm an. Geschmeckt hat es mir zu Anfang nicht. Ich hatte ein pelziges Gefühl auf der Zunge, mir wurde schwindlig und etwas übel. Mit der Zeit gewöhnte ich mich daran und fand das Rauchen eigentlich echt cool. Man ist keine Memme, weiß mit seinen Händen etwas anzufangen und kann auch leichter Kontakt zu anderen finden. Man braucht ja nur nach Feuer oder einer Zigarette zu fragen. Gespräche ergeben sich leichter und man kann entspannen, gehört eben dazu.*
Irgendwann bemerkte ich aber, dass meine sportlichen Leistungen nachlassen, ich morgens einen blöden Geschmack im Mund habe und öfter husten muss. Eigentlich würde es mir körperlich wohl ohne die Zigaretten besser gehen. Oder doch nicht? Wenn ich ein paar Stunden nicht zum Rauchen gekommen bin, werde ich irgendwie ganz unruhig und fühle mich total flau. Ein richtig blödes Gefühl. Greife ich dann zur Zigarette, kann ich mich entspannen und bin zufrieden. Im Moment habe ich keinen Bock auf zusätzlichen Stress. Wenn ich wirklich aufhören will, werde ich es schon schaffen."

Biologie im Alltag

Bin ich süchtig?

„Morgens benötige ich erst einmal einen Kaffee, um richtig wach zu werden." Den Satz hat sicher schon jeder gehört. Ist derjenige, der ihn äußert, koffeinsüchtig?
Mädchen lieben es, mit ihren Freundinnen stundenlang durch die Läden zu streifen. Sie probieren unterschiedliche Kleider, Blusen, Tops, Röcke und Hosen an und haben ihren Spaß dabei. Natürlich wird dabei auch dieses oder jenes Kleidungsstück erworben. Sind diese Mädchen kaufsüchtig?
Viele Jugendliche finden Computerspiele spannend. Manch einer verbringt einen großen Teil der Freizeit damit. Oft werden spezielle Partys organisiert, bei denen verschiedene Personen gegeneinander spielen. Solche Wettkämpfe sind auch über das Internet möglich. Es treten manchmal sogar Mannschaften gegeneinander an. Sind die Jugendlichen, die ihre Zeit mit Computerspielen verbringen, computer- oder mediensüchtig?
Ein Handy ist für die meisten selbstverständlich. Man kann schnell mit seinen Freunden in Kontakt treten, neue Ideen besprechen, sich einfach verabreden oder in kürzester Zeit wichtige Informationen erhalten. Ist jemand, der das Handy als wichtigen Alltagsgegenstand betrachtet und sich ein Leben ohne Handy nicht ausmalen will, handysüchtig?
Die Sucht hat viele Gesichter. Nicht immer müssen Süchte stoffgebunden sein, wie die Alkoholsucht, die Nikotinsucht oder die Cannabissucht.
Sucht ist ein zwanghaftes Verlangen, einen bestimmten Erlebniszustand zu erreichen. Dabei ist diesem Verlangen alles andere untergeordnet. Das süchtige Verhalten kann nicht mehr oder nur unter großer Kraftanstrengung eingeschränkt werden. Die Sucht beherrscht die Gedanken und beeinflusst den Tagesablauf. Dadurch wird der Süchtige in seiner Persönlichkeitsentwicklung eingeschränkt. Dieser Kontrollverlust wird oft als beschämend wahrgenommen und der Süchtige zieht sich von seinen Freunden zurück.
Ist so ein Verhalten noch „normal" oder hat es schon Suchtcharakter? Stell dir die Frage, ob es dein Leben bestimmt.

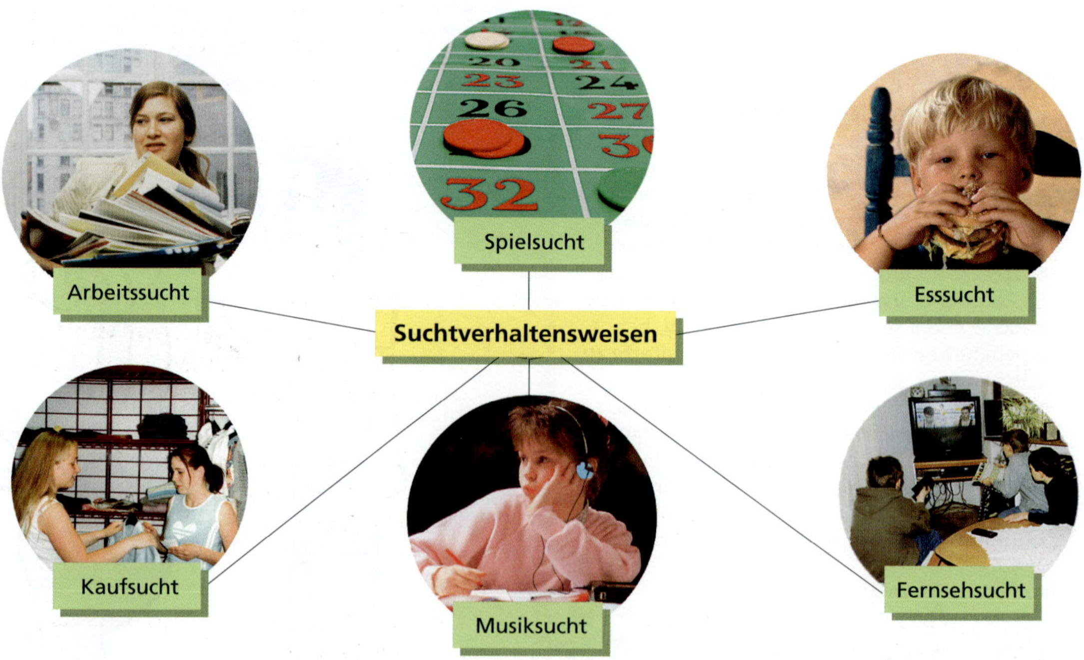

Gewusst · Gekonnt

1. Ergänze dein Glossar: Akkommodation, Pupillenadaptation, Stäbchen, Zapfen, Bogengänge, Schnecke, Lärm, Zentralnervensystem, Nervenzelle, Synapse, Rückenmark, Reflexbogen, peripheres Nervensystem, graue Substanz, weiße Substanz, Sucht, Drogen.

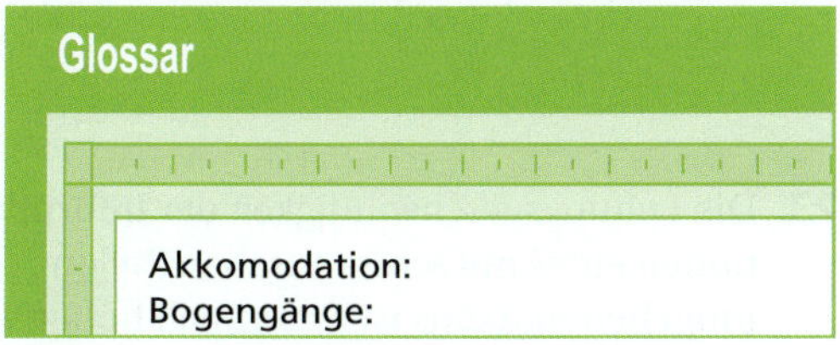

2. Beschreibe die Orientierung des Menschen in seiner Umwelt.

3. a) Beschreibe den Verlauf der Lichtstrahlen durch eine Sammellinse. Verwende dazu Kenntnisse aus dem Physikunterricht.
   b) Vergleiche den Strahlengang im Auge und in der Kamera (↗ Abb. unten).

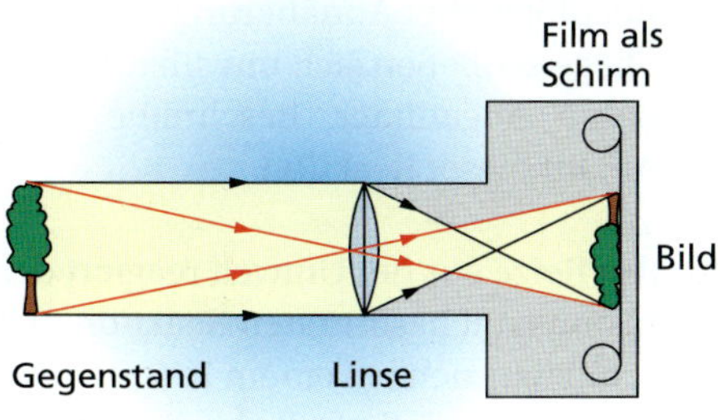

4. Die Augen müssen vor Beeinträchtigungen und Verletzungen geschützt werden. Gib Beispiele an. Tust du genug für die Gesunderhaltung deiner Augen?

5. Beschreibe den Sehvorgang (↗ S. 196).

6. Wenn du weinst, „läuft“ dir die Nase. Erkläre dieses Phänomen.

7. Blinde Menschen können mit den Fingern „sehen“. Erkläre diese Aussage.

8. Du kannst nahe und ferne Gegenstände nicht gleichzeitig deutlich sehen. Beschreibe diesen Anpassungsvorgang deiner Augen anhand der Fotos.

9. Waldkauz und Igel sind als Nachttiere fast farbenblind. Zauneidechse und Haushuhn sind als Tagtiere fast „nachtblind“. Erkläre diesen Sachverhalt.

10. Trifft unverhofft grelles Licht deine Augen, verschließt du sie. Beschreibe und erkläre diese Reaktion deiner Augen.

11. Hundepfeifen sind Hilfsmittel zum Abrichten von Hunden. Mit ihnen werden akustische Signale übermittelt, die im Allgemeinen vom Menschen nicht wahrgenommen werden. Erkläre.

12. Es kommt vor, dass ein Mensch mit gesunden Ohren doch nicht hören kann. Begründe.

13. Beschreibe den Hörvorgang.

14. Beim Aufwärtsfahren mit dem Fahrstuhl in einem Hochhaus empfindet man Druck in den Ohren. Durch Schlucken kann man ihn vermindern. Wie ist das möglich? Erkläre.

15. Wird durch einen spitzen Gegenstand das Trommelfell zerstört, führt diese Verletzung zur Beeinträchtigung der Hörfähigkeit. Begründe.

16. Wahrnehmung ist ein subjektiver Vorgang. Begründe diese Aussage.

17. Schall, den wir hören, sind sich ausbreitende Schwingungen. Schwingungen besitzen eine bestimmte Frequenz und eine bestimmte Amplitude. Diese Eigenschaften können gemessen werden und haben Einfluss auf das, was wir hören.

a) Nenne die Auswirkung von Frequenz und Amplitude auf einen Ton, den wir hören.

b) Vergleiche die Abbildungen A, B und C unter diesem Aspekt miteinander.

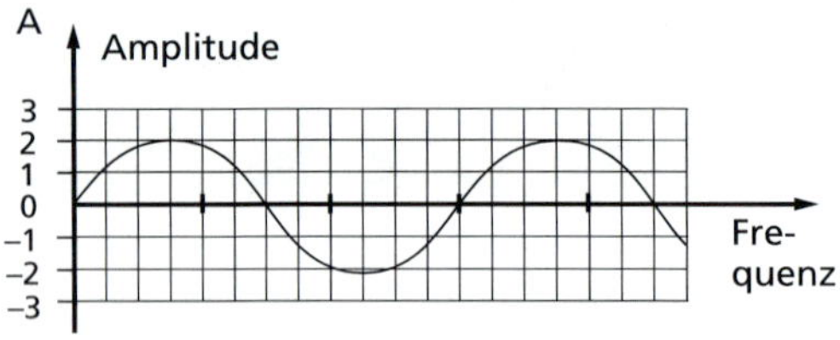

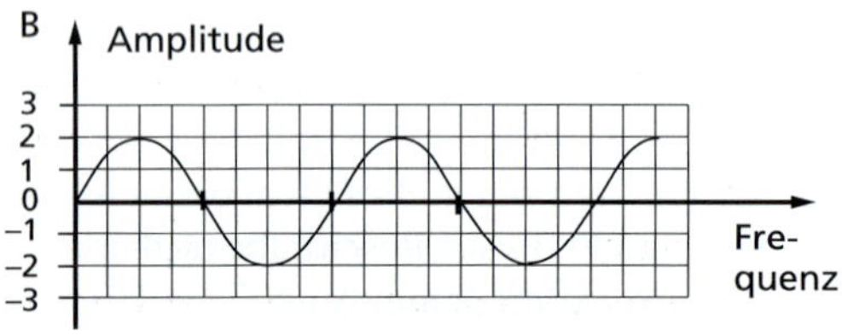

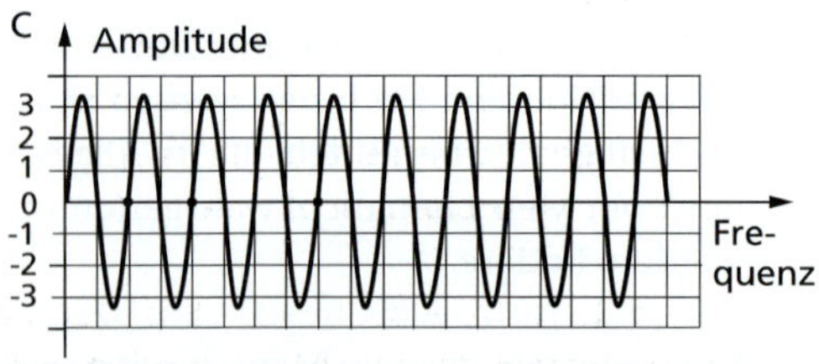

18. Betrachte mit Lupe oder Mikroskop einen Querschnitt des Rückenmarks (Dauerpräparat). Zeichne das Objekt und beschrifte die Zeichnung.

19. Benenne die fünf Gehirnabschnitte des Menschen und gib ihre wichtigsten Funktionen an.

20. Stelle Gehirn und Rückenmark in einer Tabelle nach allgemeinem Bau und allgemeiner Funktion einander gegenüber.

21. Erläutere das Zusammenspiel zwischen Sinnesorgan, Nervensystem und Muskulatur an einem Beispiel.

22. Beschreibe den Aufbau und die Funktionsweise einer Synapse.

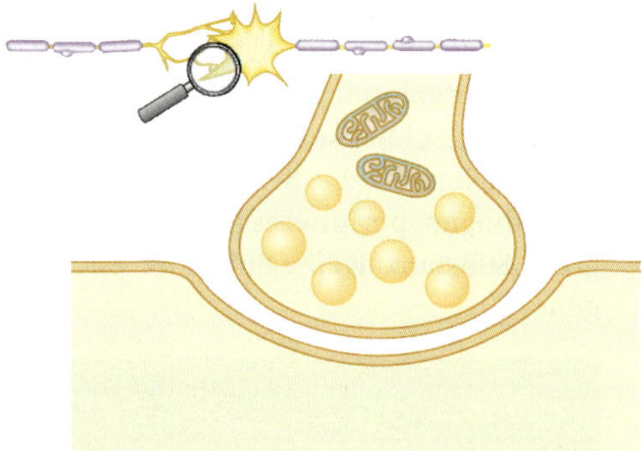

23. Die Leitungsgeschwindigkeit der Informationen eines mit schwannschen Zellen umgebenen Axons ist wesentlich höher als ohne diese Umhüllung. Mehr als 100 m pro Sekunde vermag eine Information im Organismus über die Nervenfasern zurückzulegen. Rechne diesen Wert in Kilometer pro Stunde um. Vergleiche die errechnete Geschwindigkeit mit der Geschwindigkeit eines Kleinwagens.

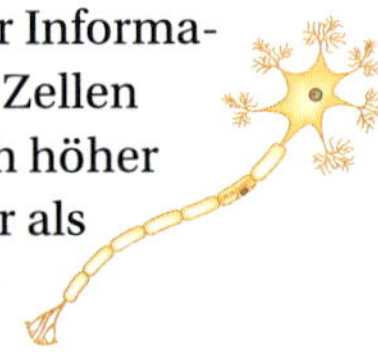

24. Bei plötzlicher Annäherung einer Fliege schließen sich unwillkürlich deine Augenlider. Beschreibe den Ablauf dieser Reaktion.

25. Auf Reize aus der Umwelt reagiert der Organismus mit bestimmten Reaktionen. So schließen sich bei einem Luftzug die Augenlider. Wird wiederholt gleichzeitig auf einer Trillerpfeife gepfiffen, reicht das Pfeifen aus, um den Lidschluss auszulösen.

a) Plane dazu ein Experiment und führe es durch.

b) Benenne die Reaktion, die durch den Luftzug ausgelöst wird.

c) Beschreibe die Auswirkungen des Erklingens der Trillerpfeife.

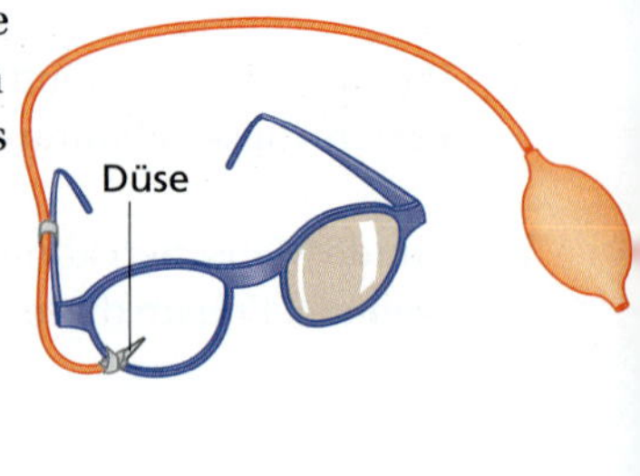

26. a) Ordne den mit Ziffern gekennzeichneten Teilen eines Reflexbogens folgende Bezeichnungen zu: Rückenmark/Gehirn (Reflexzentrum), Sinneszelle (Rezeptor), Bewegungsnerv (motorischer Nerv), Erfolgsorgan (Effektor), Empfindungsnerv (sensibler Nerv).
b) Beschreibe mithilfe der Begriffe den Ablauf eines Reflexes.

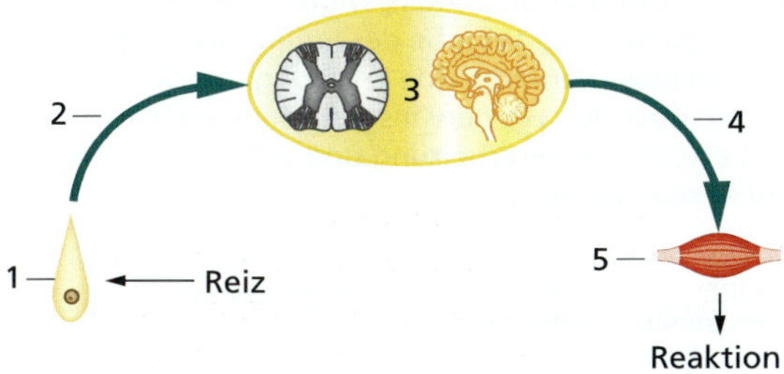

27. Eine dauerhafte Einwirkung von Reizen auf unsere Sinnesorgane kann eine Schädigung des Nervensystems hervorrufen.
a) Nenne mögliche Quellen in deinem Alltag, die zu einer Reizüberflutung führen können. Überlege, ob du diese als störend empfindest.
b) Entwickle einen Plan, mit dem du in deinen Tagesablauf Zeiten einbauen kannst, die dich vor einer dauerhaften Reizüberflutung schützen können. Wann wären solche Erholungszeiten günstig? Diskutiert in der Klasse Möglichkeiten zur Realisierung.

28. Die Abbildung veranschaulicht den „Teufelskreis" eines Drogensüchtigen.
a) Beschreibe die Stationen des Kreises.

b) Erläutere die Kennzeichen einer Sucht.

29. Das Nikotin des Zigarettenrauches fördert durch Ablagerung die Verengung der Blutgefäße.
a) Nenne daraus ableitbare Folgen.
b) Erläutere, worauf die Suchtwirkung von Nikotin beruht.

30. Beurteile deine eigene Lebensführung. Gibt es in deinem Leben suchtgefährdende Faktoren? Wie gehst du mit ihnen um?

31. Neben dem Drogenmissbrauch ist der Medikamentenmissbrauch weit verbreitet und oft unterschätzt.
Erläutere an Beispielen, was darunter zu verstehen ist.

32. Erläutere die Bedeutung eines intakten Familienlebens für Kinder und Jugendliche in Bezug auf Suchtgefährdung und Drogenabhängigkeit.

33. Stress beeinflusst Körperfunktionen.
a) Beschreibe wesentliche Veränderungen bei Dauerstress.
b) Nenne Möglichkeiten, wie man Stress vermindern kann. Beurteile die Alltagstauglichkeit der genannten Möglichkeiten für dich.

summa summarum

Reize, ihre Aufnahme und Wahrnehmung

Reizbarkeit ist die Fähigkeit von Lebewesen, auf Reize aus der Umwelt oder aus dem Körperinneren zu reagieren. Durch die Verarbeitung der aufgenommenen **Informationen,** die über die unterschiedlichen Sinneszellen vermittelt werden, können wir uns in unserer Umwelt orientieren und auf Reize reagieren.

Sehvorgang

Der **Lichtreiz** wird von unserem Auge aufgenommen. Er bewirkt in den Lichtsinneszellen der Netzhaut eine Erregung, die über den Sehnerv ins Gehirn geleitet wird. Dort nehmen wir das betrachtete Objekt in seiner Größe und Gestalt wahr.

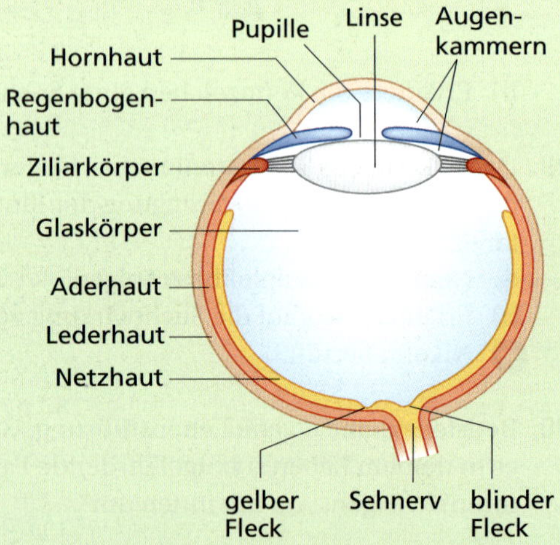

Hörvorgang

Schallwellen sind Luftschwingungen. Sie werden von unserem Ohr aufgenommen, weitergeleitet und in Schwingungen der Lymphe des Innenohrs umgewandelt. Sie bewirken dort eine Erregung von Sinneszellen, die über den Hörnerv ins Gehirn geleitet wird. Dort erfolgt die Verarbeitung und wir nehmen Töne und Geräusche wahr.

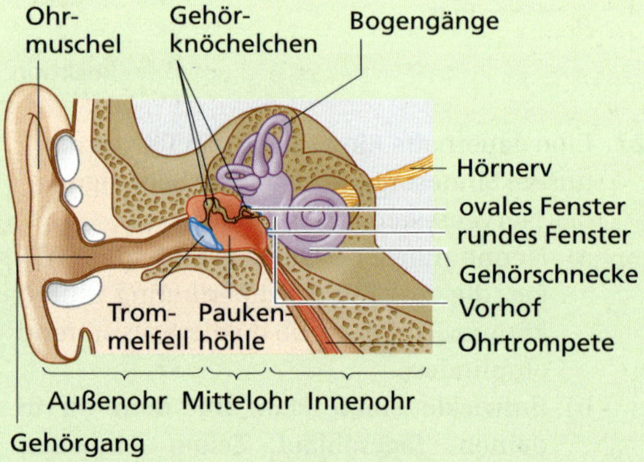

Informationsverarbeitung im Nervensystem

Das Nervensystem besteht aus dem Zentralnervensystem (Gehirn und Rückenmark) und dem peripheren Nervensystem. Kleinstes Bauelement des Nervensystems ist die **Nervenzelle.** Sie dient der Aufnahme, Weiterleitung und Übertragung von Erregungen.

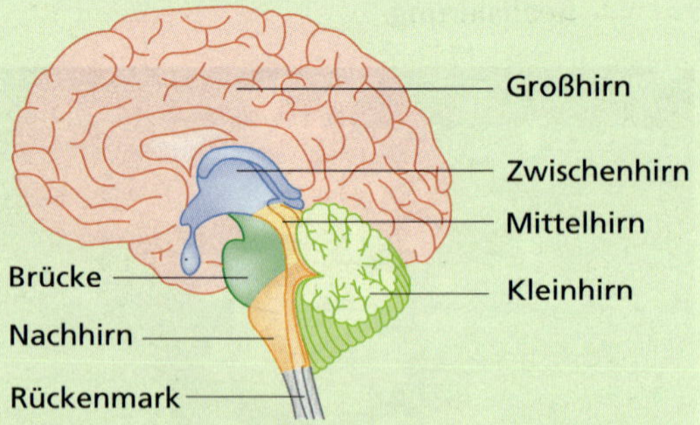

Im **Gehirn** werden alle Erregungen aufgenommen, verarbeitet, teilweise gespeichert (Gedächtnis) bzw. auf andere Nerven übertragen. In ihm vollziehen sich alle Vorgänge unseres bewussten Fühlens, Denkens und Handelns. Drogen beeinflussen diese Vorgänge und ihre Einnahme kann zu dauerhaften Schädigungen führen.

Bau und Leistungen des menschlichen Körpers

W

Wahlbereich: Haut – nicht nur ein Sinnesorgan

Die Haut ist unser größtes Organ: Sie wiegt beim erwachsenen Menschen 11 bis 15 kg und hat eine Fläche von 1,8 bis 2 m^2. Sie schützt den Körper vor Einwirkungen aus der Umgebung und stellt andererseits den Kontakt zu ihr her.
In mancher Hinsicht ist die Haut wie eine „Visitenkarte“. Die Hautfarbe verrät etwas über die Vorfahren eines Menschen, momentane Gefühlsregungen oder Empfindungen lassen sie erröten, bleich werden oder eine Gänsehaut bekommen. Durch Bemalung, Tattoos oder Piercing versuchen manche Menschen, die Signalwirkung ihrer Haut plakativ zu verstärken.

Der Aufbau der Haut

Die **Oberhaut** (Epidermis) ist meist kaum dicker als ein Blatt Papier. Ihr innerster Bereich, die Keimschicht, bildet ständig neue Zellen, die nach außen geschoben werden, absterben und eine schützende Hornschicht bilden. Die Hornschicht schilfert beim Menschen schüppchenweise ab (einige Gramm pro Tag).
Finger- und Fußnägel wachsen aus der Oberhaut heraus und erneuern sich innerhalb eines halben Jahres beim Menschen vollständig.
In der Oberhaut lagern Pigmentzellen, die der Haut ihren individuellen Farbton geben. Wandernde Fresszellen fangen eindringende Fremdkörper und Krankheitserreger ab („Grenzwächterfunktion“) und machen sie unschädlich.

Die darunterliegende **Lederhaut** (Corium) ist über ein enges Kapillarnetz stark durchblutet. Durch eingelagerte Kollagenfasern ermöglicht sie die mechanische Stabilität der Haut. Die Lederhaut enthält eine Vielzahl von Sinneszellen, auch Schweißdrüsen. Diese geben über eine Pore in der Oberhaut vor allem Wasser und Kochsalz, Fettsäuren sowie geringe Mengen Harnstoff und Harnsäure ab. Sie sind damit an der Ausscheidung von Abbauprodukten des Stoffwechsels beteiligt. Der unangenehme Schweißgeruch entsteht erst bei der Zersetzung durch Bakterien. Diese gehören zur natürlichen Ausstattung der Hautoberfläche und halten u. a. Mikroorganismen davon ab, in die Haut einzudringen.
Haare wachsen etwa 0,5 mm pro Tag. Am sogenannten Haarschaft setzen Muskeln an, über die das Haar aufgestellt wird. Auch Talgdrüsen sind häufig mit dem Haarschaft verbunden.

Die **Unterhaut** (Subcutis) besteht aus lockerem, mit Fettgewebe durchsetztem Bindegewebe. Sie dient gleichzeitig als Stoßdämpfer, Isolierschicht und Nährstoffspeicher.

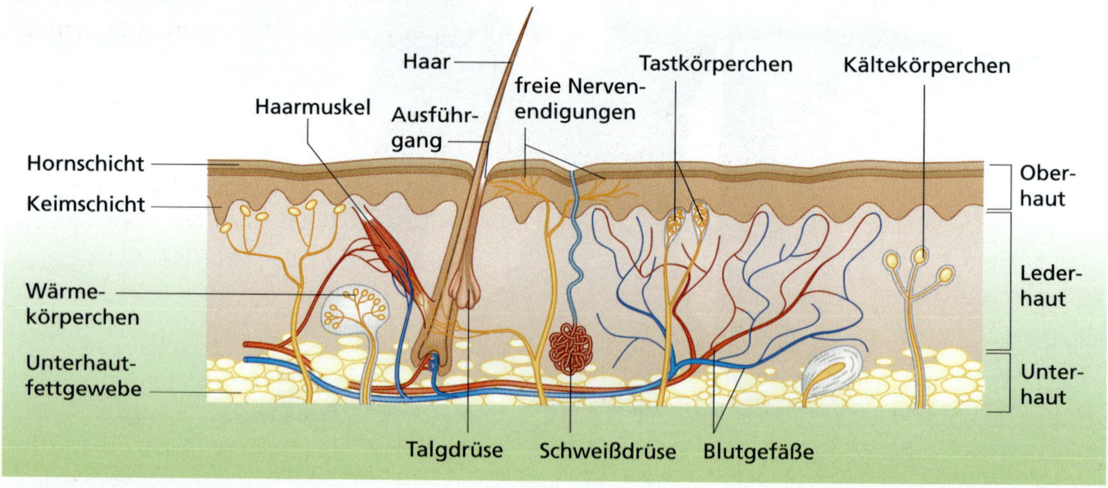

1 Aufbau der Haut

Die Haut, auch ein Sinnesorgan

In der Lederhaut liegen viele Rezeptoren für unterschiedliche Außenreize. Es gibt eine Reihe von Sinneszellen für Druck und Schmerz sowie Temperaturrezeptoren, die auf **Wärme** oder **Kälte** reagieren (↗Abb.).

Nervenfortsätze umschlingen die Haarwurzel und nehmen auch schwache Berührungen der Haarspitzen oder Luftbewegungen wahr. Zunehmende Berührung der Haut wird als **Druck** empfunden, noch stärkere als **Schmerz.** Die Sinneszellen sind unterschiedlich dicht über den Körper verteilt.

Besonders tastempfindlich ist der Mensch im Bereich der Lippen, der Geschlechtsorgane, an den Fingerspitzen (↗Abb. 1), den Handtellern, den Innenflächen der Unter- und Oberarme und den Fußsohlen. Relativ unempfindlich ist der Rücken.

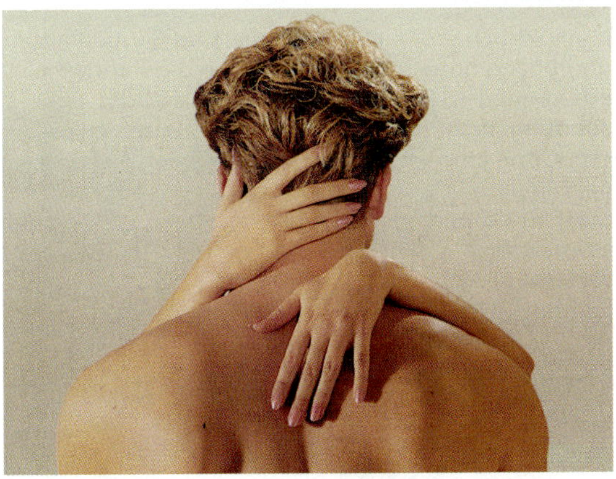

2 Wir haben viel Gefühl in den Fingerspitzen.

Regulator der Körpertemperatur

Als Grenzschicht zwischen Körper und Umwelt ist die Haut wesentlich an der Regelung der Körpertemperatur beteiligt. Um den Wärmeverlust nach außen zu verringern, besitzen die meisten Säugetiere außer dem Fettgewebe in der Unterhaut ein Fell, wir tragen angemessene Kleidung. Neben diesem „passiven" **Wärmeschutz** reagiert die Haut jedoch auch aktiv.

Bei kurzfristiger Auskühlung öffnen sich die Hautkapillaren. Durch die stärkere Durchblutung gelangt mehr Wärme aus dem Körper dorthin. Die Haut färbt sich rötlich bis rot und fühlt sich warm an. Dauert die umgebende Kälte an und der Körper verliert zu viel Wärme, ziehen sich die Blutkapillaren zusammen. Die Haut wird bleich und fühlt sich zunehmend kalt an. Im Extremfall können Hautgewebe absterben („erfrieren"). Säugetiere stellen in so einer Situation auch ihre Haare auf und verringern durch die dickere Isolationsschicht den Wärmeverlust, unsere „Gänsehaut" ist davon übrig geblieben.

Als Reaktion auf steigende Temperaturen im Körper (z. B. durch Muskelbewegung oder bei Fieber) wird die Hautdurchblutung verstärkt. Dadurch wird mehr Wärme nach außen abgeführt. Reicht dies nicht aus, um die Normaltemperatur wieder zu erreichen, beginnt der Körper zu schwitzen. Die dabei von den Schweißdrüsen abgegebene Flüssigkeit verdunstet auf der Haut und entzieht dem Körper über die Verdunstungskälte zusätzliche Wärme.

Aufgaben

1. Erkläre das unterschiedliche Tastvermögen in verschiedenen Körperbereichen. Nenne vor allem biologisch relevante Begründungen.
2. Erkläre, warum man bei hohem Fieber kalte Wadenwickel macht.
3. Überlege, wie man die unterschiedliche Dichte von Druckpunkten im Experiment nachweisen kann.

Beschädigungen der Haut

Wie gut die Haut schützt, merkt man häufig erst, wenn sie verletzt ist. Kleine „Schrammen" in der Oberhaut verheilen relativ schnell durch die sich teilenden Zellen in der Keimschicht. Narben entstehen, wenn auch die Lederhaut verletzt wurde. Dann schimmert nicht durchblutetes, weißliches Bindegewebe durch die Deckschichten der Oberhaut.

Verbrennungen: Bereits heißes Wasser von 52 °C kann die Haut so stark schädigen, dass sich Brandblasen bilden. Eine Tasse mit heißem Tee kann ein Kleinkind lebensgefährlich verbrühen. Wichtigste Sofortmaßnahme nach Verbrennungen ist das Kühlen der überhitzten Stelle mit (nicht zu) kaltem Wasser. Man teilt Verbrennungen in drei Kategorien ein (↗ Abb. 1):

Ersten Grades: vermehrte Durchblutung, Hautrötung, Ansammlung von Gewebeflüssigkeit, Brennen, Juckreiz, Schmerzen

Zweiten Grades: Blasenbildung zwischen Ober- und Lederhaut, zum Teil offene Verletzung der Oberhaut (abgestorbenes Gewebe), verstärkter Schmerz

Dritten Grades: abgestorbenes Gewebe bis in die Lederhaut hinein, Zerstörung von Drüsen, Nägeln und Haaren, Unempfindlichkeit bei Berührung; evtl. Schädigung der Unterhaut und verkohltes Gewebe möglich.

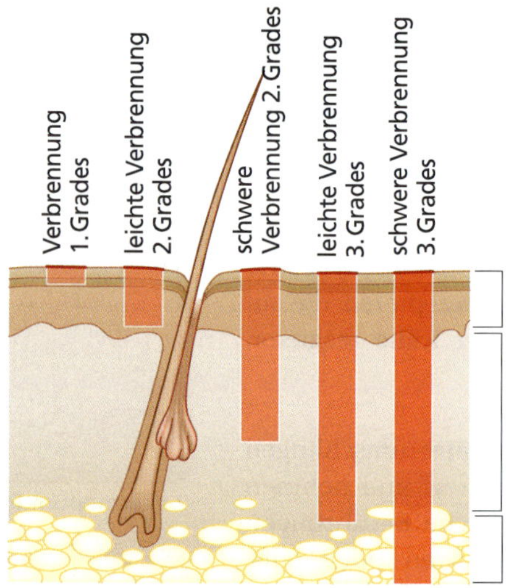

1 Schädigung der Haut nach Verbrennungen

Unter anderem wegen des großen Infektionsrisikos müssen offene Brandverletzungen vom Arzt behandelt werden, die Zerstörung von 30 % der Haut bedeutet bereits Lebensgefahr für den Verletzten. Großflächiges Narbengewebe bleibt nach tiefen Brandverletzungen dünn und verletzlich. Es ist schlecht durchblutet und fühlt sich vielfach taub an. Haare und Schweißdrüsen fehlen.

Mosaik

Hautschmuck

In vielen Kulturen ist es seit Jahrtausenden Tradition, die Haut zu schmücken. Dazu gehört das Bemalen zu besonderen Anlässen, das Tätowieren (↗ Abb.) sowie das Durchstechen der Haut und Befestigen von Fremdkörpern.

Tattoos und Piercing erfreuen sich v. a. bei Jugendlichen steigender Beliebtheit. Da die Haut bei ihrer Anfertigung gezielt verletzt wird, handelt es sich dabei um chirurgische Eingriffe. Beim Anbringen muss auf peinliche Sauberkeit geachtet werden. Alle verwendeten Geräte müssen steril sein, der Gebrauch von sterilen Einmalhandschuhen, Nadeln und Farbtöpfen ist unumgänglich. Deshalb sollten solche Eingriffe nur von vertrauenswürdigen Studios durchgeführt werden. Auch für die Nachbehandlung der Wunde sind Sauberkeit und Pflege notwendig. Trotzdem sind gefährliche Infektionen (z. B. Aids, Hepatitis B), örtliche Entzündungen und Allergien nie ganz ausgeschlossen. Ohne Einverständnis der Eltern kann Piercing bei Minderjährigen gegebenenfalls auch als Körperverletzung strafrechtlich verfolgt werden.

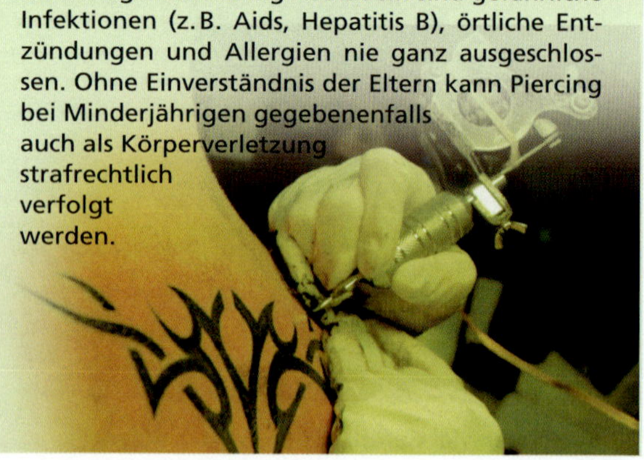

UV-Strahlung: Neben dem sichtbaren Spektrum enthält das Sonnenlicht auch ultraviolette (UV-) Strahlung. **UV-A-Strahlung** ist nicht sehr energiereich, dringt aber bis zur Leder- und Unterhaut ein. Dabei fördert es die Hautalterung. Die Haut verliert ihre Elastizität und bekommt Falten. UV-A erhöht die Durchblutung und zerstört in den Blutgefäßen das wichtige Vitamin B, das an Wachstumsprozessen beteiligt ist.

Das energiereichere UV-B wird vor allem in der Oberhaut absorbiert. Es regt dort die Pigmentbildung an und unterstützt so den Hautschutz gegen die Sonneneinstrahlung. Außerdem stimuliert UV-B die Bildung von Vitamin D, das für den Calciumhaushalt und den Knochenaufbau unverzichtbar ist. Allerdings schädigt es auch die Erbsubstanz (DNA) in den lebenden Hautzellen und ist für den **Sonnenbrand** verantwortlich. Dabei kommt es nach zu viel Sonneneinstrahlung zu Rötungen und Bläschen, häufig pellt sich später die abgestorbene Haut. Auch wenn sich die Haut normalerweise bald wieder erholt, erhöhen wiederholte Sonnenbrände die Wahrscheinlichkeit für das spätere Auftreten von Hautkrebs.

Wie lange man sich in der Sonne aufhalten kann, ohne die Haut zu schädigen, hängt u. a. von der Kombination verschiedener Faktoren ab:

1. vom **individuellen Hauttyp:** Es gibt lichtempfindliche helle Haut und weniger empfindliche dunklere Haut. In Europa wird der Hauttyp zum Süden hin tendenziell dunkler, nach Norden hin heller (↗ Abb. 1).

2. vom **Aufenthaltsort:** Die Stärke der UV-Strahlung hängt sehr davon ab, wo man sich aufhält. Zum Äquator hin nimmt die Stärke der UV-Einstrahlung zu. Im Gebirge ist sie durch die geringere Absorption in der Atmosphäre verstärkt, am Strand, am Wasser oder im Schnee kann sich die Belastung durch die Reflexion der Strahlung sogar verdoppeln. Bei bedecktem Himmel, im Schatten und durch das Tragen von Kleidung ist die UV-Einstrahlung auf die Haut reduziert, aber nicht unbedingt ausgeschlossen.

1 Es gibt unterschiedliche Hauttypen.

3. vom **Sonnenschutzmittel:** Durch die Anwendung eines Sonnenschutzmittels wird es möglich, die Aufenthaltszeit in der Sonne zu verlängern, ohne dass es zu Hautschädigungen kommt. Ihr sinnvoller Einsatz ist abhängig von Hauttyp und Aufenthaltsort. Der Sonnenschutzfaktor (SSF) gibt an, welcher Restanteil des Sonnenlichts auf die Haut einwirkt (SSF 2: 1/2; SSF 3: 1/3; SSF 10: 1/10).

Aufgaben

1. Begründe, warum unsere Gesundheit durch ein völliges Abschirmen von UV-Strahlung geschädigt werden würde.

2. Was bringt Experten zu der Meinung, dass Personen unter 18 Jahren Solarien meiden sollten?

3. Welche Vorteile hat es, wenn Menschen in Skandinavien eher dem hellen und am Mittelmeer eher dem dunklen Hauttyp angehören?

Pickel im Gesicht

Mit beginnender Geschlechtsreife, der Pubertät, bekommen 70–90 % aller Jungen und Mädchen Pickel. Diese sogenannte Akne ist weltweit die häufigste Hauterkrankung. Manche Menschen „begleitet“ sie über viele Jahre, meist ist sie jedoch nur schwach ausgeprägt. Trotzdem nervt natürlich jeder Pickel. Man sollte Akne immer ernst nehmen und besonders in schweren und belastenden Fällen ärztliche Hilfe suchen.

Akne entsteht in den Talgdrüsen, die in der Lederhaut liegen (↗ S. 242, Abb. 1) und dafür sorgen, dass die Hornschicht der Oberhaut geschmeidig und wasserabweisend bleibt. Steigt die Talgproduktion in der Pubertät an und behindern Hornschuppen den Abfluss im Ausführgang, staut sich der Talg in der Drüse. Vor allem im Gesicht und auf dem Rücken bilden sich so Mitesser, die sich mit der Zeit durch den Hautfarbstoff Melanin dunkel färben.

Für das Auftreten von Akne gibt es vielfältige Ursachen.
- Erbliche Veranlagungen spielen eine Rolle.
- Der (normale) Anstieg von männlichen Sexualhormonen während der Pubertät bei beiden Geschlechtern verstärkt besonders bei Jungen, in geringerem Maße auch bei Mädchen die Aktivität der Talgdrüsen.
- Akne tritt in Phasen des weiblichen Zyklus und in der Schwangerschaft z. T. gehäufter auf.
- Durch das Einwirken bestimmter Bakterien, die Talg zersetzen, entzünden sich die Mitesser. Das Rauchen von Zigaretten kann diesen Vorgang verstärken. Wenn weiße Blutkörperchen (↗ S. 154) die Entzündung bekämpfen, bildet sich Eiter. Entzündet sich das umliegende Gewebe, entstehen dicke Pickel und Abszesse, die dann Narben hinterlassen können.
- Auch Chemikalien (z. B. Chlor) können Akne hervorrufen. Unpassende (z. B. fett- oder ölhaltige) Kosmetika begünstigen sie.

Es ist bisher nicht nachgewiesen, dass Akne als Folge von bestimmten Ernährungsweisen auftritt.

1 Auch wenn Akne nicht schlimm ist, nervt sie.

Auch, dass sexuelle Handlungen oder Gedanken zu Akne führen, wie mancherorts immer noch verbreitet wird, stimmt nicht.

Akne ist kein Zeichen für unzureichende Körperhygiene; sie wird unter Umständen sogar durch übermäßige Reinlichkeit und unangemessene Anwendung von Pflegemitteln verstärkt.

Was kann man tun?

Eine ärztliche Behandlung von Akne ist meist langwierig, aber mit Medikamenten möglich. Zur Linderung kann man auch selbst beitragen. Zweimaliges Waschen am Tag mit milden, hautfreundlichen Reinigungsmitteln erhält den Säureschutzmantel der Haut, durch den bakterielle Infekte abgewehrt werden. Auch sollte man das Ausdrücken von Mitessern geschulten Fachleuten überlassen. Zu leicht führt unsachgemäßes Handeln zu Infektionen, Abszessen, Wunden und bleibenden Narben. Sonne mildert Akne zwar kurzfristig, auf die Dauer wirkt sie jedoch eher verschlechternd („Mallorca-Akne“). Allgemein bleibt ein Trost: Wird man älter, tritt Akne immer seltener auf.

Höchst fies ist es, andere wegen ihrer Akne zu hänseln. Sie können nichts dafür und leiden sowieso schon darunter. Freunde helfen da.

Z
Ziel erreicht

Teste dich selbst

Mit den folgenden Aufgaben kannst du prüfen, wie fit du in Biologie bist. Vergleiche deine Lösungen mit denen auf S. 250. *Tipp:* Bei manchen Aufgaben gibt es mehrere richtige Antworten.

Einheimische Lebewesen und ihre Wechselbeziehungen

1. Schattenpflanzen sind Pflanzen, die
a) Schatten spenden,
b) im Schatten wachsen,
c) sowohl im Schatten als auch in der Sonne wachsen,
d) nur bei trübem Wetter blühen.

2. Auch im Ökosystem Wald wirken abiotische Faktoren auf Pflanzen und Tiere. Zu ihnen gehören
a) Lichtverhältnisse,
b) Abholzen,
c) Mineralstoffgehalt des Bodens.

3. In einem Lebensraum existieren vielfältige Nahrungsbeziehungen zwischen den dort lebenden Organismen. Pflanzen stehen in diesen Beziehungen stets
a) an letzter Stelle,
b) an mittlerer Stelle,
c) am Anfang.

4. Bei der abgebildeten Pflanze handelt es sich
a) um eine Wasserpflanze,
b) um eine Feuchtpflanze,
c) um eine Trockenpflanze.

5. Welche der folgenden Aussagen sind richtig?
a) Ohne Pflanzen würden alle anderen Lebewesen verhungern.
b) Der Sauerstoffvorrat der Luft würde ohne Pflanzen nicht erneuert werden.
c) Pflanzen sind genau solche Lebewesen wie alle anderen.

6. Welche Aussage zum Thema Nahrungskette ist richtig?
a) Verbraucher gibt es in einer Nahrungskette nur auf einer Ebene.
b) Eine Nahrungskette ist immer mit vielen anderen zu einem Nahrungsnetz verknüpft.
c) Nahrungsketten gibt es nur im Ökosystem Wald.

7. Ordne der Abbildung die Beschriftung zu.
a) Sauerstoff
b) Sonnenlicht
c) Wasser
d) Traubenzucker
e) Kohlenstoffdioxid

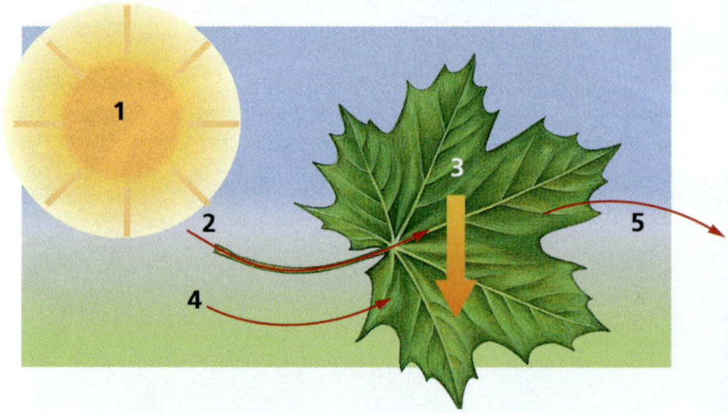

8. Welche Aussage ist richtig?
a) Nur Tiere können Parasiten sein.
b) Wechselbeziehungen zwischen Tieren und Pflanzen sind immer Nahrungsbeziehungen.
c) Tiere haben Einfluss auf die Fortpflanzung und Verbreitung von Pflanzen.

9. Maßnahmen zum Schutz der Umwelt
a) sind alleine Sache der Regierung,
b) können von jedem ergriffen werden,
c) sind auch für das Leben der Menschen erforderlich.

Bau und Leistungen des menschlichen Körpers

10. Nährstoffe versorgen den Körper mit Baustoffen und Energie. Es sind
a) Kohlenhydrate, Vitamine und Ballaststoffe,
b) Kohlenhydrate, Fette und Eiweiße,
c) Fette, Eiweiße und Mineralstoffe.

11. Essstörungen wirken sich negativ auf die Gesundheit aus,
a) wenn sie Übergewicht verursachen,
b) wenn sie zu Mangelerscheinungen und Untergewicht führen,
c) weil sie auch das Zusammenleben in der Familie und mit Freunden beeinträchtigen können.

12. Die Verdauung ist ein Vorgang, an dem verschiedene Organe beteiligt sind. Welche Aussagen treffen zu?
a) Die Verdauung findet nur im Magen statt.
b) Die Verdauung der Kohlenhydrate beginnt im Mund.
c) Die Leber ist an den Vorgängen der Verdauung beteiligt.

13. Einige Organe im menschlichen Körper haben eine besonders große Oberfläche, an der ein Stoffaustausch stattfindet.
Hierzu gehören
a) Lunge,
b) Herz,
c) Darm.

14. Bei der Atmung findet ein lebensnotwendiger Gasaustausch statt. Welche der Aussagen sind richtig?
a) Die Ausatemluft enthält keinen Sauerstoff.
b) Bei körperlicher Belastung muss mehr Kohlenstoffdioxid ausgeatmet werden als im Ruhezustand.
c) Außer Sauerstoff gelangen auch die anderen Bestandteile der Luft in die Lunge, auch Schadstoffe.

15. Blut enthält verschiedene Bestandteile. Ordne den Blutzellen ihre Aufgaben zu.

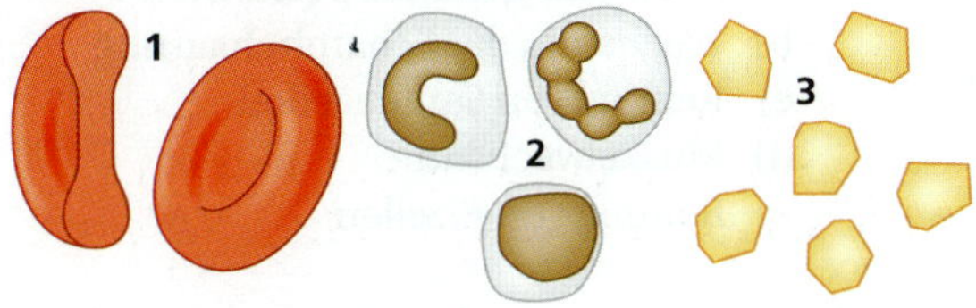

a) Vernichtung eingedrungener Krankheitserreger,
b) Gerinnung des Bluts, Wundverschluss,
c) Transport von Sauerstoff.

16. Welche Aussage zum Blutkreislauf ist richtig?
a) Im Lungenkreislauf fließt sauerstoffarmes Blut durch die Lungenarterie zur Lunge.
b) Im Körperkreislauf fließt sauerstoffarmes Blut durch die Arterien zum Herzen.
c) Im Herz mischt sich sauerstoffarmes Blut mit sauerstoffreichem Blut.

17. Die Farben in der Abbildung des Blutkreislaufs kennzeichnen das in den Adern fließende Blut hinsichtlich des Gehalts an Sauerstoff und Kohlenstoffdioxid. In welcher Farbe ist sauerstoffreiches und kohlenstoffdioxidarmes Blut dargestellt?
a) Rot
b) Blau

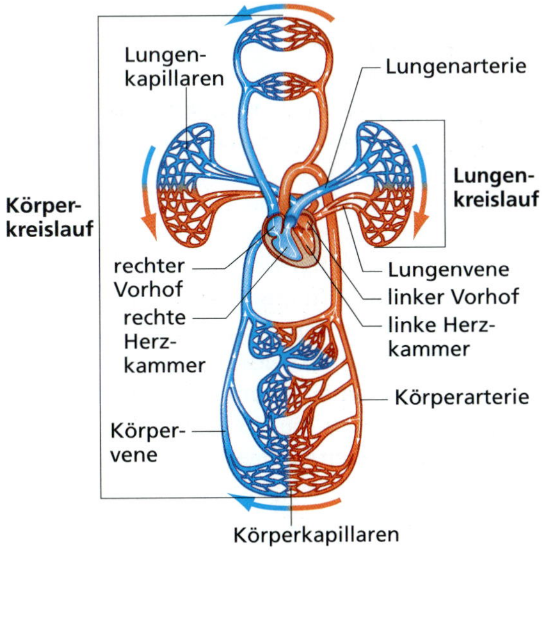

18. Ordne die Merkmale der Geschlechtsreife den Geschlechtern zu (Frau – f, Mann – m).
a) Abrundung der Körperformen
b) Wachstum der Schambehaarung
c) Reifung von Samenzellen
d) Muskelwachstum
e) Reifung von Eizellen

19. Einige ernste Erkrankungen werden durch sexuelle Kontakte übertragen. Darunter:
a) Tetanus
b) Aids
c) Hepatitis

20. Bringe die Stadien des Menstruationszyklus in die richtige Reihenfolge.
a) Eizelle und Gebärmutterschleimhaut werden abgestoßen (Menstruation).
b) Eizelle wandert in die Gebärmutter, Gebärmutterschleimhaut wird aufgebaut.
c) Eine reife Eizelle gelangt vom Eierstock in den Eileiter.
d) Unbefruchtete Eizelle stirbt ab, Schleimhaut beginnt sich abzulösen.

21. Ordne die Begriffe den Lücken im Text zu:
a) Immunsystem/Abwehrsystem
b) Infektionskrankheiten
c) Viren
d) spezifische
e) Bakterien
f) unspezifische
g) Krankheitserreger

...1... werden durch verschiedenartige ...2... hervorgerufen. Durch ...3... werden z. B. Kinderlähmung, Röteln und Aids übertragen. ...4... verursachen unter anderem Keuchhusten, Tetanus und Scharlach. ...2... können auf verschiedenen Wegen in den Körper eindringen, nicht immer rufen sie jedoch eine Erkrankung hervor. Das ...5... verhindert dies. Gegenüber Krankheitserregern oder Fremdstoffen, zu denen vorher kein Kontakt erfolgt ist, richtet sich die ...6... Abwehr. ...7... Abwehrreaktionen werden erst in der Auseinandersetzung mit eingedrungenen Krankheitserregern entwickelt.

22. ALEXANDER FLEMING entdeckte im Jahr 1928
a) die Diphterie,
b) einen Impfstoff gegen Pocken,
c) das Penicillin.

23. Eine Impfung mit abgetöteten Krankheitserregern ist eine
a) aktive Immunisierung,
b) passive Immunisierung.

24. Ordne die Glieder des Speichelreflexes den Nummern in der Abbildung zu.
a) Großhirnrinde – Wahrnehmung des Geschmacks,
b) Geschmackssinneszellen der Zunge – Aufnahme der Reize, Erregungsbildung,
c) Speicheldrüse - sondert Speichel ab,
d) Bewegungsnerven – leiten neue Erregungen zur Speicheldrüse,
e) Empfindungsnerven – leiten Erregungen zum Gehirn.

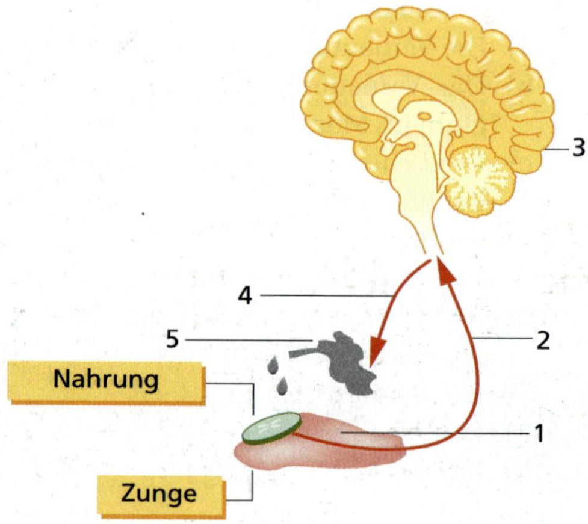

Lösungen

1. b; 2. a, c; 3. c; 4. c; 5. a, b; 6. b; 7. a-5, b-1, c-2, d-3, e-4; 8. c; 9. b, c; 10. b; 11. a, b, c; 12. b, c; 13. a, c; 14. b, c; 15. a-2, b-3, c-1; 16. a; 17 a; 18. a-f, b-m,f, c-m, d-m, e-f; 19. b, c; 20. a-4, b-2, c-1, d-3; 21. a-5, b-1, c-3, d-7, e-4, f-6, g-2; 22. c; 23. a; 24. a-3, b-1, c-5, d-4, e-2

Anhang

Wir bestimmen Pflanzen und Tiere

Mit den folgenden Bestimmungsschlüsseln kannst du die wissenschaftliche Bestimmungsmethode erlernen. Du kannst damit allerdings nur die im Schlüsel berücksichtigten Arten bestimmen. Vor allem bei den Insekten und den Landschnecken ist dies nur eine kleine Auswahl. Ein Bestimmungsversuch mit einer Art, die nicht im Schlüssel berücksichtigt ist, führt zu keinem eindeutigen Ergebnis.

Wir bestimmen Waldbäume	
1	• Nadelblätter
1*	• Laubbläter. 2
2	• Blätter ungeteilt. 3
2*	• Blätter in Teilblättchen aufgeteilt
3	• Blätter gelappt
3*	• Blätter nicht gelappt

1

2

Nadelbäume	
1	• Nadeln zu Paaren angeordnet **Waldkiefer**
1*	• Nadeln einzeln am Zweig sitzend. . . . 2
2	• Nadeln hellgrün, weich (im Winter kahl) **Lärche**
2*	• Nadeln dunkelgrün 3
3	• Nadeln grün am Zweig herablaufend **Eibe**
3*	• Nadeln nicht am Zweig herablaufend 4
4	• Nadelgrund grünes Scheibchen **Tanne** (einheimisch: Weiß-Tanne)
4*	• Nadelgrund braunes Stielchen **Fichte** (einheimisch: Rot-Fichte)

3

4

4

4 *

4 *

Bäume mit zusammengesetzten Laubblättern	
1	• Teilblättchen von einem Punkt ausgehend (gefingert) **Rosskastanie**
1*	• Teilblättchen nicht von einem Punkt ausgehend (gefiedert) 2
2	• Teilblättchen vorne abgerundet, glattrandig **Robinie**
2*	• Teilblättchen vorne spitz, Rand gesägt 3
3	• Blattstiel grün, kahl, Blätter gegenständig **Esche**
3*	• Blattstiel rötlich überlaufen, behaart, Blätter wechselständig **Eberesche** (Vogelbeere)

1

2

3*

3

Bäume mit gelappten oder gebuchteten Blättern

1	• Blattunterseite weiß-filzig **Silber-Pappel**
1*	• Blattunterseite nicht weiß-filzig 2
2	• Mehrere Hauptadern von einem Punkt ausgehend 3
2*	• eine Hauptader mit Seitenadern. 6
3	• 3 Hauptadern von einem Punkt ausgehend **Platane**
3*	• 5 Hauptadern von einem Punkt ausgehend 4
4	• Lappen vorne abgerundet **Feld-Ahorn**
4*	• Lappen zugespitzt 5
5	• Lappen mit ausgezogenen Spitzen **Spitz-Ahorn**
5*	• Lappen ohne ausgezogene Spitzen **Berg-Ahorn**
6	• Lappen vorne abgerundet **Stiel-Eiche** und **Trauben-Eiche**
6*	• Lappen mit ausgezogenen Spitzen **Rot-Eiche**

1

1

3

4

5

5*

6

6

6*

Laubbäume mit ungeteilten, nicht gelappten Blättern

1 1*	• Blätter mehr als dreimal so lang wie breit .... 2 • Blätter weniger als dreimal so lang wie breit 3
2 2*	• gesägter Blattrand mit Stachelspitzen (über 15 cm lang) **Esskastanie, Maronenbaum** • Blattrand glatt oder gekerbt, keine Stachelspitzen **Weidenarten (Korbweide)**
3 3*	• Blätter elliptisch oder eiförmig ...... 4 • Blätter herzförmig, dreieckig oder rautenförmig 8
4 4*	• Blätter am oberen Ende abgerundet oder sogar mit einer leichten Delle **Schwarz-Erle** • Blätter mehr oder weniger deutlich zugespitzt 5
5 5*	• Blattspreite am Stiel in verschiedenen Höhen angewachsen, sehr rau; manchmal 3 Spitzen **Ulme** • Blattspreite am Stiel beidseitig in gleicher Höhe angewachsen (± symmetrisch)
6 6*	• Blattrand glatt oder etwas gewellt **Rot-Buche** • Blattrand gekerbt, gesägt oder gezähnt 7
7 7*	• Seitenadern parallel, stark eingesenkt **Hainbuche** • Seitenadern bilden ein dichtes Netz, Unterseite filzig-behaart **Sal-Weide**
8 8*	• Blattgrund herzförmig **Linde** • Grund nicht herzförmig 9
9 9*	• Blattstiel rund, Blatt rautenförmig, Äste hängend und sehr dünn **Hänge-Birke** • Blattstiel zusammengedrückt **Pappel** (z. B. Zitter-Pappel)

2

2*

5

4

6

7

7*

8

9

9*

Wir bestimmen einige Landgehäuseschnecken	
1	• Gehäuse bis 5 cm breit gelbbraun fein gestreift **Weinbergschnecke**
1*	• Gehäuse deutlich kleiner 2
2	• Gehäuse kugelig oder spindelförmig und spitz 6
2*	• Gehäuse scheibenförmig oder flach kegelförmig 3
3	• Gehäuse mit Nabel................ 4
3*	• Gehäuse ohne Nabel 5
4	• Schale etwas durchsichtig, grau oder gelblich **Buschschnecke**
4*	• Schale sehr flach kegelig, weißlich mit dunkelbraunen Spiralbändern **Heideschnecke**
5	• Schale einfarbig rötlich oder gelblich oder mit Spriralstreifung, Mundsaum dunkel **Hain-Schnirkelschnecke**
5*	• Färbung wie 5, aber Mundsaum hell **Garten-Schnirkelschnecke**
6	• Gehäuse scheiben- oder diskusförmig 7
6*	• Gehäuse lang und mehr oder weniger spitz..................... 8
7	• Gehäuse scheibenförmig, Mündung dreibuchtig, 11–15 mm breites Gehäuse **Riemenschnecke**
7*	• Gehäuse flach oder ganz schwach gewölbt, Nabel nimmt 1/3 des 5,5–7 mm breiten Gehäuses ein **Diskusschnecke**
8	• Gehäuse spitz eiförmig, durchsichtig gelblich (bernsteinfarben) **Bernsteinschnecke**
8*	• Gehäuse spindelförmig, undurchsichtig, Mündung mit Zähnen **Schließmundschnecke**

Wir bestimmen einige Marienkäfer

1	• Flügeldecken schwarz, rot oder orange 2
1*	• Flügeldecken gelb 3
2	• Flügeldecken zusammen mit 2 schwarzen Punkten **Zweipunkt-Marienkäfer**
2*	• Flügeldecken mit mehr als 2 schwarzen Punkten 4
3	• Flügeldecken zusammen mit 22 runden Pünktchen **Zweiundzwanzigpunkt-Marienkäfer**
3*	• Flügeldecken mit unregelmäßig eckigen schwarzen Flecken **Schwarzgefleckter Marienkäfer**
4	• Flügeldecken zusammen mit 7 schwarzen Punkten **Siebenpunkt-Marienkäfer**
4*	• Flügeldecken mit gelblich gerandeten schwarzen Punkten **Augenmarienkäfer**

2

2*

3

3*

4

4*

Wir bestimmen einige Froschlurche	
1	• Haut glatt und feucht (warzenlos), sehr lange Hinterbeine, gute Springer **Frösche**
1*	• Haut warzig, relativ kurze Hinterbeine, keine guten Springer 2
2	• Bauch kräftig gefärbt, Haut feucht glänzend **Unken**
2*	• Bauch weißlich bis grau Haut fast trocken **Kröten**

Wir bestimmen einige Frösche	
1	• Rücken ohne Musterung, laubgrün, Zehen mit deutlich verdickten Spitzen (Haftscheiben) **Laubfrosch**
1*	• Rücken mit Musterung, Zehen vorne spitz zulaufend.................... 2
2	• Rücken variabel grün gefärbt (von grasgrün über olivgrün bis bräunlich) **Grünfrösche**
2*	• Rücken hell- bis dunkelbraun (während der Laichzeit auch bläulich) **Braunfrösche** 3
3	• Bauch weißlich mit grauen oder bräunlichen Flecken **Grasfrosch** Maul stumpf
3*	• Bauch gelblich-weiß ohne Flecken **Moorfrosch** Maul spitz (Männchen während der Laichzeit bläulich)

Wir bestimmen einige Meisen	
1	• Kopf mit spitzer, schwarz-weiß gesprenkelter Haube **Haubenmeise** **geschützt**
1*	• Kopf ohne Haube 2
2	• Rücken grau oder graubraun 3
2*	• Rücken grünlich 4
3	• mit glänzend schwarzer Kopfplatte, schwarzer Kehlfleck klein **Sumpfmeise**
3*	• mit mattschwarzer Kopfplatte, schwarzer Kehlfleck groß **Weidenmeise**
4	• Kopfplatte blau, Flügel und Schwanz mit Blau, Unterseite gelb **Blaumeise** **geschützt**
4*	• Kopfplatte schwarz 5
5	• Unterseite gelb mit schwarzem Längsstreif **Kohlmeise**
5*	• Unterseite hellgelb ohne schwarzen Längsstreif **Tannenmeise**

1

3

3*

4

5

5*

Register

Bildquellenverzeichnis

ADN-Bildarchiv/Zentralbild: 163/1; akg: 163/2; Argus: 233/1; Arttoday: 227/1; Backarts: 233/2; BASF, Ludwigshafen236/1b; Urs Wyss, Kiel / bba: 36/2; Bibliographisches Institut & F. A. Brockhaus, Mannheim: 9/1, 17/1, 17/2, 20/1a, 21/2, 25/2, 25/3, 26/1, 26/2, 26/4, 26/5, 46/1, 46/3, 55/3, 87/1, 156/1, 157/1, 185/1, 185/2; BilderBox- Erwin Wodicka: 232/2; Biopix dk/JC Schou: 26/6; blickwinkel / J. Meul: 94/1, 94/2, 197/1a, 197/1b; Blümel: 169/3; Dr. S. Brezmann, Hamburg: 20/1b; Jens Bussen, Berlin: 30/1; Comstock Images/Fotosearch: 148/2, 165/3, 191/2, 202/2; Corel Photos Inc.: 19/1, 19/3, 41/1, 48/1, 55/2, 55/6, 101/1, 101/2a-d, 112/1, 122/1, 229/1; Deutscher Blinden und Sehbehinderten Verband eV, Berlin: 204/2; Deutscher Bundestag:133/1; DLR, Oberpfaffenheim: 76/1; DRK: 125/2; W. Eisenreich, Gilching: 237/1, 237/2; Dr. K.-H. Firtzlaff, Berlin: 15/2; R. Fischer: 59/1; Fotolia/L. Nyshko: 108/2, 111/1, 115/1, 239/2; Dr. Tilo Geisel: 12/1, 61/2, 61/3, 61/4; Getty Images: 42/1; Goethe-Gymnasium Ludwigsburg: 207/1; J. Golldack, Lehrstuhl für Bodenschutz und Rekultivierung/TU Cottbus: 45/1; Naturfotografie, F. Hecker: 73/2; Helsinki City Tourist Office, Helsinki: 15/1; www.hessen-tourismus.de: 8/3, 56/3; B. Hill, Herrenhof: 27/1; F. Horn, Rostock: 51/1, 60/4, 61/1; IMA, Hannover: 230/1; IMSI Photos: 134/1; iStockphoto: 8/2, 35/1, 40/1, 52/1, 55/1, 58/2, 77/1, 97/1, 98/1, 102/1-3, 108/2, 110/1, 128/1, 132/2, 135/1, 136/1, 139/1, 145/2, 148/1, 149/1b, 149/1a, 218/1, 224/1, 231/1, 234/1, 241/1, 246/1; iStockphoto/Libby Chapman: 181/1; istockphoto/A. Howe: 7/1; iStockphoto/J. Peys: 248/1; iStockphoto/A. Yu: 25/1, 33/1; Dr. A. Kalenberg, Berlin: 44/2, 49/1a-c; S. Kalmutzki, Neuenhagen: 198/1a, 198/1b; Wolfgang Klaeber: 21/1; G. Liesenberg: 34/2, 169/1, 178/3, 204/3; Michael Lüth, Freiburg: 60/3; H. Mahler, Fotograf, Berlin: 28/1, 73/1, 118/1, 125/1, 173/1, 183/1, 184/1, 209/1, 234/2, 247/1; mauritius images/ John Warburton-Lee: 53/2, 108/1, 130/1, 132/1, 165/2, 168/1, 169/4, 174/1, 180/1, 203/2, 212/1, 236/1a, 236/1e, 244/1, 245/1; Z. Neuls: 53/1, 172/2, 208/1; panthermedia/Alex Jakovidis: 55/5, 74/2; panthermedia/Josef Freitag: 85/1; H-U. Pews, Berlin: 55/4; Photo Disc Inc.: 56/2, 72/1, 75/1, 88/2, 103/1, 119/1, 122/1, 131/1, 136/2, 136/3, 191/1, 202/1, 203/1, 209/2, 225/1; Phywe Systeme GmbH & Co. KG, Göttingen: Nachsatz; picture-alliance/dpa: 74/1, 81/1, 169/2, 193/1, 199/1, 204/1, 227/2, primap software/Herbert Haas: 8/1; Prof. W. Probst: 16/2, 38/2, 47/1, 47/2, 47/3a, 47/3b, 60/2a, 60/2b, Dr. B. Raum, Neuenhagen: 31/1, 31/2; A. Reichenbach, Mühlberg: 80/1; C. Ruppin, Berlin: 178/1, 251/1; M. Scharffenberg, Birkenstein: 107/1; W. Schuchardt, Göttingen: 100/2, 210/1; SFA, Lausanne: 230/1a; Siemens: 232/1; Dr. Sonnenfeld, Gert, Fredersdorf: 202/3; Burger/PHANIE/SUPERBILD: 164/1; Techniker Krankenkasse: 243/1; H. Theuerkauf, Gotha: 60/1, 99/1; Tierbildarchiv Angermayer, Holzkirchen: 19/2, 36/3, 45/2, 100/1.

Was bedeutet eigentlich …

Sage voraus

Formuliere auf der Grundlage von Fakten, Erkenntnissen, Gesetzen und Modellen eine Aussage über ein wahrscheinlich auftretendes Ereignis, einen Zustand oder eine Entwicklung. Berücksichtige dabei die konkreten Bedingungen.

Experimentiere

Untersuche ein Phänomen der Natur unter ausgewählten, kontrollierten und veränderbaren Bedingungen und werte die Beobachtungsergebnisse aus. Dabei müssen sich die Bedingungen wiederholen lassen.

Beobachte

Ermittle mithilfe von Sinnesorganen oder Hilfsmitteln (z. B. Mikroskop) Eigenschaften und Merkmale, Beziehungen und Abfolgen von Objekten oder Prozessen.

Interpretiere

Finde grundlegende Zusammenhänge, um Aussagen, Beobachtungsergebnissen, Messwerten oder grafischen Darstellungen eine auf die Natur oder Gesellschaft bezogene inhaltliche Bedeutung zu geben. Lege diese Zusammenhänge sprachlich geordnet dar.

Vergleiche

Stelle gemeinsame und unterschiedliche Merkmale von zwei oder mehreren Vergleichsobjekten dar. Wähle die Merkmale nach dem beabsichtigten Zweck des Vergleichs aus und leite eine entsprechende Schlussfolgerung aus den Ergebnissen ab.